KB176854

현대 촌락지리학

촌락 재구조화의 과정, 반응, 경험

Michael Woods 지음
권상철, 박경환, 부혜진, 전종한, 정희선, 조아라 옮김

Σ 시그마프레스

현대 촌락지리학 촌락 재구조화의 과정, 반응, 경험

발행일 | 2014년 2월 28일 1쇄 발행

저자 | Michael Woods
역자 | 권상철, 박경환, 부혜진, 전종한, 정희선, 조아라
발행인 | 강학경
발행처 | ㈜시그마프레스
편집 | 우주연
교정 · 교열 | 김성남

등록번호 제10-2642호
주소 서울특별시 영등포구 양평로 22길 21 선유도코오롱디지털타워 A401~403호
전자우편 sigma@spress.co.kr
홈페이지 http://www.sigmapress.co.kr
전화 (02)323-4845, (02)2062-5184~8
팩스 (02)323-4197

ISBN 978-89-6866-147-1

Rural Geography: Processes, Responses and Experiences in Rural Restructuring

English language edition published by SAGE Publications of London, Thousand Oaks, New Delhi and Singapore, ⓒ Michael Woods 2005

All rights reserved.

Korean language edition ⓒ 2014 by Sigma Press, INC. published by arrangement with SAGE Publications Ltd

이 책은 SAGE Publications Ltd와 **㈜시그마프레스** 간에 한국어판 출판 · 판매권 독점 계약에 의해 발행되었으므로 본사의 허락 없이 어떠한 형태로든 일부 또는 전부를 무단복제 및 무단전사할 수 없습니다.

＊책값은 책 뒤표지에 있습니다.
＊이 도서의 국립중앙도서관 출판시도서목록(CIP)은 서지정보유통지원시스템 홈페이지(http://seoji. nl.go.kr)와 국가자료공동목록시스템(http://www.nl.go.kr/kolisnet)에서 이용하실 수 있습니다.(CIP제어번호: CIP2014005558)

19세기 후반 이후의 근대 사회과학에서 '촌락'은 '도시'라는 새로운 유형의 사회·공간 조직을 이해하기 위한 이분법 대립물로서 주변적 위치를 강요당해 왔다. 뒤르켐, 퇴니에스, 워스 등 고전 사회학자들은 사회조직, 사회관계, 생활양식의 측면에서 도시 사회의 본질을 규정하면서, 촌락을 도시와 대비되는 비근대적, 전통사회적 속성을 내재한 사회·공간으로 설정해 왔다. 이와 유사한 맥락에서 블라쉬, 라첼, 사우어와 같은 고전 인문지리학자들은 향토, 고향, 문화경관 등의 개념을 통해 촌락을 자연환경과의 상호작용에서 형성된 독특한 역사·문화적 궤적이 가시화된 공간으로 파악해 왔다. 이 결과 촌락은 도시와 사회적으로 뚜렷이 구분되는 뚜렷한 지리적 경계가 있는 곳으로 상상됨으로써, 촌락은 비경쟁적이고 공동체적이며 인정이 남아 있는, 물적 소유와 지배에 덜 얽매인, 오염이 덜 된, 그리고 자연에 보다 가까운 사회·공간이라는 인식이 지금까지 관념적 유산으로 계승되고 있다.

그러나 1980년대 후반 이후 서양 학계의 촌락 연구에서는 촌락과 도시의 성격이나 사회·공간적 정체성에 대해 엄밀한 개념 정의를 시도하기보다는, 오히려 이러한 이분법적 의미화 실천 과정 자체가 양자를 생산해 왔다는 점에 착목해 왔다. 이른바 '신(新)촌락지리학'이라 불리는 이러한 접근은 촌락-도시에 대한 근대의 이분법적, 본질주의적, 식민주의적 관점을 비판하면서, 촌락과 도시를 정의하려는 담론과 실천 그 자체를 문제시한다. 곧, 촌락과 도시의 의미와 성격을 이분법적으로 규정하고자 했던 근대 공간 담론이 어떻게 구성되어 왔는지 해체할 뿐만 아니라 이들이 실제 어떤 물적, 지리적 결과를 야기했는가에 관심을 두기 시작한 것이다. 가령 영어의 'country'라는 어휘가 '나라(국가)'와 '촌락(시골, 농촌)'을 동시에 의미하는 것처럼, 영국의 경우 촌락은 영국성과 백인성이 깊게 배어 있는 헤리티지의 공간으로서 오랫동안 영국의 지리적, 민족적 정체성을 상징하는 곳으로 인식되어 왔다.

이처럼 '신촌락지리학' 연구는 마르크스주의, 포스트구조주의, 페미니즘, 포스트식민주의, 정치생태학 등 여러 사회이론과의 대화와 협상을 통해 우리가 알고 있는 '촌락'이라는 사회적 구성물을 비판적으로 평가하고자 한다. 보다 구체적으로는, 촌락–도시에 대한 근대의 지리적 상상이 어떤 지리적 차이를 생산·전유해 왔는지, 촌락–도시 간의 이주, 자원의 배분, 경관 형성 등에 어떤 영향을 끼쳐 왔는지, 그리고 촌락–도시에 대한 다양한 담론이 서로 경합·타협되는 과정은 국가적, 지역적으로 어떻게 차별되어 왔는지에 대한 연구로 발전되어 오고 있다. 특히 최근에 와서는 촌락 공간이 누구를 위해 어떤 목적을 위해 존재해야 하는가를 둘러싸고 다양한 이해 관계자와 집단들 간에, 상이한 지리적 스케일에서의 정부 및 제도들 간에, 그리고 촌락 사회의 구조적 힘과 개별 행위주체들 간에 벌어지는 복잡한 공간적 재현의 정치와 실천에 주목하고 있다. 웨일즈대학의 마이클 우즈 교수가 집필한 이 책은 바로 사회과학의 공간적 전환 이후에 태동한 '신촌락지리학'을 소개하기 위한 개론서이다.

현재 한국의 많은 지리학 및 지리교육 관련 학과에 촌락지리 강좌가 교육과정에 여전히 남아 있기는 하지만 촌락지리학 전공자 수가 점차 줄어들고 있고 전공도서 또한 부족한 관계로 실제 개설되는 경우가 많지 않은 실정이다. 몇 년 전 경상대학교의 이전 교수님께서 그동안의 촌락지리학 연구 성과를 집대성하여 촌락지리학이라는 역작을 출간한 바 있다. 이 책은 촌락의 형성과 입지, 형태, 기능 등 촌락지리학을 전반적으로 아우르고 있고 우리나라의 촌락에 대해서도 세심하게 설명하고 있다. 아울러 이 책에는 앞서 언급한 1980년대 후반 이후의 학술적 패러다임 변동과 관련된 틈새 공간이 포함되어 있기 때문에 또 다른 관점에서의 개입 가능성에 대해서도 열려 있다. 이 책을 우리말로 옮기기로 결정한 것은 바로 개입과 가능성의 공간에 이끌렸기 때문이다. 영국에서 오랜 기간 촌락에 대해 관심과 애착을 갖고 연구해 온 마이클 우즈의 이 책이 틈새를 메우는 데에 기여할 수 있을 것이라는 믿음에서 출발한 것이었다.

이 책은 1980년대 중반 이후 사회과학의 공간적 전환을 반영한 새로운 촌락 지리 내용을 담고 있는데, 촌락의 변동을 담론과 재현의 측면 그리고 국가적, 글로벌 차원에서의 재구조화의 측면에서 신선하게 접근하고 있다. 책의 내용은 (1) 촌락 재구조화 과정에 관련된 글로벌화 및 농촌의 경제적·사회적·인구학적·환경적 변동에 관한 내용, (2) 촌락 재구조화에 대한 반응에 관한 내용으로서 촌락 정책의 변화, 새로운 촌락 개발 및 거버넌스 전략, '시골'의 상품화, 환경보전 및 촌락 내 갈등, (3) 촌락 재구조화의 경험적 사례로서 촌락 생활양식의 변동, 촌락 내 노년층 및 유소년층의 생활세계, 의료·주택·범죄·

고용·빈곤·민족성의 문제로 구성되어 있다. 또한 책의 구성에서 볼 때 다양한 사례를 소개하는 글상자와 더 읽어 볼 만한 문헌들도 제시하고 있기 때문에 학부 개론서를 넘어 촌락지리학과 관련된 연구를 디자인하기 위한 아이디어도 많이 얻을 수 있다. 이 책은 학부생들과 대학원생들이 촌락 지리를 보다 다른 시각에서 조망하게 하여 촌락 연구에 흥미를 갖고 비판적인 관점에서 접근할 수 있게 도와줄 것이다.

이 책을 번역하는 데에 훌륭한 선생님들께서 함께하여 주셨다. 제주대학교의 권상철 선생님은 촌락 사회 및 환경과 관련된 제4, 8, 13장을, 상명대학교의 정희선 선생님은 촌락 문화를 중심으로 제15, 16, 17, 21장을, 경인교육대학교의 전종한 선생님은 촌락 개관 및 변동과 관련된 제2, 3, 6, 7장을, 한국문화관광연구원의 조아라 선생님은 촌락 관광을 중심으로 제10, 12, 20장을, 제주대학교의 부혜진 선생님은 촌락의 사회 문제 및 정책과 관련된 제9, 11, 14, 19장을, 그리고 전남대학교의 박경환 선생님이 제1, 5, 18, 22장을 담당하였다. 학술적으로 바쁜 과정에서도 이 책이 완성될 수 있도록 끝까지 함께할 수 있었던 것에 기쁘고 감사하게 생각한다.

끝으로 원저를 옮기는 과정에서 생길 수 있는 오류와 한계는 부디 독자들이 너그러이 이해해 주시길 바란다. 특히 외래어를 우리말로 번역하는 것은 언제나 브루노 라투르가 말한 '번역의 정치'로부터 자유롭지 않다. 그러나 우리는 그러한 번역의 정치를 극복의 '대상'이라기보다는 '조건'으로 받아들임으로써 용어나 표현의 일대일 대응 관계(과연 상이한 언어 시스템에서 이것이 가능할까?)를 추구하기보다는 상황과 맥락에 따른 번역의 유연성이 지니는 장점을 최대화하고자 했다. 이 점이 독자들에게 이 책을 읽는 또 다른 즐거움이자 매력이 되기를 바란다.

모쪼록 지리학, 사회학, 인류학 등을 포함한 인문·사회과학 전반에서 촌락 연구와 관련된 분야를 공부하는 많은 학생 및 전공자들에게 이 책이 유용하게 읽힐 수 있기를 희망한다.

2014년
역자 일동

지 리학은 오랫동안 소위 '촌락적'이라고 간주되는 지역, 토지, 공동체에 대해 많은 관심을 가져 왔다. 그러나 촌락지리학이 지리학의 분과 학문으로서 자리를 잡은 것은 불과 30여 년에 지나지 않으며, 1980년대에 와서야 비로소 '출발'했다고 할 수 있다. 상대적으로 짧은 이 기간 동안에 촌락성과 촌락의 변천과 관련된 많은 연구들이 축적되어 왔다. 뿐만 아니라 촌락을 이해하기 위한 보다 넓은 이론적 틀과 관점을 제시하려는 시도들도 주목할 만하다. 이러한 시도는 (지지와 좌절을 반복하면서도) 촌락을 이해함에 있어서 공간, 사회, 정치, 경제, 문화, 자연 그리고 이들의 복합적 성격을 강조해 왔다. 또한 이러한 시도는 패러다임의 변동을 변덕스럽게 추종하기보다는 이론적 탐구를 계속 축적해 왔다.

많은 이들이 바로 지금이 위와 같은 접근과 성과를 평가하기에 좋은 시점이라고 한다. 촌락성을 욕망 대상이자, 사회적 과정의 초점이며, 사회적 구성물로 착상함으로써 우리는 무엇을 알게 되었는가? 촌락성이 재구조화되고 재편되는 여러 방식을 우리는 어떻게 이해할 수 있는가? 현재의 촌락지리학은 하나의 연구 분야로서 그 성취에 대해 얼마나 만족하고 있으며, 촌락지리학자들은 촌락 현상의 중요성을 얼마나 설득력 있게 제시해 왔는가? 촌락지리학은 전원적 촌락성이라는 낭만적이고 노스탤지어적인 호소에 의해 기만당해 왔는가, 아니면 전원이라는 문화적 껍데기를 벗어던짐으로써 촌락에서의 사회적 양극화, 빈곤, 노숙과 같은 보다 문제적인 취약성을 드러내 왔는가?

마이클 우즈의 이 책은 위와 같이 현 상태를 평가하는 데에 매우 훌륭하고도 적절한 책이라고 생각한다. 마이크는 명료하고 생동감 넘치며, 유익하면서도 참여 지향적인 방식으로 촌락 재구조화를 설명하는데, 이는 촌락의 변화를 야기하는 과정 및 실천뿐만 아니라 촌락 변화에 대한 다면적인 정치경제적, 사회문화적 반응까지도 포괄적으로 담고 있다. 마이클은 선도적인 촌락지리학자로서 촌락의 정치 및 거버넌스를 중심으로 연구 의제를 제시하는 데에 적극적으로 참여해 왔다. 그렇기 때문에 그는 촌락지리학 분야의 현 상태를 훌륭하게 요약할 수 있는 적임자라고 생각한다.

그러나 이 이상으로, 마이클은 향후 촌락 지역을 치열한 경합의 장으로 만들 것으로 생각되는 여러 이슈들에 주목할 것을 제시하고 있다. 식품·건강·경관을 둘러싼 여러 정치적·윤리적 이슈들이 식품 생산이라는 촌락의 전통적 실천과 교차할 것이다. 구제역 파동 이후 이미 촌락의 전원성은 죽음, 파괴, 공허함과 같은 디스토피아적 이미지에 의해 파괴되어 왔다. 오늘날 도시의 소비자들은 음식, 농업, 경관의 성격에 대해 더 큰 목소리를 내고 있으며, 심지어 사냥과 같은 전통적인 촌락 활동의 윤리 문제에까지 개입하고 있다. 또한 도시 정부는 시골을 주거와 경제성장의 보고로 여기면서 시골 풍경에 대해 깊이 관여하고 있다. 브뤼셀의 정책 결정자들은 유럽의 촌락 경제를 둘러싼 복잡한 정치를 이른바 공동농업정책(CAP)을 통해 지속적으로 재편해 오고 있다. 반면 촌락에서의 정체성의 정치는 더욱 다양한 목소리를 내고 있으며, 이는 시골 사람들에 대해 가지고 있던 일률적인 편견에 도전하는 다양한 이견을 제시하는 데에 뚜렷이 기여하고 있다.

향후에도 여전히 '촌락'과 '시골'이 일상생활에서 뚜렷한 담론적 영역으로 남아 있을 것이라는 점에는 틀림이 없다. 하지만 이와 동시에 많은 상이한 시골이 존재하고 있고 촌락의 지리 또한 다양하다는 점에도 틀림이 없다. 마이클 우즈의 책은 촌락성의 재구성을 이해하기 위한 좋은 출발점이자 학술적인 분석틀을 제공한다. 특히 정치적으로 깨어 있고 타당할 뿐만 아니라, 차이에 열려 있고 민감하다는 면에서 도전적인 책이다. 나는 독자들이 이러한 비판적, 급진적 도전이 미래 촌락지리학의 번영과 확대의 초석이 된다는 점을 받아들일 수 있기를 희망한다.

브리스톨대학교
폴 클로크(Paul Cloke)

감사의 글

어떤 교재를 집필한다는 것은 발견, 탐구, 검토, 선택, 배치, 종합, 편집, 제시라는 일련의 과정을 수반한다. 따라서 교재에는 필연적으로 지리학자, 사회학자 등 많은 촌락 연구자들의 업적과 사상이 포함될 수밖에 없다. 이 책의 참고문헌 목록에 수록된 저서와 논문 외에도, 필자는 수많은 학술대회 자료집, 세미나 발표집, 토론문, 비공식적 논쟁을 참고한 덕분에 안내, 영감, 자료를 얻을 수 있었다. 이 모든 것은 내게 새로운 통찰력을 제시해 주었고, 어떤 주제를 새롭게 접근할 수 있게 했고, 또 다른 문헌, 이론, 사례연구로 나를 이끌어 주었으며, 영국 외부의 촌락 연구에 대해 가르침을 주었다. 나는 이러한 많은 촌락 연구를 통해 도움을 준 친구 및 동료들에게 감사한다. 그런 이유로 공식적으로 이러한 감사를 표하는 것이 쉽지 않다.

또한 나는 애버리스트위스에 있는 웨일즈대학교의 지리·지구과학연구소에 있는 동료 및 학생들로부터도 영감과 통찰력을 얻을 수 있었다. 이들은 생기 있고 역동적이며 따뜻한 분위기로 나의 집필을 도와주었고, 이따금씩 집필로부터 떨어져 잠깐의 휴식을 주기도 했다. 특히 나는 촌락 연구와 관련하여 공동 연구의 즐거움을 느낄 수 있도록 동반자가 되어 주었던 동료 및 연구자 빌 에드워즈, 마크 굿윈, 존 앤더슨, 그라함 가드너, 레이첼 휴, 사이먼 펨버튼, 캐서린 워클리, 엘딘 파미, 오웨인 해몬드, 수지 왓킨에게 감사한다.

또한 이 책의 출간 프로젝트를 꼼꼼이 챙겨 준 세이지 출판사의 로버트 로젝과 데이비드 메인워링에게 감사하며, 아울러 이 책의 초고에 대하여 관대한 의견과 제안을 해 주었던 검토진에게도 감사한다.

애버리스트위스의 연구소 내 이안 굴리는 이 책에 실린 대부분의 지도와 그림을 세심하고도 훌륭하게 제작해 주었다.

필자와 출판사는 다음의 내용을 사용할 수 있도록 허락해 준 분들에게도 감사한다.

- 그림 1.2 : P. Cloke (1977) 'An index of rurality for England and Wales', *Regional Studies*, 11, figure 2, p. 44, and P. Cloke and G. Edwards (1986) 'Rurality in England and Wales 1981: a replication of the 1971 index', *Regional Studies*, 20, figure 2, p. 293. (Taylor and Francis Ltd.)
- 그림 7.1 : R. Liepins (2000) 'New energies for old ideas', *Journal of Rural Studies*, 16, pp. 25-35, figure 1. (Elsevier)
- 그림 8.3 : Campaign to Protect Rural England Agency (1995) Tranquil Area Maps.
- 그림 11.1 : B. Edwards, M. Goodwin, S. Pemberton and M. Woods (2000) *Partnership Working in Rural Regeneration*, figure 1, p. 7. (Polity Press)

이 책에 실린 모든 자료에 대한 원저작자들을 추적하기 위해 최선을 다했지만, 행여 빠뜨린 것이 있거나 부족함이 있을 경우 출판사에서 기꺼이 수정할 준비가 되어 있음을 알린다.

차례

제4부 촌락의 재구조화에 대한 경험

제5부 결론

제 **1** 부

촌락지리학의 소개

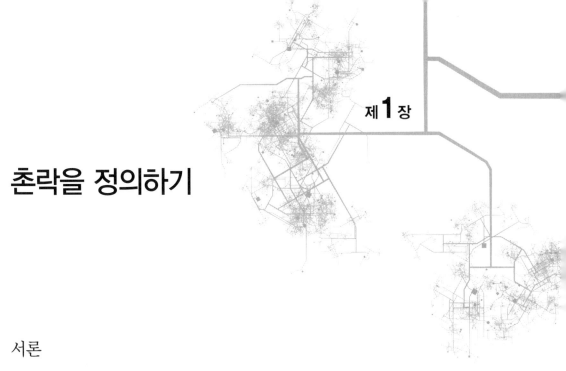

제1장

촌락을 정의하기

서론

마음을 비우고 '촌락(rural)'이라는 단어를 생각해 보자. 어떤 이미지가 떠오르는가? 영국 남부의 완만하게 경사진 목초지가 떠오르는가, 아니면 아메리카 대평원의 방대한 녹지가 떠오르는가? 뉴잉글랜드 가을의 금빛 삼림지대나 스칸디나비아의 숲이 생각나는가? 로키산맥 아니면 태양을 배경으로 한 오스트레일리아의 아웃백이 생각나는가? 여러분이 떠올린 촌락 경관에는 사람이 존재하는가? 만약 그렇다면 그들은 무엇을 하고 있는가? 일하는 사람인가? 아니면 관광객인가? 그들의 나이는 몇 살인가? 그들의 피부색은 어떤가? 그들은 남자인가, 여자인가? 부자인가, 가난한가? 여러분이 생각하는 촌락 경관에는 어떤 건물이 보이는가? 예스러운 오두막이 보이는가, 아니면 하얗게 색칠한 농장이 보이는가? 목장이나 통나무 오두막집이 보이는가, 아니면 겨우 사람이 살아갈 것 같은 다 허물어져 가는 집이 보이는가, 아니면 현대식 건물이 보이는가? 그 경관 속에는 어느 정도의 경제활동이 존재하는가? 아마 농업일 것이다. 아이들의 동화책에서 보는 것과 같은 울타리 없는 가축 농장 마당이 생각나는가, 아니면 공장식 양계장이나 끝없이 펼쳐진 산업화된 옥수수 밭이 생각나는가? 채석, 채광, 임업을 생각할지도 모르겠다. 그렇다면 공장, 첨단 기술 연구소, 업무 지구는 어떠한가? 상가, 은행, 학교, 별장은 존재하는가? 여러분의 이미지에 도로와 교통은 존재하는가? 범죄나 순찰 중인 경찰은 존재하는가? 건강 문제, 알코올 중독이나 약물 남용의 문제는 보이는가? 여러분의 경관에 나타나는 토지의 주인은 누구인가? 그 토지는 누가 관리하는가?

여러분이 생각하는 '촌락'의 경관은 여전히 명확한가? 아니면 여러분이 생각하는 것보다 촌락을 정의하는 것이 복잡하다고 생각되는가? 촌락은 단순하게 정의할 수 없다.

여러분이 그려 낸 '촌락'의 경관이 무엇이든지 간에 이는 이 글을 읽는 여러분 주변 사람들이 상상한 것과는 다를 것이다. 하지만 우리가 촌락성(rurality)을 순전히 개인적으로만 이해하고 있다는 것은 아니다. 우리의 인식은 우리가 다른 사람들과 공유하는 방대한 영향력에 의해 만들어진 것이다. 곧 우리가 어디서 살고 있고, 어디서 주말을 보내며, 어떤 영화를 보며, 무슨 책을 읽는지와 같은 영향력으로부터 자유롭지 않다. 우리가 학교에서 무엇을 배우고 신문에서 무엇을 읽는가도 중요하고, 대중매체를 통해 우리가 받아들이는 정치적 선전 같은 지역적·국가적 문화 전통 또한 중요하다. 어떤 국가들의 경우 '촌락'은 보편적으로 쓰이는 개념이 아니지만 이 국가를 방문하는 방문객들은 이를 '촌락'이라고 인식할 수 있다. 따라서 '촌락'을 의미하는 바가 모든 개개인마다 특수하지 않다면 이는 최소한 문화적 특수성을 띠고 있다고 할 수 있다. 아마 인구가 밀집된 영국 남동부의 촌락 지역 사람들이 갖는 촌락성에 대한 생각은, 노스다코타의 깊고 고립된 촌락 지역 사람들의 생각과 비교할 때 매우 다를 것이다. 뉴질랜드 촌락의 영농 가족과 암스테르담으로부터 온 도시 거주 관광객이 가지는 생각 또한 다를 것이다. 그 외에도 마찬가지이다.

그러나 이렇게 '촌락'이 애매하고 모호한 개념이라면, 우리는 어떤 의미에서 '촌락 연구', '촌락지리학' 또는 '촌락사회학'에 대해 말할 수 있다는 말일까? 이 장에서는 우선 여러 학문 분야에서 촌락을 얼마나 상이하게 정의하고 있는지를 소개하고자 한다. 그리고 각 접근 방법의 장점과 단점을 풀어내고자 한다. 마지막으로는 이 책이 촌락성이란 개념을 어떻게 다룰 것인가를 논하기로 한다.

촌락을 정의하기 어려운 이유

위와 같이 '촌락'이란 개념의 정의가 이같이 어렵다면 그 이유는 무엇일까? 도시적인 것과 촌락적인 것, 도시와 시골을 구분 짓는 데에는 오랜 역사적 내력과 중요한 문화적 의미가 내포되어 있다. 영국의 저명한 영문학자이자 문학가인 레이몬드 윌리암스(Raymond Williams)는 다음과 같이 말한 바 있다.

> 시골(country)과 도시(city)는 매우 강력한 단어이며, 인류 공동체의 경험에 있어서 이들이 얼마나 많은 것을 상징하는지를 상기해 본다면 이는 그리 놀라운 것은 아니다. … 인류가 실제로 정주(settlement)를 택해 온 역사적 과정은 놀라울 정도로 다양한데, 이러한 정주에는 강력한 감상들이 내포되어 있고 오랫동안 일반화되어 왔다. 시골과 관련해서는 자연적인 생활방식이라는 관념이 내포되어 왔다. 여기에는 평화, 천진난만함, 소박한 미

덕과 같은 것들이 포함된다. 반면 도시에는 (지식, 소통, 빛과 같이) 일종의 성취의 중심이
란 관념이 내포되어 왔다. 한편 시골과 도시에 대해서는 강력한 적대감도 형성되어 왔다.
가령 도시는 소음, 세속, 야망의 장소로서, 그리고 시골은 후진성, 무지함, 한계의 장소로
서 인식되어 왔다. 근본적인 생활방식으로서 도시적인 것과 촌락적인 것의 대립은 아주
오래전부터 형성되어 왔다(Williams, 1973, p. 1).

이러한 문화적 전통은 매우 심오하기 때문에 도시와 촌락을 구별하는 것은 우리가 주
변 세계에 대해 질서를 부여하는 본능적인 방식이라고 할 수 있다. 그러나 학술적인 측면
에서 이러한 용어가 사용된 것은 비교적 최근의 일이다. 가령 사회학자 마크 몰몬트
(Marc Mormont)에 따르면 '촌락'이 학술적 개념으로 부상하기 시작한 것은 굵직한 사
회적, 경제적 변동이 전개된 1920년대와 1930년대였다. 이 시기에 학자들은 급속한 도시
화와 산업화에도 불구하고 '촌락' 사회의 본질적 특징이 무엇인지를 정의하려고 시도했
다(Mormont, 1990). 그리고 촌락 사회에 대한 정의는 대체로 특정한 도덕 지리(moral
geography)를 생산·반영했는데, 특히 조화, 안정, 절제와 같은 가치들과 연계되었다.
도시-촌락의 이분법에 이러한 가치 판단적 관념들은 그동안 학계에서 많이 사라지긴 했
지만 여전히 이러한 구별은 연구자들에게 유용하게 남아 있다. 여기에는 다음과 같은 두
가지 이유가 있다.

첫째, 많은 정부들은 도시와 촌락 지역을 공식적으로 구별하고 있으며, 이를 토대로 한
상이한 제도와 정책을 통해 도시와 촌락을 통치하고 있다. 가령 영국 정부는 2000년 11
월에 두 편의 정책 보고서를 발행했는데, 하나는 '도시 정책'을 위한 것이었고 다른 하나
는 '촌락 정책'을 위한 것이었다. 이 중 후자의 대부분은 환경식품촌락부가 관리하고 농
촌청을 통해 시행하도록 규정되어 있다.

둘째, 많은 촌락 주민들은 스스로를 '촌락적 생활방식'을 따르는 '촌사람'으로 생각한
다. 특히 실업, 주요 농업의 쇠퇴, 로컬 서비스 상실 등의 문제에 직면하는 경우 이러한 자
기 정체감이 강하게 나타난다. 이러한 이유로 촌락 주민들은 같은 문제를 경험하는 도시
주민들과 연대를 형성하지 않는 대신, 소위 '도시의 위협'이라고 인지한 것에 대한 저항
의 토대로서 촌락의 연대를 강조한다. 이것의 한 사례로 영국을 들 수 있는데, 2002년 9
월에 농촌연맹(Countryside Alliance)이 조직한 거리 행진에 40만 명 이상의 촌락 주민
들이 참여하면서 중앙정부가 촌락과 촌락의 이해를 무시하고 있다고 항의한 바 있다(이
에 관한 더 많은 사항은 제14장 참조).

앞의 두 가지 측면이 의미하는 바는, 비록 연구자들이 촌락과 도시에서 똑같은 사회 · 경제적 과정을 발견할 수 있다고 할지라도, 그 과정은 상이한 정치적 환경에서 작동하며 그에 대한 사람들의 반응도 상이하다는 점이다. 결국 이러한 차이에 대한 분석은 우리로 하여금 과연 '촌락'이란 무엇을 의미하는가의 문제로 되돌아가게 한다. 핼파크리 (Halfacree, 1993)는 촌락 연구자들이 촌락을 정의함에 있어서 크게 네 가지 접근을 취한다고 보았는데, (1) 기술적(descriptive) 정의, (2) 사회 · 문화적 정의, (3) 로컬리티로서의 촌락, (4) 사회적 재현으로서의 촌락이 그것이다. 이제 이에 대해 비판적으로 검토해 보자.

기술적 정의

촌락성에 대한 기술적 정의는, 다양한 통계 지표를 통해 측정된 사회 · 공간적 특징에 의해 촌락과 도시를 지리적으로 뚜렷이 구별할 수 있다는 가정을 기초로 한다. 이것의 가장 단순한 사례는 인구에 따른 정의로서, 촌락 지역에 대한 대부분의 공식적 정의가 이를 사용한다. 이것은 매우 논리적인 것처럼 보인다. 왜냐하면 우리 모두는 읍이나 도시의 인구 규모가 마을이나 분산적 촌락 커뮤니티보다 크다는 것을 이미 알고 있기 때문이다. 그러나 촌락 지역의 인구가 정확하게 몇 명 이상이어야 도시라고 할 수 있을까? 표 1.1에서 나타나는 바와 같이, 촌락과 도시에 대한 공식적 정의에 있어서 촌락의 최대 인구 규모는 국가별로 큰 편차가 있다.

이 외의 문제들도 있다. 우선 인구는 지역의 경계를 기준으로 산출된다. 가령 내가 거주하고 있는 웨스트 웨일즈의 애버리스트위스의 인구는, 공식적인 행정구역을 경계로 한

표 1.1 인구 규모를 토대로 한 촌락 지역에 대한 공식적 정의

국가	촌락의 최대 인구 규모	주
아이슬란드	300	도시 행정구역의 최소 인구 규모임
캐나다	1,000	센서스에 따른 정의(아울러 제곱킬로미터당 400명 미만의 인구밀도여야 함)
프랑스	2,000	
미국	2,500	센서스에 따른 정의
영국	10,000	농촌청에 따른 정의
국제연합(UN)	20,000	
일본	30,000	도시 행정구역의 최소 인구 규모임

다면 기껏해야 1만 명밖에 되지 않는다. 이는 다른 정의들이 촌락이라고 해도 무방할 만큼 적은 인구다. 그러나 커뮤니티의 경계는 대학 캠퍼스 바로 앞에서 끝난다. 따라서 시가지(built-up area) 전체 인구를 세면 실제로 2만 명에 달한다. 마찬가지로 미국의 경우에는 도시보다 인구가 많은 촌락 지역들이 존재하는데, 왜냐하면 촌락이 훨씬 더 넓은 영역을 차지하기 때문이다.

둘째, 단순한 인구수는 촌락의 기능이나 주변 지역과의 관계에 대해 아무것도 설명해 주지 못한다. 네브라스카 주에서는 1개 읍의 인구가 비록 1,000명일지라도 분명 주변에 분산된 촌락 인구에 대하여 도시 중심이라고 할 수 있다. 반면 매사추세츠 주에서는 인구 1,000명이 거주하는 곳은 지역적 맥락에서 촌락이라고 할 수 있다.

셋째, 오직 인구에만 기반을 둔 구별은 자의적이고 인위적이다. 왜 999명이 거주하는 곳은 촌락이며, 이보다 한 명이 더 많은 곳은 도시로 분류되는가? 추가된 한 명이 어떤 차이를 만들겠는가?

촌락성에 관한 몇몇 공식적 정의는, 이러한 문제점을 지적하면서 인구밀도, 토지 이용, 도시 중심으로의 근접성 등을 포함하는 보다 정교한 모델을 개발한 바 있다. 또한 많은 국가에서 다양한 정부 기구들은 상이한 정의를 통합적으로 사용하고 있다. 가령 미국에서는 농촌정책연구소(Rural Policy Research Institute)의 웹사이트(www.rupri.org)는 미국 정부 기관들이 사용하는 9개의 상의한 정의를 다루고 있고, 영국에서는 여러 정부 기관들이 사용하는 촌락성에 대한 정의가 30여 개나 있다고 추정한 바 있다(ODPM, 2002). 그러나 대체로 이러한 정의들은, 도시 지역의 특징을 나타내는 지표를 우선적으로 설정한 후 이에 미치지 못하는 나머지 지역을 '촌락'으로 정의한다는 측면에서 사실상 촌락성을 '부정적인' 것으로 나타낸다. 이러한 사례로서 미국과 영국의 센서스와 미국 예산관리국에서 사용하는 정의를 들 수 있다.

- **미국 센서스**는 인구 지표를 사용하여 2,500명 이상이 거주하는 지역을 도시(city), 마을(villages), 구(boroughs, 뉴욕 주와 알래스카 주 제외), 읍(towns, 뉴잉글랜드 지역의 6개 주, 뉴욕 주, 위스콘신 주 제외) 등을 도시 지역으로 정의하는 대신 그 나머지 모든 지역을 '촌락'으로 분류한다.
- **영국 센서스**는 토지 이용 지표를 사용하여 '도시용 토지 이용'으로 분류되는 지역이 연속적으로 20헥타르 이상 나타나는 모든 지역을 도시 지역으로 정의한다. 이러한 도시용 토지 이용에는 영구적 구조물, 도로·철도·운하 등의 교통망, 주차장·공

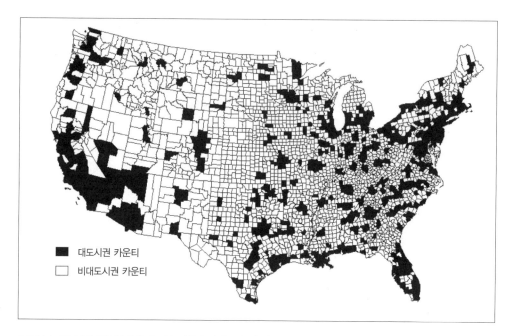

그림 1.1 미국 예산관리국에서 대도시 지역과 비대도시 지역을 구분한 지도
출처 : United States Department of Agriculture, Economic Research Service

항·휴게소과 같은 교통 시설, 채석장 및 광산 구조물, 그리고 기타 시가지 지역으로 둘러싸인 공공 용지를 포함한다. 다른 모든 지역은 '촌락'으로 분류된다.

- **미국 예산관리국**은 인구 5만 명 이상의 카운티 및 그 주변에서 (통근 패턴, 인구밀도, 인구성장률 등의 측면에서) 중심 카운티와 '밀접한 경제적, 사회적 관계'를 유지하는 인접 카운티를 대도시권역(metro- politan area)이라고 정의한다. 그 외 모든 지역은 '비대도시권 카운티'(그림 1.1)로 분류된다. 미국에서 비대도시권 카운티는 정책 분석 및 연구에 있어서 촌락 지역에 대해 가장 보편적으로 사용되는 정의이다.

그러나 위에서 소개한 세 가지 정의는 모두 같은 이유에서 비판을 받는다. 첫째, 촌락을 도시의 반대로 설정한다는 측면에서 이러한 정의는 이분법적이다. 둘째, 이들은 도시와 촌락의 로컬리티를 형성하는 사회적, 경제적 과정을 보여 주는 데 있어서 매우 편협한 지표를 기반으로 한다. 셋째, 이러한 정의에서 촌락은 항상 (도시에 대한) 잔여적 범주일 수밖에 없기 때문에 촌락은 그 다양성을 인정받지 못하고 등질적인 지역으로 다루어진다.

촌락성 지수

클로크(Cloke, 1977) 및 클로크와 에드워즈(Cloke and Edwards, 1986)는 1971년부터 1981년까지의 센서스 통계를 사용하여 잉글랜드와 웨일즈의 지방정부 행정구역들에 대한 '촌락성 지수(index of rurality)'를 산출한 바 있다. 이것은 촌락성 정도의 차이를 식별할 뿐만 아니라 촌락 지역을 한두 가지의 지표로 정의하는 데서 비롯되는 문제를 극복하기 위한 목적에서였다. 특히 중요한 것은 이 지표들이 단순히 (인구밀도, 인구 변화, 전입 및 전출, 연령과 같은) 인구와 관련된 지표뿐만 아니라 (온수 사용, 욕조, 내부 화장실 보유 여부와 같은) 주택 어메니티, (농업 종사자 비율과 같은) 고용 구조, 통근 패턴, 그리고 도시 중심과의 거리를 고려했다는 점이다. 그리고 이러한 지표들은 다섯 가지 범주로 분류하는 데에 이용되는데, 강한 촌락(extreme rural), 중간 촌락(intermediate rural), 중간 비촌락(intermediate non-rural), 강한 비촌락(extreme non-rural), 도시 (urban)가 이에 해당된다(그림 1.2).

촌락성 지수는 단순한 이분법적 정의에서 크게 진전했음에도 불구하고 이는 여전히 중요한 문제를 안고 있다. 우선 이 지수에 사용된 지표들은 왜 선택되었는가? 가령 욕조의 보유 여부가 촌락성에 대해 무엇을 설명해 줄 수 있는가? 둘째, 다양한 지표 사이의 가중치는 어떻게 결정되는가? 촌락성을 결정함에 있어서 농업 종사자의 비율은 인구밀도보다 더 중요한가? 셋째, 5개 범주 간의 경계는 어떻게 결정되는가? '중간 촌락' 지역과 '중간 비촌락' 지역을 구분하는 공식은 어떻게 산출되는가?

또한 분류의 기준으로 지방정부 행정구역을 사용함으로써 나타나는 효과는 더욱 문제적이다. 그림 1.2에 제시된 2개의 지도를 보자. 1971년의 지도에서는 영국과 웨일즈의 도시 지역에 분산되어 있는 많은 검은색 지점들을 볼 수 있다. 그러나 1981년의 지도에서는 이러한 지점들이 사라졌다. 10년 사이에 영국에 갑자기 많은 촌락이 생긴 것일까? 아니다. 1974년 지방정부는 많은 소도시들을 주변의 촌락 지역과 통합하여 새롭게 큰 지역들을 탄생시켰다. 바로 이러한 지역들 대부분이 1981년에 '촌락'으로 공식화된 것이다. 사실 이 기간 동안에 일어났던 것은 지수를 산출하는 방식에 있어서 스케일의 문제였을 따름이다.

촌락성을 접근하는 모든 기술적 접근은 방법론적 결함을 피할 수 없다. 그러나 핼파크리(Halfacree, 1993)가 지적한 바와 같이, 보다 근본적인 문제는 '촌락에 대한 기술적 방법은 촌락적인 것을 다만 기술할 따름이지, 결코 촌락 그 자체를 정의할 수 없다'(p. 24)는 데에 있다. 기술적 정의는 단순히 촌락이 당연히 그래야만 하는 선입관을 반영할 따름

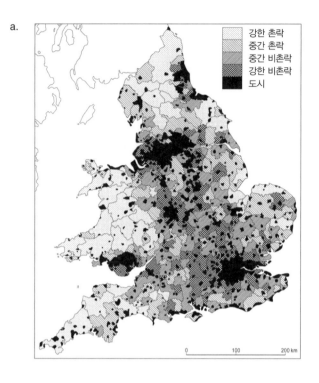

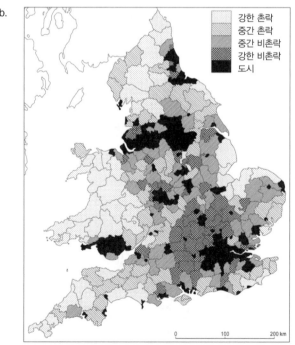

그림 1.2 잉글랜드와 웨일즈 지역의 촌락성 지수 : (a)는 1971년의 센서스, (b)는 1981년의 센서스 자료에서 산출됨

출처 : Cloke, 1977; Cloke and Edwards, 1986

이지, 왜 촌락이 그러하거나 그러하지 않은지를 설명할 수 없다.

사회 · 문화적 정의

기술적 정의를 통해서는 촌락 **영역**을 확인할 수 있는 것처럼, 사회 · 문화적 정의를 통해서는 촌락 **사회**를 확인할 수 있다. 이 접근에서 촌락과 도시의 차이는, 주민들의 가치와 행태 그리고 커뮤니티의 사회 · 문화적 특징을 토대로 한다. 이러한 관점으로 가장 잘 알려진 사례는 페르디난트 퇴니스(Ferdinand Tönnies)와 루이스 워스(Louis Wirth)이다. 퇴니스는 촌락과 도시 간의 사회적 연대의 차이에 기반을 두고, 촌락을 게마인샤프트(Gemeinschaft, 공동체) 그리고 도시를 게젤샤프트(Gesellschaft, 사회)로 대비시켰다(Tönnies, 1963 참조). 한편 워스는 도시의 삶이 역동적이고 불안정하며 비인간적이며, 도시 주민들은 직장, 집, 여가를 통해 다양한 접촉을 갖는다고 보았다. 반면 촌락의 삶은 안정적이고 통합적이며 계층화된 곳이며, 촌락 주민들은 같은 사람끼리 상이한 맥락에서 접촉한다고 보았다. 다른 학자들 또한 이와 유사한 이분법을 제시했다(표 1.2).

이러한 이분법은 도시와 촌락 사회의 간극을 지나치게 강조하는 경향이 있다. 이러한 경향에 대한 반응으로서, 커뮤니티에 있어서 도시와 촌락의 특징이 상이한 정도로 나타난다는 점을 기반으로 하여 '도시-촌락 연속체(urban-rural continuum)'라는 개념이 고안되기도 했다. 그러나 파알(Pahl, 1968)의 경우 '어떤 사람들은 도시적이지만 도시에 살지 않는 반면, 어떤 사람들은 도시에 살고 있지만 도시적이지 않다'고 주장하면서, 도시-촌락 연속체 개념은 사회적 · 공간적 환경(milieux)의 역동성을 지나치게 단순화한다고 비판하였다(Phillips and Williams, 1984, p. 13). 이러한 사례로 파알의 연구는 소

표 1.2 사회 · 문화적 정의에 사용된 '도시-촌락'의 이분법 사례

학자	도시	비도시(또는 촌락)
베커(Becker)	세속적	종교적
뒤르켐(Durkheim)	유기적 연대	기계적 연대
메인(Maine)	접촉	지위
레드필드(Redfield)	도시적	서민적
스펜서(Spencer)	산업적	군사적
퇴니스(Tönnies)	게젤샤프트	게마인샤프트
베버(Weber)	합리적	전통적

출처 : Phillips and Williams, 1984; Reissman, 1964

위 하트퍼드셔(Hertfordshire)의 촌락 지역에서 도시 사회를 확인했던 한편, 영과 윌모트(Young and Wilmott, 1957)는 런던의 이스트엔드(East End)에서 촌락 커뮤니티의 특징을 연구하였다.

로컬리티로서의 촌락성

세 번째 접근은 위의 두 가지 접근과 달리 촌락에서 뚜렷한 로컬리티가 생성되는 과정에 초점을 둔다. 이 접근은 1980년대 후반 지리학계 내부에서 일어났던 광범위한 논쟁의 영향을 받는데, 이는 과연 로컬 구조가 얼마나 지속적으로 사회적·경제적 과정의 결과를 형성할 수 있는가를 탐구하는 데에 주목했다. 만약 몇몇 학자들이 주장한 것처럼 '로컬리티 효과(locality effect)'가 확인될 수 있는 것이라면, 도시와 촌락의 로컬리티를 구별하는 것도 가능하지 않을까? 따라서 관건은 과연 이를 가능케 할 수 있는 (로컬) 구조적 특징을 발견할 수 있는가의 여부였다. 핼파크리(Halfacree, 1993)는 이러한 측면에서, '만약 촌락 **로컬리티**라는 것이 그 자체로서 확인되고 탐구될 수 있는 범주라고 한다면, 그 범주를 **촌락적**으로 만드는 로컬리티가 무엇인가에 따라 면밀하게 정의되어야 한다'(p. 28)고 지적했다.

핼파크리는 이러한 시도로서 세 가지 주요 방법을 시도했다. 첫째, 핼파크리는 촌락 공간은 농업과 같은 1차 산업이나 '경쟁력 높은 부문'과 관련되어 있다고 보았다. 그러나 그는 '많은 도시 로컬리티들도 이와 유사하게 분류될 수 있다'(p. 28)는 점을 지적했다. 둘째, 핼파크리는 촌락의 낮은 인구밀도로 인해 촌락과 집합적 소비(collective consumption)의 문제 간에는 뚜렷한 관련성이 나타날 것이라고 보았다. 그러나 핼파크리는 '거리 마찰 효과의 중요성이 점차 감소한다는 점'을 고려한다면 이러한 주장에는 논쟁의 여지가 있다고 지적했다(p. 28). 셋째, 촌락 로컬리티는 **소비**에서의 특수한 역할에서 확인될 수 있으며, 이는 관광지에서의 집합적 소비나 전입자의 주택 구입과 같은 개인적 소비와 관련되어 있다고 보았다. 그러나 이러한 현상이 도시 내부의 근린지구나 헤리티지가 풍부한 지역에서 나타나는 젠트리피케이션과 얼마나 다른지는 분명하지 않다.

결과적으로 촌락에 대한 로컬리티 접근은 한풀 꺾이게 되었다. 촌락적이라고 할 수 있는 어떤 구조적 특징도 유일하게 또는 본질적으로 촌락적이라고 할 수 있는 것은 없다는 것이 증명되었기 때문이다. 오히려 이는 똑같은 사회적, 경제적 과정이 소위 '도시'와 '촌락'에서 똑같이 나타나고 있다는 점을 드러냈다. 이 결과 1990년에 들어 호가트(Hoggart, 1990)는 '촌락을 집어치울 때'라고 표현하면서, 촌락은 설명력을 상실한 혼란스러운 '카오스적 개념' 이라고 주장했다.

> '촌락' 이라는 방대한 범주는 모호한 개념으로서, 그 목적이 기술에 있는지 아니면 이론
> 적 평가에 있는지 불분명하다. 촌락 내부에서의 차이는 엄청나게 클 수도 있고, 촌락-도
> 시의 유사성은 매우 높을 수 있다(Hoggart, 1990, p. 245).

그렇다면 10여 년이 지난 지금 우리가 여전히 '촌락' 에 대해 이야기하고 있는 이유는 무엇일까? 그 이유는 (앞서 언급했던 바와 같이) 학계에서 촌락을 정의하는 어려움이 무엇이라고 말할지라도, 스스로를 '촌락적' 이라고 생각하고 '촌락 지역' 이라고 간주되는 곳에서 살아가면서 '촌락적 생활양식' 을 따르면서 살고 있는 수백만 명의 사람들이 있기 때문이다. 이러한 인식이 다음 네 번째 접근 방법의 근거이다.

사회적 재현으로서의 촌락

핼파크리는 '촌락성을 정의할 수 있는 대안적인 방법이 있다' 고 하면서, '이는 애초부터 우리에게 촌락 스케일에서 작동하는 인과적 구조를 추상화할 것을 요구하지 않는다. 이 대안적 방법은 "촌락" 및 이것의 동의어들은 단지 **사람들이 일상 대화에서 이해하고 사용하는 단어이자 개념일 따름**이라는 점에 근거를 둔다' (Halfacree, 1993, p. 29)고 말한 바 있다. 이처럼 사회적 재현(social representation) 접근은 촌락 지역에서 독특하게 나타나는 사회적 특징이나 경제적 구조를 확인하려고 하지 않는 대신에 사람들이 촌락에 대해 생각할 때 어떠한 상징, 기호, 이미지를 떠올리는지를 탐구하는 것에서 시작한다. 이것은 실제로 촌락성을 정의할 수 있는 매우 유연하고 강력한 방법으로서, 사회 · 경제적 변화가 촌락 환경에 어떠한 영향을 끼치는지를 드러낼 수 있다. 몰몬트(Mormont, 1990)가 주장한 바와 같이, 사회 · 경제적 변화를 고려한다면 기능적으로 뚜렷이 정의될 수 있는 단일한 '촌락 공간' 이란 더 이상 존재하지 않는다. 다만 촌락이라 불리는 영역에 대한 많은 상상된 사회적 공간만이 존재할 따름이다.

따라서 이러한 접근을 따르자면, 촌락성을 어떻게 정의하는가의 문제는 '사람들이 스스로를 어떻게 촌락적이라고 구성하는가' 의 문제로 치환된다. 왜냐하면 촌락성은 일종의 '정신적 상태' 이기 때문이다. 보다 전문적인 용어를 사용한다면 촌락성은 '사회적 구성물' 이며(글상자 1.1 참조), '촌락' 은 촌락 주민들이 참여하는 사회적 · 도덕적 · 문화적 가치의 세계라고 할 수 있다(Cloke and Milbourne, 1992, p. 360).

글상자 1.1 핵심 개념

사회적 구성 : 사람들이 자기 자신, 장소, 대상물 또는 관념에 대해 특정한 사회적·문화적·심미적·이데올로기적 특성을 부여함으로써 정체성을 형성하는 과정을 일컫는다. 사회적 구성물은 그것이 존재한다는 사람들의 상상을 통해 존재한다.

이러한 접근은 촌락 지역의 통계적 특징에 대한 관심보다는 누가 그곳에 살고 있고 누가 그곳을 방문하는지에 대해 초점을 둔다. 촌락에서 거주하고 촌락에 대한 이상적인 관념을 가지는 것은 그 사람들의 태도, 행동에 영향을 미친다. 어떤 지역이 '촌락'이 되는 것은 그 지역의 경제나 인구밀도와 같은 구조적 특징의 변화 때문이라기보다는, 그 지역을 이용하거나 방문하는 사람들이 그곳을 촌락이라고 생각하기 때문이다. 사람들은 텔레비전, 영화, 문학, 휴가, 일상 경험 등을 통해 '촌락성'이 무엇을 의미하는지에 대한 선입견을 갖고 있다. 그리고 사람들은 이러한 '지식'을 사용하여 특정 지역, 경관, 생활방식, 활동, 사람 등을 확인함으로써 그 지역을 '촌락'으로 인식한다(글상자 1.2 참조). 한편 이는 인과적으로 영향을 끼치기도 한다. 곧, 사람들은 자신이 촌락에 살고 있다고 생각하면 촌락 생활이 어떠해야 하는지에 대한 당위적 관념을 갖게 되며, 이는 결과적으로 자신들의 태도와 행태에 영향을 준다. 마찬가지로 사람들은 자신이 당위적이라고 생각하는 시골의 모습이 (택지 개발 등에 의해) 위협을 받는다고 느끼면 그 이미지를 보호하려는 동기를 갖게 된다. 이처럼 촌락이란 사람들마다 상이한 방식으로 형성되는 사회적 구성물인 까닭에, 촌락의 의미는 무엇이며 촌락의 모습은 어떠해야 하는가를 둘러싼 갈등이 나타날 수 있다.

글상자 1.2 촌락이란 무엇인가? 영국 촌락 지역의 관점

2002년 초반 (수렵 및 농업을 옹호하며 전통적인 촌락의 이익을 대변하는) '농촌연맹(Countryside Alliance)'이라는 영국의 이익단체가 회원들에게 '촌락'이란 무엇이며 '촌락'은 어떻게 정의되어야 하는지에 대해 조사한 적이 있다. 아래의 내용은 이에 대한 응답의 일부이다.

- '촌락, 부락 등의 작은 마을처럼 인구가 희박한 지역으로서, 거주지 인근에 영화관, 은행, 슈퍼마켓 등의 어메니티가 없기 때문에 멀리까지 다녀와야 하는 곳.'
- '촌락은 토지가 주로 농업을 위해 이용되는 지역을 일컫는다. 승마나 관광 등의 활동을 위한 곳도 촌락에 포함되어야 한다. 침상마을(dormitory villages)은 (전체 인구의 절반 이상이 출근을 위해 15마일 이상을 이동해야 하는 주거지를 침상마을이라고 정의한다면) 촌락이라는 범주에서 제외해야 한다.'

- '"촌락"이란 실제 장소일 뿐만 아니라 일종의 정신적 상태이다. 농업 기반의 지역에서 살고 있는 사람과 생물들 그리고 그 내부에서의 실천과 전통을 인정하고 이해하는 것, 바로 이것이야말로 "촌락적"이라고 할 수 있다.'
- '촌락은 맑은 밤하늘에 빛나는 별을 볼 수 있는 곳, 오염되지 않은 공기를 마실 수 있는 곳, 자연적인 서식처에서 살아가는 야생동물을 볼 수 있는 곳, 자동차 소음이 없는 곳에서 잠을 잘 수 있는 곳이다. 자연 풍경과 수풀과 관목 울타리가 자아내는 아름다움이다.'
- '어린 시절부터의 뿌리를 시골에 두고 일하면서 살아가는 것. 야생동물이든 가축이든 동물에 대해 감성적이지 않고, 시골을 이해하는 것.'
- '"촌락"은 낯선 차량에 교통 법규 위반 스티커를 붙이는 곳이다.'

이에 대한 보다 상세한 내용은 www.countryside-alliance.org/policy/whatis/index.html 참조.

촌락이 사회적으로 다양한 방식으로 구성된다는 것을 소위 '촌락성에 대한 담론'이 다양하다고 표현할 수 있다. 여기에서 '담론'이란 세계를 이해하는 방식을 의미하기 때문에, 촌락성에 대한 담론은 촌락을 이해하는 방식 자체이다(글상자 1.3 참조). 핼파크리(Halfacree, 1993, p. 31)가 말했듯이, '우리가 촌락을 정의하려는 시도는 "학술적 담론"이라고 할 수 있다. 왜냐하면 이러한 정의는 사회적 세계를 이해하고 설명하려는 학술적 시도의 구성물이기 때문이다.' 그러나 학자들만이 담론을 생산하는 유일한 사람은 아니다. 가령 프라우스(Frouws, 1998)는 네덜란드 촌락 지역의 정부를 대상으로 하는 **정책 담론**(policy discourse)에 대해 기술한 바 있다. 이 정책에는 이른바 **농업-촌락주의**(agri-ruralist) **담론**이 포함되어 있는데, 이는 농업의 이익을 최우선시하면서 '농부야말로 촌락을 사회적, 경제적, 문화적 공간으로 창조하고 수호하는 핵심적인 행위자이다'(Frouws, 1998, p. 59)라는 주장을 담고 있다. 또한 여기에는 **실용주의**(utilitarian) **담론**도 포함되어 있는데, 이는 촌락 지역의 문제를 저개발의 결과라고 간주하면서 촌락 지역을 현대 시장과 사회·경제적 구조에 포함하기 위해서는 촌락 개발 전략이 반드시 필요하다는 주장을 담고 있다. 마지막으로 이 정책에는 **쾌락주의**(hedonist) **담론**도 반영되어 있는데, 이는 시골을 여가와 레크리에이션 공간으로 재현하면서 '이상적인 시골'을 자연의 아름다움과 매력이라는 측면에서 파악한다.

글상자 1.3 핵심 개념

담론 : '담론'이 무엇인가에 대해서는 많은 이견이 있으며, 많은 경우 넓은 의미에서 사용되고 있다. 단순하게 말해서 담론은 우리가 사물을 바라보는 방식을 구조화한다. 담론은 우리의 행동 방식에 영향을 미치

는 많은 관념, 믿음, 이해의 총체이다. 많은 경우 우리는 대중매체와 교육을 통해 유포되는 특수한 담론들 뿐만 아니라, 우리가 흔히 '상식'이라고 일컫는 것에 의해서도 영향을 받는다. 더렉 그레고리(Derek Gregory)는 『인문지리학 사전(The Dictionary of Human Geography)』에서 담론의 핵심을 세 가지 측면에서 요약하고 있다. 첫째, 담론은 독립적이고 추상적인 관념이 아니라 일상생활에 물질적으로 뿌리내리고 있다. 담론은 우리가 무엇을 할 것인가를 지시하며 우리의 행동을 통해 재생산된다. 둘째, 담론은 우리의 '당연적 세계(taken for granted world)'를 생산한다. 담론은 세계에 대한 특정한 관점뿐만 아니라 그 내부에 위치하고 있는 우리 자신과 타자를 자연화한다. 셋째, 담론은 언제나 부분적이고 상황적인 지식을 생산하며, 이는 우리의 환경을 반영한다. 담론은 권력 관계와 지식을 특징으로 하며, 대립과 타협에 항상 노출되어 있다.

이와 아울러 평범한 사람들이 자신의 일상생활에서 생산 및 재생산하는 이른바 **촌락성에 대한 일상 담론**(lay discourse)도 중요하며 예술, 문학, 텔레비전, 영화 등의 문화적 매체를 통해 유포되는 이른바 **촌락성에 대한 대중 담론** 또한 중요하다. 이 두 가지 형태의 담론은 서로 밀접하게 연관되어 있다. 왜냐하면 일상 담론은 필연적으로 대중 담론에 의해 영향을 받을 수밖에 없고, 그 역도 대개의 경우 마찬가지이기 때문이다. 촌락성과 관련된 가장 중요한 대중 담론은 이른바 '촌락 전원성(rural idyll)'이다(Bunce, 2003). 이는 이상화된 촌락성에 대한 열망을 나타내면서, 대개의 경우 목가적인 경관이나 '평화와 고요'로 인식되는 것들을 강조한다. 리틀과 오스틴(Little and Austin, 1996) 그리고 쇼트(Short, 1991)는 다음과 같이 기술한다.

> 촌락 생활은 단조롭고, 순수하며, 보다 진실한 사회라는 이미지와 관련되어 있으며, 전통적 가치가 남아 있고 생생한 삶이 어우러진 사회로 인식된다. 여가, 우정, 가족 관계, 심지어 고용마저도 보다 참되고 진정성 있는 것으로 여겨지며, 기만적이고 진실하지 못한 도시 생활과 그 혼돈스러운 가치들이 방해할 수 없는 사회라고 인식된다(Little and Austin, 1996, p. 102).

> [시골은] 주식 시장이 아니라 계절에 따라 살아가는 사람들과 서두름 없는 생활양식이 존재하는 곳으로 그려진다. 사람들은 서로에 대해 더 많은 시간을 할애할 수 있고, 나름대로의 장소를 갖고 진정성 있는 역할을 수행하는 보다 유기적인 커뮤니티를 형성한다. 시골은 모더니티로부터의 피신처이다(Short, 1991, p. 34).

비록 '촌락 전원성'이 일종의 신화이기는 하지만, 이는 관광객들로 하여금 촌락을 방문하게끔 하며 촌락으로의 이주자들에게 영향을 미친다. 이러한 사람들이 생각하는 촌락 전원성의 구성요소들은 일반적인 촌락 주민들이 삶의 경험을 통해 생산하는 일상 담론과 뒤엉켜 있는데, 이 둘은 현실 속에서 결코 양립할 수 없는 경우가 많다. 왜냐하면 일상 담론은 매일매일의 삶에 뿌리를 내리고 있는 까닭에 촌락 생활에 대해 냉소적일 뿐만 아니라 심지어 부정적이기까지 하기 때문이다.

잉글랜드의 두 마을의 촌락성에 대해 생각해 보기 : 사례연구

촌락성의 일상 담론에 대한 사례로서 1990년대 초반 영국 남부의 촌락 커뮤니티에 관한 두 편의 문화기술지 연구를 들 수 있다. 첫째는 햄프셔에 있는 가칭 '칠더레이(Chil-derley)'라는 마을에 대한 마이클 벨(Michael Bell, 1994)의 연구이고, 다른 하나는 서머싯(Somerset)에 위치하고 있는 익명의 마을에 대한 오웨인 존스(Owain Jones, 1995)의 연구이다. 이 두 마을은 큰 읍내로의 통근권 내에 위치하고 있다는 점에서 공통적이며, 인구 구성 또한 오랜 기간 거주해 온 원주민들과 최근의 전입자들로 이루어져 있다는 점에서도 공통적이었다.

벨은 칠더레이에 살고 있는 새로운 전입자들이 마을의 촌락 특성을 기존에 거주했던 도시와의 비교를 통해 표현한다는 점을 발견했다. 그리고 이러한 비교는 대체로 삶의 속도가 다르다는 점을 특히 강조했다.

> 도시 사람들은 바쁩니다. 그게 바로 차이죠. 도시에서는 차 없이는 못 살죠. 저희 동네에 13년 동안 같이 살던 이웃이 있었죠. 하지만 전 그 여자와 말 한마디 해 본 적이 없어요. 그 여자는 집 문을 나오자마자 차에 타고, 반대로 차에서 내린 후에는 곧바로 집 안으로 들어가기 때문이죠. … 거기에 비해 여기에서의 생활은 훨씬 느리죠(전입자, Bell, 1994, pp. 91-92에서 재인용).

> 여기에 살다 보면 옛날로 돌아온 듯해요. 밤이면 꼭 문단속을 해야 한다고 느끼게 되죠. 우리가 처음에 여기로 이사 왔을 때, 집 뒤가 산 끝자락임에도 불구하고 대문을 꼭 잠가야 한다고 생각하곤 했었죠(전입자, Bell, 1994, pp. 93에서 재인용).

위의 두 사례 모두에서 '촌락 전원성' 담론의 영향을 찾을 수 있다. 그러나 벨이 지적하는 바와 같이, 시골에 대한 이상적인 열망을 강하게 가진 사람들조차도 촌락에 대한 위와 같은 태도에 동조하는 경향을 보였다. 뿐만 아니라 오랫동안 거주해 온 주민들도 새로운 전입자들과 마찬가지로 시골에서의 삶의 속도가 느리다고 생각했다. 벨이 인용하고 있는 18살짜리 어느 농부의 아들은 촌락에 대해 다음과 같이 진술한다. "무엇보다도 보다 고요한 생활양식을 의미하는 것 같아요. 글쎄, 저는 잘 모르겠어요. 극심한 생존 경쟁으로부터의 탈출과 같기도 합니다"(Bell, 1994, p. 91에서 재인용).

벨과 존스가 기록하고 있는 촌락성에 대한 정의에는 몇 가지 공통점이 있다. 우선 지리적 맥락이 중시된다. 존스가 인용하는 촌락 주민들의 면담 결과에 따르면, 촌락이란 '공장, 교통 혼잡, 상점, 사무실, 빽빽한 인공적 구조물이 거의 없는 곳'이며 '공장이나 가로등과 같은 도시 시설이 없는 곳'으로 인식되었다(Jones, 1995, p. 43). 농업의 유무도 많은 사람들에게는 중요한 부분이었다. 존스의 연구에 인용된 한 주민은 "여러 개의 농장과 목초지를 갖고 있어서 행복합니다. 길을 따라 오르내리는 트랙터들도 그렇고요. 물론 항상 행복한 것만은 아니지만요!"라고 말한다(p. 42).

둘째, 촌락 생활은 친밀한 공동체감과 관련되어 있다. 사람들은 다음과 같이 자신의 경험을 이야기한다.

> 커뮤니티가 규모가 작기 때문에 다른 주민들과 자연스럽게 만나게 되죠. 마을 회관이나 교회나 선술집 그리고 마을 행사 등이 모두 그렇죠(마을 주민, Jones, 1995, p. 44).

> 여기에서는 충분한 시간이 있어요. 대화를 할 충분한 시간이 있죠. 시골에서는 어떤 상점을 가더라도 손님을 대할 충분한 시간이 있습니다. 도시에서처럼 손님을 서둘러 대하는 법이 없죠(마을 주민, Bell, 1994, p. 91).

셋째, 벨이 지적하는 바와 같이, 많은 마을 주민들은 촌락 생활이 도시보다는 훨씬 더 자연과 가깝다고 인식한다. 주변에서 찾아볼 수 있는 동물은 이것의 상징물이다. 벨의 연구에 따르면, 어떤 주민은 '시골'이라는 어휘는 '수풀, 들판, 농지, 양, 소, 산책, 골짜기, 오소리굴, 여우굴, 토끼, 딱따구리, 사슴'을 연상하게 한다고 말한다(p. 90). 한편 존스의 연구에 인용된 한 마을 주민은 "여기에서는 이따금 도로를 가로지르는 소떼로 길이 막히기도 해요. 양떼, 새, 트랙터의 소리를 듣고 사는 거죠."(p. 42)라고 말하면서 촌락의 자연적 특징을 표현한다. 그러나 어떤 사람들에게 있어서 촌락 생활은 단순히 **자연을 보는 것**일 뿐만 아니라 **자연을 이해하는 것**이기도 했다. 계절, 식물, 사냥에 대한 지식과 전통 요리법 등을 통해 진정한 촌락 주민을 구별해 낸다. 칠더레이로 이사 온 어떤 주민은, 비록 그 이전 거주지가 촌락이었음에도 불구하고 "제 이모께서는 저한테 항아리에 찐 토끼고

기를 먹을 줄 모른다며 저는 절대 시골 소녀가 될 수 없다고 말하곤 했죠."라고 응답하기도 했다(p. 104).

그러나 벨과 존스의 연구에 따르면, 자신이 거주하는 마을이 이제 더 이상 시골이 아니라고 말하거나 촌락의 정체성을 상실했다고 응답하는 주민들도 있었다. 이는 대체로 농업이 쇠퇴했기 때문이었다. 존스의 연구에서 어떤 주민은 "마을 주민 중에서 농업에 종사하는 사람은 이제 거의 없어요. 20~30년 전 촌락과는 전혀 다르죠."라고 응답하기도 하며, 벨의 연구에서는 칠더레이는 "더 이상 촌락 지역이 아니죠. … 이제는 거의 농촌스러운 것이 없어요."라는 주민의 응답을 반복적으로 인용한다(p. 96).

요약

'촌락'이라는 어휘는 모든 사람들이 잘 알고 있다고 생각하지만, 사실 정의하기가 매우 모호하고 어렵다. 많은 학자들은 촌락 지역과 촌락 사회를 정의하고 그 경계를 명확히 하려고 노력해 왔지만, 여러 문제에 봉착할 수밖에 없었다. 때로는 이러한 구분이 자의적이기도 했고, 때로는 도시와 시골의 차이를 과장하기도 했으며, 또 때로는 촌락 내의 다양성을 간과하기도 했다. 일부 지리학자들이 1980년대 후반에 이를 때까지 '촌락'을 일종의 분석 범주로 사용할 것을 포기해야 한다고 주장했던 것은 전혀 놀라운 일이 아니다.

그러나 촌락성이라는 개념은 사람들이 자신의 정체성과 일상생활을 사유하는 데에 여전히 중요하다. 결과적으로, 오늘날 촌락 연구에 있어서 가장 주류적인 접근은 '촌락성'을 '사회적 구성물'로 파악하는 관점이다. 그렇다고 해서 지리학자들이 촌락 지역에 대해 일정한 경계를 그리거나 사회학자들이 촌락 사회의 본질적 특성을 파악하려는 시도들을 더 이상 하지 않는다는 것은 아니다. 다만 촌락 연구자들은 특정한 장소, 대상, 전통, 실천, 사람들이 어떻게 '촌락적'이라고 구별되는지 그리고 이러한 방식이 사람들의 일상생활에 어떤 차이를 만들어 내는지를 이해하는 데에 초점을 두고 있다.

이 책이 채택하고 있는 것은 바로 이러한 관점이다. 이 책은 영역적으로 '촌락 지역'이라고 경계 설정된 곳에 대한 지리책이 아니다. 그렇다고 해서 뚜렷하게 촌락에서 발생하는 사회적 과정에만 초점을 두는 것도 아니다. 오히려 이 책이 논의하는 많은 사회적 과정은 도시 지역과 도시 사회에서도 똑같이 나타난다. 다만 이 책은 이러한 과정이 현재의 촌락성에 대한 사람들의 인식과 경험을 어떻게 형성하는지, 그리고 역으로 개인이나 제도가 촌락성에 대한 자신의 관념을 보호하고 촉진하기 위해 어떤 대응을 하고 있는지를 이해하는 데에 초점을 둔다. 이에 기반을 두고 이 책의 본론을 크게 3부로 구성하였다. 첫 번째는 현대 촌락을 형성하는 과정을 검토하는데, 경제적·사회적·인구학적·환경적 변화 과정을 순차적으로 다룬다. 두 번째로는 이러한 과정에 대한 반응을 탐색하기 위해 촌락 발전과 보존을 위한 여러 정치적 대응과 전략에 대해 살펴보고자 한다. 세 번째로는 촌락의 변화가 사람들의 생활 속에서 어떻게 경험되고 있는지를 알아본다.

더 읽을거리

촌락성에 대한 보다 다양한 접근 방법과 촌락성이 어떻게 개인들에 의해 '사회적으로 구성되는지' 에 대해 좀 더 알아보려는 독자들에게는 핼파크리의 두 논문을 추천한다. 첫째는 Halfacree, K., 1993, 'Locality and social representation: space, discourses and alternative definitions of the rural', *Journal of Rural Studies*, volume 9, pages 23-37이며, 둘째는 Halfacree, K., 1995, 'Talking about rurality: social representations of the rural as expressed by residents of six English parishes', *Journal of Rural Studies*, volume 11, pages 1-20이다. 추가적인 사례 연구로서는 Bell, M., 1994, *Childerley: Nature and Morality in a Country Village*, University of Chicago Press와 Jones, O., 1995, 'Lay discourses of the rural: developments and implications for rural studies', *Journal of Rural Studies*, volume 11, pages 35-49를 참고하라. '촌락 전원성' 개념에 대한 보다 상세한 문헌으로서 Bunce, M., 2003, 'Reproducing rural idylls', in P. Cloke ed., *Country Visions*, Pearson을 참고하라.

웹사이트

미국에서 촌락을 정의하는 다양한 방식을 소개하는 웹사이트로서 미국 농촌정책연구소 (www.rupri.org)를 참고하라. 영국 농촌연맹에서 소개하는 '촌락은 무엇인가'에 대한 논의를 좀 더 알아보려면, www.countryside-alliance.org/policy/whatis/index.html을 참고하라.

제2장

촌락을 이해하기

서론

앞 장에서 우리는 '촌락'을 정의하는 일이 그리 단순하지 않다는 것을 알았다. 그러나 촌락사회학자들처럼 우리도 '촌락'을 촌락으로 만드는 과정 및 그 결과를 기술해야 할 뿐만 아니라, 더 나아가 그러한 과정 자체에 대한 이해를 추구하면서, 왜 특정 장소마다 과정이 다르고 결과가 다른지를 비판적으로 설명하고 제안할 필요가 있다. 이를 위해 우리는 반드시 이론을 활용해야 한다. '이론'을 활용한다고 하면 무거운 철학 사상을 떠올리면서 부담스럽게 들을 수도 있지만, 사실 일상 속에서 우리는 언제나 이론을 사용하고 있다. 우리는 전등을 켤 때나 문을 열 때 은연 중에 과학적 이론을 사용한다. 우리는 또한 우리만의 이론을 만들어 내기도 한다. 예를 들면 우리가 즐겨 보는 텔레비전 드라마의 줄거리 전개를 예상할 때나, 혹은 우리가 응원하는 스포츠 팀의 성적을 분석할 때 그러하다.

어떤 이론들은 **경험적**이다. 왜냐하면 어떤 특수한 맥락 속에서 관찰되는 사실들을 바탕으로 도출되기 때문이다. 예를 들면, 필자의 경우 동네 상점의 폐업에 관한 이론을 만들어 볼 수 있다. 그 상점을 이용하는 사람들의 수를 확인하고, 거래 내역을 살펴보고, 지역 주민들이 어디에서 상품을 구입하는지를 조사함으로써, 가령 동네 주민들이 이웃한 시내의 상점을 이용하는 빈도가 증가하고 있기 때문에 동네 상점이 문을 닫게 된 것이라는 식의 이론을 제안해 볼 수 있다는 것이다. 일반화된 혹은 추상적 수준에서 개발된 모델이나 개념을 활용한다는 점에서 다른 어떤 이론들은 **개념적**이다. 예를 들면, 우리 동네 상점의 폐업을 설명함에 있어 필자는 막스 이론을 동원할 수 있다. 자본주의 사업체들은 이윤의 극대화를 필요로 하기 때문에 슈퍼마켓들이 팽창하면서 지역의 상품 가격을 깎아 내리게 되고, 그럼으로써 손님들을 빨아들이게 되는 것이라고 주장할 수 있다는 것이다.

전통적으로 촌락학 분야에서 나온 많은 연구들이 다분히 경험적인 것들이었지만, 지난 25년에 걸쳐 보다 **비판적인 촌락 사회과학**(critical rural social science)이 발달하면서 정치 · 경제학적 개념(막스 이론에 기초), 페미니스트 이론, 후기구조주의 등을 포함한 광범위한 개념적 이론들이 분석에 동원되었다. 학자들마다 자신의 학문적 배경에 따라 다양한 접근 방법을 채택하였다. 오늘날 촌락학은 매우 간학문적인 분야로서, 지리학자, 사회학자, 인류학자, 농업 경제학자, 계획가, 정치학자 등이 서로 유사한 유형의 연구들을 수행하고 있다. 그러나 과거에는 그러한 하위 분야들은 탐구 대상이 달랐고 서로 차별되는 개념과 모델과 사회 이론들을 동원하면서 훨씬 분과적이었다. 따라서 이 장에서는 지리학, 사회학, 인류학으로 이루어진 세 줄기 주요 전통의 특징 및 이들이 현대 촌락학의 전개 과정에 미친 공헌을 소개하는 것부터 시작하기로 한다. 그다음으로 지난 25년간 촌락학 전반에 영향을 끼쳤던 두 가지 개념적 접근, 즉 정치 · 경제학적 접근과 문화적 접근에 대해 논의해 보기로 한다.

지리학적 전통

촌락지리학이 독자적인 분야로 등장한 것은 지역지리학이 힘을 잃어 갈 때인 1950년대였다. 1950년대 이전까지 인문지리학이 연구했던 것 대부분은 사실상 촌락지리학이나 다름없었다. 왜냐하면 지역지리학의 주된 관심이 사람과 자연환경의 상호작용에 관한 것이었던 것처럼 인문지리학 연구들도 주로 촌락 지역을 대상으로 이루어졌기 때문이다. 그러나 도시 지역에 대한 연구가 새로운 과정 중심 지리학이라는 틀 안에서 유행하면서, 촌락지리학은 구시대적 접근의 잔재물로서 마치 결격 사유를 가진 분야처럼 인식되었고, 새로운 통합적 관점으로 재무장했던 1970년대가 도래하기 이전까지는 지리학의 주변부로 밀려나 있었다. 이 기간(1960~1980년) 동안 촌락지리학의 핵심적 관심사는 다음과 같은 세 가지 주요 영역으로 분류되었다(표 2.1 참조).

- **농업지리학** 이것은 제2차 세계대전 이후 농업이 갖는 경제적 중요성과 농업을 근대화하겠다는 정책적 관심을 반영한 것이었다. 영국 지리학회(Institute of British Geographers)의 촌락지리학 연구 분과(Rural Geography Studies Group)는 1974년까지 농업 지리학 연구 분과(Agricultural Geography Study Group)라는 이름으로 잘 알려져 있었고, 1970년대 후반에는 영국 촌락지리학 연구의 40% 이상이 농업에 관심을 두고 있었다(Clark, 1979). 연구 주제들로는 농업의 구조적 변화, 농업적

토지 이용 패턴, 농장 시스템, 농업의 사회지리 등이 있다.

- **촌락 공간을 둘러싼 인간 활동의 영향과 조직** 여기에는 교통망과 촌락 패턴에 대한 연구를 비롯해 인구 분포와 이주에 대한 연구 등이 포함된다. 제2차 세계대전 직후, 가령 1946년에 발간된 샤프(Sharpe)의 고전적 저술인 『마을의 해부(The Anatomy of a Village)』처럼 이와 관련된 연구들은 촌락 형태의 분류에 초점을 두고 있었다. 그 뒤에는 좀 더 응용적인 접근들이 등장하면서 촌락 계획의 문제로까지 관심이 전환되었다.

- **촌락 경관과 토지 이용** 이 접근은 위의 두 접근을 부분적으로 종합하면서 촌락 경관의 전개 과정에 대해 기술하고 설명하였다. 이 부문의 연구는 존 프레이저 하트(John Fraser Hart)의 연구(Hart, 1975; Hart, 1998 참조)나 미국 지리학회(Association of American Geographers)의 현대 농업 및 촌락적 토지 이용 전문 분과(Contemporary Agriculture and Rural Land Use Speciality Group, CARLU)에서 잘 볼 수 있듯이 특히 북미의 지리학계에서 뚜렷하게 나타났다. 2002년부터는 CARLU가 촌락 개발 전문 분과(Rural Development Speciality Group)와 통합되면서 촌락지리학 전문 분과(Rural Geography Speciality Group)가 새롭게 만들어졌다.

표 2.1 주요 촌락지리학 저술들의 단원명

클라우트(Clout, 1972) **촌락지리학**(Rural Geography)	촌락 인구 감소, 시골 사람들, 시골 지역의 도시화, 토지이용계획, 농업 구조의 변화, 촌락적 토지 이용으로서의 삼림지, 경관 평가, 촌락 지역의 취락 적정화, 시골 지역의 제조업, 영국 촌락 지역의 여객 운송, 시골 지역의 통합 관리
하트(Hart, 1975) **토지의 모습**(The Look of the Land)	식생 피복, 기본 개념들, 영국의 토지 구획, 미국의 토지 구획, 농지 규모와 농지 보유권, 농지의 인력 고용과 농지 관리, 농부의 의사결정에 작용하는 요인들, 농장의 부속 건물들, 농업 지역과 농장, 가옥의 형태와 마을, 광업·임업·휴양, 미국 시골 지역의 변화
필립스와 윌리엄스(Phillips and Williams, 1984) **영국의 촌락 : 사회지리학**(Rural Britain : Social Geography)	촌락 경제 I : 토지에서 살아남기, 촌락 경제 II : 비농업적 인력 고용, 인구와 사회 변화, 가옥, 교통과 접근성, 계획, 서비스업과 소매업, 휴양과 여가, 빈곤, 정책적 쟁점과 미래
길그(Gilg, 1985) **촌락지리학 소개**(An Introduction to Rural Geography)	농업지리학, 임업·광업, 토지 이용의 경합, 촌락의 인구와 인력 고용, 촌락의 교통·서비스업 조달과 빈곤, 촌락 계획과 토지 관리

지금까지 언급한 촌락지리학에 대한 전통적 접근들은 개념적 인식이 크게 결여된 채 다분히 경험적인 경향을 갖고 있었다. 클로크(Cloke, 1989a)가 평가했듯이, '많은 촌락 지리학자들은 연구에 개념적 틀을 적용한다고 하면서도 촌락의 쟁점과 관련된 다분히 경험적인 관심사들에 집중하는 경향이 있었다'(p. 164). 또한 존 프레이저 하트는 자신의 접근 방법을 다음과 같이 서술한다. '나는 촌락 지역을 발로 밟아 보며 보았던 것을 이해해 보고자 하며, 나의 관찰 결과를 각종 통계 자료 및 이를 바탕으로 한 지도들을 이용하여 보강하려고 한다'(미네소타대학교 웹사이트). 이론이 사용되었다고 해도 이것은 종종 폰 튀넨(Von Thunen)의 토지 이용 모델이나 크리스틸러(Christaller)의 중심지 이론과 같은 공간적 모델들을 적용하는 것에 한정되었다. 이러한 모델들은 본질적으로 경험적 관찰 결과를 지도로 일반화하여 재현하는 수준이었고, 애초에 사용된 맥락을 벗어나면 제대로 기능하지 못했을 뿐 아니라, 관련 현상을 만들어 낸 사회·경제·정치적 과정에 대해 아무것도 말해 주지 못했다.

요컨대, 지리학적 전통이 현대 촌락학에 기여한 바는 세 가지이다. 첫째, 공간 및 공간적 차이에 대한 감수성을 남겼다. 둘째, 경관의 중요성을 상기시켰다. 셋째, 인간과 자연의 상호작용에 대한 관심을 일으켰고 이것은 오늘날 새로운 방식으로 재인식되고 있다.

사회학적 전통

촌락사회학의 탄생은 19세기 말 및 20세기 초로 거슬러 올라간다. 북미 대학에서 최초로 촌락사회학 강좌가 만들어진 것은 1894년 시카고대학교가 처음이었고, 1902년의 미시간대학교가 다음이었다. 그러나 1936년 전문 학술지 『촌락사회학(Rural Sociology)』의 창간에서 상징적으로 알 수 있듯이 촌락사회학이 유럽과 북미에서 급속히 확산되고 도약한 것은 제1차 세계대전 이후였다. 양대 세계대전 사이에는 촌락 사회가 급속한 도시화와 산업화를 경험하고 거센 변화의 압력을 겪었으며, 이에 따라 촌락사회학이 크게 유행하였다. 실제로, 초창기의 촌락사회학은 유럽 및 북미의 교회들과 관련된 도덕적 사안들이나 1908년 루즈벨트 대통령의 시골생활위원회(Commission on Country Life)와 같은 정치적 운동들을 주로 다루고 있었다. 몰몬트(Mormont, 1990)가 지적하듯이 이러한 도덕적 사안들은 서로 상반되는 두 가지 측면을 종종 내포하고 있었다. '한편으로는 촌락 세계를 기술적, 경제적으로 근대 산업 세계 속에 통합시키기 위해 촌락 세계의 구조를 변모시키려는 (농업적) 근대화 운동이 있었다. 다른 한편에서는 당대의 사회적·정치적 긴장에 대한 일종의 (보다 이데올로기적인) 반작용 운동이 있었다'(p. 23).

표 2.2 주요 촌락사회학 저술들의 단원명

질레트(Gillette, 1913) **구성적 촌락지리학**(Constructive Rural Sociology)	촌락 공동체와 도시 공동체의 구분, 환경의 차별적 영향에서 기인한 공동체 유형들, 촌락 문제의 사회적 본질, 촌락 생활의 장점과 단점, 농업 생산의 향상, 농업 관련 비즈니스 부문의 개선, 교통과 통신의 개선, 미국에서 토지와 노동의 사회적 측면, 촌락의 보건과 위생, 매력적인 촌락 생활 만들기, 시골 생활의 사회화, 촌락의 사회 시설들과 그 개선, 촌락의 관용과 징벌, 촌락 사회 조사
소로킨과 짐머만(Sorokin and Zimmerman, 1929) **촌락-도시사회학의 원리** (Principles of Rural-Urban Sociology)	촌락 세계와 '거대 사회'에서 농부 계급의 위치, 촌락과 도시 인구의 신체적 특성, 촌락과 도시 지식·경험·심리적 과정, 촌락과 도시의 행태·시설·문화의 횡단면, 촌락과 도시의 인구 이동
존스(Jones, 1973) **촌락 생활**(Rural Life)	'촌락적'이라는 것은 무슨 의미인가?, 개념적 틀, 영국에서 촌락의 생활 방식, 촌락의 사회 구조와 조직 I : 가족과 이웃, 촌락의 사회 구조와 조직 II : 촌락 공동체, 현대 촌락 사회의 변화, 도시와 촌락의 상호작용과 촌락의 변화는 무엇인가?, 촌락 경제 I : 토지에서 살아남기, 촌락 경제 II : 비농업적 인력 고용, 인구와 사회 변화, 가옥, 교통과 접근성, 계획, 서비스업과 소매업, 휴양과 여가, 빈곤, 정책적 쟁점과 미래

이렇게 서로 얽혀 있는 두 가지 압박 요인을 반영하면서, 촌락사회학은 다양한 연구 주제를 개발하였는데 그중 네 가지를 소개하면 다음과 같다(표 2.2 참조).

- **촌락 사회와 도시 사회** 앞 장에서 논의했듯이, 촌락 사회와 도시 사회의 차이를 규정하는 것은 사회학적 전통의 주요 관심사이다.
- **촌락 지역에서의 사회적 관계** 사회학자들은 친족 조직의 기능, 계층 시스템, 교회와 같은 각종 시설의 중요성 등을 포함하여 촌락 공동체의 사회적 구조를 탐구하였다.
- **농업 사회학** 이것은 두 가지 측면에서 농업 지리학과는 다르다. 첫째, 농가를 하나의 사회적 단위로 인식한다. 둘째, 농지와 농지 노동자 간의 노동 관계에 관심을 둔다.
- **촌락 사회의 변화** 촌락사회학 전반을 관통하는 공통된 주제는 근대화의 영향과 그에 따른 변화였으며, 일부 학자들에게는 사라질지도 모르는 촌락 사회의 특징들을 연구하는 것이 중요했다.

많은 촌락사회학적 연구들이 상당히 실제적인 차원에서 이루어지긴 했지만, 전반적으

표 2.3 영국 제도의 촌락 공동체 연구

아렌스버그(Arensberg, 1939), 아렌스버그와 킴볼 (Arensberg and Kimball, 1948)	루오와 리나모나, 클레어(Luogh and Rynamona, Co. Clare), 아일랜드 공화국
리스(Rees, 1950)	란피한겔-잉-엔윈파(Llanfihangel-yng-Ngwynfa), 웨일즈
윌리엄스(Williams, 1956)	고스포스(Gosforth), 컴벌랜드
프랑켄버그(Frankenberg, 1957)	그린세이리오그(Glynceiriog), 웨일즈
데니스, 헨리크와 슬레터(Dennis, Henriques and Slaughter, 1957)	'에쉬톤(Ashton)', 요크셔
스테이시(Stacey, 1960)	반버리(Banbury), 옥스퍼드셔
리틀존(Littlejohn, 1964)	웨스트리그(Westrigg), 노섬벌랜드
윌리엄스(Williams, 1963)	애쉬워디(Ashworthy), 데번
스트라턴(Strathern, 1981)(연구는 1960년대에 수행됨)	엘던(Elmdon), 에식스

로 볼 때 촌락사회학은 촌락지리학에 비해 개념적 이론에 보다 젖어 있었다. 앞 장에서 논의한 바, 촌락성을 사회·문화적 관점에서 정의한 것은 대체로 촌락사회학 분야에서 이루어졌다. 촌락사회학자들은 촌락 사회와 도시 사회라는 이분법을 경험적인 차원에서 실험해 보면서도, 현대사회에 대한 논의의 일환으로 촌락 사회와 도시 사회에 대한 생각을 펼쳐 나갔던 페르디난트 퇴니스, 막스 베버, 에밀 뒤르켐 등 선구적 사상가들의 사회 이론에도 관심을 가졌다. 1950년대부터 1970년대까지 촌락-도시 연속체라는 개념은 촌락사회학의 주요 화두였다.

실제로 사회학적 전통이 현대 촌락학에 기여한 것 중 하나는 촌락성 담론을 펼칠 때마다 등장하는 촌락과 도시의 차이를 어떻게 인식할 것인가 하는 부분에 있었다. 이 밖의 공헌을 들자면 사회적 관계와 사회 구조, 분석 단위로서 세대의 중요성, 기타 보건·교육·주택 보급 등 촌락 지역에서의 복지 지원 등에 대한 관심을 불러왔다는 것이다.

인류학적 전통

대부분의 인류학적 연구 자체가 사회 구조와 사회적 과정에 특히 관심을 갖고 있기 때문에, 인류학적 전통과 사회학적 전통 사이에는 중복되는 부분이 일정하게 존재한다. 그러나 인류학은 연구자가 촌락 공동체 안에 들어가 생활하는 이른바 민족지학적 방법을 사용하기 때문에 방법론상으로는 사회학적 전통과 차이가 있었다. 인류학적 전통이 만들어 낸 최고의 성과는 1940~1950년대에 영국과 아일랜드에서 수행된 수많은 사례의 '촌락 공동체 연구들'이다(표 2.3 참조). 이들 연구는 사회 구조, 경제활동, 가족과 세대, 종교,

정치, 문화적 활동 등을 종합적으로 조사한 것으로 공동체 하나하나에 대한 포괄적인 탐구였다. 이러한 공동체 대상 연구들은 본질적으로 고강도의 경험적인 것이지만, 그중 일부는 해당 공동체를 이해하기 위해 개념적 이론을 이용하기도 하였다. 이에 해당하는 많은 연구들이 사회·문화적 이론들에서 말하는 촌락 사회의 특징들을 규정하려고 애썼다. 반면에 프랑켄버그(Frankenberg, 1966)의 경우 9개의 공동체를 촌락-도시 연속체를 따라 배치하였다. 또 어떤 연구자들은 촌락 공동체에서의 사회적 관계의 일면을 설명하기 위해 어빙 고프만(Erving Goffman, 1959)이 사용했던 전선지역 및 배후지역의 개념처럼 개발 도상국을 사례로 인류학적 연구들이 개발한 개념들을 차용하였다.

제도적으로 인류학은 현대 촌락학에서 지리학이나 사회학 수준의 뚜렷한 입지를 갖고 있지는 않지만(대부분의 촌락 연구가 인류학과에서 수행되는 오스트레일리아를 제외하면), 인류학적 전통이 남긴 유산은 다음의 세 가지 점에서 뚜렷하게 인식된다. 첫째, 촌락학에서 '촌락 공동체'를 주요 주제로 부상시켰다. 둘째, 인류학적 전통은 촌락의 정체성에 지속적인 관심을 갖게 해 주었다. 셋째, 앞 장에서 논의했던 '칠더레이'에 대한 마이클 벨(Michael Bell)의 연구가 잘 보여 주듯이 현대 촌락학의 방법론의 하나로서 민족지학적 공동체 연구가 부흥하게 되었다(Bell, 1994).

정치·경제학적 접근

위에 소개한 세 가지 전통들이 촌락학의 초창기 이야기를 들려주는 것이라면, 현대 촌락 사회과학의 기원은 우리가 잘 알듯이 1970년대 촌락 연구가 직면했던 모순적 상황에서 기원한다. 당시 경험적 촌락 연구가 양적 측면이나 다루는 주제의 범위 면에서 모두 증가하고 있었음에도 불구하고, 촌락학에서 이론이 부재하고 새롭게 개발된 사회 이론들이 적용되지 못하고 있으며 해당 연구를 둘러싼 특수한 상황을 벗어나면 거의 설명력이 없다는 비판이 기존의 촌락학에 가해졌던 것이다(Buttel and Newby, 1980; Cloke, 1989a). 대다수의 촌락 연구가 정부기관이나 대기업의 후원으로 계약관계하에서 수행되었고, 그러다 보니 이들 권력 기관들이 설정해 놓은 사안들을 무비판적으로 따르는 경향을 보였다. 이와 대조적으로, 1970년대에는 자본주의의 작동 방식에 대한 신막시스트의 정치·경제학 이론들을 배경으로 새로운 비판적 시각들이 사회과학의 여기저기에서 나타났다(글상자 2.1 참조). 그들이 주장한 것은, 현대 세계를 움직이는 사회적·경제적·정치적 구조는 모두 이윤 창출을 추구하는 자본주의적 생산 양식의 절대 요구에서 기인한다는 것이다. 또한 자본주의가 유산 계급과 무산 계급이라는 서로 다른 계급으로 사회

글상자 2.1 핵심 개념

정치·경제학 : 생산, 분배, 자본 축적 사이의 관계와, 경제 질서에 정치적 조정이 미치는 효과, 사회적·경제적·지리적 구조에 경제적 제 관계가 미치는 영향 등에 관한 연구이다. 현대 지리학에서 '정치 경제학' 이라는 용어는 막스 이론의 영향을 받은 연구들, 특히 사회적 불평등과 자본 축적의 메커니즘을 포함해 자본주의 사회의 특징을 강조하는 연구들을 지칭한다.

를 양극화한다고 주장한다. 자본주의는 상품 생산이 최소 비용에서 이루어질 수 있도록 조직된 경제 정책과 제도와 지리를 요구하기 마련이라고 한다. 자본주의가 대량생산을 통한 상품의 수요 창출을 필요로 한다고 말한다. 자본주의가 복지와 기회의 불균등 지리를 창출하고 또한 요구한다고 말한다. 이러한 사상들이 적용되면서 도시학과 같은 분야들을 변화시켰고, 소장 연구자들은 그 같은 이론적 사상들이 촌락학에도 도입될 수 있는지를 검토하기 시작하였다.

촌락사회학의 경우, 정치·경제학적 접근은 잉글랜드 이스트 앵글리아 지역의 농업적 노동 관계와 촌락의 권력 구조에 관한 하워드 뉴비(Howard Newby)와 그 동료들의 연구를 포함한 소수의 연구 사업들에 의해 개척되었다(Newby, 1977; Newby et al., 1978). 이러한 초기의 연구는 곧 촌락사회학 안팎으로 확산되었고, 1980년대 초에는 촌락경제학과 촌락연구그룹(Rural Economy and Society Study Group, 1978년 영국에서 창립)과 같은 단체가 정치·경제학적 연구를 위한 학제적 공간을 촌락학에 마련하였다.

부텔과 뉴비(Buttel and Newby, 1980)가 보고했듯이, 촌락학에 도입된 정치·경제학적 접근은 촌락학에서 새로운 방식의 사유를 이끌었을 뿐만 아니라 새로운 탐구 분야를 창출하였다. 특히 촌락학에서는 다음과 같은 네 가지 관심사가 정치·경제학적 접근과 밀접하게 관련되어 등장했다고 규정될 수 있다.

- **자본주의 사업으로서의 농업** 정치·경제학적 접근은 농업이 작동하는 방식도 여타 형태의 자본주의 생산과 마찬가지로 이윤 극대화를 추구한다고 강조한다. 이러한 관점에서 보면 제2차 세계대전 이후의 농업의 재구조화(제4장 참조)는 자본 축적에 대한 관심에서 발단하였다고 할 수 있고, 농부와 농지 노동자 사이의 관계는 착취의 관계로 재해석될 수 있다.
- **계급** 전통적 촌락학에서는 공동체의 응집성이 계급의 차이를 압도한다고 강조하는 경향이 있지만, 정치·경제학적 접근에서는 계급 갈등과 억압의 문제를 다루면서 그

러한 입장을 뒤바꿨다. '계급'은 또한 촌락 지역의 인구 변화에 대한 분석에서 중요한 토대로 인식되었는데, 1980년대 및 1990년대의 연구들에서는 촌락 지역의 인구 이주에서 새로운 집단, 즉 '서비스 계급'이 하는 역할과, 노동자 계급의 거주지를 중류 계급이 대체하는 과정 — 또는 '젠트리피케이션' — 을 탐구하기도 하였다(이 두 가지 쟁점은 제6장에서 논의하고 있다).

- **촌락 경제의 변화** 정치·경제학적 접근은 촌락의 경제적 변화를 자본주의 경제의 변모라는 보다 넓은 스케일과 연결시켰다. 예를 들면, 제조업이 도시에서 촌락으로 이동하는 현상은 최소 비용 환경에서 생산하려는 입지 이동 현상으로 설명되었다. 이와 유사하게, 막스의 '상품' 개념을 적용하여 촌락 경관과 생활 양식이 '꾸러미'로 처리되어 매매되고 관광과 여가를 통해 소비된다고 해석하였다(제12장 참조).

- **국가** 정치·경제학적 접근에서는 국가를 중립적 행정 기구가 아니라 자본주의에 우호적인 환경을 만드는 기구라고 간주한다. 이런 식으로 촌락 연구자들은 농업정책이나 농업 계획과 같은 부문에서 보이는 국가의 역할을 분석하였던 것이다.

정치·경제학의 이론을 기초로 한 접근은 촌락의 경제와 사회에 관한 연구가 보다 넓은 스케일의 사회 및 경제적 과정과 연관된다는 연구 틀을 제공함으로써 촌락 연구에 중요한 영향을 끼쳤다. 이러한 시야는 촌락 지역이 고립되고 차단된 영역이 아니라 촌락 공간 외부의 행위자 및 현상들에 의해 조형되고 영향을 받는 공간이라는 점을 부각시켜 주었다. 또한 정치·경제학적 접근은 기존의 권력 구조에 도전하고 시골 지역의 사회 및 경제적 불평등을 폭로하는, 보다 급진적인 촌락학의 발달을 유도하였다. 그러나 이 접근은 한계를 지니고 있다. 정치·경제학적 관점에서는 '촌락'을 독립된 탐구 대상으로 삼을 수 있게 해 주는 공통되고도 뚜렷한 특징을 찾을 수 없기 때문에 결과적으로 촌락 지역을 정의하는 것이 불가능하다. 정치·경제학적 접근이 주장하는 논리는 '촌락'이라는 로컬리티를 다른 로컬리티들과 동일한 선상에서 다루자는 것, 다시 말해서 '촌락'이 아니라 일종의 '로컬'이라는 점에 초점을 두자는 것이다. 정치·경제학이 계급과 같은 집단 정체성이나 경제 구조를 강조하고 있다는 것은, 다른 한편에서 볼 때 개개의 작인이나 개인적 경험은 그들의 분석에서 주변화되고 있음을 의미하는 것이기도 하다. 그래서 1990년대에는 정치·경제학적 접근의 수용을 통해, 민중이라는 잃어버렸던 존재를 재소환하는 방향으로 촌락학의 강조점이 전환되었다.

촌락학과 문화적 전환

1980년대 말, 인문지리학과 사회과학은 소위 '문화적 전환'이라는 흐름 속으로 진입하였다. 이에 따라 문화란 사람들이 자신의 정체성과 경험을 상징적으로 표현하는 것이며 끊임없이 경합되고 재협상되는 것이라는, 다시 말해서 문화를 담론의 산물로서 새롭게 이해하기 시작했고, 문화지리학자들은 정체성, 재현, 소비와 같은 쟁점들을 매개로 장소의 의미와 공간 관계를 탐구하기 시작하였다. 클로크(Cloke, 1997a)가 이야기하듯이, 문화적 전환은 촌락성의 개념에 상당한 관심과 흥분을 불러오면서 촌락학의 부흥을 일으켰다. 예를 들면, 촌락지리학자들은 정체성 및 재현이라는 개념을 차용하여 촌락성이 담론적으로 구성되는 방식—앞 장에서 논의—에 대해 고찰하였다. 뿐만 아니라 보다 넓게는 자연, 경관, 타자의 공간성 등 그동안 문화지리학에서 개발되었던 일부 핵심적 관심사들을 촌락 공간과 환경에 연결시켜 검토해 나갔다(제15장 참조).

클로크(Cloke, 1997a)는 1990년대 중반 촌락학에 새로운 관심과 흥분을 불러왔던 네 가지 영역을 다음과 같이 제시한다.

- **자연-사회 관계** 촌락 연구자들은 촌락성의 구성에 대해 연구하면서 자연의 의미와 촌락 공간이 인간-자연 관계의 일부로 연동되는 과정을 탐구하였다. 동·식물상의 지리, 인간 이외의 다른 작인들 및 혼종적 유형들, 자연환경 및 경관의 인지에 관한 연구 등이 여기에 포함된다(이 중 일부는 제8장과 제13장에서 다룬다).
- **촌락 경험 및 상상력의 담론** 촌락성의 사회적 구성(제1장 참조)에 관한 연구와 마찬가지로, 광범위한 연구들이 이루어지면서 다양한 촌락의 생활 방식과 그에 대한 경험들이 탐구되었고, 특히 이전까지 간과되었던 촌락의 '타자' 집단들에 주목하였다(제15장 이후의 내용 참조).
- **상징적 텍스트로서의 촌락 문화** 문화적 전환은 또한 다양한 매체를 통해 촌락성이 어떻게 재현되고 있는가, 그리고 이러한 재현이 촌락성 담론의 재생산에 어떻게 기여하는가에 관심을 두었다. 예를 들면, 현대인의 소비에서 재생산되고 있는 촌락적 상징들(촌락을 상징적으로 표현한 전원시나 전원화와 같은 작품들)의 역사와 유산이라든가, 현대의 대중매체에서 이루어지는 촌락적인 공간과 경관과 삶의 재현에 초점을 맞추었다(제11장 참조).
- **이동** 끝으로, 가령 노마디즘(nomadism)이나 트라이벌리즘(tribalism)을 포괄하는 대안적 촌락 생활이나 관광 및 여행에 관한 연구 등 촌락 공간의 이동성을 주제로 한

연구가 착수되었다(제21장 참조).

이상에서 언급한 연구들 외에 보다 최근에는 생산, 소비, 재현 사이의 상호 관계(Goodman, 2001), 농경 문화(Morris and Evans, 2004), 촌락 공간에서 몸의 문제 및 촌락성에 대한 구체적 경험(Little and Leyshon, 2003) 등 새로운 줄기의 연구가 이루어지고 있다.

그러나 클로크(Cloke, 1997a)는 문화적 전환이 갖는 함의와 관련하여 다섯 가지 의문을 제기하고 있다. 그중 세 가지는 정치·경제학 접근을 배경으로 한 급진적 촌락학을 훼손하는 일과 관련된다. 클로크는 문화적 접근이 정체성의 문제를 강조함에 따라 확신의 정치가 정체성의 정치로 대체되면서 '해방 지향적인 사회적 실천 및 정치에 대한 의지가 문화적 만족의 문제에 정치적 의미를 부여하는 입장으로' 전환된 것은 아닌지 의문이라고 물었다(p. 373). 마찬가지 맥락에서, 그는 문화적 접근이 다양한 도덕적 입장에 대해 취하는 개방적 태도가 과연 사회적 관심으로부터의 자유와 도덕적 사유를 가능케 했는지 의문이라고 질문하였다. 이러한 두 가지 의문과 함께 그는 세 번째 관심사, 즉 정책입안자들이 종종 질적 연구가 일반적 결론을 도출할 능력이 있는지의 여부를 의심하는 것을 볼 때 과연 문화적 연구가 실질적 성과를 내놓을 역량이 있는 것인지 의문이라고 물었다. 네 번째 의문은, 촌락의 재현을 추구하는 연구는 대부분 민중의 일상적 삶과 밀접한 텍스트보다는 '매혹적인' 고상한 문화 텍스트들에 보다 초점을 둔다는 점이었다. 끝으로, 클로크는 촌락의 '타자'에 대한 연구들이 보이는 '연구 관광주의'에 대해 경고하였다. 다시 말해서 이들 연구가 촌락의 소외 집단들에 대해 부분적으로 연구를 수행하고는 있지만, '도덕적 환경 속에서 연구가 이루어져야 하고 지속적이고도 감정이입적이며 맥락화된 연구가 매우 중요하다는 점을 충분히 느끼지 못하고 있다는 것이다'(p. 374). 이러한 의문 중 일부는 가령 텔레비전 같은 대중적 형태의 문화적 재현 등 차후의 연구에 의해 해소되긴 했지만 나머지 의문들은 여전히 미해결로 남아 있다.

요약

최근 일고 있는 촌락학의 부흥은 다양한 학문적 전통에서 기원하는 여러 가지 사상들의 창조적 종합과, 정치·경제학과 페미니즘으로부터 포스트모더니즘과 탈구조주의에 이르는 새로운 이론적 관점의 도입 때문에 가능한 것이다. 그러나 그러한 부흥의 과정은 어

떤 지배적 이론이 기존 것을 대체하는 식의 단선적인 것이 아니다. 클로크(Cloke, 1997a)
가 확인하듯이, '촌락학은 매력적인 일련의 다양한 개념들을 목격해 왔고, 그 결과는 종
종 어떤 하나에서 다른 하나로의 단순한 패러다임 전환이기보다는 여러 가지를 혼종적으
로 결합하는 것이었다'(p. 369). 촌락 연구자들은 각 이론적 사상마다 촌락의 경제 및 사
회의 어떤 측면을 조명하는 데에 도움이 되는지를 충분히 잘 이해하고 있다. 서로 양립할
수 없는 세계관을 종합하지 않도록 유의하면서도 하나의 이론에 얽매이지 않는 이러한
절충주의적 입장이 이 책에서 서술되고 있다. 가령 촌락 지역을 변모시키는 사회적, 경제
적, 정치적 재구조화 과정을 탐구하는 일은 정치ㆍ경제학적 분석 틀을 통해 잘 수행될 수
있을 것이다. 촌락의 삶에 대한 민중들의 경험을 검토하는 일은 문화적 전환이 있었기에
가능할 것이다. 그러나 이 책의 각 장에서 참조한 이러한 이론들은 명시적으로 드러나기
보다는 묵시적으로 내재할 것이며, 주로 다양한 핵심 개념들을 설명하고 적용하는 수준
에서 언급될 것이다. 이와 같이 필자는 이론을 바탕으로 한 촌락학이 난해하거나 도전적
일 필요가 없고 오직 시골 지역의 변화 과정을 이해하기 위한 다양한 기회를 창출하기를
희망한다.

더 읽을거리

폴 클로크가 쓴 세 편의 논문은 다양한 이론들이 촌락학에 미친 영향에 대해 논의한다. 첫째,
Richard Peet and Negel Thrift (eds), *New Models in Geography: The Political Economy
Perspective*(Unwin Hyman, 1989)의 제1권 중 그가 쓴 'Rural geography and political
economy'란 제목의 장은 촌락학에서 정치ㆍ경제학적 관점이 등장한 배경에 대해 자세히 서술하면
서 그 적용과 관련된 쟁점들을 논의하고 있다. 둘째, *Journal of Rural Studies*, volume 13,
pages. 367–375(1997)에서 그가 편집자 사설로 쓴 'Country backwater to virtual village?
Rural studies and "the cultural turn"'은 촌락학에 끼친 문화적 전환의 영향을 비판적으로 논의
한다. 끝으로, P. Cloke, M. Doel, D. Matless, M. Phillips and N. Thrift, *Writing the Rural*
(Paul Chapman, 1994)에서 '(En) culturing political economy : a life in the day of a "rural
geographer"'는 개인적 수준에서 클로크 자신의 연구에 영향을 준 다양한 이론들을 여타의 광범위
한 요인들과 함께 소개하고 있다.

제 2 부

촌락의 재구조화 과정

제 3 장

세계화, 근대성 그리고 촌락 세계

서론

이 책의 핵심 주제 중 하나는 촌락 지역의 변모이다. 이것은 선진국의 촌락 지역에서 나타나는 경관들에서 잘 볼 수 있듯이, 지난 50여 년간 시골 지역에 영향을 주었던 변화들—촌락, 도로, 송전선, 재구획된 경지 패턴, 새로운 형태의 농업 및 공업 시설, 조림 사업, 벌목 사업, 넘쳐나는 표지들(촌락의 보호 경관이나 보존 용지가 어디에 있는지 안내하고 그곳이 어떤 곳인지를 알 수 있게 해 준다는 점에서는 유용하지만)—을 탐구하는 작업이다. 이것은 단지 촌락 공간의 물리적 변화만을 지칭하는 것이 아니다. 20세기 후반에 걸쳐 촌락 공동체 안에서 삶을 살아온 민중들의 구술사 역시 제1장에서 언급했던 많은 무형적인 변화들—가령 공동체 의식, 응집성, 사회 질서, 평온함 등과 같은 것들을 말하며 촌락성을 정의할 때 필수적인 요소로 간주되곤 한다—을 포함하는데 이것들 역시 촌락 주민이 경험했던 변화가 어떤 것들인지 설명해 준다. 마찬가지로, 촌락 지역의 사회적·경제적 특성의 변화 정도를 계량적으로 정리한 통계들—농업 고용의 감소, 새로운 거주민의 유입, 마을 서비스의 폐업 등—을 찾는 것도 어렵지 않다.

정치 집단들은 이러한 각종 변화들을 촌락성에 대한 일종의 압력으로 간주하고 널리 알리면서, '잃어버린' 촌락 세계의 여러 측면들을 보호해야 하고 추후의 변화에 저항해야 한다고 강조하는데, 이를 통해 우리는 시골 지역에 영향을 주는 변화들이 어떤 것인지 보다 쉽게 감지할 수 있다. 1997년 7월 런던의 하이드 파크에서는 영국의 4개 변방 지역에서 올라온 12만 5,000명 이상의 시위자들이 집회에 참가하기 위해 모여들었는데—이 이벤트는 사냥개를 동원한 야생동물 사냥에 항거하고 그것을 금지시키려는 목적으로 결성된, 농촌연맹(Countryside Alliance)이라는 압력단체가 주도하여 조직한 것이었다—

여기에 참가한 한 시위자는 『가디언(Guardian)』이라는 일간지에 기고하기를 '촌락의 민중들'은 마치 위협에 직면한 열대 지방의 토착민들처럼 고유한 독자적 문화를 간직하고 있다고 성토하였다(Woods, 2003a).

이러한 경고는 촌락 주민들이 처한 절박한 감정을 우리에게 전달하고는 있지만, 과연 오늘날 촌락에서 일고 있는 변화가 이전에 없었던 새로운 것인가? 2000년 4월 250명의 '촌락 지도자들'이 캔자스 시에 모여서 미국의 촌락 지역이 직면한 정책적 도전들을 놓고 논의하였다. 한 참가자는 '21세기 벽두에 미국의 촌락 지역은 전례 없었던 변화를 겪고 있다. 하지만 적어도 지난 반세기 동안 많은 촌락 공동체들이 마치 롤러코스터처럼 인구학적, 경제적 급변을 겪었다'고 말했다(Johnson, 2000, p. 7). 만약에 그가 역사가였다면 시간 스케일을 더 멀리까지 소급했을지도 모른다. 어찌 되었든 여기서 핵심은, 오늘날의 변화무쌍하고도 위협에 처한 촌락 변화와, 과거의 안정되면서도 낭만적이었던 촌락이 이분법적으로 서로 잘못 대비되고 있다는 점이다. 좀 더 정확하게 말하면, 촌락은 변화가 연속되는 공간—오늘날 경험하고 있는 것보다 과거 어느 때에는 훨씬 더 파괴적인 스케일에서 진행되었을 수는 있지만—인 것이다. 최근 수십 년 동안 북미와 오스트레일리아와 뉴질랜드의 여러 지역에서 겪고 있는 변화가 16세기 이후 유럽인의 신대륙 정착과 함께 나타났던 촌락 지역의 변화보다 더 중요하다고 말할 수 있는가? 오늘날 유럽의 촌락 지역에서 나타나는 변화가 18~19세기에 최초로 등장했던 농업혁명 때의 그것이나 20세기 초두의 산업화 및 도시화 시대의 그것에 비해 더 광범위하다고 볼 수 있는가?

하지만 오늘날의 촌락 변화는 두 가지 점에서 이전의 그것과 다르다. 첫째는 변화의 **속도와 지속성**이다. 촌락의 경제와 사회는 그저 변화하는 것이 아니라 마치 밀물과 같이 연속적인 추세와 쇄신의 영향 속에서 지속적이고도 급속하게 변화하고 있다. 이렇게 강력한 변화 속도는 근대 후기에 접어들면서 기술적 혁신 및 사회적 개혁이 급속하게 진행됨에 따라 나타나는 것이다. 두 번째 특징은 변화의 **총량과 상호 연결성**이다. 촌락 변화를 보여 주는 많은 역사적 사례들을 볼 때, 가령 18세기 영국의 인클로저처럼 촌락의 변화가 직접적인 것이고 공간적으로 일정하게 한정되고 있는가? 그렇지 않다. 오늘날의 촌락 변화는 전 세계적 과정의 일부이다. 촌락 지역은 세계화의 흐름 속에서 촌락과 도시 공간을 아우르는 전 세계적인 사회적 · 경제적 과정들과 상호 연결되어 있다.

이 장에서는 이러한 특성들을 좀 더 자세히 논의하면서, 변화의 몇몇 핵심 과정들을 밝히고 그 결과들을 설명하며 이 책의 이하 내용에서 다루는 주제들을 조명하고자 한다. 결론에서는 근대성과 세계화가 끼친 영향을 상기해 보면서, 짤막한 이들 두 개념의 휘하에서 작동하는 제 과정들이 누적적 효과를 나타내기 때문에 우리가 지금 **촌락의 재구조화** 문제를 논할 수 있는 것이라고 주장한다.

근대성, 과학 기술과 사회 변화

데이비드 매틀리스(David Matless)는 '근대성과 전통은 상반되는 용어인데 영국의 촌락은 종종 근대성보다는 전통 쪽에 가까운 것으로 간주된다'(1994, p. 79)고 서술한다. 이런 식으로, 촌락의 변화를 논하는 담론들은 촌락의 변화무쌍한 현재와 불변하는 과거 사이의 그릇된 이분법을 생산하고, 그럼으로써 근대를 대표하는 도시와 전통을 대변하는 촌락을 상정하는, 문제 많은 이원론을 촉발하는 경향이 있다. 매틀리스가 논의하듯이, 이러한 식의 구별은 도움이 되지도 않고 길을 잘못 안내하지만, 촌락의 변화를 옹호하는 사람에게나 반대하는 사람 모두에게 편리한 가설로 사용되고 있다. 환경보호 운동가들에게 '전통'이란 근대성이 품은 무질서 및 불확실성과 대척을 이루는 촌락 사회의 질서와 지속성을 의미한다. 그러나 개혁가들에게 근대성이란 도시 지역과 촌락 지역 간의 불평등을 감소시키면서 촌락 경제를 촉진하고 촌락 사람들의 삶의 수준을 향상시키는 열쇠로 인식된다. 이러한 의미에서 종종 근대성이란 전기 가설, 도로 건설 또는 촌락 주택의 개량 등과 같은 하부구조의 개발 프로그램을 뜻하기도 한다. 이러한 사업들이 촌락 경관에 뚜렷한 각인을 남기긴 했지만, 보다 중요한 것은 그것들로 인해 촌락 지역의 인구가 새로운 소비 사회의 일원이 되었고 그들의 삶을 변화시키는 기술 혁신들을 구매하기 시작했다는 점이다.

촌락의 사회와 경제 생활을 변화시킨 기술 혁신들의 목록은 다양하지만, 여기서는 세 가지 사례만 들어 보기로 한다. 첫째, 냉동 기술을 생각해 보자. 선진국의 경우, 냉동 기술의 개발은 상업적 목적의 저장이나 가정용 저장 목적 모두에서 우리와 식품 사이의 관계를 혁신적으로 변화시켰다. 식품은 이제 생산지에서 소비지를 직접 연결하며 상당히 먼 거리를 오갈 수 있게 되었고, 더 이상 계절에 맞추어 소비될 필요도 없어졌다. 냉동 기술은 새로운 식품 가공 산업 및 기업들을 탄생시켰고, 슈퍼마켓의 출현을 가능케 했다. 이것은 차례로 촌락 지역의 농업을 전 지구적 무역 속으로 편입시키는 작용을 하였고, 농업의 전문화를 촉진하였으며, 농부의 권력에 맞서는 식품 가공 및 소매 회사들의 권력을 키워 주었다. 가내 수준에서 볼 때 냉동 기술은 촌락의 소비자들이 더 이상 그 지역의 공급자에게 의존하지 않고 시내의 슈퍼마켓을 수시로 이용할 수 있도록 해 주는 등 촌락 주민들의 구매 습관을 변화시켰고, 그 결과 촌락 지역의 상점들과 서비스업이 폐점하는 경우도 생겨났다.

자동차의 발명 역시 촌락 지역의 생산과 소비 행태를 모두 변화시켜 놓았다. 트랙터와 콤바인 등의 상업적 농기계는 농경의 본질을 바꾸어 놓았고, 농지 노동에 대한 수요를 감소시킴으로써 촌락 지역에서 고용의 원천인 농업이 쇠퇴하는 결과를 가져왔다. 한편 자가용 소유가 증가하면서 촌락 주민들의 유동성이 향상된 반면 촌락 공동체의 유대는 느슨해졌다. 통근이 가능해지면서 역도시화 현상이 나타나고 거주지와 직장이 굳이 인접할 필요가 없어졌다. 대중 관광이 활발해지면서 몇몇 촌락 지역에 대해서는 경제 활성화를 가져오기도 했지만, 동시에 환경 문제를 일으키기도 하였다.

셋째, 원격 통신 기술의 발달은 많은 촌락 지역들이 겪고 있는 지역적 소외감과 거리의 문제를 완화시켜 주었다. 한편에서 이것은 바이오테크놀로지, 텔레마틱스와 같은 '발에 얽매지 않은' 보다 새로운 산업들에게 촌락이라는 곳이 더 이상 불리한 입지가 아니며, 하워드 뉴비(Howard Newby)가 지적한 대로 산업혁명 이후 최초로 '촌락 지역이 고용 측면에서 시내나 도시들과 동등한 토대에서 경쟁하는 것'이 가능하게 되었음을 의미하였다(Marsden et al., 1993, p. 2에서 인용). 다른 한편에서 보면, 이제 촌락 주민들은 텔레비전, 라디오, 인터넷을 매개로 도시민들과 똑같은 문화적 경험과 문화 상품을 향유하는 소비자가 되었고, 그나마 국지적으로 존속했던 촌락의 전통과 이벤트와 문화적 실천들은 이를 되살리려는 최근의 풀뿌리 운동에도 불구하고 쇠퇴하게 되었다.

더욱이 근대화가 촌락 지역에 끼친 영향은 기술적 혁신에만 그치지 않았다. 촌락 사회가 도시 사회와 유사해지는 식의 사회 변화 또한 그 결과 중 하나였다. 예를 들면, 체계화된 종교(미국보다는 유럽, 오스트레일리아, 뉴질랜드에서 이렇게 언급됨)가 쇠퇴하면서 촌락 공동체의 전통적 교리 중 하나를 떠받치고 있었던 교회 및 예배당의 권위와 특권이 침식되었다. 선진국의 경우에는 촌락의 젊은이들도 대부분 중등 및 고등 교육의 혜택을 받게 되면서, 그중 상당수는 공동체를 벗어나 대학에 진학하고 대학 졸업생 수준의 직업이 촌락에는 별로 없기 때문에 그들에게 귀향할 기회가 제한되는 등 그들의 인생 진로를 변화시켰다.

이러한 과정들은 집합적으로 '근대화'라는 용어의 일상적 의미와 맞닿지만, 보다 철학적 개념인 근대성과 관련되는, 촌락 사회의 변화 그 자체를 구성하는 요소들이 된다. 이 말은 근대성의 근본적 특징 중 하나가 자연과 인간의 분리임을 뜻한다. 근대화는 가령 농업, 임업 등 자연 세계와 직접적 접촉을 갖는 일자리들을 감소시킴으로써, 개척이 힘든 토양이나 열악한 기후 환경 등의 자연 현상에 대한 촌락 사회의 취약성을 극복하기 위해 과학 기술을 도입함으로써, 노동자라는 인간과 자연 사이에 끼어들거나 자연을 조작 혹은 극복하게 함으로써, 가령 계절별 축제나 행사 같은 촌락 주민과 자연 사이의 문화적 결합 관계를 약화시킴으로써, 촌락 사회에서 인간과 자연의 상호 분리를 조장하였다고 볼 수 있다. 근대적인 농업 및 식량 매매는 식량 소비자들을 해당 식량의 산지나 생산 과정으로부터 멀어지게 하였고(어린이들은 그들이 먹는 식량이 어디에서 오는 것인지 거의 알지 못한다), 자연 그 자체는 꾸러미로 처리되어 시골 지역에 자연보호구역이나 국립 공원이라는 이름으로 울타리 쳐졌다.

20세기 말에는 근대성의 시대를 벗어나 탈근대성의 상황 속으로 진입하고 있다는 논의들이 있었다. 여기서 탈근대성이란 근대성이 추구하는 질서, 구조, 규범적 이상들이 해체되고, 이들 대신 흐름과 유동성과 다양성이 찬미되는 세계를 말한다. 탈근대성은 지금까지 말했던 촌락 공간의 물리적 근대화를 놓고 그 어떤 반전(혹은 심지어 종료) 여부를 논하는 것이 아니라, 촌락 공간 속에 살면서 그곳을 변모시키려는 사람들 및 그곳을 연구하려는 학자들의 인지와 태도가 변화할 것임을 이야기한다. 탈근대적 촌락 개념은 근대적 촌락 개념에 비해 덜 규정적이며 보다 융통성을 지닌다. 탈근대적 촌락 개념은 도시적인 것과 촌락적인 것의 상호 뒤섞임을 인식하고, 동일한 공간을 점유하면서도 서로 다른 입장을 가진 사람들에 의해 사회적으로 다양하게 구성되는 수많은 촌락들의 존재를 감지한다(제1장 참조). 탈근대적 시골 지역이라는 개념은 근대화에 내포된 이상주의적인 정설을 거부하면서, 인간과 자연을 분리하는 근대주의자들을 깨뜨리며 '자연으로 돌아가자'고 주장하고, 식품 관련 질병들이 위협하는 이 시기의 과학에 대해 회의론을 나타내며, 유전자 변형(GM) 농업에 대해 저항한다. 이러한 쟁점들은 나중에 본문에서 거론될 것이다(제4, 15, 21장 참조).

세계화와 촌락

선진국의 촌락 지역은 유럽 탐험가들이 식민지로부터 새로운 곡물 자원을 자국에 도입하고 유럽 식민주의자들이 아메리카, 오스트레일리아, 뉴질랜드를 식민지로 개척한 이래 전 지구적 무역과 이주의 영향하에 종속되었다. 그러나 세계화를 우리 시대를 지배하는 현저한 요인 중 하나로 규정한다고 했을 때, 세계화란 전 세계에 걸친 재화 · 사람 · 자본의 이동을 지칭하는 것이 아니라 전 세계에 걸친 로컬리티들의 상호 연결성과 의존성이 커진 상황을 뜻하는 개념이다(글상자 3.1 참조).

따라서 세계화는 본질적으로 권력과 관계된다. 즉 촌락 지역이 자신들의 미래를 통제할 만큼의 권력을 갖고 있지 못하고 있음을 의미하고, 범지구적 스케일에서 생산되고 재

글상자 3.1 핵심 개념

세계화 : 전 세계에 걸쳐 로컬리티들의 상호 연결성과 의존성이 커진 상황을 일컫는 것으로 이것은 시간과 공간의 압축을 반영하는 것이다. 헬드 등(Held et al., 1999)에 의하면 '세계화란 가령 문화적인 측면에서 범죄의 측면에 이르기까지, 재정적 측면에서 정신적 측면에 이르기까지 현대 사회 생활의 모든 측면에서 전 세계의 상호 연결성이 넓어지고, 깊어지고, 빨라지는 것을 뜻한다'(p. 2). 이러한 의미의 상호 연결성에 대해 앨브로우(Albrow, 1990)는 한층 더 강하게 주장하는데, 그에게 세계화란 '전 세계의 사람들이 하나의 단일한 사회, 지구 사회 속으로 합병되는 모든 과정'이다(p. 9).

생산되며 실행되는 권력의 네트워크와 과정 속에 촌락 지역이 더욱더 종속됨을 뜻한다. 범지구적 자본주의 권력, 더 넓게는 범지구적 기업들이 이것의 대표적 사례이고, 이것은 다른 산업 부문들 못지않게 농업과 같은 전통적 촌락 경제 부문에서 매우 중요한 의미를 갖는다. 그러나 세계화는 단순히 무역이나 기업의 소유에만 관련되는 것이 아니라 그 이상의 의미를 갖는다. 실제로 피에터스(Pieterse, 1996)는 세계화를 한 덩어리로 보지 말자고 하면서, 때로는 상반되고 늘 유동적이며 끝을 알 수 없는 수많은 종류의 세계화가 존재하는 것으로 보아야 한다고 주장한다. 그레이와 로렌스(Gray and Lawrence, 2001)는 오스트레일리아의 촌락 지역을 세계화의 맥락에서 고찰하면서, 다양한 형태의 세계화가 촌락 지역에 영향을 끼치는 여러 방식들 및 그에 반응하여 촌락 행위자들이 선택할 수 있는 다양한 기회들을 이해해 보자고 제안한다.

여기에서는 현대의 촌락 사회와 특별히 관련성을 보이는 세 가지 형태의 세계화―경제의 세계화, 이동성의 세계화, 가치의 세계화―를 논의하고, 이것들이 촌락의 변화를 이끄는 데 어떤 역할을 하며 촌락 사회에서 그 결과가 무엇으로 나타나는지 탐색해 보기로 한다.

경제의 세계화

'세계경제'라는 용어는 맨해튼의 고층빌딩 숲이나 증권거래소의 객장을 떠올리게 한다. 하지만 우리가 일상 속에서 가장 직접적으로 만나는 세계경제는 우리 지역의 슈퍼마켓 매장이다. 매장 진열대에는 그 원료의 원산지가 전 세계에 걸쳐 있고, 세계 기업들에 의해 가공되고 판매되며, 세계시장을 목표로 하고, 경우에 따라 다국적 광고를 통해 판촉되는 그런 농산품들이 진열되어 있다. 표 3.1에서 볼 수 있듯이, 여러분이 한 끼 식사로 먹는 식품이 이동해 온 거리는 어쩌면 여러분이 1년 내내 여행한 거리보다도 길 것이다. 슈

표 3.1 식료품이 원산지에서 소비지까지 이동한 '식료품의 거리' : 아이오와와 영국의 사례

아이오와 세다 폴			영국 런던		
상품	원산지	마일(킬로미터)	상품	원산지	마일(킬로미터)
치킨	콜로라도	675(1,085)	치킨	타이	6,643(10,689)
감자	아이다호	1,300(2,100)	감자	아스라엘	2,187(3,519)
당근	캘리포니아	1,700(2,735)	당근	남아공	5,979(9,620)
토마토	캘리포니아	1,700(2,735)	토마토	사우디아라비아	3,086(4,936)
버섯	펜실베이니아	800(1,290)	참새우	인도네시아	7,278(11,710)
상추	캘리포니아	1,700(2,735)	상추	스페인	958(1,541)
사과	워싱턴	1,425(2,300)	사과	미국	10,133(16,303)
무	플로리다	1,200(1,930)	배	남아공	5,979(9,620)

출처 : Pirog et al., 2001; *Guardian*, Food supplement, 2003년 5월 10일자

퍼마켓의 입지는 별로 중요하지 않다. 표 3.1에 제시된 아이오와 주의 모든 농산품들은 물론 그 지역에서 재배된다. 그럼에도 불구하고 그 지역의 각 슈퍼마켓은 좀 더 값싸고 잘 팔리며 가장 편리한 선택권을 행사할 수 있는 농·식료품 기업들이나 도매시장(그림

그림 3.1 파리의 헝지스(Rungis) 도매시장. 이곳과 같은 중심지가 세계 농업 경제의 주요 결절이다.
출처 : Woods, 개인 소장

3.1)에서 농산품을 구입할 수 있다면 그곳이 어디든지 찾아갈 것이다. 심지어 그 지역에서 재배된 농산품을 구입한다 하더라도 한참을 우회하여 구입하게 될 수도 있다. 영국의 한 텔레비전 프로그램을 위해 조사한 바에 의하면, 사우스 웨일즈에서 사육된 소가 거의 500마일 떨어진 도살장으로 옮겨져 가공되고 포장된 후 원래의 사육장 근처의 슈퍼마켓에서 판매되고 있다고 보고하였다(*Guardian*, 2003년 5월 10일 자).

무역의 세계화는 경제의 세계화의 세 가지 특징 중 하나로서 이 역시 촌락의 경제와 사회에 영향을 끼치며, 최근 그 추세가 더욱 강하게 나타나고 있다. 브루인스마(Bruinsma, 2003)에 의하면, 농업은 19세기 말 철도 교통과 증기선이 출현하면서 대서양 양안의 교통비가 줄어들고 가격 차이가 감소됨으로써 세계화의 첫 물결을 경험하였다고 한다. 제1차 세계대전 뒤 1929~1933년 사이에 미국의 수출이 40% 수준, 수입은 30% 수준으로 줄어들면서 세계무역 또한 침체되었다. 그러나 제2차 세계대전 후, 세계무역은 꾸준히 증가하고 농산품의 상당 부분을 담당하기 시작하였다. 표 3.2에 나타나듯이, 수출용으로 생산되는 낙농 제품의 비중은 1964~1966년과 1997~1999년 사이에 2배 이상으로 증가하였고, 가금류 고기는 3배 이상으로 증가하였다. 이처럼 촌락 경제의 여타 부문들도 세계무역의 흐름망 속에 포섭되었다. 예를 들면, 임업의 경우 세계 목재 생산의 30%, 세계 합판 생산의 30%, 산업용 원목의 7%가 각각 수출용으로서 이미 세계 산업의 일부가 되었다(Bruinsma, 2003).

새로운 세계경제에 적응하는 과정에서 선진국의 농업 부문은 촌락 공동체에 도미노 효과를 미치기도 하면서 많은 변화를 겪게 되었다. 농지는 점차 특화되었는데, 그것은 지역 시장에 농산품을 공급할 필요가 없어진 대신 식품 가공 회사나 슈퍼마켓에 단일 농산품의 판매를 극대화함으로써 보다 많은 수익을 얻을 수 있었기 때문이다. 농부와 지역 촌락 공동체 사이의 유대 관계 역시 서로의 매매 거래가 감소하면서 크게 약화되었다. 농업은

표 3.2 일부 축산품의 세계 수출 현황 : 세계 총소비량에 대한 비율(%)

	1964~1966	1974~1976	1984~1986	1997~1999
소고기 제품	9.4	10.3	12.2	16.4
돼지고기	5.7	6.0	7.9	9.6
가금류	4.0	4.7	6.3	13.9
모든 고기류	7.4	7.9	9.4	12.7
낙농 제품	6.0	7.6	11.1	12.8

출처 : Bruinsma, 2003

세계경제 요인에 노출되면서 취약성을 더해 갔다(그림 3.2). 영국의 농업도 1990년대 후반 농지당 평균 수익이 46%까지 떨어지면서 침체를 겪었고, 때마침 광우병 유행을 이유로 유럽연합이 쇠고기 수출 금지령을 내림에 따라 농업 수익이 급감하면서 완전히 위기에 빠지게 되었다.

촌락 지역에 영향을 끼치는 경제의 세계화의 두 번째 특징은 세계 기업의 등장이다. 이것은 농업에서 가장 극명하게 나타난다. 예를 들면, 세계 종자 시장은 불과 4곳의 대기업 — 몬산토(Monsanto), 싱겐타(Syngenta), 뒤퐁(Du Pont), 아벤티스(Aventis) — 이 장악하고 있다. 미국 옥수수 수출의 80% 이상, 그리고 대두 수출의 65% 이상이 불과 3곳의 업체에 의해 통제되고 있다(Bruinsma, 2003). 오스트레일리아의 식품 소매 체계의 75% 이상 역시

그림 3.2 스위스에서 패스트 푸드로 광고되는 '맥파머' 버거는 한편으로 지역의 구미에 응하려는 시도를 엿볼 수 있게 하지만 궁극적으로는 식품 소비의 동질화와 기업화를 대변한다.
출처 : Woods, 개인 소장

세 회사가 통제하고 있다(Bruinsma, 2003). 더욱이 이들 특정 부문을 지배하고 있는 개별 회사들의 상당수가 합작 투자와 전략적 제휴를 통해 서로 연결되면서 카길(Cargill), 몬산토, 콘아그라(ConAgra), 보바티스(Vovartis), 아처 다니엘스 미들랜드(Archer Daniels Midland) 등의 회사들이 주도하는 3개의 '식품 체인 클러스터'를 이루고 있다(Hendrickson and Heffernan, 2002). 글상자 3.2가 보여 주듯이, 이들 '식품 체인 클러스터'는 전 지구적 스케일에서 운영되면서, 콘아그라의 슬로건에서 볼 수 있듯이 '종자에서 매장의 진열장까지' 통제하는 식품 생산 과정의 모든 요소를 수직적 · 수평적으로 통합하며 장악하고 있다. '식품 체인 클러스터'의 권력은 엄청나다. 그들은 촌락 지역에서는 주요 토지 소유주이자 고용주로서 식품 가공 과정을 지배하고 있으며, 이것은 농부에게 지불하는 가격 결정력의 상당 부분을 그들에게 부여하고, 그들이 투자하는 연구 및 개발 사업은 그들로 하여금 농업의 미래 방향을 좌우할 수 있게 해 준다. 제4장에서 언급했듯이, 몬산토와 노바티스가 유전자변형 기술의 개발을 선도하고 있다는 점은 결코

글상자 3.2 노바티스/ADM 식품 체인 클러스터

노바티스는 1997년 시바게이지(CIBA-Geigy)와 샌도즈(Sandoz)가 합병하면서 탄생한 세계 최대의 농약 회사로서 세계 농약 시장의 15%를 점유하게 되었다. 그 뒤 이 회사는 종자와 화학 부문을 아스트라제네카 (AstraZeneca)와 통합하여 신젠타라는 세계 5대 종자 회사 중 하나를 만들었다. 노바티스는 곡물 매입 및 식품 가공 회사인 아처 다니엘스 미들랜드(ADM)와 합작으로 탄생했던 농업 회사 랜드 오 레이크스 (Land O' Lakes)와 함께 다시 합작 회사인 윌슨 시드(Wilson Seeds)를 만들었다. 그로우마크 (Growmark), 컨트리마크(Cuntrymark), 유나이티드 그레인 그로워즈 엔 팜랜드 인더스트리(United Grain Growers and Farmland Industries)를 포함한 농업 회사들에서 ADM의 지분은 캐나다 옥수수 및 대두 시장의 75%와 미국 옥수수 및 대두 시장의 50%를 차지하며 실질적으로 북미의 농업을 통제할 수 있게 되었다. ADM은 세계 최대의 곡물 무역 회사 중 하나인 독일 회사 A.C. 토퍼(A.C. Toepfer)의 지분 중 50%를 소유하고 있고, 중국 정부와도 합작 회사를 설립하였다. ADM은 멕시코, 네덜란드, 프랑스, 영국, 볼리비아, 브라질, 파라과이에 투자하면서, 옥수수, 쌀, 땅콩, 동물성 식품, 밀 등의 가공 산업에 관심 을 갖고 있다. 노바티스가 거버(Gerber) 베이비 푸드를 차지하고 있다면, ADM은 할데인 푸드(Haldane Foods)를 소유하고 있고 미국에서는 채식주의자들을 위한 햄버거인 하비스트 버거(Harvest Burger)를 생산하고 있다. 이처럼 이들 회사로 이루어진 클러스터는 '종자에서 매장의 진열대까지(from seed to shelf)' 전 세계 곳곳으로 관심망을 확대하고 있다. 노바티스는 합작 투자를 통해 클러스터를 확장하면서 식품 가공 산업에 진출할 수 있었고, 이 과정에서 ADM은 농부들과 직접적 연계망을 가질 수 있었다.

더 자세한 내용은 Mary Hendirickson and William Heffernan (2002) Opening spaces through relocalization: locating potential resistance in the weaknesses of the global food system, Sociologia Ruralis, 42, 347−369 참조.

우연이 아니다.

법인 회사들의 연대와 합작은 식료품 소매 부문에서도 마찬가지이다. 미국의 전체 식료품 소매업의 40% 이상을 단지 5개의 슈퍼마켓 체인─크로거(Kroger), 앨버스톤스 (Alberstsons), 월마트(Wal-Mart), 세이프웨이(Safeway), 아홀드 USA(Ahold USA)─이 차지하고 있고, 이들 중 일부는 사업을 전 세계로 확장하기 시작하였다. 월마트는 이 제 영국, 독일, 아르헨티나, 브라질, 캐나다, 맥시코 등에서도 점포를 운영하고 있고, 중 국과 한국에서는 합작 회사를 갖고 있다. 아홀드는 네덜란드, 라틴아메리카, 포르투갈, 스페인, 폴란드, 체코공화국, 스칸디나비아 및 극동 지역에 관심을 두고 있다. 한편 프랑 스의 슈퍼마켓 체인인 까르푸(Carrefour) 역시 브라질, 아르헨티나, 스페인, 포르투갈, 그리스, 벨기에, 타이완 등에서 최대 소매업 회사의 지위를 갖고 있다(Hendrickson and Heffernan, 2002). 슈퍼마켓은 두 방향에서 촌락 지역에 영향을 미친다. 그들은 농부나 농업 협동조합의 최대 구매자 중 하나이기 때문에 농산품 가격에 상당한 권력을 행사한 다. 다른 한편에서 그들은 대규모 소매업자로서 영세 상점의 존립을 위태롭게 할 만한 힘을 갖고 있기 때문에 촌락 지역의 소규모 상점이나 정육점, 제과점, 야채 상점 등을 폐업으로 내모는 것으로 거론되기도 한다(제7장 참조).

촌락 지역에 영향을 끼치고 있는 경제의 세계화의 세 번째 특징은 세계적 조절 체계(global regulatory frameworks)의 중요성이 점차 커지고 있다는 점이다. 촌락의 경제가 세계무역 네트워크에 편입되면서, 촌락 지역의 경제 생활을 조절할 수 있는 권력은 각국 정부로부터 세계무역기구(WTO)로 이전되었다. 농업은 전 세계의 자유무역 — 농산품 회사나 많은 농업 수출국들이 지지하는 — 을 추구하는 세계무역기구가 국내 농업 시장을 보호하려는 유럽 및 미국의 정치적 압력단체와 충돌하면서 협상 과정에서 가장 논란이 되는 정치적 쟁점 중 하나이다(제9장 참조). 친자유무역적인 협상 결과는 지난 수십 년 동안 일부 촌락 지역의 농업을 효과적으로 지원해 왔던 정부 보조금이나 가격 지원 체계를 무너뜨릴 가능성이 크고, 결국 이 같은 난국을 뚫고 나온 협상의 결과는 개별 농가와 촌락 공동체에 연쇄적으로 영향을 미칠 것이다(제4, 9장 참조).

이동성의 세계화

세계화는 상품과 자본의 이동성뿐만 아니라 사람들의 이동성도 향상시켰다. 기술 발달에 따라 우리는 상대적으로 적은 비용으로 짧은 시간 안에 전 세계를 오갈 수 있게 되었다. 대부분의 선진국 여행가들에게는 비자나 허가증에 요구되는 행정적 요건이 점차 완화되고 있고, 우리 대부분은 원하기만 한다면 전 세계 노동 시장에 참여할 기회를 갖게 되었다. 물론 촌락 사회의 전개 과정에서 대규모 인구이동이 중요한 요인이 되지만(제6장), 촌락 지역의 유입 및 유출 인구가 갖는 의미는 전 지구적 이동성이 크게 향상된 현재의 맥락에서 다시 평가되어야 한다는 점에서 전과는 다르다. 다시 말해서, 인구이동은 더 이상 일방적인 요인이 아니다. 많은 촌락 지역들이 역도시화 현상에 의해 인구의 순유입을 경험하고 있는 것이 사실이지만, 이 점 때문에 촌락 지역으로부터의 유출 인구가 갖는 의미나 평생을 통해 촌락 지역을 여러 차례 드나드는 인구의 의미가 간과되는 부분도 있다. 그 결과 특정 장소에 대한 사람들의 유대감은 약해지고 있고, 그래서 한때 촌락 공동체의 특징이었던 응집성과 안정성은 점차 침식되어 가고 있다. 이러한 쟁점들은 제6장에서 논의할 것이고, 촌락의 주택 공급과 관련하여 그러한 쟁점들이 갖는 함의에 대해서는 제16장에서 다룰 것이다.

촌락 지역으로 유입하는 인구이동의 대부분은 여전히 자국 내의 다른 지역에서 오고 있지만, 해외 지역에서 촌락 지역으로 들어오는 이민자도 있다. 물론 이것은 세계화 아래에서 가진 자와 못 가진 자의 이동성의 차이를 반영하는 것이다. 부유한 외국인들이 휴가용 별장을 촌락 지역에서 매입하거나, 아니면 새로운 삶을 찾아 보다 영구적으로 이주하는 것이다. 예를 들어 영국 사람 중에는 해마다 2만 명 이상이 프랑스의 촌락 지역에서 부동산을 매입한다(Hoggart and Buller, 1995). 한편, 특히 미국의 경우 해외로부터 촌락 지역으로 들어오는 이민의 상당수는 많은 농업 부문이 노동 집약적이어서 이주 노동자를 필요로 한다는 데에서 기인한다. 미국에서는 전체 계절적 농장 노동자 중 약 69%가 해외 출신인데, 특히 캘리포니아에서는 90%를 넘어선다(Bruinsma, 2003). 이들 대부분은 멕시코에서 오는데, 20세기의 거의 내내 일어났던 오랜 현상이고(Mitchell, 1996), 미국의 농업 자본주의에 대한 이야기에서 매우 중요한 요소이다. 그러나 제18장에서 좀 더 자세히 다루겠지만, 이주 노동자들은 대개 열악한 임금과 노동 환경, 극심한 노동 착취에 처해 있다. 뿐만 아니라 해외로부터 들어오는 이민자들은 촌락 사회에서 어떤 형태로든 민족(인종)적·문화적 긴장감을 경험하며, 미국의 지역별 문화적 전통과 미국 고유의 촌락성을 훼손할 수 있는 위협적인 존재로 인식되곤 한다. 이처럼 인종(민족)주의는 많은 촌락 지역들에서 점차 중요한 문제로 인식되고 있다(제20장 참조).

좀 더 일시적 수준에서 볼 때, 전 세계적 이동성은 세계 여행의 빈도를 증가시키고 있다. 2001년의 경우 약 6억 9,200만 명의 사람들이 자국이 아닌 해외에서 휴가를 보냈다. 장거리 여행은 촌락 경제를 활성화하는 데에 매우 중요한 역할을 하고 있다. 특히 뉴질랜드는 촌락 체험 여행의 중심지로 세계적 명성을 얻고 있다(제12장 참조). 그러나 여행의 증가는 여행가들의 구미에 맞추는 방향으로 촌락성을 변화시키는 과정에서 촌락 공동체의 동력이 쇠약해지는 등 지역 경제의 구조 변화와 함께 촌락 지역에 사회적·환경적 도전들을 가져오기도 한다(Cater and Smith, 2003).

문화의 세계화

세계화의 세 번째 차원은 전 지구적 매체의 성장과, 동일한 영화, 텔레비전, 문학 작품, 음악 등을 소비하는 과정에서 출현하는 범세계적 대중 문화의 등장이다. 이러한 전 지구적 문화 속에서 시골 지역에 대한 우리의 인상과 지식은 주로 영화, 책, 텔레비전 프로그램 등에서 나오게 되는데, 전 지구적 매체들은 고정된 이미지의 촌락 생활을 재생산함으로써 가령 영국의 농장과 펜실베이니아의 농장이 어떻게 다른지는 감추어진다. 특히 자연에 대한 우리의 지식은 시골 지역에서의 자연과의 직접적인 경험이나 상호작용보다는 대개 어린이용 문학 작품이나 디즈니의 영화 및 자연사 프로그램들—이들은 동물이나 가축에 인간성을 부여한다 — 을 바탕으로 한다. 그래서 우리는 촌락 생활 및 촌락의 전통에 대한 이해가 부족하고 사냥과 같은 행위나 일부 농경 방법을 둘러싸고 갈등이 초래되기도 한다. 예를 들면, 사냥 행위를 찬성하는 영국의 압력단체인 농촌연맹(Countryside Alliance)을 옹호하는 한 논문은, '지난 한 세대가 월트 디즈니 영화인 "파딩 숲의 동물들(The Animals of Farthing Wood)"을 만들었고, 오늘날 이렇게 시골 지역의 실체에 대한 이해가 부족한 한 압력단체가 자신들의 목적을 위해 그들의 테마 고원을 구경하는 일은 당연한 일이다' 라고 하였다(Hanbury-Tenison, 1997, p. 92). 또 미국의 경우 사냥 행위에 찬동하는 한 서적은 '밤비가 보여 주는 유치원 만화 방식의 자연 경영은 결국 생태적 파국을 초래하고 말 것이며 …(중략)… 밤비 — 기괴한 할리우드 선전용 동물 — 는 죽어야 한다' 고 주장하였다(Petersen, 2000, p. 158).

이렇게 동질화된 문화적 기호가 확산되는 현상은 특정한 서구적 가치나 원리가 국제 선언이나 협약을 통해 국제화되고 전 지구적 스케일에서 강요되는, **가치의 세계화**라는 보다 폭넓은 과정에 기여하는 주요소의 하나이다. 여기에는 유럽의 인권협약(European Convention on Human Rights)이나 국제 전범 재판소(International War Crimes Tribunal)뿐만 아니라 세계 환경 표준 및 동물 보호 협약의 체결 등이 모두 포함된다. 이들 중 후자는 과학적·철학적 담론에 근거하고 있으며, 따라서 촌락 사람들이 대대로 이어 온 자연 이해를 바탕으로 다양한 결론에 이를 수 있을 것이다. 이처럼 그 실천에 있어서는 갈등이 야기될 수 있다. 예를 들면, 사냥, 어로, 자연, 전통(Chasse, Pêche, Nature et Tradition) 정당은 1999년 프랑스에서 있었던 유럽 의회 선거에서 철새 사냥 기간을 축소하려 한 유럽 지휘부의 권고에 대해 반대하면서 12%의 득표율을 보였다.

저항의 세계화

세계화가 만능인 것은 아니다. 앞에서 언급했듯이, 아마도 다양한 종류의 세계화가 존재한다고 생각하는 것이 더 정확할 것이다. 그것들 중 일부는 서로 상반되는 관계에 있고, 따라서 그에 대한 저항과 경합의 종류 역시 다양하다. 오늘날 시골 지역에서는 농부들이 슈퍼마켓이 정한 가격에 반발하거나 항구를 봉쇄하고, 사냥 행위를 지지하는 집단들이 결집하여 자신들의 스포츠를 보호하며, 환경보호론자들이 알래스카 촌락 지역에서는 석유 회사들과 투쟁하고, 북서 태평양의 삼림 지역에서는 벌목 회사와 충돌하는 등 세계화에 대한 다양한 저항의 사례들이 확인되고 있다(글상자 3.3 참조).

세계화에 대한 저항의 형태가 반드시 대결이나 대치 상황일 필요는 없다. 예를 들면,

글상자 3.3 조제 보베와 반세계화 운동

1999년 8월, 소작농 동맹(Conf d ration Paysanne)이라는 한 집단의 농민들이 프랑스의 한 작은 도시인 밀라우(Millau)에서 맥도날드의 신규 매장을 훼손했다는 이유로 체포되었다. 그들의 대표는 조제 보베(Jos Bov)였으며 그의 지지자들은 세계화와 프랑스 농업에 미치는 그 영향에 대항하며 지속적으로 투쟁해 왔다. 소작농 동맹은 1970년대에 소작농들을 대표하며 창립된 단체인데, 초창기에는 배터리 치킨(battery-chicken) 유통 단지와 유전자 변형 작물에 반대하였다. 이 단체의 많은 회원들은 물론 세계화 때문에 이득을 얻기도 했고, 밀라우 사건은 세계무역의 정치를 배경으로 갑작스럽게 촉발된 것이었다. 호르몬 처리된 쇠고기의 수입에 대한 유럽연합의 수입 금지 조치에 대한 보복으로, 미국은 로크포르 치즈 — 밀라우 지역에서 1,300명 이상을 고용하는 산업 — 를 포함한 유럽의 농산품들에 대한 관세 장벽을 2배로 높였다. 그러나 보베와 그 지지자들은 '무역 전쟁' 뒤에는 미국에 기반을 둔 농산품 콤플렉스(유통 회사)들이 유럽 시장을 지배하려는 야욕이 숨어 있다고 인식하였다. 그래서 그들은 맥도날드 — 미국 주도의 세계화 및 값싸고 동질화된 식품을 상징하는 회사 — 에 부과되는 관세 문제를 직접 거론했던 것이다. 2000년 6월 보베는 세계 각국에서 온 반세계화 운동가들을 불러 모아 자신이 분석한 문제를 재차 강조하였던 것이다. 법정 밖에서는 2만여 명의 반세계화 운동가들이 집결하였고, 프랑스 일간지인 『리베라시옹(Lib ration)』은 이것을 두고 '세계화에 대한 심리(재판)'라고 특필하였다.

더 자세한 내용은 José Bové and François Dufour (2001) The World Is Not For Sale: Farmers against Junk Food (Verso); Michael Woods (2004) Politics and protest in the contemporary countryside, in L. Holloway and M. Kneafsey (eds), Geographies of Rural Societies and Cultures (Ashgate) 참조.

헨드릭슨과 헤퍼난(Hendrickson and Heffernan, 2002)에 의하면, 세계적인 농산품 유통 단지들은 지리적으로 취약한 지점에 들어섬으로 해서 어떤 면에서 농부, 노동자, 소비자에게 잠재적 기회를 제공하기도 한다고 말한다. 그들은 'middle-man'이라는 합작 법인을 공동으로 운영하고 지역 사회와 식료품 생산자를 서로 이어 줌으로써 지역의 생산자와 소비자가 함께하는 캔자스 시티 푸드 서클(Kansas City Food Circle)의 사례를 들고 있다. 또 다른 사례로는 생산자가 직접 지역 소비자들에게 상품을 판매하는 이른바 농부 시장(farmers' market)의 창설(제10장; 또한 Holloway and Kneafsey, 2000 참조)이라든가 미국적인 패스트 푸드의 전 지구적 확산에 저항하면서 그 지역의 토속 음식의 미학적 가치를 알리기 위한 이탈리아의 슬로 푸드 운동 등이 있다(Miele and Murdoch, 2002). 풀뿌리 운동 역시 다국적기업들이 지역사회 단위로 가게나 구역, 교통 체계 등을 계획하면서 촌락 지역에 대한 서비스가 축소되는 점에 대해 지적하고 있다.

요약

촌락 지역은 경제적 주기와 무역에 따른 파동과 새로운 기술, 이주, 정치적 변동, 자연환경 조건의 변화가 나타나는 등 언제나 변화의 공간이었다. 그러나 20세기 후반 그리고 21세기 초 선진국의 촌락 지역은 변화의 강도나 지속성, 총량의 면에서 이전과는 다른 변화의 시기를 경험하고 있다. 기술적·사회적 근대화와 세계화라는 서로 긴밀한 두 가지 요인의 영향으로, 오늘날의 촌락 지역의 변화는 촌락 생활의 거의 모든 측면—한 농부 가족의 일상적 삶으로부터 세계적인 농산품 회사의 투자에 이르기까지, 촌락의 부동산 소유 문제로부터 촌락 환경의 관리에 이르기까지—에 영향을 미치고 있다. 이와 같은 시골 지역의 변화를 '재구조화'라 부를 수 있을 것이다.

'재구조화'는 현대 촌락 연구 분야에서 널리 사용되는 용어이지만, 그 의미는 아직 확실한 정의가 없는 상태이다. 어떤 경우에 '재구조화'는 단순히 변화 그 자체를 지칭하지만, 다른 어떤 경우에는 매우 정교하고 이론적인 근거를 바탕으로 사용되기도 한다. 호가트와 파니아구아(Hoggart and Paniagua, 2001)는 이 개념이 지나칠 정도로 많이 사용되거나 잘못 적용되고 있기 때문에 오히려 개념으로서의 가치가 사라져 버리고 있는 만큼 좀 더 주의 깊게 사용되어야 할 것이라고 주장한다.

> 한 사회가 어떤 하나의 상황에서 다른 상황으로 전환되었다고 생각될 때, '재구조화'란 사회 구조 및 실천에 있어서의 단순히 양적 변화가 아니라 질적 변화를 의미하는 것이어야 한다. 이 개념이 하찮은 개념으로 전락하지 않기 위해서는, 그 용례가 다차원적이고도 포괄적인 변화에 한정되어 적용되어야만 한다. 그렇지 않다면 산업화, 지방정부의 구조 개혁, 선거구 재조정이나 소비주의의 성장 등과 같은 필요 이상의 서술자들을 갖게 될 것이다. 우리가 보기에 재구조화란 어떤 다른 부문에 파급 효과를 갖는 어떤 한 '부문'에서의 변화를 지칭하는 것은 아니다. 재구조화란 다양한 삶의 영역에서 여러 변화가 서로 연동하며 일어나는 근본적인 재조정을 의미한다(Hoggart and Paniagua, 2001, p. 42).

이러한 관점에서 볼 때 농지의 다각화나 촌락 지역 학교의 폐교 등과 같이 특정한 부문에서 일어나는 변화, 즉 부문 특수적 변화는 '재구조화'라 보기 어렵다. 물론 보다 넓은 맥락에서 보면 그것들도 세계화, 기술 혁신, 사회적 근대화 등에 의해 이루어지는 촌락의 재구조화와 연관되어 있다고는 할 수 있다. 촌락의 재구조화는 양적인 차원뿐만 아니라 질적인 차원에서 다양한 부문들이 서로 영향을 주고받는 현상을 말한다.

이 책에서는 위와 같은 분석의 논리를 바탕으로, 다음에는 촌락의 재구조화가 어떻게 작동하고 농업 부문, 촌락 경제, 촌락 인구의 사회적 구성, 촌락 사회 및 서비스의 조직, 촌락 환경의 관리 등의 측면에서는 어떤 식의 변화로 나타나는지 탐색해 볼 것이다. 그리고 나서 촌락 지역을 다스리는 통치자나 촌락 지역에 살고 있는 거주자들에게 촌락의 재구조화가 어떻게 인식되는지 고찰할 것이다. 끝으로 다양한 처지에 있는 촌락 사람들이 오늘날의 촌락과 그곳에서 일고 있는 변화를 어떻게 경험하고 있는지 고찰할 것이다.

더 읽을거리

세계화 속에서 촌락 지역이 겪는 경험을 논의한 연구물은 상대적으로 많지 않다. 그나마 괜찮은 연구는 Ian Gray and Geoff Lawrence의 *A Future for Regional Australia* (Cambridge University Press, 2001)로 그들은 오스트레일리아의 촌락 지역을 사례로 세계화에 대한 그곳의 물리적 변화를 연구하였다. 농업의 세계화 및 다국적 '농산품 체인 클러스터'의 역할에 대해서는 Mary Hendrickson and William Heffernan의 연구 'Opening spaces through relocalization: locating potential resistance in the weaknesses of the global food system' in *Sociologia Ruralis*, volume 42, pages 347-369(2002)를 참조하라. 촌락의 재구조화 및 이 개념의 적용과 관련한 논의에 대해서는 Keith Hoggart and Angel Paniagua의 연구 'What rural restructuring?' in *Journal of Rural Studies*, volume 17, pages 41-62(2001)를 참조하라.

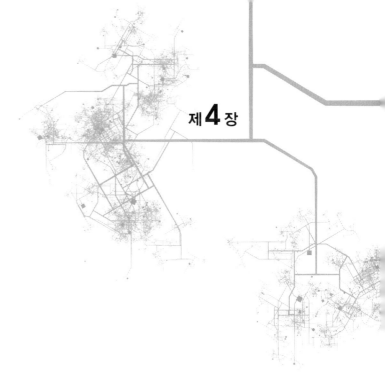

제4장

농업 변화

서론

농업은 가장 강력하고 지속되는 촌락성 상징의 하나이다. 수 세기 동안 농업은 대다수 촌락 지역에서 압도적으로 중요한 취업 기반이자 촌락 경제의 동력으로 그리고 촌락 사회의 조직과 문화에 지속적으로 영향력을 미치며 존재해 왔다. 이러한 농업의 시골 지역에서의 역사적 중심 신화는 제1장에서 논의한 것처럼 오늘날에도 촌락성의 많은 담론에서 분명히 나타난다. 그러나 지난 세기 촌락 지역 재구조화의 주요 요소는 선진국 촌락 지역의 대다수 거주자들이 경험한 것처럼 농업이 일상생활의 중심에서 주변으로 이동한 근본적인 변화였다. 미국, 캐나다, 영국 그리고 프랑스를 포함한 많은 선진국에서 촌락 인구의 1/5 이하가 농업에 생계를 의존하는데, 이는 20~30년 전보다 엄청나게 낮은 비율이다(표 4.1 참조). 다른 국가들도 유사하게 엄청난 변화를 경험하는데, 예를 들어 스페인은 촌락 인구의 8/10이 1970년에 농업에 의존했으나, 2000년에는 1/3 이하로 줄어들었다. 물론 아직 농업이 주요 고용주인 개별 지역이 있지만, 이들은 점차 더 멀리 떨어진 촌락 지역에 한정되고, 이러한 지역에서조차 농업은 지역 노동 시장에서 중요하지만 지배적이지는 않다.

촌락 경제와 사회에서 줄어드는 농업 비중은 제2차 세계대전 이후 선진국의 거의 모든 농업을 바꾸었던 개혁의 산물이다. 이 기간 동안 농장은 점차 현대 자본주의 경제로 통합되었다. 모든 개별 농장이 자본주의 기업으로 운영되었다는 것은 아니지만, 소유자와 노동자 간의 분화가 생기고, 아직 전통적인 가족 기반 운영의 많은 농장이 농산물을 팔기 위해 자본주의 시장에 참여해야 하고, 자본주의의 변덕스런 수요에 지배를 받게 되었다. 자본주의는 이윤을 극대화하고 자본의 재생산을 보장하기 위해 끊임없는 혁신을 요구하

표 4.1 선별된 국가의 전체 촌락 인구 중 농업에 의존하는 인구 비율, 1950~2000년

	1950년	1960년	1970년	1980년	1990년	2000년
캐나다	54.1	45.6	34.5	29.6	15.6	12.0
덴마크	80.2	68.1	55.1	42.9	36.6	25.3
프랑스	70.5	58.7	47.0	30.9	21.1	13.6
독일	82.0	62.9	42.9	40.0	26.7	20.2
헝가리	90.7	71.7	53.8	47.5	44.8	33.9
아일랜드	68.2	67.6	54.6	41.6	33.2	24.8
이탈리아	96.2	75.8	52.6	37.8	25.8	16.1
일본	95.9	85.4	65.7	44.1	30.8	18.2
스페인	–	94.4	85.0	67.4	47.8	32.7
스웨덴	66.8	44.1	49.1	40.8	29.3	21.1
영국	34.6	27.9	24.3	23.0	19.6	16.8
미국	36.4	23.5	17.3	14.1	12.2	9.7

주 : 통계는 각 나라의 자체 촌락 정의를 사용했으며, 따라서 직접적으로 비교할 수는 없다. 모든 경우 농업에 의존하
　는 인구의 일부는 '도시'로 구분된 지역에 살 수도 있다.

출처 : The Food & Agriculture Organization(FAO) www.fao.org

는 동력이기 때문에 결과적으로 변화를 불러왔다. 이 장은 자본주의가 어떻게 농업의 조
직과 실행에 변화를 일으켰는지를 검토하고 시골 지역에 대한 광범위한 함의에 대한 질
문을 제기한다.

캘리포니아 : 자본주의 농업의 실험실

캘리포니아는 세계에서 가장 중요한 농업 경제의 하나이며, 가장 다양한 작물과 농산물
을 생산하는 지역의 하나이다. 전통적으로 농업 지리학자는 환경 요인, 특히 국가 내 미
세기후의 다양성이 생산능력에 영향을 미치는 것으로 보았다. 그러나 워커(Dick
Walker)가 주장한 것처럼 이 설명은 캘리포니아 농업이 20세기가 시작되며 비교적 짧은
기간에 **생산된**(manufactured) 정도를 낮게 평가한다. 1905~1940년 사이, 캘리포니아
농업의 누적 생산량은 연 50억 달러에서 200억 달러로 증가했고, 1920년대 이르러서는
미국에서 가장 거대한 농업 생산지가 되었다. 이 급등하는 농업 경제는 1920년대와 1930
년대 동안 미국 중서부의 더스트 보울(Dust Bowl)[1]의 황폐를 피하려는 농부를 포함한 수

---

1) 역자 주 : 미국 중서부의 가뭄과 지나친 경작 등으로 생긴 건조 흙먼지 지대

천의 이민자를 캘리포니아로 유입하였다. 존 스타인벡(John Steinbeck)의 소설, 『분노의 포도(The Grapes of Wrath)』에서 이들 이민자들의 경험을 생동감 있게 자세히 보여주었는데, 이들은 이념적으로 완전히 자본주의인 아메리칸 드림을 추구하는 부를 찾아 캘리포니아로 이주하였다. 따라서 워커는 캘리포니아 농업을 자본주의 산업으로서의 농업 실험실로 드러내며 정치·경제적으로 분석하였다(Walker, 2001; 또한 Henderson, 1998 참조).

역사가들은 농업 자본주의의 출발을 16~17세기 북부 유럽에서 찾는데, 20세기 초 캘리포니아는 유럽의 경우처럼 귀족적인 토지 소유자 또는 부분적으로 생존을 위한 농부에 의해 제한 받지 않는 방식처럼 자본주의 원칙을 대대적으로 농업에 적용했다. 더군다나 캘리포니아의 농업 발전은 광업, 석유와 가스 개발, 삼림, 어업, 그리고 수력발전을 병행한 광범위한 '자원 자본주의'의 발전과 완전히 통합되어 이루어졌다(Walker, 2001). 따라서 캘리포니아는 자본주의 농업의 실험실이 되어 전략, 기법, 그리고 기술을 혁신하고 발전시키며 선진국에 걸쳐 현대적 농업의 근본적 특징을 형성하였다.

워커는 농장 발전이 농업에 대한 소시민(petty bourgeois)의 투자에 의해 이루어졌으며, 이 중 일부는 이주자, 확장하는 도시의 사업 소유자, 그리고 더 많은 투자는 광업과 광물 채취로부터의 이윤으로 이루어졌다고 주장한다. 현대적 은행 체계가 캘리포니아 내 자본 회전을 지원하기 위해 발전했고 저축은행이 광업에 투자하여 이윤을 남기며 농업으로도 투자가 이루어졌다(Henderson, 1998). 미국의 가장 거대한 은행은 농업 취락의 단위 은행들이 합병하며 생겨났고, 신용 배분 체계는 '단지 자본을 제공하는 것뿐만 아니라 농업 생산과 판매에서 공간-시간 불연속을 극복하는 기발한 도구로' 농부에게도 확대되었다(Walker, 2001, p. 184). 동시에 투자 회수에 대한 압력은 생산물의 가치 극대화를 겨냥한 농업 조직과 실천에서의 혁신으로 이어졌다.

정부의 지원으로 비료가 개발되고 토양과 경사를 개선하는 실험이 이루어지는 것과 동시에 건조 지역은 관개가 이루어지고 습지가 매립되었다. 유사한 노력이 농업의 천연자원인 식물과 가축의 질을 향상시키기 위해 기울여졌다. 19세기 후반 세계 곳곳으로부터의 대량 식물종 수입은 산업화된 농업에 공급하기 위한 광범위한 종묘와 종자 산업의 발전, 이후 생명기술 산업의 탄생으로 이어졌다.

공장 농업은 농장의 처리 능력을 향상시키기 위해 도입되었는데, 가축 대량 사육과 축사 낙농업은 모두 20세기 초 캘리포니아에서 시작되었다. 많은 '공장식 농장'은 산업적 규모의 노동 투입을 필요로 했지만, 캘리포니아의 매우 높은 자본화 비용은 값싼 노동력을 요구했다. 미첼(Mitchell, 1996)은 '대규모, 자본집약적 농업은 단순히 가족 노동에 의존할 경우 작물은 수확되기 전에 썩을 것이다. 또한 이러한 일시적 작업을 위해 지역 내 노동력에만 의존할 수는 없었다. 이럴 경우 지역 농부들은 **한 계절**에 얻은 이윤으로 **1 년 동안**의 농부(그리고 가족)에게 재생산 비용을 지불해야 한다'고 보았다(p. 59). 따라서 이 수요는 미국의 다른 지역과 멕시코와 아시아로부터의 이주노동자에 의해 채워졌는데, 이들은 유럽의 토지 소유자와 농부들 간의 기생하는 관계와는 다른 농업 노동력을 형성하였다.

자본 축적 체계로서의 자본주의 농업은 노동 착취뿐 아니라 무엇보다 상품 사슬을 통해 높은 가치를 만드는 것이 특징이다. 샌프란시스코, 로스앤젤레스, 그리고 샌디에이고의 급성장 도시들은 캘리포니아 농업의 초기 시장을 형성했지만, 자본주의는 새로운 높은 가격의 시장을 만들 필요가 있었다. 농부들은 따라서 자신들의 생산물 가공, 판매를 개선하기 위해 협동조합을 설립하였다. 철도와 선박 항로의 발전은 수출 무역을 활성화하는 데 도움을 주었지만, 상당한 투자는 또한 식품 보존을 대상으로 이루어졌고, 19세기 말 캘리포니아는 세계에서 가장 거대한 통조림 산업을 가지게 되었다. 냉동 식품과 건조 우유는 정부의 또 다른 발명품이다. 캘리포니아는 1920년대와 1930년대 동안 가장 잘 알려진 세이프웨이(Safeway) 체인과 같은 현대적 슈퍼마켓 발전의 중심지로 새로운 형태의 대량 식품 소매를 개척하였다. 여기에 더해 새로운 시장을 찾는 노력의 일부로, 캘리포니아 식품 가공 산업은 과일칵테일과 같은 새로운 식품의 발전으로 이어졌는데, 새로운 상품의 생산은 농업에 새로운 수요 또한 만들어 내었다.

이러한 모든 혁신은 북미, 유럽 그리고 선진국의 다른 지역으로 흘러들어 가 농업의 재구조화에 핵심 요소로 작동했다. 그러나 초기 자본 투자의 이용 가능성은 쉽게 다른 지역에서 만들어지지 않았다. 따라서 많은 국가에서 농업의 자본화를 위한 (기계류, 종자, 비료, 화학품 등의 구입과 같은) 투자는 정부의 교부금이나 보조금을 통한 정부의 몫이 되었다.

정부의 농업 개입

정부의 농업 개입은 자본주의 경제에서 농업의 이중적 목적을 반영한다. 농업은 그 자체가 자본 재생산의 수단이지만, 산업을 위한 원료와 노동자와 소비자를 위한 식량을 공급하는 데 관심을 가질 필요가 있다. 후자의 목적은 자본주의 정부의 사회 조절 역할 내에 해당하는 것으로 고려될 수 있는데, 다르게 말하면 정부는 국민을 적절한 비용으로 먹이기에 충분한 농업 생산을 확실히 할 필요가 있고 한편 농업이 자본주의 산업으로 지속적으로 기능할 수 있도록 해야 한다. 이와 함께 정부는 (세금 기반을 유지하고 관리할 수 없게 하는 인구 변화를 피하기 위해서라도) 지역 간 불평등한 경제 발전을 억제하여 촌락 경제가 성장하는 데 도움을 주는 데 관심을 가진다. 이러한 양자의 필연성은 정부가 실질적으로 다양한 방법을 통해 농업을 조절하고 지원하는 데 참여하도록 해 왔다.

농업을 지원하기 위한 정부 행동의 가장 초기 사례는 종자와 식물 그리고 이들을 이용하는 방법에 대한 정보를 농부들에게 배분하기 위한 1862년 미국 농무부(United States Department of Agriculture, USDA)의 설립이다. 이어서 정부는 농업 과학을 가르치고 농업을 '현대화'하는 데 도움을 주는 '연방정부원조대학(land grant college)'을 지원하였다. 20세기 초가 되면서, 미국 농부 운동의 정치적 힘은 때때로 농업 침체와 새로운 농장의 실패율에 대한 관심과 결합하며 농업 시장에서 정부가 직접적으로 개입할 새로운 전략 수립을 자극했다. 1916년 연방농장대출법(Federal Farm Loan Act)은 미국 정부가 생산자 협동조합에 직접적인 금융 지원을 할 수 있도록 했으며, 1927년 맥나리-핸겐 법안(McNary-Hangen Bill)은 농산물에 대한 최초의 고정가격을 도입했고, 1930년대에는 마케팅과 생산을 통제하는 메커니즘의 등장이 있었다. 총괄하여, 이러한 미국의 계획들은 농업에 대한 정부개입이 훈련, 잉여 산물의 구입을 포함한 가격 지원, 마케팅, 그리고 생산 통제를 통해 네 가지 형태로 이루어지는 선례를 남겼다.

유사한 정책들이 다른 나라에서 채택되었다. 농업은 1860년대 만들어진 캐나다 연방 정부의 첫 부서들 중 하나로 농업 연구와 훈련의 책임을 담당하였다. 1930년대부터 캐나다 정부는, 예를 들어 1940년대 캐나다밀위원회(Canadian Wheat Board)를 설립해 수출을 위한 밀, 귀리, 보리, 그리고 국내 사료용 곡물의 독점적 구입자로 농업 시장에 개입을 시작했다. 오스트레일리아 정부도 유사하게 1948년 밀위원회를 도입했고, 1960년대 울 분야를 안정시키기 위해 개입을 했다.

유럽에서 정부의 농업 개입은 두 차례의 세계대전의 결과로 형태가 만들어졌다. 전쟁은 농장 생산을 붕괴시켰을 뿐 아니라 무역에 대한 제재가 많은 상품의 공급을 제한했고, 전쟁 동안 군인을 먹이던 수요는 이후 없어지고 급격히 도시화된 인구를 먹이는 일로 대치되었다. 가격 지원은 처음 영국에서 제1차 세계대전 동안 도입되었지만, 이러한 원칙은 1947년 농업 조례가 가장 분명하게 문서화된 제2차 세계대전 이후 농부에게 가격을 보장하는 체제와 마케팅, 훈련, 그리고 농업 임금의 규제를 설정하였다. 유사한 목적이 새 유럽경제공동체(European Economic Community)의 공동농업정책(Common Agri-

> **글상자 4.1 공동농업정책**
>
> 공동농업정책은 (a) 기술적 진보를 추구하고 농산물의 합리적 발전과 생산 요인, 특히 노동의 최적 사용을 통해 농업 생산성을 증대시키고, (b) 따라서 촌락 공동체, 농업에 종사하는 사람의 개인 소득을 높여 적정한 생활수준을 보장하고, (c) 시장을 안정화시키고, (d) 공급의 이용 가능성을 보증하고, (e) 공급이 소비자에게 합리적인 가격으로 도달하는 것을 보증하는 목적을 가진다[로마 협정(1957) 조항 39, Winter, 1996, p. 118에서 인용].

cultural Policy, CAP)을 공식화한 1957년 로마 협정 내에 제시되어 있다(글상자 4.1 참조).

공동농업정책은 네 가지 방식에서 자본주의 농업 발전의 이정표이다. 첫째, 농업을 초국적 규모에서 조절하는 첫 번째 협정으로, 조절된 세계 농업 경제를 향한 중요한 첫발을 내딛었다. 둘째, 미국의 농업 시장에 대등한 유럽의 공동 농업 시장과 세계무역에서 미국(그리고 오스트레일리아, 캐나다, 뉴질랜드를 포함한 다른 주요 수출국)과 경쟁할 수 있는 농업 수출 단위를 만들었다. 셋째, 유럽경제공동체 촌락 인구의 반 이상이 농업에 의존하고 있는 현실을 반영해 '농업 공동체'의 생활수준을 보장하기 위해 농업을 광범위한 촌락 경제와 연계시켰는데, 이후 개혁을 위해 복잡한 시도를 해야 했다. 넷째, 최우선의 목적으로 무조건적인 농업 생산성 증가를 설정했는데, 이는 '생산주의(produc- tivism)' 용어로 요약되는 이미 북미, 오스트레일리아, 뉴질랜드, 그리고 영국에서 추진하는 농업 발전으로 반드시 해야 할 일임을 강조했다(글상자 4.2 참조).

생산주의 농업

제2차 세계대전 이후 생산주의 농업의 등장은 집약화, 집중화, 그리고 전문화의 세 가지 구조적 측면으로 특징지어진다(Bowler, 1985; 또한 Ilbery and Bowler, 1998 참조). **집약화**(intensification)는 농업의 상당한 자본화를 통해 높은 생산성을 추구하는 것으로,

> **글상자 4.2 핵심 개념**
>
> **생산주의** : 1940년대에서 1980년대 중반까지 농업의 지배적인 정책 경향. 핵심 목표는 농업 생산을 높이는 것이었다. 이는 농장에서 농화학물, 기계화, 전문화 도입을 포함하는 농업의 집약화와 산업화를 수반한다.

표 4.2 서유럽 4개국의 무기질 비료(질소, 인산, 칼륨) 사용

	사용량(천 톤)			
	1956	1965	1975	1985
서독	2,114	2,897	33	3,185
프랑스	1,924	3,123	4,850	5,694
네덜란드	468	566	638	701
영국	–	1,555	1,800	2,544

출처 : Ilbery and Bowler, 1998

기계류와 농업 기반에의 투자 그리고 농화학과 기타 생명기술의 사용 증가를 포함한다. 이들의 증거는 선진국에서 찾을 수 있다. 예를 들어, 캐나다는 제초제 구입이 1973년 5,330만 캐나다 달러에서 1976년 1억 2,140만 달러로 엄청나게 증가했고, 캐나다의 프레리 지역에서의 질소 비료 사용은 1948년 5만 400톤에서 1979년 56만 9,900톤으로 10배나 증가했다(Wilson, 1981). 유사하게 유럽에서 전체 무기질 비료의 사용은 엄청난 비율은 아니지만 증가했다(표 4.2).

반면 미국의 프레리 지역은 1960년대와 1970년대 동안 농기계의 급격한 진보에 따른 변화의 결과를 목격했다. '트랙터는 몇 년 사이 크기나 가격이 2배로, 다시 4배로 늘었고, 개별 작물을 다루는 특화된 기계도 마찬가지였다. 이는 한 운영자가 하루에 상당히 넓은 면적을 경작할 수 있게 하였다' (Manning, 1997, pp. 151−152). 커다란 기계의 매력은 미국에만 한정된 것이 아니다. 웨일즈의 큰 전륜구동 트랙터 판매는 1977년 100대 미만에서 1992년 1,500대로 늘었다(Harvey, 1998).

집중화(concentration)는 농장 규모를 크게 만들어 비용 효율성을 극대화하려는 목적을 가진다. 1951년 캐나다 마니토바(Manitoba)의 평균 농장 규모는 137헥타르였는데, 1976년 240헥타르가 되었다(Wilson, 1981). 같은 기간 동안 영국과 웨일즈의 평균 농장 규모는 40헥타르 미만에서 거의 50헥타르로, 그리고 1983년에는 60헥타르로 늘었다(Marsden et al., 1993). 유사한 경향이 많은 선진국에서 1980년대까지 지속되었다(표 4.3). 이에 따른 농장 수의 감소는 당연한 결과였다. 예를 들어, 캐나다의 농장 수는 1961~1986년 사이 40% 감소했으며, 오스트레일리아에서는 농장 수가 25년 동안 1/4이 감소했다(Gray and Lawrence, 2001; Wilson, 1981). 상품 사슬에서 집중화로 인한 효율성 또한 향상되었다. 농장은 정부 보증 기관 또는 식품 가공 기업과 소매업의 단일 구매자와 계약을 체결하였다. 1980년대 초반 영국에서 생산된 95%의 가축과 콩, 65%의 계

표 4.3 서유럽 7개 국가의 농업 재산 규모, 1975년과 1987년

	10헥타르 미만(%)		10~50헥타르(%)		50헥타르 초과(%)	
	1975	1987	1975	1987	1975	1987
덴마크	32.5	19.0	59.9	64.0	7.6	17.0
독일	54.3	49.6	42.8	44.6	2.9	5.8
프랑스	41.4	35.0	48.0	48.2	10.6	16.8
아일랜드	31.6	31.2	59.8	59.8	8.6	9.0
이탈리아	88.6	89.2	10.0	9.4	1.4	1.4
네덜란드	52.4	49.7	45.6	46.4	2.0	3.9
영국	26.2	30.8	44.3	38.1	29.5	31.1

출처 : Winter, 1996

란, 50%의 돼지, 그리고 100%의 사탕무는 식품 가공업자와의 계약 아래 재배되었다 (Bowler, 1985).

전문화(specialization) 또한 비용 효율성을 높이는 데 도움을 준다. 특정 작물용으로 전문화된 고가의 기계에 투자하는 것은 계약 재배한 한 가지 작물을 한 구입자에게 판매하는 능력처럼 다양성이 억제된다. 따라서 특정 농산물의 생산은 소수의 거대 농장에 집중되었다. 예를 들어 영국에서 1967~1981년 사이 농장당 곡물 재배의 평균 면적은 81% 증가하였는데, 이는 부수적으로 곡물을 재배하는 농장 수의 27% 감소로 나타났다 (Ilbery, 1985). 캐나다에서는 판매액 상위 5% 가축 농장이 1980년대 후반까지 모든 수입의 75%를 차지했다(Troughton, 1992).

전문화는 다른 방식으로도 나타난다. 농업 종사자가 재구조화되며, 한 고용주와 계약을 한 일반 농업 노동자는, 예를 들어 컴바인 수확기 조작자와 같이 여러 농부의 몫을 담당하는 전문화된 농업 계약자로 대체되었다. 예를 들어, 1990년대 미국에서 농업 종사자는 계속 감소했지만, 농업 서비스 종사자는 1990~1996년 사이 27% 증가한 것은 주목할 만하다(Rural Policy Research Institute, 2003).

농업 활동과 조직의 이러한 변화는 광범위한 촌락 경제, 사회, 환경에 다양한 영향을 미친다. 첫째, 농토 규모가 증가하고, 나무 울타리가 제거되고, 초지가 경작되고, 새로운 작물이 소개되며 경관에 물리적 영향을 끼쳤다. 더욱이 덜 가시적이지만 제8장에서 상세하게 논의한 것처럼 심각한 환경적 결과는 오염, 토양 침식, 그리고 서식지 감소 등으로 나타났다. 둘째, 농업이 공동체로부터 사라지며 중요한 사회적 효과가 나타났다. 기계화는 농업 노동의 감소를 의미했고, 실제 미국에서 이루어진 농장일은 1950~1970년 사이

1/3 이상이 줄어든 것으로 산성되었다(Coppock, 1984). 따라서 촌락 공동체의 취업 기회는 줄어들었다. 예를 들어, 프랑스에서는 1954년 농업에 500만 명이 종사했는데, 1968년에는 단지 300만 명, 그리고 1975년에는 200만 명으로 줄었다(INSEE, 1993). 농부들이 자신의 농산물을 지역 매장이나 시장을 통하기보다 식품 가공 회사나 슈퍼마켓에 더 많이 팔기 시작하며 결속 또한 약화되었고, 점점 더 많은 농토가 기업과 비거주 소유자의 손으로 넘어갔다.

셋째, 전통적인 농업 지리의 변경은 공간적 영향을 미쳤다. 농업 생산의 집중은 낙농과 과일 농업과 같은 생산 부문의 지역별 전문화로 나타났고, 다른 지역에서는 농업 전체의 균형이 정부의 보조금을 목표로 변경되었는데, 예를 들어 1970년대와 1980년대에 일리노이와 아이오와의 상당 지역은 초지에서 경작지로 바뀌었다(Manning, 1997). 집약적이고 상업적인 농업이 최초로 일부 주변 지역, 예를 들면 스페인의 안달루시아에서 확립된 반면, 그다지 선호되지 않거나 압박을 받는 촌락 지역에서는 개별 농장들 스스로 세계화된 농업 시장에서 경쟁할 수 없다고 판단해 농업이 평균 이상의 비율로 감소했다.

넷째, 농업의 '산업화'는 개별 농부에서 상품 사슬의 다른 단계에 종사하는 기업으로 힘이 이동하며 정치적 그리고 경제적 충격을 받았다. 농업에서 기업의 증가는 생산주의, 자본주의 농업의 주요 특징이다. 기업적 토지 소유자는 점차 특정 생산 부문(예 : 과일, 설탕)과 (캘리포니아와 플로리다와 같은) 특정 지역에서 중요해진다. 예를 들어 한 회사는 태즈메이니아의 모든 호프 재배 토지의 80%를 소유하고 있다(Gray and Lawrence, 2001). 다른 전문화된 기업은 토지 소유 고객을 대신해 계약 농사 사업자로 등장했다. 이들 중 영국의 거대한 한 회사인 벨코트(Velcourt)는 보험 회사, 연금 기금, 그리고 민간 토지 소유자를 대신해 1990년대 중반 거의 2만 5,000헥타르(6만 에이커)를 경작했다(Harvey, 1998). 그러나 기업의 능력은 독립된 가족 농부들이 한정된 몇 개의 기업에 공급자, 구매자로 의존하며 가장 크게 성장했다. 한편 농부들은 종자, 농화학품과 기계류 공급을 소수의 기업에 의존했고, 다른 한편 자신들의 생산물을 한정된 소수의 기업에 판매하는 의존을 보였다. 뉴질랜드에는 1992년 상위 3개 가공 회사가 모든 낙농 생산의 3/4 이상을 차지하는데, 1960년에는 42%였다. 유사한 집중이 다른 부문에서도 확연하다(표 4.4)(Le Heron, 1993). 제3장에서 언급한 것처럼, 다른 공정 단계에 포함된 많은 회사들은 몬산토, 카길, 그리고 콘아그라와 같은 대규모 초국적 기업에 의해 지배되는 세계 '식품 사슬 클러스터'에 주식 지분과 전략적 동맹을 통해 서로 연계되었다. 이러한 종류의 수직적 통합은 자본 투자에 대한 수익을 극대화하고, 이를 위해 농부에게 지불하는

표 4.4 뉴질랜드의 1차 가공 기업 집중

	상위 3개 처리 기업에 의해 생산된 농축산물 비율		
	1960년	1986년	1992년
목축	42.0	–	75.0
육류 냉동	37.5	–	67.0
양모 씻기	34.2	50.0	–
과일, 야채 처리	78.5	80+	–

출처 : Le Heron, 1993

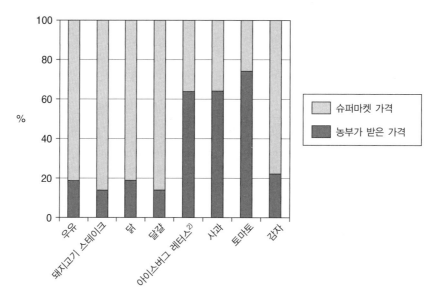

그림 4.1 영국 농부들이 일반적으로 받는 농산품 슈퍼마켓 가격 비율, 1999년
출처 : *The Independent*, 28 August 1998

액수를 줄이는 것이 한 방법으로, 식품의 슈퍼마켓 가격 중 오직 적은 비율만이 생산자에게 돌아간다(그림 4.1).

농장 위기

농업의 생산주의 양식은 선진국의 촌락 경제, 사회 그리고 환경에 심각하고 장기적인 영향을 끼쳤다. (관점에 따라) 이 중 일부는 긍정적, 일부는 부정적이라고 판정할 수 있고, 일부는 의도한 목표였고, 다른 일부는 의도하지 않은 결과였다(글상자 4.3 참조). 그러나

---

2) 역자 주 : 잎이 공처럼 단단히 말려 있는 상추

글상자 4.3 생산주의의 생각지 못했던 결과

식물과 동물의 질병을 제거 또는 통제하기 위한 생명기술의 사용은 생산주의 시대 동안 농부들이 생산성을 높이기 위한 수단 중 하나였다. 그러나 반대로 생산주의 농업에 사용된 몇몇 기술은 이제 일부 질병을 더 확산시키고 새로운 가축 질병을 만든 것으로 의심 받는다. 1986년 첫 광우병(bovine spongiform encephalopathy, BSE, 또는 'mad cow disease') 사례는 영국의 소에서 공식적으로 확인되었다. 뇌장애, 광우병은 소에게는 새로웠으나, 유사한 질병인 스크래피(scrapie)는 오랫동안 양에게 영향을 미쳤다. 이 질병은 스크래피에 감염된 양의 내장을 소에게 먹여서—이는 소와 같은 선천적으로 초식인 가축에게 닭 깔짚, 돼지 내장, 그리고 소의 유해와 같은 도살된 동물의 부산물에서 값싸게 산업적으로 생산된 먹이를 먹임으로써 광범위하게 이루어짐—발생한 것으로 확정되었다(Macnaghten and Urry, 1998). 1986~1996년 사이 영국에서 16만 건의 광우병 사례가 확인되었는데, 54%의 낙농 가축, 34%의 종축 가축(breeding herds)이 감염되었다(Woods, 1998a). 1988년 동물 사육에 양의 부산물 먹이를 금지시키면서 질병 발생률은 떨어지기 시작했지만, 더 심각한 걱정이 남아 있었다. 만일 감염된 양고기로부터 소에게 광우병이 전이되었다면, 고기를 통해 인간에게도 전이될 수 있지 않을까? 과연, 유사한 1980년대에 기록된 인간 뇌질환인 크로이츠펠트야콥병(Creutzfeld-Jakob Disease, CJD)의 새로운 변형의 원인일 수 있지 않을까? 1996년 3월 영국 정부 과학자들은 광우병 매체에 노출되는 것이 새로운 크로이츠펠트야콥병 변종의 원인이라는 '가장 가능성이 있는 해석'을 보고하였고, 그 영향은 엄청났다. 유럽연합은 영국 소고기의 수출을 즉각 금지시켰고, 영국 내에서 소고기 판매는 급격하게 감소했다. 소비자 신뢰를 회복하고 수출을 재개하기 위한 시도로 정부는 250만 파운드 이상의 희생인 100만 마리 이상의 소 도살을 포함한 박멸 전략을 시작했다(Macnaghten and Urry, 1998). 광우병은 영국에서 통제되었지만, 위협으로 남아 있다. 유럽, 특히 프랑스, 스위스 그리고 가장 뚜렷이 독일에서 발병했을 때, 그 공포는 농업장관의 사임을 가져왔고 녹색당에서 새로운 장관을 임명해 생산주의 농업을 개혁하겠다고 약속했다. 2003년 5월 캐나다 그리고 2003년 12월 미국 외딴 곳에서의 발병은 이 질병이 북미 전체에 확산되었다는 두려움을 증가시켰다.

영국 농업은 두 번째 질병인 구제역(foot and mouth disease, FMD; 또는 'hoof and mouth disease')이 2001년 발병했을 때 광우병으로부터 간신히 회복되었다. 광우병과 달리 구제역은 새로운 질병은 아니었다. 이는 개발도상국의 많은 지역에서의 전염병이지만, 선진국에서는 가장 심각한 농업 질병의 하나로 고려되어 대다수 박멸되었다. 이 병은 감염된 동물에 치명적이지는 않지만 생산성을 낮추어 심각한 경제적 위협으로 간주되었다. 더군다나 생물종 간 확산으로 소, 양, 돼지를 포함한 모든 발굽 가축을 전염시킬 수 있다. 영국에서의 2001년 발병은 전 세계 구제역 전염병 중 가장 최악이었다. 현대적 농업이 구제역의 원인으로 비난을 받을 수는 없지만, 전염의 속도와 규모를 더욱 심화시켰다. 농장의 과밀 사육, 더 특정하게는 집중화된 가축 시장과 도살장으로의 장거리 동물 운송은 이 질병을 영국 전역에 급속히 확산시키는 역할을 했다. 다시, 이 전염병은 위험에 처한 400만 마리 이상의 동물을 대규모로 도태시키고, 영국 촌락의 상당 지역을 일반인 접근으로부터 '폐쇄'시켜 통제될 수 있는데, 이는 촌락 경제의 일부인 관광에 상당한 연쇄적인 영향을 미쳤다.

더 세부적인 내용은 영국 정부의 광우병과 구제역 전염병에 대한 조사 웹사이트, www.bse.org.uk 그리고 www.defra.gov.uk/footandmouth/ 참조. 광우병에 대해서는 P. Macnaghten and J. Urry(1998) Contested Natures(Sage), ch. 8; Michael Woods(1998) Mad cows and hounded deer: political representations of animals in the British countryside. Environment and Planning A, 30, 1219-1234 참조.

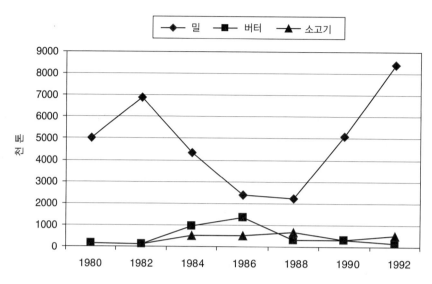

그림 4.2 유럽공동체의 저장된 잉여 재고, 1980~1992년
출처 : Winter, 1996

농업 생산 늘리기를 가장 중요한 목적으로 보면 생산주의는 의심할 바 없는 성공이었다. 1961~1990년 사이, 선진국의 농업 생산은 62% 정도 증가해 매우 성공적이었고, 오늘날 선진국 농산물은 시장에서 이윤을 위해 판매할 수 있는 양보다 많다. (이는 국내 수요를 초과하는 생산과는 같지 않은데, 예를 들어 영국은 2000년에 식량 수요의 79%만을 자체적으로 공급할 수 있었다.) 대신 과잉생산은 정부가 개입해 합의된 최소 가격으로 구매하는 가격 지원 방식으로 유지되어 왔다. 그림 4.2가 보여 주듯, 1980년 유럽공동체는 거의 500만 톤의 잉여 밀을 저장하고 있었고, 1982년에는 전체 양이 700만 톤에 이르렀다. 비록 이른바 '밀 산(wheat mountain)'은 이후 (일시적으로) 감소했지만, 버터, 소고기, 그리고 기타 산물의 잉여 재고는 증가했다. 이 체계는 농부에게 안정된 소득을 보장하는 생산주의 정책의 핵심 요소이지만, 과잉생산으로 사회 전체적으로는 재정적 부담을 안기기 시작했다. 1984년이 되자 공동농업정책(CAP)은 유럽공동체 전체 예산의 70%를 차지했고, 이 중 25%는 잉여 생산물의 저장에 사용되었다. 저장에 소요되는 실제 비용은 1973년보다 거의 5배 이상이었다(Winter, 1996).

　과잉생산의 압력을 줄이기 위한 시도로, 모든 주요 농업생산국들은 수출을 늘리며 새로운 시장을 찾기 시작했다. 그 결과 치열한 경쟁, 간헐적인 주요 경제공동체 간의 '무역전쟁', 그리고 세계 상품 가격의 하락으로 이어졌다. 대규모 생산자는 효과적으로 경쟁할 수 있고 정부 보조의 속성상 선호되어 이 기간 동안 재정적으로 이익을 얻었지만, 소규모 농부들은 가격 변동에 노출되고 국내시장에의 수입품 증가로 취약해지며 농장 위기를 촉발시켰다.

미국에서는 과잉생산의 문제가 가뭄 그리고 더 심각하게는 이자율의 상승과 겹쳤다. 신용은 세기가 바뀌며 캘리포니아에서 시작된 이래 농업 현대화의 촉매제였다. 특히 1960년대와 1970년대, 농부들은 기계와 농장 개량에 투자하기 위해 돈을 빌리는 것이 권장되었다. 미국의 농부 부채는 1970~1980년 사이 거의 2배가 되었다(Le Heron, 1993). 이는 이자율이 낮게만 유지되고, 상품 가격이 안정되고 토지 가격이 지속적으로 상승한다면 지속가능했다(예 : 아이오와에서 농업 토지 가격은 1970년대 거의 4배가 되었다. Stock, 1996 참조). 그러나 1980년대 전반 상품 가격의 붕괴는 재정 압력과 동시에 발생해 미국의 이자율을 2배로 올렸다. 다음 10년 동안 20만~30만 농부들이 채무 불이행이 되었고, 이들 중 다수는 아이오와, 미네소타, 위스콘신의 '농장 지대'였다(Dudley, 2000). 1986년 위기의 절정 때, 농부와 이들 가족 거의 100만여 명이 12개월 동안 농업에서 퇴출되었다(Dyer, 1998). 농장 위기는 근본적으로 미국 농업을 바꾸어, 소규모 가족농의 상업적 중요성을 축소시켰으며, 개인과 공동체에 심각한 개인적인 영향을 미치게 되었다(글상자 4.4 참조). 촌락 공동체에 스트레스와 자살률이 높아진 문제들이 관찰되었고(Dudley, 2000), 정치적 소외가 증가했는데, 일부는 극단적 우익 민병대 지원을 부채질했다(Dyer, 1998; Stock, 1996).

글상자 4.4 농장 위기에 대한 개인 스토리

미국 농장 위기의 인간적 측면은 미네소타 주의 더들리(Kathryn Marie Dudley), 뉴욕 주의 핏첸(Janet Fitchen)이 수행한 농가와의 인터뷰에서 드러났다. 더들리가 인터뷰한 농가 딕(Dick)과 다이앤(Diane) 부부는 자신들의 농장을 위기로 몰고 간 소용돌이 상황을 말해 주었다. 그들은 1970년대 6%의 낮은 이율로 토지 구입을 위한 대출을 받고 운영 비용을 위해 다른 대출을 받았다. 그러나 1982년 낮은 소출과 이율 증가는 대출 상환을 어렵게 만들었다. 1984년 봄 파종 자금을 위한 새로운 대출을 받기 위해 부채를 기존 토지 대출과 합쳐 새로운 11%의 이율로 대출을 재협상해야 했다. 1985년 이율이 19%로 절정에 이르자, 연 이자 지불은 평균 일주일에 1,000달러에 달했다. 농업을 계속하기 위해서는 농부들의 토지에 대출을 해 주고, 보조를 받은 이율로 새로운 운영비를 대출해 주는 2차 대출을 '대출의 마지막 의지처'인 농부주택부(Farmers Home Administration)로부터 받을 수밖에 없게 되었다. 이 대출로 농장은 겨우 '본전치기'를 하고, 부부는 생계를 위한 부인의 강사일로 벌어들이는 봉급에 의존했다. 이러한 경험은 이 가족에게 아직 부채를 지게 하고, 견디기 어렵게 취급당하고, 자신들이 생각한 기회는 거부당하고 다른 사람들에게 돌아갔다.

딕과 다이앤은 농장 위기로부터 살아남았다. 핏첸이 인터뷰한 렌(Len)과 욜랜다(Yolanda) 농장 부부는 그렇지 못했다. 이들에게 1980년대의 금융 압박은 자녀들이 농업 외의 분야에서 직업을 가지려는 상황에서 동시에 발생했다. 최후의 결정타는 이들이 뒷길변의 유일한 농장이었기에 우유 운송업자가 추가 요금을 부과한 것이었다. 렌이 설명하듯, '이 모든 것에 대응하는 한 가지 방법은 확장하는 것이었다. 25년 전으로 돌아가 보면, 가족 농장은 25마리의 소로 생계를 유지할 수 있었지만 오늘날에는 최소한 50마리를 가져야 하고, 이 일을 우리끼리만으로는 할 수 없다'(Fitchen, 1991, p. 25)는 것이다. 렌과 욜랜다는 자신들의 소를 연방정부 구매에 팔고, 도구를 경매에 부치고, 농장을 도시에서 이주해 온 사람에게 팔았다.

농장 위기에 대한 세부적인 정보는 Kathryn Marie Dudley (2000) Debt and Dispossession: Farm Loss in America's Heartland (University of Chicago Press); Janet Fitchen (1991) Endangered Spaces, Enduring Places: Change, Identity and Survival in Rural America (Westview Press) 참조.

농업 부문의 조정과 더불어 이자율의 축소는 결국 미국 농장 위기를 완화하는 데 도움을 주었지만, 과잉생산의 근본적 문제는 지속되었다. 유럽과 미국에서 농업정책의 대폭적인 개혁에 합의한 정책입안자들의 지속적인 노력, 국제무역 협상에서 농업의 중요성, 그리고 뉴질랜드에서 추구한 급진적 방향들은 모두 제9장에서 논의할 것이다. 그러나 생산주의가 억제되지 않고 지속된다고 제안하는 것은 잘못이다. 1980년대 이후 수많은 계획들이 생산에 대한 정부 보조를 바꾸며 농업을 점진적으로 개혁하려 채택되었다. 이러한 방책들의 실행은 '후기생산주의 전이(post-productivist transition)'로 언급된다(글상자 4.5).

글상자 4.5 핵심 개념

후기생산주의 전이 : 농업정책과 실행 내부에서의 변화를 언급하기 위해 사용된 일반적 용어로 강조점을 생산에서 더 지속 가능한 농업의 창조로 전이시켰다. 후기생산주의 전이(PPT)는 다양한 사회적·경제적 목적을 향상시키는 것을 겨냥한 다양한 동기로 추동되었다. '전이'라는 용어가 함축하듯, 이 개념은 생산주의 정책(글상자 4.2 참조)으로부터의 급작스런 변환이 아니라 점진적인 개혁과 적응의 과정을 제시한다.

후기생산주의 전이

생산주의의 집중적 추진과 비교할 때, 후기생산주의 전이는 훨씬 모호하고 다면적인 개념이다. 이는 생산주의로부터의 탈피는 분명한데, 무엇을 위한 탈피인가는 분명하지 않다. 후기생산주의 정책의 일부 요소는 삼림지대에 나무를 심는 것과 같은 환경적인 목표를 강조했고(제13장 참조), 다른 것으로는 가족 농장의 보호와 같은 사회적 목표를 강조했다. 그러나 정책 변화의 기저는 전체적으로 생산주의와 관련한 불이익 없이 농업이 경

표 4.5 유럽연합의 농지 휴경 보조금 제도로 쉬는 토지

	휴경지(천 헥타르)		
	1988~1992	1993~1994	2001~2002
오스트리아	–	–	103.9
벨기에	0.9	19	27.5
덴마크	12.8	208	217.7
핀란드	–	–	198.0
프랑스	235.5	1,578	1,575.8
독일	479.3	1,050	1,156.2
그리스	0.7	15	45.7
아일랜드	3.5	26	36.4
이탈리아	721.8	195	232.9
룩셈부르크	0.1	2	2.1
네덜란드	15.4	8	22.6
포르투갈	–	61	99.1
스페인	103.2	875	1,610.6
스웨덴	–	–	269.2
영국	152.7	568	847.9
유럽연합 전체	1,725.8	4,605	6,445.6

출처 : Ilbery and Bowler, 1998; European Union DGVI

제적으로 생존할 수 있는 모델을 찾고자 하는 관심이다. 그러나 광범위한 후기생산주의 전이는 네 가지 주요소를 포함하는 것으로 이해되는데, 조방화, 농장 다각화, 시골 지역 책무 강조, 그리고 농산물의 가치 높이기가 그것이다.

조방화(extensification)는 생산을 늦추고 농부들이 화학, 인공 투입물을 줄이며 농업 집약화의 역전을 목적으로 한다. 이는 부분적으로 집약적 농업을 지원했던 보조금을 없애거나 제한하고 농지를 일시적으로 생산에 이용하지 않는 더 조방적인 형태의 농업을 권장하는 방식으로 추진된다. 가장 주목할 만한 사례는 유럽연합의 휴경보조금제도로 1988년 자발적 참여를 기초로 시작했다. 이 계획에서는 농부들이 최소 5년간 자신의 경작지 중 최소 20%를 생산에 이용하지 않을 경우 보상비를 받는다. 그러나 초기 600만 헥타르가 휴경할 것이라는 예측은 지나치게 낙관적으로 200만 헥타르(또는 유럽연합의 경작지 중 2.6%) 미만만이 이 계획의 첫 단계에 포함되었다. 이후 1992년 식량 작물 재배 농가에 강제 휴경계획이 도입되며 참여는 상당 수준으로 높아졌고(표 4.5), 2001년에는 유럽연합 경작지의 12.4%가 포함되었다.

표 4.6 영국 농부와 배우자의 비농업 소득, 1997~1998년

	수입 있는 농부 비율(%)	평균 소득 (모든 농장)	평균 소득 (수입 있는 농장)
농장 내 비농업 소득(예 : 관광, 농장 가게)	4	£200	£5,600
농장 외 소득	58	£4,800	£8,400
자영업	8	£800	£9,900
취업	14	£1,600	£11,100
사회보장	18	£200	£1,300
투자, 연금 등	40	£2,200	£5,500
모든 비농업 소득	58	£5,000	£8,600
모든 다양한 활동 소득(사회보장, 투자, 연금 등 제외)	23	£2,600	£11,200

출처 : Cabinet Office, 2000

농장 다각화(farm diversification)는 농가의 농업 생산 의존성을 낮추어 농장 생산이 감소하더라도 농장이 경제적, 사회적 단위로 운영될 수 있도록 하려는 노력이다. 기술적으로 농장 다각화는 '농장의 비전통적인 (대안적) 기업의 발전'만을 말한다(Ilbery, 1992, p. 102). 그러나 다각화는 농장 외 취업을 통해 농가 구성원에 의해 벌어들인 소득과 더불어 '주된 농업으로부터 벌어들인 소득에 농가구원이 추가로 농장 그리고/또는 농장 외에서 벌어들인 소득'(Ilbery and Bowler, 1998, p. 75)으로 다양한 활동에 기여한다. 농장 다각화는 직접적인 교부금, 대출, 그리고 훈련 계획으로 지원을 받았다. 농장이 채택한 다양화된 활동 형태는 농장의 위치와 구조, 농가의 이해, 시장 잠재력 등에 따라 다양하지만, 중요한 사례로는 농장 관광, 농장 현지 매장, 승마 센터, 현장 식품 가공, 과일 스스로 따기, 공예 매장, 새로운 작물과 가축으로의 다각화가 포함된다.

다양한 활동으로부터의 소득은 농산품 가격 변동이 직접적인 농업 소득을 낮추며 그 중요성이 더욱 높아졌다. 1997년 미국의 평균 농가는 농장 외로부터 소득의 88%를 벌어들였는데, 이 중 (농장당 평균 2만 5,000달러에 해당하는) 절반은 농장 외 취업으로부터이다(Johnson, 2000). 유사하게, 영국에서 농장의 1/4은 1997년 다양한 활동으로부터 소득을 창출하였는데, 대다수가 농장 외 취업이었다(표 4.6). 유럽에 걸쳐 농가의 58% 정도는 1980년대 후반 다양한 활동을 했을 뿐 아니라 이 수준의 다양한 활동은 프랑스 피카디의 27%, 스페인 안달루시아의 33%에서 스웨덴 웨스트보스니아의 72%, 독일 프레웅-그라페나우의 81% 등 지역 간 상당한 차이가 난다(Fuller, 1990; Ilbery and Bowler, 1998). 실제 농장의 다양한 활동은 지역적으로 지배적인 농업 부문, 농장 외 취업 또는 농

장 다각화, 그리고 역사적 사회 · 경제 구조를 포함한 여러 요인을 반영한다. 따라서 프랑스의 다른 지역에서 이루어지는 다양한 활동은 세 가지 형태로 확인된다(Campagne et al., 1990). 랑그독에서는, 다양한 활동의 오랜 역사가 발견되는데 이들로부터의 소득이 농장에 투자되었다. 반대로 더 주변화된 농업 지역인 사보이에서는 다양한 활동에 농장 외 참여는 생존을 위해 필연적이었으며, 더 부유하고 경작기 좋은 지역인 피카르디에서는 다양한 활동이 농장 기반 기업을 포함해 더 기업적인 성향을 보였다.

시골 지역 책무(countryside stewardship)의 강조는 틀림없이 조방화 형태와 다각화로의 유인 모두에 나타나지만, 독특한 논리가 있다. 촌락 경관을 만들고 유지하는 데 농업의 역할을 인정하지만, 이를 농업 생산의 부산물로 고려하는 것이 아니라 농부에게 시골 지역 관리에 대한 직접적인 보상을 하고자 한다. 이러한 종류의 계획에서 농부는 나무 울타리, 벽, 연못, 과수원 복원, 일반인 접근을 도와주는 계단형 출입구와 정문 유지, 민감한 서식지를 관리하는 계획 실행, 그리고 미국의 일부 지역에서처럼 생산의 형태나 수준에 관계없이 단순히 농지를 농업에 이용하는 것에 대해 보상을 한다. 그러나 정치적으로 일부 농부는 자신들이 '공원 지킴이'가 되어야 하고, 또 다른 일부는 이러한 계획은 부적당한 농부에게도 보상을 한다고 주장하며 반대했다.

> 목초지를 복구하거나 필요한 울타리를 만드는 것에 대한 보상금을 받기 위해서는 우선 원래의 것을 파괴할 필요가 있다. 환경에 대한 보상금의 대다수를 받는 농부들은 전면적으로 생산에 열광하던 기간 동안 가장 커다란 파괴를 한 사람들이다(Harvey, 1998, pp. 60-61).

마지막으로, 네 번째 전략은 농산물의 **가격을 높여**, 특히 높은 가격으로 판매할 수 있는 질 좋은 '지역 브랜드' 상품을 전문화해 생산 수준을 낮추도록 하는 것이다. 1992년 이래 유럽연합에서는 특화된 지역 식품에 '원조지정 보호(protected designation of origin, PDO)' 또는 '지리적 표시제 보호(protected geographical indication, PGI)'를 부여해 장소 관련 브랜드화의 사용을 제한했다. 예로는 파르마 햄(Parma ham), 벨포트 치즈(Belfort cheese), 저지 로얄 감자(Jersey Royal potatoes) 등이 있다. 보호 지정 없이도 지역적으로 브랜드화된 식품의 마케팅은 높은 질을 떠올리게 해 소매 가격 상승을 가능하게 한다. 예를 들어, 웨일즈 흑우(Welsh Black Beef), 염분습지 양고기(Saltmarsh Lamb), 린 소고기(Llyn Beef)와 린 장미색 송아지고기(Llyn Rosé Veal)를 포함한 웨일즈 지역의 식품 마케팅을 들 수 있다(Kneafsey et al., 2001).

앞에서 언급한 것처럼 '후기생산주의 전이' 슬로건 아래 다양한 계획들은 농업정책과 실행 측면을 바꾸기 시작했다. 그러나 이들이 근본적인 농업의 '재구조화'로 이어질지는 의문시된다. 에반스 등(Evans et al., 2002)은 '후기생산주의' 개념을 실증적 그리고 이론적 이유 모두에서 비판한다. 실증적으로, 후기생산주의의 증거는 선별적으로 제시되었다. 농장의 (달맞이꽃 같은) 새로운 작물 그리고 (라마와 같은) 가축으로의 다양화 같은 일부 주장되는 전이의 특징은 아직 생산주의 논리를 반영한다. 반면 조방화와 같은 다른 관찰된 변화는 후기생산주의보다 여러 정부의 다양한 의욕 수준에서 추진된 것일 수 있다. 더군다나 지속되는 생산주의의 상당한 증거들이 있다. 에반스 등(Evans et al., 2002)이 언급하듯, '농부들이 자유화된 세계시장에서 경쟁해야 할 필요성에 대한 정치적 강조는 전 세계적으로 생산주의 원칙 지속을 더 강조하는 듯'(p. 316)하고, 이는 예를 들어 뉴질랜드의 농업에 대한 탈규제에서 확인할 수 있다(제9장 참조). 확실히, 영국 정부는 2000년과 2001년에 농업 생산을 지원하기 위한 보조와 지불에 26억 3,680만 파운드를 지출했고, 휴경 농지 보조금, 농장 다각화, 그리고 시골 지역 책무를 포함한 '후기 생산주의' 계획에는 3억 7,610만 파운드만이 지출되었다.

이론적 기반을 근거로, 에반스 등(Evans et al., 2002)은 '후기생산주의 전이' 언급은 아마도 제안된 것처럼 절대 간단하지 않은 생산주의 시대와의 지나치게 단순한 이원론이며, 후기생산주의 시대의 증거는 기껏해야 논쟁을 초래할 듯하다고 주장한다. 따라서 20세기를 마감하는 여러 해 동안 농업 변화의 복잡함은 후기생산주의 전이의 시기와 범주화에 초점을 맞춘 논쟁으로 얼버무리고 넘어가, 촌락 변화에 대한 행태적 그리고 행위자 중심의 연구(Wilson, 2001) 그리고 농장 차원의 활력의 증거(Argent, 2002)를 다루는 데에는 실패했다. 윌슨(Wilson, 2001)은 이 개념은 농업을 넘어 광범위한 촌락 변화를 관찰하고 이러한 큰 그림을 잘 반영하는 새로운 용어를 채택함으로써 수정될 수 있을 것이라고 제안했다. 그러나 에반스 등(Evans et al., 2002)은 더 직설적으로 후기생산주의를 '농업에 대한 이론에 기반한 관점을 발전시키는 데 주의를 산만하게 한 것'(p. 325)으로 기술하며, 더 비판적이고, 다양하고, 광범위한 사회와 경제 이론과의 연계를 위하여 포기할 것을 제안했다.

농업의 미래?

농업정책을 개혁하려는 계속되는 투쟁의 결과가 무엇이든, 농업의 미래는 이미 기업식

표 4.7 상업적으로 이용 가능한 유전자변형생물

GMO	변형	유전자 원천	유전자변형 목적
메이즈(Maize)	해충 저항	바실러스 튜링겐시스 (Bacillus thuringiensis)	해충 피해 감소
콩	제초제 내성	스트렙토미세스종 (Streptomyces spp.)	거대한 잡초 제거
면화	해충 저항	바실러스 튜링겐시스 (Bacillus thuringiensis)	해충 피해 감소
대장균(Escherichia coli) K12	키모신 또는 레닌 생산	암소	치즈 제조에 사용
카네이션	색상 수정	프리지아	다양한 종류의 꽃 생산

출처 : Bruinsma, 2003

농업과 소매 부문을 지배하는 다국적기업에 의해 만들어지고 있다. 무엇보다, 21세기 농업은 투자에 대한 이윤을 극대화하는 자본주의 필연에 의해 움직인다. 그러나 점차 이는 생산을 극대화하는 것과는 반대로 생산을 향상시키는 것을 의미한다. 이를 성취하기 위한 많은 전략들은 생산주의 시대에 발전한 기법과 방법에 기초하고, 이들 중 가장 논란이 되는 것은 작물과 가축을 변형시키는 유전자 공학의 사용이다.

유전자변형(GM)은 특정 속성을 억제시키거나 강조하기 위해 식물 또는 동물의 DNA를 바꾸는 것이다. 따라서 유전자변형생물(GMOs)은 바이러스, 해충 또는 제초제에 내성을 가지고, 자연적 상태보다 크거나 생산성이 높게 생산되거나 즙이 많거나 밝은 색깔로 소비자에게 매력적이게 만들어질 수 있다(표 4.7). 유전자변형 지지자들은 집약적 농업을 하지 않고 농업 생산성을 유지할 수 있게 해 준다고 주장한다. 유전자변형 작물은 스스로 해충을 죽이는 독소를 만들어 내게 변형될 수 있어, 농지에 화학물 분사를 줄일 수 있기 때문에 환경 친화적이라고 주장한다. 이러한 종류의 내성 유전자변형생물은 질병이나 해충에 의한 흉작으로부터 보호되기 때문에 개발도상국의 기근에 대한 해법이라고 옹호한다. 그러나 식품의 질에 대한 공포는 생명기술에 대한 대중의 확신을 감소시켰고, 유전자변형생물의 안전과 환경에 미칠 수 있는 영향에 대한 상당한 회의가 있다. 반대자들은 유전자변형이 장기적 건강에 미치는 결과는 알려지지 않았고, 특히 교잡수분은 유전자변형 유전자를 유전자변형이 아닌 식물에 전이될 것을 두려워하기 때문에 전통적 작물 종의 멸종을 우려한다. 따라서 유전자변형 작물 재배를 허용하느냐 마느냐의 결정은 많

은 나라에서 정치화되는데, 예를 들어 2002년 뉴질랜드 총선에서 주요 이슈가 되었다. 더군다나 유전자변형 농업의 확대는 변형된 종자를 특허소유 생명기술 회사로부터 구입해야 하기 때문에 상품 사슬에서 권력이 거대 기업에 더욱 집중될 것이다.

1996~2001년 사이, 유전자변형 작물 재배 면적은 세계적으로 170만 헥타르에서 5,260만 헥타르로 30배나 증가했다(Bruinsma, 2003). 그러나 미국에서는 이 면적의 69%, 아르헨티나는 22%, 나머지 11개 국가는 이들 사이의 비율을 보인다. 이 결과는 매우 양극화된 농업 지리이다. 유전자변형 작물은 미국의 모든 면화 재배지의 61%, 콩 재배지의 54%에 달하지만(USDA, 2000), 다른 많은 국가들은 유전자변형 작물 재배를 영국의 경우처럼 실험 지역, 프랑스와 스페인처럼 특정 비식용 작물로 한정한다. 유전자변형 식량은 또한 유럽연합이 유전자변형생물을 포함한 모든 농산물에 라벨 붙이기 주장으로 세계무역협상의 주요 이슈이다. 제한된 무역 기회와 유전자변형 작물 경작의 결과에 대한 일부 실망으로 유전자변형 농업의 성장률은 낮아지고 있고, 북미에서의 유전자변형생물 생산은 금세기의 첫해에 감소하였다.

유기농업이 종종 유전자변형의 극단적 반대 그리고 미래 농업의 대안적 모델로 표출된다. 유기농업은 인공화학 비료와 농약 사용을 금지하고, 외부의 투입물을 최소화하고 농장에서 나온 자원과 자연적인 생산과 처리를 극대화한다. 옹호자들은 유기농업이 질이 좋고 더 건강한 농산물을 생산하기 때문에 전통적인 농업에 비해 생산성이 낮더라도 유기 농산물은 할증 소매 가격을 매길 수 있을 것이라고 주장한다. 따라서 유기 생산으로의 전환은 전통적 농업에서 경제적 어려움을 겪고 있는 농부들에게 매우 매력적이다. 유럽과 미국에서 공인된 전체 유기 농지는 1995~2000년 사이 3배가 늘었으며, 2000년에는 유럽 농지의 2.4%, 미국 농지의 0.22%를 차지했다(Bruinsma, 2003). 유사하게 뉴질랜드의 수출 시장에서 유기 농산물의 가치는 1990년 미국 달러로 5만 달러에서 2000년 3,000만 달러로 증가했다(Campbell and Liepins, 2001).

초기에는 유기농업이 종종 소규모, 비상업적, 자족적 농업과 관련 있었으나, 유기농의 중요도는 성장해 다른 형태의 자본주의 농업으로 정립되었다. 덴마크와 온타리오에서 이루어진 조사에 따르면 유기농업으로 전환한 더 많은 최근의 농부들은 이전 전환 농부보다 더 이윤을 추구하고, 순수하게 환경에 대한 고려로 이루어진 것은 아니며(Hall and Mogyorody, 2001; Michelsen, 2001), 전문화 그리고/또는 농장 규모를 늘린 유기농 농부 중 '관례 따르기(conventionalization)'의 증거는 많지 않다(Hall and Mogyorody, 2001). 더욱이 유기농 생산자들이 주류 시장으로 진출하면서 점차 기업 식품 가공사와 소매업자에 의존하게 되었다. 영국에서 유기농업을 부추긴 주요 사건은 2000년 슈퍼마켓 체인인 아이스랜드(Iceland)가 자체 브랜드 야채를 전체 유기농산물로 바꾼 결정이다. 그러나 1년 뒤 슈퍼마켓의 정책 철회는 유기농산물에 대한 소비자 수요의 지속 가능성과 유기농업의 확장 가능성에 대한 관심을 높였다.

요약

선진국 농업은 20세기가 시작되며 근본적으로 변하였다. 농업은 촌락 생활의 중심적 지위에서 촌락 경제에서 취업과 생산 기여 면에서 주변부로 밀려났지만, 농업을 개혁하려는 어떤 노력도 복잡하게 만드는 엄청난 상징적 능력을 가진다. 농업 내 많은 변화는 외부의 압력에 의해 촌락 지역에 떠안겨진 결과이다. 실제 농부들은 변화의 주동자는 결코 아니며 현대 농업 발전을 형태 지은 주요 관계자의 하나에 불과하다. 첫째, 농업의 자본주의 산업으로서의 정치·경제 분석은 수익을 극대화하는 수단으로 농업의 '현대화'를 조장함에 있어 투자자, 은행, 농식품 기업 그리고 일부 토지 소유자를 포함한 자본가를 부각시킨다. 농부를 종자 생산, 식품 가공, 소매에 관심을 가진 기업이 지배하는 '식품 체인 복합체'로 통합하는 것은 점차 기업의 손에 농업의 미래에 대한 결정을 집중시키게 되었다. 그러나 둘째, 농업은 제한 받지 않는 자유시장은 아니고 세계경제의 가장 규제된 분야의 하나이다. 이는 정부가 주요 행위자라는 것을 의미한다. 전통적으로 정부의 농업 개입은 보조금과 가격 보장으로 위험을 흡수하며 자본주의적 발전을 지원하였다. 무역정책 또한 국가 농업 이익을 위하는 방향으로 전개되어, 농업은 무역 갈등의 주요 관심사이다(제9장 참조). 더 최근에는 농업정책의 개혁이 정부 지원을 경관 보전과 같은 농업의 비경제 측면으로 향하게 했다. 틀림없이 이는 반자본주의 운동이 아니라 촌락 경제에서 생산보다 소비에 의해 농업의 가치가 변화하고 있는 속성을 인식한 것이다(제12장 참조). 셋째, 모든 자본주의 산업과 마찬가지로 농업은 소비에 의존하고 따라서 소비자는 강력한 행위자 집단이다. 우리가 식품을 위해 지불하려는 가격, 식품의 질에 대한 염려, 식품이 어디서 오는가에 대한 관심, 그리고 지역 농산물, 유기농산물, 채식 등은 모두 상품 사슬을 통해 특정 농업 부문의 이익에 다시 영향을 주며 되돌아오는 미세한 효과를 가진다. 마지막으로, 위에서 언급한 압력의 영향을 받는 농부들 자신이 있는데 이들은 마지막으로 자신의 농장 관리에서 어떻게 대응할 것인가를 결정해야 한다. 이는 많은 농부들이 다각화를 주저하는 사례에서 드러난다.

  그러므로 농업 의사결정에 포함된 복잡한 행위자들의 연계는 이 장에서 제시한 것을 포함한 어떤 농업 변화에 대한 설명도 현실에서 경험하는 실제적인 농업 변화를 형태 짓는 세부적인 역학, 모순, 불연속을 어쩔 수 없이 충분히 다루지 못하고 넘어간다. 더군다나 순수한 농업에 대한 초점은 농업을 광범위한 촌락 경제와 다른 부문에서의 변화로부터 인위적으로 구별 짓게 된다. 이러한 내용은 다음 장에서 검토한다.

더 읽을거리

농업과 농업 변화에 대한 다양한 측면에 대한 자료는 많다. 개론으로는 Brian Ilbery and Ian Bowler, 'From agricultural productivism to post-productivism', in B. Ilbery (ed.), *The Geography of Rural Change* (Addison Wesley Longman, 1998)가 지배적인 유럽의 관점에서 생산주의에서 후기생산주의로의 전이에 대한 좋은 개관을 제공해 준다. 이에 대한 북미의 균형으로 David Goodman, Bernado Sorj and John Wilkinson (1987) *From Farming to Biotechnology* (Blackwell, 1987)는 주로 농업에서 생명기술의 증가에 대한 미국의 이야기를 제공한다. 농업의 자본주의 산업으로서의 발전은 George Henderson and Richard Walker, 특히 Walker (2001)의 'California's golden road to riches: natural resources and regional capitalism, 1848-1940', in the *Annals of the Association of American Geographers*, volume 91, pages 167-199, 그리고 Henderson의 *California and the Fictions of Capital* (Oxford University Press, 1998)의 연구에서 강조된다.

  농업 변화의 인간적 측면은 Kathryn Marie Dudley, *Debt and Dispossession: Farm Loss in America's Heartland* (University of Chicago Press, 2000), 그리고 Andrew O'Hagan, *The End of British Farming* (Profile Books, 2001)에서 드러난다. 후기생산주의 논의에 대해서는 Nick Evans, Carol Morris and Michael Winter (2002), 'Conceptualizing agriculture: a critique of post-productivism as the new orthodoxy', in *Progress in Human Geography*, volume 26, pages 313-332를 참조하라.

웹사이트

농업에 대한 광범위한 최신 통계는 여러 웹사이트에서 구할 수 있는데, 유엔(UN)의 식량농업기구 (FAO)(www.fao.org), 미국 농무부(USDA)(www.usda.gov/nass), 유럽연합 농업총국 (DGVI)(europa.eu.int/comm/agriculture/index_en.htm), 영국 환경농촌식품부 (DEFRA)(www.defra.gov.uk/esg/), 오스트레일리아 농업자원경제국(ABARE)(www.abareconomics.com), 그리고 뉴질랜드 농림부(MAF)(www.maf.govt.nz/statistics/) 등이다.

제5장

촌락 경제의 변화

서론

농업 부문의 변동은 지난 1세기 동안 촌락에서 이루어진 경제적 변화에 대한 절반의 설명에 지나지 않는다. 그 외의 '전통적' 촌락 경제활동으로서 삼림, 어업, 광업, 채석과 같은 활동도 농업과 유사한 성쇠를 경험했다. 반면 제조업, 관광, 서비스 부문 고용은 촌락에서 급격히 증가하고 있다. 1969~1997년 사이, 미국의 촌락 카운티는 농업에서 75만 명의 고용 감소를 경험했지만, 제조업 부문에서는 82만 7,000명의 고용 증가가 있었다(Isserman, 2000). 또한 서비스 부문의 경우 캐나다 촌락에서는 10명 중 6명이(Trant and Brinkman, 1992), 프랑스 촌락에서는 50%가(INSEE, 1998), 영국 촌락에서는 10명 중 7명이 고용되어 있다(Countryside Agency, 2003).

촌락 경제가 자연환경을 이용하는 1차 산업으로부터 2차 및 3차 산업으로 이행하게 된 것은 로컬 스케일에서 글로벌 스케일에 이르는 상이한 과정들이 서로 맞물리게 된 결과이다. 여기에는 촌락 지역에서의 하부구조 개선이나 촌락 인구의 교육수준 향상과 같은 로컬 특수적인 요인들도 관련되어 있지만, (특정 장소 및 특정 자원에 대한 기업들의 의존도가 기술 발전에 의해 점차 감소함에 따라) 국제무역의 자유화가 진전되고 기업의 '지리적으로 자유로운(foot-loose)' 특성이 강화되는 등 일련의 글로벌 경제 재구조화의 흐름과도 밀접하게 관련되어 있다. 이러한 요인들 모두는 선진 자본주의하의 **노동의 공간적 분업**에 있어서 촌락 지역의 상대적 위치를 변경시켜 왔으며, 이러한 분업을 통해 '다양한 경제활동은 이윤을 극대화하기 위해 공간적 불평등이라는 사실을 통합하거나 이용해 왔다'(Massey, 1994). 가령 역사적으로 볼 때, 자원 자본주의(resource capitalism)는 천연자원의 이용 가능성, 사용되지 않는 토지, 촌락의 토지 소유제도 및 고용 등에 따른 여러 기회를 이용해 왔다. 보다 최근의 경우, 촌락 지역으로의 투자는 저렴한 토지 가격, 낮은 세율과 임금 수준, 개발에 용이한 넓은 나대지, 미학적으로 수려한 자연환경 등에 의해 유인되어 왔다. 그러나 촌락 지역은 글로벌 스케일에서 다른 지역들과 똑같이 경쟁할 수밖에 없는 상황이며, 공장이나 콜센터와 같은 촌락의 중요 고용 부문은 임금이 보다 낮은 개발도상국으로 언제든지 갑자기 이전될 가능성을 안고 있다.

이 장에서는 촌락 경제의 변화를 살펴보는데, 특히 임업, 어업, 광업 부문 및 서비스 부문의 변화에 초점을 둔다. 아울러 이러한 변화를 야기한 요인을 탐색해 보고, 이러한 변화가 촌락 커뮤니티에 어떤 영향을 미치는지 검토한 후, 향후 글로벌화에 따른 촌락 경제의 미래와 전망을 가늠해 본다.

임업, 어업, 광업 : 1차 산업의 변동성

20세기의 전반기 동안 촌락 경제에서는 농업이 가장 지배적이었고, 이에 필적할 만한 부문은 오직 임업, 어업, 광업, 채석업뿐이었다. 이런 부문들은 대개 투자, 소유권, 고용 등의 흐름을 통해 상호 연결되어 있었다. 가령 워커(Walker, 2001)에 따르면, 캘리포니아의 경우 자원 자본주의의 발전 과정에 있어서 광업, 임업, 농업 부문은 상호출자(cross-investment) 관계로 얽혀 있었고, 이러한 패턴은 미국 내 다른 지역에서도 똑같이 나타났다. 이와는 또 다른 수준에서 볼 때, 많은 촌락 커뮤니티의 근로자들은 대개의 경우 자신의 직업을 계절이나 상품 수요를 기준으로 광업이나 농업, 또는 어업이나 농업 중 하나로 나누는 경향이 있었다. 그리고 어떤 촌락들의 경우에는 농업 기반이 취약한 탓에 광업이나 채석업 또는 어업이나 임업에 종사하는 비중이 농업에 비해 훨씬 더 높기도 했다. 결과적으로 이러한 부문의 고용 감소는 촌락 지역 전체적으로는 영향이 적었을 수 있지만, 개별 촌락 커뮤니티에 미치는 영향은 (상대적으로 부유한 촌락 지역이라고 할지라도) 소규모의 궁핍 지구들을 야기할 정도로 심각한 영향을 끼쳤다.

어떤 지역의 경우에는 부문 산업 전체가 사라지기도 했다. 잉글랜드의 남서부에 위치한 콘월(Cornwall)의 경우 1998년에 마지막 텅스텐 광산이 문을 닫았다. 원래 이 지역의 텅스텐 채광은 2,000년 전까지 거슬러 올라가며, 19세기 후반에는 종사자가 5만 명에 육박할 정도로 전성기를 이루었던 곳이다. 다른 지역의 경우 광업, 임업, 어업에서의 고용이 급격히 감소하여 단지 몇몇 곳에서만 겨우 명맥을 유지할 정도가 되었다. 캐나다의 경우 1976년에는 80개의 촌락 커뮤니티에서 취업자 중 30% 이상이 임업이나 목재 가공업에 종사했고, 이에 따라 이들 지역은 '단일 산업 촌락'으로 분류되기도 했다. 아울러 주

표 5.1 캐나다의 172개 커뮤니티의 주요 산업 종사자 비중 : 어업, 광업, 임업 중심 커뮤니티(%)

	어업 커뮤니티			광업 커뮤니티			임업 커뮤니티		
	1976	1981	1986	1976	1981	1986	1976	1981	1986
30 이상	38	33	34	54	42	24	80	52	37
15~29	0	5	4	0	11	22	0	27	40
15 미만	0	0	0	0	1	8	0	1	3

출처 : Clemenson, 1992

요 산업으로서 54개 커뮤니티가 광업에, 38개 커뮤니티가 어업에 의존했다(Clemenson, 1992). 그러나 그 이후 10년에 걸쳐 임업과 광업에 엄청난 경제적 타격을 입었다. 캐나다의 임업 고용 규모는 1980년 30만 명에서 1982년 26만 명으로 감소했고, 1982년 말에는 불황이 정점에 달하면서 광업 부문의 50%가량이 일시 폐업을 맞게 되었다. 이들이 커뮤니티에 미친 영향은 막대했다. 래브라도(Labrador)에 있는 2개의 광산촌은 광업이 문을 닫으면서 사실상 사라져 버렸다. 셰퍼빌(Schefferville)은 1976년에 3,500명이었던 인구가 1986년에 320명으로 줄어들었고, 가뇽(Gagnon)은 1976년에 3,400명이었던 인구가 1986년 단 5명으로 급감하였다. 다른 커뮤니티의 경우에도 중요 산업 부문의 고용이 급감하였고(표 5.1), 온타리오 주의 마라톤(Marathon)과 같은 곳은 원래 펄프 가공업에만 의존했었지만 불황 이후 펄프 및 광업 두 부문으로 집중도가 분산되었다(Clemenson, 1992). 이 시기에 오직 어업만이 상대적으로 번성하게 되었는데, 캐나다 대서양 연안의 경우 어업 가공 부문의 고용 규모는 1970년대 후반부터 1980년대 중반까지의 기간 동안 2배나 증가했다.

대개 임업, 광업, 어업 등에 의존하던 커뮤니티들은 부문 특수적인 경향과 국지적인 요인의 영향을 받는다. 그러나 보다 일반적인 수준에서 볼 때 임업, 어업, 광업 세 부문에서의 고용 규모 축소에는 크게 세 가지 요인이 있다. 첫째는 이들 산업이 채취하던 자원의 고갈 문제였다. 특정 지역의 광물자원은 유한할 수밖에 없으며, 그에 따라 특정 촌락 지역에서의 광업 부문 고용은 일시적이고 단기적일 수밖에 없다. 둘째, 자원에 대한 수요 감소나 경쟁 심화 등은 자원 채취의 경제성을 악화시켜 폐업으로 이어질 수 있다. 광업, 임업, 어업 모두 특히 글로벌화된 경제 내에서의 경쟁에 취약하다. 셋째, 환경 변화 또한 이러한 자원 채취 산업에 점차 큰 영향을 미치고 있다. 대표적으로 대기오염, 경관 파괴, 동식물 서식처에 대한 위협 등에 대한 우려가 포함된다. 맥매너스(McManus, 2002)는 캐나다의 브리티시컬럼비아 주와 오스트레일리아의 뉴사우스웨일즈 주의 삼림 정책에 관한 연구를 수행하면서, '임업에 대한 규제는 (캐나다의 빅토리아와 오타와나 오스트레일리아의 시드니와 캔버라 같은) 도시의 정치력과 (밴쿠버, 시드니, 도쿄에 집중된) 경제력뿐만 아니라 (밴쿠버와 시드니 일대의) 유권자 수를 고려한 것이었다'고 지적한 바 있다(p. 855). 결과적으로 임업은 (브리티시컬럼비아의 경우 8만 2,000명을 직접적으로 고용하고 있었고, 간접적으로는 30만 명 이상을 부양하고 있었으며, 주 전체 총생산의 16%를 차지할 정도였던 것이) 경제적 동기와 환경적 규제 사이에서 적절한 균형을 유지해야 했으며, 벌목의 대상과 위치를 조절해야만 했다(McManus, 2002).

환경적 압력이 임업 기반의 촌락 커뮤니티에 미친 잠재적인 영향은 뉴멕시코 주의 캐트런(Catron) 카운티의 사례에서 찾아볼 수 있다. 1990년까지만 하더라도 이 지역에는 2,700명의 희박한 인구가 분산적으로 거주하면서 기업적 목축과 벌목 및 목재 가공업에 의존하고 있었다. 그러나 미국 정부는 멸종 위기에 처한 멕시코 점박이올빼미를 보호하기 위하여 이 지역에서의 벌목을 극도로 제한했다. 결과적으로 여러 제재소들이 문을 닫게 됨에 따라 100여 개의 일자리가 사라졌고, 이 카운티의 실업률은 1995년에 (당시 평균 실업률의 2배 이상인) 10.8%로 급증했으며, 카운티 인구의 25%가량이 빈곤선 이하로 전락하게 되었다(Walley, 2000).

뉴펀들랜드와 래브라도 일대의 어업 커뮤니티들 또한 앞서 언급했던 세 가지 영향으로 인해 심각한 문제를 겪게 되었다. 케네디(Kennedy, 1997)의 연구에 따르면 20세기 들어 경쟁 격화에 따른 가격 하락은 계속적으로 어업의 쇠퇴를 가져왔다. 1960년대에는 어촌 커뮤니티에 대한 정부의 이주 프로그램 결과 1만 6,000명이 어촌을 떠나게 되었다. 1970년대에는 어업 부문의 기술적 발전과 아울러 캐나다 조업법의 개정으로 조업 영역이 200마일로 확장됨에 따라 일시적으로 어업이 부흥을 맞이하기도 했지만, 소규모 지역의 어민들은 유럽과 북아메리카 전역에서 급증한 대규모 저인망 어선의 등장으로 인해 또다시 새로운 경쟁에 놓이게 되었다. 게다가 경쟁 격화로 인해 막대한 남획이 이루어짐에 따라 대구와 같은 주요 어족 자원이 고갈 위기에 처하게 되었다. 캐나다 정부는 대구 멸종에 대한 환경단체의 압력으로 인해 1992년에 '북방 대구(northern cod)' 어장을 폐쇄하기에 이르렀다. 이러한 조치로 1992년에 2만 개의 일자리가 순식간에 사라졌고, 이듬해에는 1만 개의 일자리가 추가적으로 사라졌다. 물론 그 이후 어업이나 수산물 가공 공장에서 일하던 사람들에 대해서 정부의 보상이 이루어졌고, 새로운 대안으로서 첨단기술 산업, 양식업, 관광업, 광업과 같은 새로운 일자리 창출 노력이 이루어지기는 했다. 그럼에도 불구하고 어장의 폐쇄는 지역 경제에 심각한 타격을 주었고, 빈곤율 증가나 타지로의 전출 등의 문제를 양산했다.

제조업

농업과 임업이 촌락 지역과 공통적으로 연관되어 있다면, 제조업은 아마도 도시 지역과 직접적으로 관련된 곳이라고 할 수 있다. 대중적 상상에서 본다면, 제조업은 [영국의 화가 로우리(L.S. Lowry)의 그림에서와 같이] 굴뚝으로 연기를 뿜어내는 거대한 공장 지대와 그 주변으로 열을 지어 뻗어 있는 노동자 주택 지구를 연상시킨다. 그러나 제조업은 촌락 지역에서도 (특히 농산물, 수산물, 목재 가공업 등과 관련하여) 오랜 역사를 지니고 있을 뿐만 아니라, 20세기에 들어 선진국의 경우 오히려 도시에서 촌락으로 순 이동하는 추세를 경험하고 있다. 1960~1991년까지의 기간 동안 잉글랜드, 스코틀랜드, 웨일즈의 촌락 지역에서는 25만 개의 일자리가 증가한 반면, 다른 지역에서는 제조업 고용 규모가 감소하는 경향을 보였다(표 5.2 참조; North, 1998). 이와 유사하게 미국의 경우 촌락 카운티에서의 제조업 부문 고용은 1960~1980년 기간 동안 47%나 증가했는데 (물론 1980년대의 불황기 동안에는 증가와 감소를 반복하는 등 변동성이 높았다), 이는 국가 평균을 훨씬 상회하는 것이었다(North, 1998; USDA, 2000). 이 결과, 미국과 프랑스에서는 촌락 지역의 제조업 부문이 도시 지역에 비해 훨씬 더 큰 비중을 차지하고 있다(INSEE, 1998; USDA, 2000). 물론 대부분의 제조업 고용 및 생산액 비중이 여전히 도시 지역에 집중되어 있다는 점을 부인할 수는 없다.

제조업 부문에서의 도시-촌락 간 변동은 두 차례에 걸친 뚜렷한 팽창기와 관련되어 있다. 첫째는 제조업의 **절대적 팽창기**라고 할 수 있는 1940년대부터 1960년대 사이 기간인데, 이 시기에 제조업 고용은 도시와 촌락 모두에서 증가했는데 촌락에서의 증가폭이

표 5.2 잉글랜드, 웨일즈, 스코틀랜드에서의 제조업 부문 고용 규모 변화, 1960~1991년

	고용 규모 변화(명)
런던	−979,000
연담도시권	−1,392,000
독립적인 도시	−631,000
큰 읍	−388,000
작은 읍	−284,000
촌락 지역	+238,000
잉글랜드, 웨일즈, 스코틀랜드 합계	−3,443,000

출처 : North, 1998

훨씬 더 높았다. 예를 들어, 1960년대 미국에서의 제조업 부문 고용은 도시 지역에서 15%가량 증가했지만 촌락 지역의 경우 31%에 달했다(North, 1998). 둘째는, 제조업 고용의 **상대적 팽창기**라고 할 수 있는 1970년대부터 1990년대 사이 기간인데, 이 시기에는 도시와 촌락 모두에서 제조업이 감소했지만 촌락의 경우 감소 추세가 훨씬 느리게 나타났다. 심지어 1970년대의 미국과 1980년대의 영국에서는 오히려 전체 감소 추세와는 달리 촌락에서 오히려 제조업이 증가하는 양상이 나타나기도 했다(Townsend, 1993).

노스(North, 1998)는 이러한 변화를 제조업 부문에서의 글로벌 재구조화 맥락에서 설명한다. 노스에 따르면, 이러한 변화는 대량생산 체제에서 기업들이 지리적으로 보다 자유롭게 입지를 선택할 수 있는 유연적 생산 체제로의 변동을 특징으로 한다. 빠른 속도로 글로벌화되고 있는 세계경제에서, 기업들은 제조비용을 최소화할 수 있으면서도 이윤이 높은 시장으로의 접근성을 확보할 수 있는 입지를 선택하고자 한다. 이 결과 제조업 부문은 유럽과 북아메리카 같은 선진 산업 경제권으로부터 (특히 일본, 타이완, 한국과 같은) 태평양 연안 경제권과 개발도상국으로 이전하는 경향을 보여 왔다. 그러나 이와 동시에 자국 내 수준에서도 제조 과정에서의 경쟁우위를 추구하기 위해 촌락 지역처럼 도시에 비해 기업 활동에 보다 유리한 곳으로 이전하는 경향이 나타났다. 노스(North, 1998)에 따르면 이와 같은 도시-촌락 변동에 대한 설명은 다음 네 가지에서 찾을 수 있다.

- **제한적 입지**(constrained location) 기업은 도시 지역에서는 공간의 양과 질에 제한을 받을 수밖에 없기 때문에 규모 확대를 위해 촌락 지역으로 이전하는 경향을 띤다(Fothergill and Gudgin, 1982).
- **생산비용**(production cost) 기업의 입지 변화는 생산비용의 공간적 차이를 최대로 이용함으로써 이윤을 극대화하려는 전략의 일환이다. 특히 촌락 지역의 경우에는 임금과 토지 가격이 저렴하다는 이점이 있다(Tyler et al., 1988).
- **하향 여과**(filter-down) 기업 입지는 상품 주기와 연관되어 있다. 상품 개발의 초기 단계에서는 도시에 입지하는 것이 숙련 노동의 확보나 전문화된 지식에의 접근에 유리하지만, 상품 생산이 루틴화 단계에 접어들게 되면 비용을 절감할 수 있는 촌락 지역에 입지하는 것이 보다 유리하다(Markusen, 1985).
- **자본 재구조화**(capital restructuring) 보다 광범위하게는 자본 축적의 국면에 따라 필요로 하는 노동과 입지가 상이하기 때문이다. 기술 및 생산 과정의 발전으로 인해 숙련 노동에 대한 제조업 부문의 의존도가 감소하게 된 반면, 촌락 지역은 노동력이

저렴하고, 노동조합이 조직화 비율이 낮거나 온건한 경향을 띠며, 대안적인 고용시장이 거의 없기 때문에 전속적(captive) 노동시장을 형성한다는 특징을 띤다(Massey, 1984; Storper and Walker, 1984).

이와 아울러 다섯 번째로 기업가의 입장을 강조하는 **거주지 선호**(residential preference) 논제를 들 수 있는데, 이는 촌락 지역에서 현존하는 기업의 전입보다는 새로운 창업에 보다 초점을 둔다. 이에 따르면 기업가는 도시에 비해 촌락에서의 삶의 질이 보다 높다는 인식하에 촌락에서의 창업을 선택하는 경향이 있다고 주장한다(Gould and Keeble, 1984). 마지막 주장은 다른 네 가지 관점과 상반된다기보다는, 제조업 부문의 도시-촌락 간 이동이 다양한 동기에 근거를 둔 상이한 과정들이 복잡하게 얽혀 있는 결과라는 점을 보여 준다고 하겠다.

제조업 부문의 도시-촌락 간 이동을 이해하는 데에는 여러 특수성을 함께 고려해야 한다. 우선 도시-촌락 이동은 대체로 부문 특수적이다. 촌락 지역의 전통적인 제조업 부문에 포함되는 식료품 가공업, 제재소 및 종이 가공업, 수산물 통조림 제조업, 방직업 등은 급격히 위축되어 촌락 커뮤니티에 심각한 영향을 끼치고 있다. 반면 경공업, 첨단기술 제조, ('질 좋은' 식품 생산과 관련된) 기호 식품 제조업 등은 최근 촌락에서의 제조업 증가와 깊이 관련되어 있다.

둘째, 도시-촌락 이동은 공간적으로 선택적이다. 에스탈(Estall, 1983)은 탈산업화에 대한 기존의 설명에 문제를 제기하면서, 미국의 경우 제조업 부문은 대도시에 인접한 촌락 카운티로 집중적으로 이동했다는 점을 들었다. 이와 동시에 에스탈은 북부 주들로부터 남부의 촌락 및 도시 지역으로의 지역적 이동은 도시-촌락 간 이동보다 더 강하게 나타났다는 점도 지적했다. 한편 첨단산업 부문은 촌락의 '성장' 산업이라고 일컬을 수 있을 정도로 공간적 집중 정도가 뚜렷이 나타났다. 예를 들어, 영국의 경우 1981~1989년 기간 동안 첨단산업 고용 규모는 도시에서는 감소했지만 촌락 지역에서는 오히려 12%나 증가했으며, 이러한 성장은 세 지역에 집중적으로 나타났다. 1989년에는 잉글랜드의 남동부 지방의 첨단산업 고용 규모가 다른 지역에 비해 3배나 높게 나타났고, '촌락' 성장의 상당 부분은 캠브리지와 같은 핵심 지역의 주변부에 집중되었다(North, 1998).

셋째, 도시-촌락 이동은 촌락 지역에서의 제조업의 성격을 변화시켰다. 과거에 비해 공장들은 인근 촌락 커뮤니티와의 통합 정도가 낮아졌고, 해당 지역의 천연자원을 사용하는 경우도 적으며, 지역 주민들이 공장을 소유한 경우도 매우 드물다. 또한 공장에서 수행되는 작업은 새로운 노동의 공간적 분업이라는 전체 내에서 한 부분만을 차지하는 정도이다. 노스(North, 1998)가 관찰한 바와 같이, '제조업이 촌락이나 작은 읍으로 이전함에 있어서 고도의 기술적 숙련 노동을 요구하는 기능이 이전된다기보다는, 보다 루틴화되어 있고 기술 수준이 낮아서 반숙련 노동을 필요로 하는 기능들이 이전되는 경향이 있다고 할 수 있다'(p. 172).

넷째, 촌락으로의 제조업 이동에 작용하는 많은 요인들은 결과적으로 촌락의 제조업을 개발도상국과의 경쟁에 취약하게 만들고 불황기에 고용 규모 축소를 유발하게 된다. 가령 촌락 지역은 임금 경쟁력으로 볼 때 도시에 비해서는 우위에 있지만 개발도상국에 비해서는 그렇지 않다. 이 결과 기업에 대한 인수 및 합병으로 인해 촌락 지역은 분공장 경제를 형성하게 되며, 로컬 공장의 미래는 글로벌 스케일에서 전략을 수립하는 기업 본사의 중역 회의실에 전적으로 달려 있다 해도 과언이 아니다. 나아가 노동조합의 조직률이 낮기 때문에, 기업은 촌락의 분공장을 폐쇄하더라도 (도시의 강성한 노동조합과 비교할 때) 거의 저항에 직면하지 않는다(Winson, 1997).

기업의 입장에서는 도시 지역에 비해 촌락 커뮤니티나 소도시에 입지한 공장을 폐쇄하는 것이 훨씬 용이하다. 그러나 지역의 인구 규모 대비 고용자 수를 고려한다면, 실업이 로컬 커뮤니티에 미치는 영향은 도시에 비해 촌락에서 훨씬 더 가혹하다. 핏첸(Fitchen, 1991)은 이러한 점을 드러내기 위해 뉴욕 주의 촌락 지역을 대상으로 사례 연구를 했다. 연구에서 조사된 공장은 원래 직조 공장으로 시작했지만 1980년대 중반까지 소유자와 경영자가 여러 번 바뀌었고, 그 이후 뉴욕 시에 본사를 둔 어떤 (세인트루이스에 있는) 자회사에 의해 인수되어 의료용 플라스틱 장비를 생산하는 공장으로 변모했다. 이 공장의 고용 규모는 500명 정도였고 대체로 여성들이었다. 조립 라인에서 일하는 비숙련직 노동자들은 시간당 7.30달러를 받았고, 사무직에 종사하는 사람들은 시간당 12달러를 받았다. 직원들 가운데에 155명은 600여 가구가 모여 있는 인접한 로컬 커뮤니티에 거주했다. 1989년이 되자 이 공장은 시간당 평균 임금이 1.25달러에 불과한 멕시코로 이전하기 위해 원래의 공장을 폐쇄하기로 결정했다. 공장 폐쇄로 인해 지역의 4인 가구당 1명이 실업자로 전락하였고, 365명이 실업 보조 프로그램을 신청하였으며, 오직 20% 정도의 직원들만이 공장 폐쇄 전까지 새로운 일자리를 구할 수 있었다. 핏첸은 폐쇄된 공장에 대한 매입자를 찾기 위해 공장 정문에 걸어 둔 안내판이 촌락의 제조업 부문에서 나타나는 변화를 아이러니컬하게도 아주 적절히 요약하고 있다고 지적했다. 이 안내판에는 '훌륭한 설비와 훌륭한 직원들이 있음. 일감만 있으면 됨'(p. 72)이라고 적혀 있었다.

촌락 지역의 서비스 부문

표면적으로 볼 때, 촌락 지역에서 서비스 부문의 꾸준한 성장은 생산 기반의 산업 규모가 변동성 높게 성쇠를 반복하는 것과는 매우 대조적인 것처럼 보인다. 촌락 지역에서 서비스 부문의 고용은 20세기 내내 지속적으로 증가해 왔으며, 현재 선진국의 경우 촌락 경제에서 가장 중요한 일자리 창출의 원천이다. 그러나 서비스 부문의 중요성은 지나치게 강조된 바가 적지 않으며, 서비스 부문 내부의 다양한 범위의 활동들이 간과되어 온 측면 또한 있다. 특히 서비스 부문 고용 내에는 세탁소, 점원, 돌봄 노동뿐만 아니라 변호사, 금융업 종사자, 주식 중개인과 같은 고임금 전문직도 포함되며, 교사, 트럭 운전사, 의사, 음식점 종업원 등도 포함된다. 표 5.3과 5.4가 보여 주는 것처럼 잉글랜드와 미국의 경우 서비스업을 하위 업종으로 세분화해서 보면, 실제 촌락에서 서비스 부문이 차지하는 중요성은 생각보다는 낮다. 또한 미국 촌락의 경우 서비스 부문에서 가장 큰 비중을 차지하는 것은 소매업인데, 이는 제조업이 차지하는 고용 규모와 비슷한 수준이다. 나아가 어떤 촌락 지역인가에 따라 서비스 부문 내에서 하위 업종이 차지하는 고용 규모의 비중은 매우 상이하며, 이러한 사실은 촌락에서 이루어지는 발전은 상이한 과정들에 의해 이루어지고 있음을 예상케 한다.

따라서 촌락 지역에 있어서 서비스 부문의 고용 성장은 세 부분으로 나누어 생각할 수 있다. 첫째, 촌락에서는 교육, 보건, 지방정부 행정과 같은 공공 서비스 부문의 팽창이 이루어졌다. 제2차 세계대전 이후에는 촌락 지역에서 공공 서비스의 공급이 상당히 포괄적인 수준에서 진전되어 왔을 뿐만 아니라, 학교나 병원 등의 기관들이 제공하는 서비스의 범위와 질도 크게 제고되었다. 이러한 두 가지 변화 모두 촌락 지역에서 새로운 고용 기회를 창출하는 데에 기여해 왔다. 더군다나 학교나 병원, 교도소 등의 대규모 공공 부문 종사자들은 거대한 도시 노동 시장에서보다는 소규모 촌락 노동 시장에서 훨씬 더 큰 영

표 5.3 영국의 서비스 부문 고용, 2001년(%)

	고립적 촌락 지역	도시에 인접한 촌락	도시
유통, 호텔, 외식업	27.6	25.9	23.7
은행, 금융, 보험 등	10.6	17.4	22.0
공공 행정, 교육, 의료	25.1	22.7	23.7
기타 서비스업	4.5	5.1	5.3
서비스 부문 총합	67.8	71.1	74.7

출처 : Countryside Agency, 2003

표 5.4 미국의 서비스 부문 고용, 1996년(%)

	촌락	도시
소매업	17	17
정부	16	14
금융, 보험, 부동산	5	8
운수업, 통신, 공공 서비스	4	5
도매업	3	5
기타 서비스업	23	32
서비스 부문 총합	68	81

출처 : www.rupri.org

향을 끼친다. 이러한 까닭에 공공 부문은 고립적인 촌락 지역의 고용 규모의 25% 이상을 차지한다(표 5.3 참조).

둘째, 도시 지역에서와 마찬가지로 소비주의의 성장은 촌락 지역에서 소매업과 여가 서비스업의 팽창을 추동해 왔다. 시골마을이나 그 배후지의 경우 실제로 소매업이나 여가와 관련된 업체들이 새로운 시장을 개척하는 데에 주요 목표 지점들이 되어 왔으며, 이는 이러한 촌락 지역에서 서비스 부문 고용을 비약적으로 증가시키는 데에 영향을 끼쳤다. 그러나 이러한 투자는 촌락 지역에서 서비스의 공간적 재구조화를 야기하기도 했고(제7장 참조), 이로 인해 마을의 상점, 차량 정비소, 여관 등이 폐업에 이르게 되었다. 나아가 현대 소매업이나 여가 관련 업종이 창출한 일자리는 대체로 임금 수준이 낮고 일시적 노동이나 시간제 노동인 경우가 많다. 예를 들어, 잉글랜드의 고립적 촌락 지역의 경우 유통업, 숙박업, 요식업 등에 종사하는 직원들의 절반 이상은 시간제 계약직에 종사하고 있다(Countryside Agency, 2003; 제18장 참조).

셋째, 유통업 및 여가 서비스업 부문의 고용 증가는 많은 촌락 지역에서 관광업이 중요한 위치를 차지하고 있다는 것을 반증한다. 2001년 영국에서 발생한 구제역 파동은 촌락 경제에 관광업이 얼마나 중요한지를 보여 주었다(글상자 4.3 참조). 잉글랜드와 웨일스의 전체 촌락 지역은 각각 38만 명과 2만 5,000명 이상의 일자리가 관광업에 의존하고 있는 것으로 추정되고 있고, 이 지역에서 관광객은 연간 100만 파운드 이상을 지출하고 있다(Cabinet Office, 2000). 마찬가지로 호텔과 모텔 업종은 미국 촌락의 경우 31만 명 가량의 고용을 차지하고 있다(Isserman, 2000). 많은 경우 관광업은 농업 등의 1차 산업이나 제조업이 쇠퇴하는 촌락 커뮤니티를 재생할 수 있는 방안이라고 제시되고 있지만, 이는 밴쿠버섬 내의 (과거에 제재소를 중심으로 형성된 마을이었던) 슈메이너스의 사례에서와 같이 몇몇 성공적인 사례에 의해 촉발된 것이다(제12장 참조). 이러한 측면에서 버틀러와 클라크(Butler and Clark, 1992)는 '촌락 경제가 이미 취약해진 상태는 관광을 촉진하기에 가장 부적절한 환경이다. 왜냐하면 관광업은 소득 및 고용 분포에 있어서 심각한 불균형을 양산하기 때문이다. 관광업은 촌락 경제의 주축이 되기보다는 활발하고 다양한 경제에 대한 일종의 보완물로 이해하는 것이 보다 적절하다'고 지적한다(p. 175). 해안가나 국립공원 일대를 제외하면, 관광업이 촌락 고용에 기여할 수 있는 잠재력은 제한적이다.

넷째, 대도시 주변부의 촌락 지역은 금융이나 사업 서비스업 관련 업체들의 유입으로 서비스 고용이 증가해 왔다. 머독과 마스덴(Murdoch and Marsden, 1994)은, 런던에 입지하고 있던 보험, 은행 등의 금융 서비스업체들이 런던 중심부에서 40마일가량 떨어진 에일즈버리의 시골마을로 이전했음을 보고한 바가 있다. 이러한 변동 과정은 제조업 공장의 이전과 그 맥락이 유사하다. 곧, 보다 넓은 공간, 저렴한 지가, 낮은 세율, 저렴한 임금, 쾌적한 환경 등의 이점을 인식하면서 도시 중심에 집중할 필요성이 점차 감소하게 되었던 것이다. 그러나 이러한 업종은 도시 중심의 네트워크와 전문직 노동 시장과 여전히 강하게 통합되어 있기 때문에, 이들이 고립적인 촌락 지역으로 이전하는 것은 극히 드물다.

결국 촌락 지역에서 서비스 부문의 진화 과정은 지역 및 업종에 따라 상이하다. 고립적 촌락 지역은 관광업이나 공공 부문 고용에 의존하는 정도가 강한 반면, 도시 주변부에 인접한 촌락 지역은 금융 및 사업 서비스업의 이전에 따른 혜택을 누리고 있다. 촌락 지역에 위치한 서비스 부문 일자리와 더불어, '보다 접근성이 뛰어난' 촌락 지역에서의 서비스 부문 고용은 주변 마을이나 도시로 출퇴근하는 사람들로 인해 더욱 활성화되어 있다. 이러한 측면은 많은 서비스 부문 활동이 여전히 도시 중심적인 성격을 띤다는 점을 보여줄 뿐만 아니라, 서비스 부문 고용이 촌락 지역으로 더욱 확대되는 데에 일종의 하부구조적 장벽이 여전히 존재한다는 점을 드러낸다. 그러나 일부 학자들은 이러한 장벽이 정보기술의 발전과 '재택근무(teleworking)'의 도래로 인해 점차 제거되고 있다고 주장한다.

촌락에서의 재택근무

사람들은 더 이상 도시로 통근할 필요가 없어졌다. 오늘날 기술의 발전으로 인해 업무 자체가 근로자들이 있는 곳으로 이동하고 있으며, 이는 전통적인 촌락 커뮤니티를 재활성화하고 있다. … 이와 더불어 점점 더 많은 사람들이 출퇴근에 따른 스트레스나 오염된 공기를 피하는 대신 더 나은 삶의 질을 찾고자 하고 있으며, 자신들이 거주하는 커뮤니티에 보다 적극적으로 참여하고 싶어 한다[아콘 재택근무마을(Acorn Televillages) 브로슈어, Clark, 2000, p. 19에서 재인용].

위의 인용문은 촌락 경제 내부에서 정보통신기술의 발전과 함께 부상하고 있는 새로운 부문을 개관한다. 컴퓨터와 인터넷의 발전으로 새로운 정보 관련 직업들이 성장하고 있으며, 이는 직원들이 정보통신기술을 활용하여 원격으로 고용주들과 소통할 수 있는 기회를 제공한다. 이는 이른바 '재택근무'로 불린다(Clark, 2000). 어떤 사람들은 이러한 직종이 갖는 지리적 유연성이 고용의 탈도시화를 추동할 것이라고 주장하기도 했다(Huws et al., 1990). 이러한 잠재력에 주목했던 많은 촌락 개발 기구들은 재택근무의 성장을 촉진하기 위해 하부구조를 구축하고 인력 양성에 주안점을 두었는데, 그 사례로서 정보통신기술에의 접근을 제공하는 '재택근무마을(telecottages)'이나 정보센터 등의 건설을 들 수 있다(Clark, 2000).

클라크(Clark, 2000)는 1999년 영국 내에 152개의 재택근무마을이 형성되어 있음을 확인한 바 있는데, 이들의 대부분은 웨일즈, 남서부 잉글랜드, 북부 스코틀랜드와 같은 주변적인 촌락 지역에 집중적으로 분포하고 있었다. 이러한 재택근무마을의 상당수는 '중개소(clearing house)'를 운영하고 있었는데, 이들은 마케팅, 비서직 서비스, 번역 및 출판 등의 업무를 개별 재택근무자들에게 아웃소싱으로 연결해 주고 있었다. 그러나 클라크는 전반적인 재택근무의 고용 수준이 비교적 낮다는 점을 지적하였고, 촌락 지역에서 이러한 부문의 성장은 결국에는 업무상 요구되는 대면접촉의 부족이나 정보통신 하부구조의 질적 문제로 인해 한계를 지닐 수밖에 없다고 보았다.

요약

계량적 지표를 보면 지난 1세기 동안 촌락 경제의 성격에는 뚜렷한 변화가 나타났음을 알 수 있다. 고용, 업종, 소득에 대한 통계에 따르면, 농업, 임업, 어업, 광업, 채석업 등의 주요 생산 기반 활동은 21세기에 들어서면서 서비스 기반 경제에 의해 대체되어 왔다. 이러한 변화는 경제의 질적인 변화까지도 동반했는데, 이는 크게 세 가지로 요약할 수 있다. 첫째, 로컬 스케일에서 볼 때 촌락 경제는 분절화 정도가 심화되었으며, 이는 촌락 주민들에게 보다 다양한 고용 기회를 제공함과 동시에 불확실성도 증대시켰다. 현대 촌락 경제는 기존의 단일 산업 기반의 경제에 비하여 훨씬 더 유동적이기 때문에 결과적으로 '확실하게 보장된' 일자리라는 것이 거의 사라지게 되었다. 많은 잠재적 근로자들은 보다 높은 임금을 보장하는 일자리들이 요구하는 교육 및 숙련 수준을 갖추기 위해 촌락을 떠나 도시로 이주한 반면, 촌락에서의 저숙련 고용은 대체로 저임금의 계약직 일자리인 경우가 많았다. 이러한 변화가 촌락 주민의 생활에 어떤 영향을 주게 되었는지에 대해서는 제15, 17, 18장에서 논의될 것이다.

둘째, 촌락 경제는 점점 더 외부에 의존적으로 변모하게 되었다. 농업이나 광업과 같은 전통적인 산업은 도시로 상품을 수출하는 것에 의존했지만, 대체로 농장이나 광산은 지역 내부의 소유였고 노동자들이 벌어들인 임금은 촌락 경제 내부에서 순환되는 경향을 띠었다. 그러나 현대 촌락 경제는 (가령 투자, 정부의 지원, 농산품 수출, 관광객의 소비 등과 같은) 외부 소득에 의존할 뿐만 아니라, 이윤의 상당 부분이 다시 외부의 모기업이나 투자자들에 의해 흘러 나가는 경향을 띤다. 경제적 의사결정력은 외부의 행위자들에 집중되어 있기 때문에 촌락 경제가 스스로의 미래에 대해 통제할 수 있는 능력은 지속적으로 약화되어 왔다.

셋째, 촌락 경제에 대한 상상과 재현에 있어서도 중요한 담론적 변동이 일어났다. 과거의 경우 촌락은 생산의 공간으로 인식되었지만, 오늘날에는 반대로 소비의 공간이라고 인식되고 있다. 이는 (가령 서비스 부문과 같은) 촌락 **내부**에서의 소비 활동을 포함할 뿐만 아니라 촌락 **자체**의 소비도 포함한다. 이러한 대표적인 사례로서는 촌락 관광뿐만 아니라 주택에의 투자, '촌락'의 특산품과 먹을거리에 대한 마케팅, 영화와 텔레비전 프로그램 촬영지로서의 선정 등을 들 수 있다(제12장 참조). 담론적 변동은 정부 정책에서도 재생산된다. 또한 이는 벌목과 야생 동식물 보전 간의 갈등에도 반영되는데, 결과적으로 촌락 환경의 전원성을 보호하는 것이 생산 부문의 이익에 비해 보다 높은 우선순위를 점유해 나가고 있다(제14장 참조).

더 읽을거리

촌락 지역의 경제 재구조화를 소개하는 문헌은 많지 않다. B. Ilbery (ed.), *The Geography of Rural Change* (Addison Wesley Longman, 1998)에는 촌락의 산업화에 대한 노스의 글이 실렸는데, 이는 주로 제조업에 초점을 두었지만 폭넓은 참고문헌을 담고 있다. Michael Clark, *Teleworking in the Countryside* (Ashgate, 2000)는 영국에서의 재택근무에 대한 상세한 연구서이다. 부문별 재구조화에 대한 사례 연구로서는 캐나다 슈메이너스의 제재소 폐업에 대한 연구로 Trevor Barnes and Roger Hayter, 'The little town that did: flexible accumulation and community response in Chemainus, British Columbia', in *Regional Studies*, volume 26, pages 617-663 (1992)를 참고하고, 뉴욕 주 촌락 지역에서 공장 폐업에 대한 상세한 기술로서 Janet Fitchen, *Endangered Spaces, Enduring Places: Change, Identity and Survival in Rural America* (Westview Press, 1991)를 참고하라.

웹사이트

영국과 미국의 촌락 경제에 대한 상세한 통계와 해설은 각각 영국 촌락 현황 보고서(www.countryside.gov.uk/stateofthecountryside/default.htm)와 농촌정책연구소의 웹사이트 (www.rupri.org)를 참고하라.

제6장

사회 및 인구 변화

서론

지난 약 2세기 동안 선진국의 촌락 지역 인구는 마치 롤러코스터를 탄 것처럼 급격한 변화들을 보였다. 19세기 초까지만 해도 촌락 지역은 완만한 인구 증가를 보였지만, 19세기 말과 20세기 초에는 급격한 도시화 시기로 접어들면서 촌락 지역의 많은 인구가 도시 지역으로 빠져나갔다. 그리고 1960년대 및 1970년대에 들어서면 흐름이 다시 역전되어 촌락 지역은 인구의 순유입을 누리게 되었다. 21세기 초에도 촌락의 인구는 전반적으로 증가하는 추세를 보이면서도, 지역적·국가적·인구학적 상황 변화들이 거기에 간섭하면서 변화의 양태는 다양해졌다. 촌락 지역의 인구가 요동하면서 인구 구성도 함께 변화하였다. 오늘날 촌락의 인구는 30~40년 전에 비해 일반적으로 노령 인구와 중산층이 많다. 이러한 추세는 촌락의 부동산 시장에 갑자기 중산층들이 밀려들면서 재생산되고 있다. 이 장에서는 이러한 변화를 좀 더 자세히 살펴본다. 전반부에서는 촌락 지역의 인구 변화를 시간적, 공간적으로 살펴보면서 그러한 변화를 이끈 과정들이 무엇인지 논의할 것이다. 후반부에서는 중산층의 등장과, 이것이 촌락 부동산 시장이 미치는 결과를 중심으로 촌락 인구의 재구성 문제를 분석해 볼 것이다.

도시화에서 역도시화까지

촌락의 인구 감소

1851년 잉글랜드와 웨일즈 인구의 절반가량이 촌락 지역에서 살았다. 1세기 뒤인 1951년에는 인구의 단지 1/5만이 촌락 지역에 살게 되었다. 이러한 영국 촌락 지역의 인구 감소는 산업화와 함께 전 세계적으로 일어났던 대규모 인구이동 과정에서 파생된 현상이었다. 1851~1951년 사이에 잉글랜드와 웨일즈의 총인구는 2,600만 명(144%) 증가하였지만, 촌락 지역의 인구는 약 50만 명(5%) 감소하였다(Saville, 1957). 이러한 변화의 대부분은 산업화 고조기인 19세기 중반에서 1920년대 사이에 나타났다. 당시 이주자들은 촌락 지역에 비해 도시에서는 고용의 기회가 더 많고 임금도 더 좋다는 점 때문에 도시로의 이주를 결행한 것이었고, 반면에 촌락 지역은 농업의 근대화가 막 시작되면서 농업 노동자 수가 줄어들고 과거의 일부 제조업 공장이나 광산도 쇠퇴하고 있었다. 여기에 철도의 도입으로 촌락 사람들의 이동성이 증가하면서 촌락의 인구 감소가 더욱 촉진되었고, 교육과 통신의 발달로 사람들은 상대적으로 폐쇄적이고 고립적인 촌락 공동체를 떠나 더 많은 자유와 독립성을 가져다줄 잠재력이 있는 도시로 가고자 하면서 사회적 이동성은 점차 향상되는 방향성을 보이게 되었다(Lewis, 1998; Saville, 1957).

인구 감소 추세는 일정하지 않았다. 잉글랜드와 웨일즈의 경우 좀 더 외곽에 위치한 촌락 지역에서는 대도시 주변의 촌락들에 비해 인구 감소가 훨씬 더 컸다. 이러한 경향은 지방 스케일에서도 마찬가지로 나타났는데, 시장이 있는 시내로부터 멀리 떨어진 촌락 공동체일수록 시장이 위치한 중심지보다 인구 감소가 훨씬 더 크게 나타났다(Lewis, 1998). 인구이동의 비율과 방향 역시 시대에 따라 유동적이었다. 예를 들면, 루틀랜드의 인구는 1901~1911년 사이에 3.2% 증가했던 것을 제외하면 1851~1931년까지 꾸준히 감소하였다(Saville, 1957). 1920년대부터는 경기 침체로 인해 도시 지역의 고용 기회가 감소하고 새롭게 성장한 교외 지역으로 중산층들이 이주하기 시작하면서 도시화의 속도가 서서히 완화되었다.

촌락 인구의 감소 추세는 다른 유럽 전역에서도 마찬가지로 나타났다. 인구 감소가 늦게 시작되었음에도 불구하고 그 속도는 훨씬 빠른 경우도 있었다. 예를 들면, 아일랜드에서는 총인구 중 촌락 지역의 인구 비율이 1901년의 71.7%에서 1936년 63.5%로, 그리고 1971년 46.7%로 감소하였는데, 그 요인은 시골 지역에서 얻을 수 있는 경제적·사회적 기회가 제한되어 있었기 때문이다(Hannan, 1970).

유럽 이외에 다른 대륙을 보면, 1900년까지 미국과 오스트레일리아, 뉴질랜드 등에서는 유럽인들이 처음 정착한 촌락 지역을 중심으로 인구의 대부분이 거주하였다. 그러나 국토 전체 스케일에서 점차 도시 지역이 성장하면서 촌락 공간의 인구는 감소하게 되었고, 사람들에게 인기가 많은 지역일수록 이촌향도 현상은 강하게 나타났다. 캐나다의 경우 도시의 인구성장률은 적어도 19세기 초부터 1930년대까지 줄곧 촌락 지역의 2배 이상이었고, 1921년에는 도시 인구가 촌락 인구를 따라잡았다(Bollman and Biggs, 1992).

인구 역전

이촌향도의 역전 현상을 처음 목격한 것은 1970년대 초 미국의 인구 분석가들이었다. 이 새로운 현상을 베리(Berry, 1976)는 '역도시화(counterurbanization)'라 이름 붙였고 (글상자 6.1 참조), 그 후 일련의 연구들이 이루어지면서 이 용어가 고착되었는데 가장 유명한 연구는 인구 역전 현상이 미국뿐만 아니라 캐나다, 오스트레일리아, 서부 유럽 등에서도 분명히 확인된다는 점을 밝혀낸 버언과 로건(Burne and Logan, 1976)의 연구였다. 영국에서는, 1970년대 및 1980년대에 촌락 지역의 인구가 최고로 성장하였고, 1981년 센서스가 있기 직전 해에는 약 10만 명이 도시에서 촌락 지역으로 이동한 것으로 집계되었다(Lewis, 1998; Serow, 1991). 전체적으로 볼 때 영국의 도시 지역 인구는 1971~1981년 사이에 6.5% 감소한 반면, 촌락 지역의 인구는 6% 증가하였다(Serow, 1991). 다른 유럽 국가들은 약간 차이가 있었지만 현재는 거의 차이가 없이 그러한 현상이 모두 나타난다. 네덜란드의 촌락 지역은 1970년대에 약 2%, 프랑스의 촌락 지역은 1982년에 약 1.3%, 서독의 촌락 지역은 1980년대에 약 0.7%의 인구가 각각 증가하였다(Serow, 1991). 캐나다의 경우는 다소 복잡한 추세를 보였는데, 1971년부터 1980년대 사이에는 도시에서 촌락으로 이동하는 인구가 촌락에서 도시로 이동하는 인구를 초월하였으나, 촌락 지역의 인구 증가율이 도시 지역의 인구 증가율을 초월한 것은 1971~1976년 사이의 짧은 기간 동안이었다(그림 6.1).

캐나다 사례에서 나타나듯이, 역도시화는 시종일관되고 단선적인 흐름이 아니라 인구변화의 여러 과정들이 혼합된 어떤 현상으로 이해되어야 한다. 예를 들면, 일부 학자들은 **탈중심화**와 **탈집중화**를 서로 구분하는데, 전자가 도시로부터 주변의 촌락 지역으로의 이주를 뜻하는 개념이라면 후자는 주요 대도시들에서 다른 지역에 있는 촌락 지역으로의 이주를 뜻한다는 것이다. 탈중심화가 통근과 결부된 현상이라면 탈집중화는 보다 실질적인 '생활 스타일의 변화'를 의미한다. 미국의 경우 탈집중화는 서부 지역으로의 이주나 남부 지역으로의 이주와 관계 깊고, 영국의 경우에는 잉글랜드의 남서부나 웨일즈 중부,

---

글상자 6.1 핵심 개념

역도시화 : 도시에서 촌락 지역으로의 인구이동을 말한다. 이 현상은 도시에서 촌락 지역으로의 인구이동과 대개 함께 나타나지만, 촌락과 도시의 인구성장률의 차이를 근거로 확인할 수 있다. 역도시화는 탈중심화—도시로부터 주변 촌락 지역으로의 인구이동—와 탈집중화—대도시 지역으로부터 촌락 지역으로의 지역 간 인구이동—를 포함한다.

표 6.1 미국의 인구 역전, 1960~1973년

	연간 인구 변화(%)		연간 인구 변화(%)	
	1960~1970	1970~1973	1960~1970	1970~1973
대도시 지역	1.7	1.0	0.5	0.1
비대도시 지역	0.4	1.4	−0.6	0.7
촌락 지역	−0.5	1.4	−1.2	1.0
미국 총계	1.3	1.1	0.2	0.3

출처 : Champion, 1989

페나인 지방 북부 등 변방에 위치한 촌락 지역으로의 이주를 의미한다. 루이스(Lewis, 1998)는 1970년대 중반부터 20년 동안의 자료를 분석하면서 역도시화에는 네 가지 공통된 요인이 있다고 제안하였다. 첫째, 도시 체계 중 하위 계층의 도시일수록 인구 성장이 크게 나타난다. 둘째, 교외화가 진행되면서 인구 증가 현상은 공간적으로 확장된다. 셋째, 대도시권의 바깥 지역, 특히 원격지의 촌락 지역일수록 인구 증가 현상이 강하게 나타난다. 넷째, 전통적 도시 산업 지구로부터 자연환경이 좋은 촌락 지역으로 인구가 이동한다. 역도시화에 따른 도시에서 촌락으로의 인구이동은 지역적으로 다양한 추이를 보이는데 이에 대해서는 다음 장에서 다루기로 한다.

비닝과 스트라우스(Vining and Strauss, 1977)는 역도시화란 '과거의 추세와는 분명히 다른 전환'이라고 주장했으며, 베리는 '역전'을 암시하는 역사적 징후가 있다고 다음

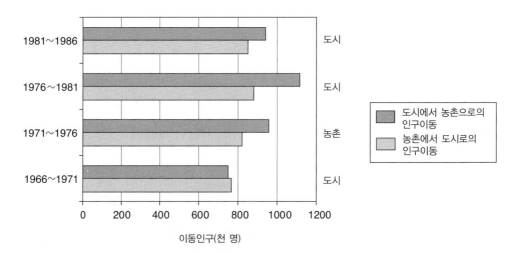

그림 6.1 캐나다의 인구이동(1966~1986년)과 최고 인구성장률(오른쪽)
출처 : Bollman and Biggs, 1992

표 6.2 촌락 및 도시로의 순 인구이동 : 미국, 1980~1997년

	1980~1990(%)	1990~1997(%)
촌락	−2.8	4.0
도시	3.8	2.1

출처 : www.rupri.org, USDA ERS 통계

표 6.3 촌락과 도시의 인구 변화 : 영국, 1981~2001년

	1981~1991(%)	1991~2001(%)	1981~2001(%)
촌락	+7.1	+4.9	+12.4
도시	+1.4	+0.9	+2.4
합계	+3.0	+2.0	+5.0

출처 : Countryside Agency, 2003

과 같이 강조하였다.

> 미국의 도시들은 전환점을 경험하고 있다. 역도시화가 우리나라의 취락 패턴을 바꿔 놓
> 으면서 그간의 도시화를 대체하고 있다(Berry, 1976, p. 17).

1980년대에는 나라에 따라 역도시화 현상이 약해지거나 심지어 재역전되면서 역도시
화 현상에 대한 믿음에 다소간의 의심이 드리워졌다. 그러나 20세기 말까지 장기간에 걸
쳐 확인된 바에 의하면, 이 장의 말미에서 자세히 다루겠지만 아무튼 미국이나 영국의 경
우 도시에서 촌락으로의 인구이동이 매우 우세한 현상이었다는 사실이다(표 6.2, 6.3).

역도시화의 배경 요인

역도시화는 도시와 촌락 사회의 경제적 재구조화와, 이전 세대에 비해 향상된 사람들의
물리적 · 사회적 이동성에 따른 산물이다. 콘투리(Kontuly, 1998)가 잘 요약하고 있듯이,
역도시화에 대한 일련의 연구들에 의하면 역도시화의 배경 요인에는 다음과 같은 여섯
가지 요인이 있다.

- **경제적 주기 요인** : 사업의 주기, 지역별 광업 고용률의 증가, 관광과 국방, 부동산 및
산업 부문에서 자본 투자의 주기 등을 포함한다.
- **경제적 구조 요인** : 일자리가 새로운 노동의 공간 분화에 따라 촌락 지역으로 이동하

는, 직업의 탈집중화와 관련된다(제5장 참조).

- **공간적, 환경적 요인** : 도시 지역에서 발생하는 사회 문제와 환경 문제, 주택 문제, 비용, 이에 비해 촌락 지역의 쾌적한 환경이 갖는 매력도 등과 관련된다.
- **사회 · 경제적, 사회 · 문화적 요인** : 인구 구성의 변화, 지방 복지비 지출의 증가, 거주지 선호도 및 사회적 가치 변화 등을 포함한다.
- **정부 정책** : 촌락 개발 혹은 촌락 지역으로의 이주를 촉진하는 장려 정책, 그리고 촌락 지역의 교육, 보건, 기타 공공 서비스 여건의 개선 등을 포함한다.
- **기술 혁신** : 교통과 통신의 발전과 관련된다.

이러한 요인들은 사람들이 어디에 살 것인가를 결정하는 데에 작용한다. 어떤 경우에는, 가령 경제적 재구조화로 인해 제조업 및 서비스 부문의 일자리가 도시에서 촌락으로 이전하는 등 새로운 간섭 요인들도 추가로 확인되는데, 즉 일자리를 잡을 기회가 도시 지역보다 촌락 지역에서 더 높다는 것을 말하고자 하는 것이다. 또 어떤 경우에는, 경제적 재구조화, 사회 · 문화적 변화, 기술 혁신 등의 요인들이 아니라, 촌락 지역의 삶의 질을 이상적인 것으로 인식하는 모종의 야망과 관련된 요인들을 바탕으로 거주지 결정이 이루어지기도 한다.

여론 조사에 의하면 영국이나 캐나다와 같은 나라에서는 만약 할 수만 있다면 촌락 지역에서 살고 싶다고 하는 등 '촌락성' 그 자체가 인구이동의 '흡인 요인'으로 나타나는 경우도 있다(Bollman and Biggs, 1992; Halfacree, 1994). 영국의 랭카셔(Lancashire)와 데본(Devon) 지방의 촌락 지역에 새롭게 유입한 주민들을 대상으로 조사한 핼파크리의 연구에 의하면, 다른 어떤 요인들보다도 해당 지역이 지닌 촌락적 특성 그 자체가 그곳으로 이주하도록 결정하는 데에 '매우 중요한' 요인으로 작용하였다고 한다. 촌락적 특성이 그리 중요하지 않다고 대답한 사람은 10% 미만이었다(Halfacree, 1994). 캘리포니아의 소노마(Sonoma) 카운티를 연구한 크럼프(Crump, 2003)도 그와 유사한 연구 결과를 내놓았다. 샌프란시스코에서 북쪽으로 50마일 거리에 위치한 소노마 카운티는 촌락이 지배적으로 분포하는 곳으로, 인구의 탈중심화와 탈집중화의 영향을 받아 1970~2000년 사이에 53%의 인구성장률을 보일 정도로 인구가 크게 유입되던 지역이다. 크럼프는 이곳 이주민의 50%가량이 이주지 결정 과정에서 '촌락적인 환경' 요인을 가장 크게 고려하였다고 말한다. 심지어 촌락이 아닌 교외 지역에 거주하는 주민들에게 있어서도 '촌락적인 환경'은 '매우 중요한' 또는 '가장 중요한' 요인인 것으로 나타났다. 크럼프가 촌락적인 환경으로 고려한 요소들에는 촌락의 자연 환경, 넓은 부지(광장), '사생활 보호' 등도 포함되어 있었다.

크럼프가 집합적으로 요약해서 말한 '촌락적 요인'이란 제1장에서 언급한 이른바 사회적 구성으로서의 촌락, 즉 사람들마다 그 기호나 속성이 다양하다는 인식 또한 함축한다. 따라서 삶터로서 촌락의 매력은 이주민마다 다양하게 나타날 것이다. 핼파크리(Halfacree, 1994)의 연구에 따르면, 이주자의 시각에서 바라본 촌락 생활의 '핵심 매력들'은 환경의 개방성 및 미학적 가치, '느린 템포의 생활', '공동체 소속감', 어린이를 키우기에는 시골 지역이 보다 좋다는 가치 판단 등 광범위하게 걸쳐 있었다(글상자 6.2 참조). 촌락 사회 및 촌락 공간에 대한 가치 판단은 정치적인 차원에 속한 것인데, 이것이 인구이동으로 구체화되면서 지역 갈등이 야기되기도 한다(제14장 참조). 예를 들면, 핼파크리는 영국의 경우 촌락 이주민들 중에는 인종과 문화가 동질적이기 때문에 촌락 지역이 매력적이라는 사람들이 있다고 하면서 이들을 보수주의자, 인종주의자로 규정하였다. 이와 대조적으로, 존스 등(Jones et al., 2003)은 미국의 애팔래치아 남부의 대다수 이주민들은 촌락의 환경에 매력을 느껴 이 지역에 유입하였는데, 이러한 인구 유입 배경이 이 지역에서 환경 운동을 성장시키는 데에 크게 기여하였다고 보고하고 있다.

하지만 '어떤 포부나 야망을 지향한 인구이동'은 역도시화의 중요한 요소 중 하나일 뿐이다. 대부분의 이주자들에게 촌락의 매력은 이주를 위한 의사결정 과정, 즉 이주를 결행하기로 하고, 어떤 곳에서 살 것인가를 선택하며, 어떤 집을 고를 것인가를 정하는 과정에서 고려되는 단지 하나의 요인일 뿐이다. 촌락에 유입한 이주민들이라고 해서 모두 촌락 지역에 살기로 결정했던 것은 아니다. 하퍼(Harper, 1991)는 그의 사례 지역의 경우 이주민의 1/5 이상을 이른바 '한정적 거주자'라고 분류했다. 그가 말한 한정적 거주자란 거주지 선택이 지방정부 관리나 주택 협회에 의해 결정되거나 자신들의 직업과 관련해서 주택 선택이 이루어진 이주민, 그리고 더 광범위하게 말하면 직업이나 가족 관계 때문에 어쩔 수 없이 촌락 지역에 들어온 이주민들을 말한다. 심지어 해당 지역의 촌락성과는 거의 관계없는 요인들을 이유로 촌락 지역에 들어온 이주민들도 많다. 왐슬리 등(Walmsley et al., 1995)은 오스트레일리아를 사례로 한 연구에서 뉴사우스웨일즈 북부의 해안 지역 이주자들의 주요 이주 요인은 그 지역의 기후, 삶의 방식, 환경, 좋은 일자리와 주택 선택의 기회 등이었다고 밝히고 있다.

역도시화의 재평가

역도시화는 지난 20여 년 간 촌락 사회 연구자들이 사용해 온 핵심 개념 중 하나이지만, 그간의 연구들은 역도시화가 비판적으로 검토될 필요가 있음을 보여 준다(Mitchell, 2004). 촌락의 인구가 지속적으로 감소하는 시기는 끝이 났고, 이제 도시에서 촌락으로의 인구이동이 진행되면서 촌락의 인구가 증가하고 있다는 점은 분명하다. 그러나 현대 촌락의 인구 동태는 '역도시화' 만으로 설명될 수는 없다. 특히 다음과 같은 네 가지 사안의 검토가 요구된다.

첫째, 앵글로 아메리카의 역도시화를 너무 강조하다 보면 다양한 국가별 추세들, 즉 국가

글상자 6.2 이주지의 결정에서 '촌락성' 이 갖는 중요성

영국의 데본과 랭카셔의 촌락 지역을 사례로 한 핼파크리의 연구는 사람들의 이주 결정 과정에서 촌락적 요인이 갖는 중요성뿐만 아니라 촌락 생활과 촌락의 장소들이 어떤 점에서 매력적인지에 대한 이유가 사람들마다 다양하다는 점을 보여 주고 있다. 핼파크리가 조사 대상자들의 말을 빌려 언급하고 있듯이, 사람들이 촌락 지역을 매력적인 삶의 장소로 생각하는 이유는 촌락의 환경이 갖는 물리적·사회적 특성을 비롯해 사생활 보호, 여가의 잠재력, 친밀감 등의 여타 요인들에 있다.

환경의 물리적 특성

'우리는 좀 더 매력적인 지역으로 … 이사하기를 원한다'

'좀 더 조용하고 교통이 덜 붐비는 지역. 시골이지만 너무 고립되지 않은 지역. 들판을 보기에 좋은 지역 등등'

'주변 환경이 좀 더 자연스러운 곳이길 바란다'

'사람이 좀 더 적고, 숨쉬고 생각할 시간이 있는 그런 공간'

환경의 사회적 특성

'좀 더 조용하고 즐겁고 여유 있는 지역'

'고요한 환경을 누릴 수 있는 지역'

'모든 것으로부터 벗어날 수 있는 지역'

'비열한 인종이 존재하지 않는 지역 — 보다 나은 생활'

'삶의 페이스가 좀 더 느리고 … 공동체 분위기를 맛볼 수 있는 지역'

기타 요인

'토지와 평화와 사생활 보호에 대한 선호'

'야외 활동 — 인생 내내 시골 지역을 감상하고 산책할 수 있는 — 에 대한 선호'

'현관 문을 나서도 운전이 필요 없고 시골 지역을 걸어다닐 수 있는'

'아내는 촌락 지역에서 농작물을 가꾸고 나는 거의 항상 전원 생활을 하고'

더 자세한 내용은 K. Halfacree (1994) The importance of 'the rural' in the constitution of counterurbanization : evidence from England in the 1980s. Sociologia Ruralis, 34, 164-189 참조.

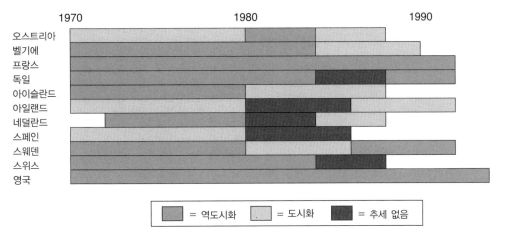

그림 6.2 유럽 11개 국가의 도시화 및 역도시화 현상
출처 : Kontuly, 1998

별 추세의 다양성을 과소평가하게 된다. 역도시화라는 논제는 인구 역전 현상이 뚜렷하게 나타났던 미국과 도시에서 촌락으로의 인구이동이 지속적으로 이루어졌던 영국의 학자들이 주로 사용해 왔다. 다른 여러 나라들에서는 역도시화 현상이 미약하게 나타나고 있다. 콘투리(Kontuly, 1998)가 조사한 바에 따르면, 유럽의 여러 나라들에서는 1980년대의 도시화에 대한 반향으로 역도시화 현상이 나타나거나 매우 불분명한 현상으로 확인되고 있다(그림 6.2). 핀란드와 포르투갈을 포함한 일부 국가에서는 도시화 현상이 1970년대와 1980년대에 걸쳐 매우 지배적인 현상이었다.

둘째, **인구 동태의 측면에서 지역적 차이가 존재하며, 인구이동을 설명함에 있어서 '지역적' 요인이 '촌락적' 요인보다 더 중요한 요인일 수 있다.** 역도시화 현상의 지역적 차이는 촌락 지역이 미국과 캐나다에 걸쳐 매우 광범위한 면적에서 나타나는 북아메리카 대륙에서 분명하게 확인된다. 캐나다의 경우 도시에서 촌락으로의 인구이동은 주로 탈중심화의 형태, 즉 대도시 지역인 세인트 로렌스 계곡 및 브리티시 콜럼비아에 인접한 촌락 지역들에서 인구 증가가 집중적으로 나타나는 패턴을 보인다(Bollman and Biggs, 1992). 캐나다 중부나 북부의 원격지에 위치한 촌락 지역들은 반대로 극심한 인구 감소를 겪고 있다. 가령 뉴펀들랜드의 인구는 1996~2001년 사이에 약 7% 감소하였고 유콘 지역의 경우에는 6.8%, 북서부 지역의 경우에는 5.8%가 감소하였다. 결과적으로, 캐나다 정부는 이들 지역의 인구 감소를 안정화시키기 위해 외국 국민들의 이 지역 이민을 적극 추진하는 정책을 채택하였다.

미국에서는 인구의 탈집중화가 역도시화의 핵심이다. 그러나 이 현상 또한 지역적으로 차별적이다. 1990~1997년 사이에 촌락 지역에서 나타난 인구 성장의 3/4 이상은 환경과 삶의 방식과 일자리 기회가 보다 좋은 애리조나, 네바다, 아이다호, 오리건, 워싱턴 등 미국의 서부 및 남부 지역에서 이루어졌다. 이와 대조적으로 프레리 벨트에서는 농경과 같은 전통적인 일자리가 줄어들면서 촌락 인구가 경우에 따라 10%까지 감소하였다(그림 6.3).

시골 지역이 인구 증가 아니면 인구 감소의 두 축으로 양극화되는 현상은 프랑스와 오스트레일리아에서도 잘 확인된다. 오스트레일리아의 촌락 지역의 인구 증가는 주로 뉴사우스웨일즈, 빅토리아, 퀸즐랜드와 같은 해안 지대나, 농업과 관련된 일자리가 많은 오스트레일리아의 서부 및 북부 지역과 같은 인구 희박 지역에서 주로 나타난다(Hugo, 1994). 그러나 동시에 내륙의 밀 재배 지역 및 목축, 낙농업 지역에 대부분 분포하는 120개의 촌락 지역에서는 1998~1999년 사이에만 약 1% 이상의 인구 감소가 있었다(Kenyon and Black, 2001). 전체적으로 약 75개의 촌락 지역에서 1976~1998년 사이에 인구의 1/5 이상이 감소하였고, 빅토리아의 부로크(Buloke)와 퀸즐랜드의 이시스포드(Isisford)와 같은 극단적인 경우에는 인구의 1/3이 감소하였다. 이와 마찬가지로, 프랑스에서는 역도시화 현상이 지배적인 추세로 보고되는 가운데, 이와 반대로 농업이 상대적으로 중요한 일자리로 남아 있는 피레니스(Pyrenees), 노먼디(Normandy), 브리타니(Brittany), 로레인(Lorraine), 리무진(Limousin), 오베르뉴(Auvergne) 등 소규모 촌락 지역들에서는 심각한 인구 감소가 나타났다(INSEE, 1995). 앞으로 1,500개 정도의 프랑스의 촌락과 마을들이 2015년까지 거의 사라질 것이라는 예측도 있다(Lichfield, 1998).

셋째, **심지어 인구 성장을 보이는 촌락 지역에서도 국지적으로는 인구 감소가 나타날 수 있다.** 영국은 선진국들 중 역도시화 현상이 가장 지속적이고도 일반적으로 나타나는 국가로 알려져 있지만, 영국의 시골 지역 중 인구 성장이 가장 빠른 지역이라 할지라도 인구 변화의 동태는 촌락에 따라 매우 극명한 차이로 나타난다. 위클리(Weekly, 1988)는 1981년 현재 인구가 약 1,000명 이하로 조사된 영국 미들랜드 동부의 촌락 공동체들 중 약 반수가 1971년 이래 인구 감소를 보였다고 하였다. 한편 스펜서(Spencer, 1997)는 촌락 지역 중 인구 성장 속도가 가장 빨랐던 사우스 옥스포드셔(South Oxfordshir)의 3개 교구 중 하나가 1961~1991년 사이에 인구 감소를 보였다고 하였다. 촌락으로의 인구이동이 지리적으로 다양한 것은 개별 이주자의 거주 선호도 및 해당 촌락에 있는 가용한 부동산의 규모와 밀접한 관계를 갖는다. 영국의 경우 부동산 공급은 건물 신축을 규제하고

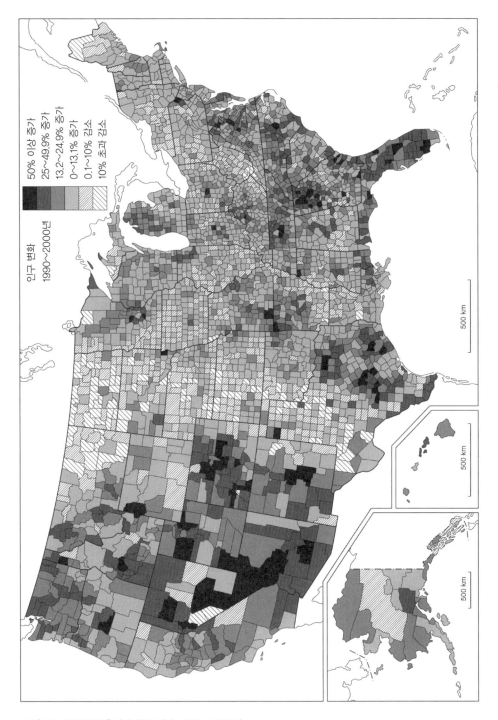

그림 6.3 미국의 카운티별 인구 변화, 1990~2000년

출처 : US Census

소규모 촌락이 수용할 수 있는 인구 성장 가능성을 판단하는, 개발계획 체계에 의해 조절된다(글상자 6.3 참조). 스펜서가 주장하고 있듯이 계획 정책은 객관적으로 수립되는 것이 아니며, 계획 주체와 토지 소유주―촌락 공동체를 성장으로부터 보호하기 원하고 그래서 인구 감소를 초래하기도 하는―사이의 권력 관계의 결과로 나오는 것이다.

넷째, 역도시화는 다양한 연령 집단이나 사회 집단에서 나타나는 여러 가지 인구 이주 현상을 우리의 시야에서 가려 버릴 수 있다. 많은 선진국들에서 20세기 후반에 나타난 역도시화 현상은 촌락 지역을 떠나는 청년층의 순 유출 현상을 가려 버렸다. 심지어 미국의 경우 인구 역전이 가장 심했다고 알려진 1976~1976년 동안에도, 18~24세에 이르는 1만 4,000명 이상의 청년층 인구가 촌락 지역에서 유출되었고, 이러한 순 유출 현상은 1980년대에 가장 두드러지게 나타났다(표 6.4). 마찬가지로, 오스트레일리아의 경우에도 1986~1991년 사이에 대도시가 아닌 48개 지역 중 44개 지역에서 15~24세 청년층 인

글상자 6.3 영국의 촌락 계획과 역도시화

영국의 경우 부동산 개발은 국토 도시 계획 시스템을 통해 조절된다. 새로운 개발을 위해서는 정기적으로 갱신되는 지역 '계획안'에 근거한 지역 계획 당국의 승인을 얻어야 한다. 계획안은 국가 및 지방 지침을 토대로 개발 지역 및 개발 불허 지역을 규정한다. 이 계획 시스템의 운영 측면에서 볼 때 영국의 역도시화는 두 수준에서 지리적으로 구별된다. 첫째, 제2차 세계대전 이후에 이루어진 최초의 계획 시스템에 나타난 전략 중 하나는 도시 스프롤 현상을 통제하기 위해 주요 도시 주변에 '그린벨트'를 지정하는 것이었다. 그린벨트를 개발하는 일은 매우 제한적으로 이루어졌으므로, 도시를 이탈하는 주민들은 그린벨트를 뛰어넘어 촌락 지역으로 가야 했다(예 : 버킹엄셔를 사례로 연구한 Murdoch and Marsden, 1994 참조). 이에 따라 영국의 지배적인 인구 추세는 교외화보다는 역도시화 현상이 나타나게 되었던 것이다. 둘째, 지방 수준에서 볼 때 많은 지방 의회들은 '거점 취락들'에 개발을 집중시키는 계획 정책을 채택하였다. 따라서 인구 성장 역시 거점 취락에 집중되는 경향을 보이고 있고, 여타 취락들에서는 부동산 공급이 한정되고 잠재적으로는 인구 정체나 감소가 초래되는 등 새로운 개발이 매우 제한되고 있다.

계획 정책의 수립 과정은 그리 객관적이지 않으며 촌락 지역을 둘러싼 권력 관계를 반영한다. 스펜서(Spencer, 1997)가 주장하듯이, 계획 정책은 종종 개발을 통해 자신들의 상업적 토지 가치를 살리려 하거나 혹은 그 대안으로 자신들의 권력 기반이 희석되는 것을 막기 위해 개발을 제한하려는 토지 이해 세력의 편에서 이루어진다. 중산층 주민들 역시 부동산 공급을 일정하게 한정하여 부동산 가치가 높게 유지되고 특정한 촌락 지역의 독점력이 보호되기를 원하기 때문에 개발에 반대하는 쪽이라 할 수 있다(Murdoch and Marsden, 1994; 뒤에 나올 '중산층 시골'에 대한 논의 참조). 이와 같이 계획 정책과 개발 통제는 오늘날 영국의 촌락 지역에서 일고 있는 정치적 갈등을 이해하는 핵심 사안이다(제14장 참조).

더 자세한 내용은 Jonathan Murdoch and Terry Marsden (1994) Reconstituting Rurality (UCL Press); David Spencer (1997) Counterurbanization and rural depopulation revisited: landowners, planners and the rural development process, Journal of Rural Studies, 13, 75-92 참조.

표 6.4 촌락 지역으로(+)/으로부터(−)의 순 인구이동 : 미국(천 단위)

연령(세)	1975~1976	1983~1984	1985~1986	1992~1993
18~24	−14.4	−33.6	−39.6	−7.3
25~29	+22.0	+18.2	−26.2	−3.5
30~59	+8.3	−4.5	−1.8	+10.3
60세 이상	+7.7	−2.2	+4.8	+6.5

출처 : Fulton et al., 1997

구의 순 유출이 나타났다(Gray and Lawrence, 2001).

　촌락 지역을 떠나는 청년층 인구의 유출 현상은 선택과 환경의 결과이다. 시골 지역에서 자라난 많은 청년층 인구들에게, 도시는 촌락 공동체에서는 쉽게 얻을 수 없는 기회의 장소로서의 매력을 갖고 있다. 이 외에 그들의 이주 결정은 촌락 지역의 고용 기회가 제한되어 있다는 점(대개 농업과 여타 전통 산업 부문에서 일자리가 감소하는 것과 관련된)과, 지역에 따라서는 부풀려진 부동산 가격을 감당할 수 없다는 점 때문에도 이루어진다. 가장 중요한 것은, 고등 교육의 확장에 따라 대규모 청년층들이 촌락 지역으로부터 전문 대학이나 종합 대학교로 떠나가는 반면 촌락 지역에는 졸업 후 마땅한 일자리가 없기 때문에 그들의 귀향이 제한된다는 점이다.

　일부 청년층은 삶의 후반부에 개인 사정이 변하거나 기회를 얻어서 귀향할 것이다. 역도시화 현상이 지배적인 가운데 귀향 이주 인구의 통계적 의미에 주목하는 연구자들은 별로 없었지만, 일부 국가들에서 조사된 바에 따르면 도시에서 촌락으로 이주하는 사람들 중 적지 않은 경우가 '새로운 이주자'가 아닌 '귀향인'으로 나타난다. 귀향인들은 촌락 공동체에 상대적으로 쉽게 융화되며, 촌락 지역에 서비스를 제공하는 역할을 하는 경우도 종종 있다. 핏첸은 뉴욕 주의 촌락 지역을 조사하여 다음과 같은 결과를 얻었다.

　　이러한 귀향인들은 촌락 공동체 내에서 중요한 역할을 한다. 그들은 계획 사무소에서 일하거나 고용 안내소를 운영하며, 학교의 주요 임원, 시험 관리자 등으로 봉사한다. 근무 시간이 아닌 때에는 보이스카우트나 걸스카우스 지도자에서 자원 재활용 캠페인 안내인에 이르기까지 다양한 부문에서 공동체의 지도자로 봉사한다. 이들은 어린 시절에 고향을 떠나 대학으로 갈 수밖에 없었고 대학 졸업 후에도 고향에 마땅한 일자리가 없어서 귀향할 수 없었던 사람들이었다(Fitchen, 1991, p. 93).

　청년층 순 유출 현상의 다른 한쪽 끝에는, 은퇴 이주자들에 의한 촌락 지역의 순 유입

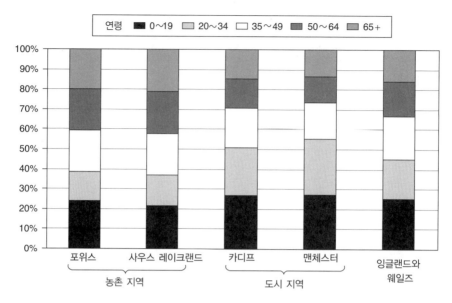

그림 6.4 잉글랜드와 웨일즈의 두 촌락 및 도시 지역에서 나타나는 연령별 종단면, 2001년 센서스
출처 : Office of National Statistics

현상이 자리한다. 예를 들면, 풀턴 등(Fulton et al., 1997)은 미국을 사례로 1992~1993
년 사이에 약 6,500명의 60세 이상 인구가 대도시를 떠나 다른 지역으로 이주하였음을
보고하였다. 많은 경우 은퇴 이주에 따른 거주는 영국의 남서부, 오스트레일리아의 퀸즐
랜드 및 뉴사우스웨일즈 해안 지대 등 공간적으로 촌락 지역의 해안 지대나 피서지 및 피
한지에 집중된다. 미국의 경우에도 190개의 카운티가 '은퇴자 지역'으로 분류되었을 만
큼, 1990~1997년 사이에 17% 이상의 순 인구 유입을 보이며 1990년대에 인구가 가장
빠르게 성장한 지역으로 보고되었다(Rural Policy Research Institute, 2003).

이렇게 다양하게 나타나는 인구 동태의 결과, 촌락과 도시 지역의 인구 종단면은 지역
적으로 다양하게 나타난다. 그림 6.4는 영국에 분포하는 두 촌락 지역 및 두 도시 지역의
연령별 인구 종단면을 비교하여 보여 준다. 두 촌락 지역은 웨일즈의 포위스(Powys)와
잉글랜드 북서부의 사우스 레이크랜드(South Lakeland)로 전체 인구의 2/5가 50세 이
상이고 인구의 약 15%가 70세 이상인 데 비해 20~35세 인구는 국가 평균보다도 훨씬
적게 나타난다. 이와 대조적으로, 두 도시는 카디프(Cardiff)와 맨체스터(Manchester)
로 인구의 약 1/4이 20~35세인 데 비해 50세 이상은 전체 인구의 1/3 이하이며 70세 이
상 인구는 1/10 정도에 불과하다. 촌락 지역에 거주하는 이들 청년층과 노년층이 경험하
는 이러한 인구 추이의 결과에 대해서는 제17장에서 좀 더 자세히 논의한다.

촌락 지역에서의 인구 유입 및 유출 현상은 연령에 따라 다양한데, 소득과 사회계층에 따라서도 다르게 나타난다. 소득 및 사회계층별 유입 및 유출 현상은 연령별 그것보다도 더 복잡한 편이며, 사회 집단에 따른 인구이동의 방향은 시기별로 다양하고 복잡하게 나타난다. 가령 소득이 낮은 계층일수록 촌락 지역으로 유입되는 경향을 보인다는 주장이 있다. 핏첸(Fitchen, 1991)에 의하면, 귀향인들 중에는 촌락 지역을 떠나 도시로 갔다가 그곳에서 성공하지 못해 무직인 상태에서 촌락으로 돌아오는 사람들이 있다고 한다. 한편, 휴고와 벨(Hugo and Bell, 1998)은 오스트레일리아에서 정부의 복지 지출이 국토 전체에서 일정한 반면 생활비는 촌락 지역일수록 더 적게 들기 때문에 '복지 제도로 인한 인구이동' 현상이 나타난다고 보고한다. 그러나 유럽의 대부분과 빠른 성장 속도를 보이는 북아메리카의 많은 촌락 지역들의 경우, 역도시화는 중산층의 인구이동과 밀접한 연관을 보인다. 가령 풀턴 등(Fulton et al., 1997)의 분석에 따르면, 1970년대와 1990년대 초 미국의 촌락 지역에서는 상류층 블루칼라 계층 및 화이트칼라 계층의 순 유입이 있었던 반면, 하류층 블루칼라 및 화이트칼라 계층의 경우에는 순 유출을 보였다. 이렇게 독특한 인구이동이 나타나는 촌락 지역에서는 사회계층의 재구성이 이루어지고, 부동산 가격이 고공행진하며, 이 장 후반부에서 논의하겠지만 새로 유입한 중산층은 개발에 저항하게 된다.

촌락 지역에서 나타나는 계층의 재구성

전통적으로 촌락 사회의 계층 구조는 부동산 관계를 바탕으로 하였다. 토지 소유는 지위를 가져다주었을 뿐만 아니라, 촌락 경제에 있어서 권력은 농업·임업·광업 등 토지 이용을 기반으로 하였다(제4, 5장 참조). 토지 소유자들은 토지를 기반으로 한 경제활동을 통해 이득을 거두어들였고 촌락 노동자 계층의 고용 기회와 주택 선택을 모두 통제하였다. 그러나 20세기 후반 촌락 경제의 재구조화는 이러한 계층 구조를 흔들었다. 촌락 지역에서 비토지 기반 경제활동의 증가 및 공공 주택 공급의 확대와 함께 농업 고용의 감소 현상은 토지 소유 계층의 권력과 지위를 떨어뜨렸다. 그렇다고 이것이 계층 없는 사회를 출현시킨 것은 아니었고, 직업에 기초한 '중산층' 중심의 새로운 계층 구조로의 전환을 가져왔다.

촌락 지역에서 중산층의 성장은 촌락 노동 시장의 재구조화(제5장 참조)와 역도시화에 따른 중산층의 출현이라는 두 가지 요인에 기인한 것이다. 따라서 촌락의 중산층 구성원들은 다양한 배경을 갖고 있고 중산층으로 진입하게 된 과정 또한 제각각일 것이다. 게다

> **글상자 6.4 핵심 개념**
>
> **서비스 계층 :** '서비스 계층'이란 전문직, 관리직, 행정직에 종사하는 중산층의 한 부류이다. 이 용어는 막 시스트의 계급 분석에서 처음 등장했으며, 자본의 소유자도 착취당하는 노동자도 아니지만 전문화된 고도의 기술을 제공하고 자본주의를 경영하는 이른바 서비스 자본을 소유한 계층이다. 서비스 계층의 직업은 사적 부문(예 : 관리자, 엔지니어, 회계사, 법률가)과 공적 부문(예 : 교사, 의사, 공무원, 계획가) 모두에서 확인되지만, 일반적으로 '수적으로 급속한 성장, 높은 수준의 교육수준, 직무를 수행함에 있어서의 상당한 정도의 자율성과 분별력, 매우 높은 수입 … 상대적으로 높은 사업 성취의 기회와 거주의 자유' 등으로 특징지어진다(Urry, 1995, p. 209).

가 이제 '중산층'이라는 용어는 광범위한 직업과 고용 상황을 아우르며 적용되고, 가구당 수입 수준 역시 넓은 스펙트럼에 걸쳐 있기 때문에, 촌락의 중산층에 대해 어떤 공통된 가치나 사항을 부여하기는 매우 어려워졌다. 이와 같이 촌락 지역의 중산층은 촌락 공동체를 변화시키는 어떤 단일하고 동질적인 요인은 아니며, 긴장과 갈등이 내재해 있고 촌락이라는 로컬 수준의 변화를 일으키는 많은 다양한 '부류들'로 이루어져 있다(Cloke and Thrift, 1987). 특히 촌락 연구자들은 흔히 '서비스 계층'이라 알려진 전문가 및 관리자라는 '부류'의 역할에 관심을 가져 왔다(글상자 6.4 참조).

촌락의 재구조화 과정에서 서비스 계층이 갖는 중요성은 다음의 다섯 가지 핵심 요인에서 비롯된다. 첫째, 보다 큰 스케일의 제조업의 재구조화 과정에서 특히 고도의 테크놀로지 산업이 촌락 지역에 입지하면서 나타난, 도시에서 촌락으로의 제조업의 이동은 촌락 지역에 제조업 관련 서비스 계층을 탄생시켰다. 이러한 현상은 서비스 계층이 민간 기업계에서의 과학적 관리주의의 성장과 함께 출현한 미국, 독일 같은 나라들에서 뚜렷하게 나타났다(Lash and Urry, 1987). 둘째, 서비스 부문의 고용주는 촌락 지역에 행정 기능을 이전하게 되는데(제5장 참조), 이것은 서비스 계층과 관련된 사람들의 유입을 촉진하게 될 뿐만 아니라 '지역' 주민들을 위한 새로운 서비스 계층을 탄생시켰다. 셋째, 촌락 지역에 공공 서비스가 확장되면서 가령 공공 부문이 서비스 계층의 주된 원천이 되는 영국의 경우 교사, 의사, 지방정부 관료 등 보다 많은 서비스업을 창출하게 되었다(Lash and Urry, 1987). 넷째, 글상자 6.4에 서술했듯이, 서비스 계층은 거주의 이동성이 상대적이라는 특징이 있다. 서비스 계층을 위한 고용의 기회는 도시와 촌락에 모두 걸쳐 있으며, 서비스 계층에 속하는 사람들은 특정한 고용주에게 구속되지 않고 '삶의 질'을 좇아 보다 이동이 자유로운 것이 일반적이다(Urry, 1995). 노동 시간 및 서비스 환경 요인 또한 그들의 자유로운 이동에 영향을 준다. 다섯째, 일부 분석가들에 의하면 서비스 계층

문화는 그 정체성의 측면에서 '촌락의 전원성'과 동일시되는 경향이 강하다고 한다. 스리프트는 다음과 같이 주장한다.

> 서비스 계층에 속하는 사람들은 다른 어떤 계층의 사람들보다도 … (중략) … 촌락적 이상주의/전원성에 매우 강한 애착을 갖는다. 이들은 다음과 같은 두 가지 방향에서 선택을 행사하는 경향이 있다. 첫째, 그들은 자신이 살고 있는 환경을 가능하면 '촌락적인' 환경으로 유지하고 싶어 한다. 이 과정은 다양한 스케일에서 이루어질 수 있다. 가정에서는 자연주의를 표방하는 로라 애슐리(Laura Ashley)의 벽지와 소나무 앤틱 가구로 채운다. 서비스 계층의 취향과 맞지 않는 것들에 대해서는 자연보호라는 이름으로 배제시킨다. …(중략)… 둘째, 그들은 자신의 취향에 맞지 않는 기존의 어떤 지역이라 할지라도 그곳을 자신들의 이미지에 걸맞게 변형시킨다(Thrift, 1987, pp. 78-79).

영국에서 연구된 바에 의하면, 1970~1988년 사이 촌락 지역에 유입한 인구의 약 40%는 서비스 계층이었는데, 그 규모는 기존 촌락 지역 서비스 계층 인구의 2배 정도였다고 한다(Halfacree, 1992; Urry, 1995에서 인용). 1990년대에 클로크, 필립스 등(Cloke, Phillips et al., 1995)은 잉글랜드의 코츠월즈(Cotswolds)와 버크셔(Berkshire), 웨일즈의 고워(Gower) 등 세 지역에 대한 사례 연구를 바탕으로, 사례 지역 인구의 2/3가 서비스 계층이었다고 보고하였다. 그리고 그 이전의 40년 이상 해당 지역의 서비스 계층 인구는 단지 소수자 집단에 불과하였다고 한다.

서비스 계층의 중요성은 단지 통계적 증가에 불과한 것이 아니라 그들이 지방정부 및 공동체 사회에서 주도적으로 리더십을 발휘한다는 점에 있다. 서비스 계층 사람들은 정치적 활동 능력을 지니고 있고, 교육수준이 높으며, 소통 능력이 뛰어나고, 조직력을 비롯한 여타 전문적 기술, 강한 네트워크, 여유 시간과 자본, 자신들이 투자한 '촌락의 전원성'에 대한 보호의지 등을 갖추고 있다. 클로크와 굿윈(Cloke and Goodwin, 1992)이 확인했듯이, '촌락 지역에 유입한 서비스 계층들은 지방의 정치를 지배하고 있고, 자신들의 권력을 바탕으로 촌락 공동체란 어떤 것이며 어떻게 발전시키는 것이 옳은가에 관해 품은 자신들의 이데올로기를 지향하며 그들의 관심사를 추구하고 있다(p. 328). 예를 들면, 영국의 남서부에 위치한 서머싯 카운티에서는 1995년 기준 카운티 지방 의회의 과반수가 서비스 계층이었고, 그 결과 주택 개발 및 사냥에 대해 반대하는 정책이 나오게 되었다(Woods, 1997, 1998b 참조). 비록 촌락 지역의 서비스 계층에 관한 연구가 주로 영국에 집중되어 이루어지고 있지만, 세계 다른 지역에서도 유사한 사례들이 확인될 수 있다. 예를 들면, 워커(Walker, 1999)는 토론토 변두리의 촌락 지역에 계획된 폐기물 처리장에 반대함에 있어서 촌락 지역의 서비스 계층 유입민이 발휘한 리더십을 조명한 바 있다.

그러나 서비스 계층이라는 논제에 대해서도 비판이 있다. 어리(Urry, 1995)는 서비스 계층에 속한 사람들 중에는 시골에 강한 정체성을 갖는 사람들도 있고, 촌락 지역의 제반 활동에 적극적으로 참여하지 않는 사람들도 있음을 인식한다. 머독과 마스덴(Murdoch and Marsden, 1994)은 '버킹엄셔라는 촌락 지역을 조사해 보니 중산층과 연관된 "문화"는 한 가지가 아니었다'고 주장하면서, 촌락 지역의 '서비스 계층 문화'를 정의하는 것을 놓고 의문을 제기하였다(p. 45). 이에 대해 반론하기를, 클로크, 필립스 등(Cloke, Phillips et al., 1995)은 그러한 비판은 '서비스 계층은 중산층과는 다른 집단이며, 모든 촌락 지역에서 서비스 계층이 지배적으로 등장하고 있는 것이 아니라 선별적 촌락 지역에서 서비스 계층이 중산층을 구성하는 중요한 일부로서 등장하고 있다'는 원래의 의도를 잘못 이해한 데에서 비롯된 것이라고 답하였다(p. 228).

아무튼 많은 촌락 지역에서 계층 구조의 재구성이 관찰되고 있다는 것은 논란의 여지가 없으며, 많은 촌락 공동체들에서 중산층이 정치적·경제적으로 재생산되고 있다는 점도 사실이다. 서비스 계층의 또 한 가지 특징은 그들이 비교적 높은 소득을 얻고 있고, 따라서 촌락 지역의 주택 시장에서 점차 경쟁력을 갖추어 가고 있다는 점이다. 그러나 이런 식의 경쟁으로 인해 부동산 가격은 더욱 상승하고 있으며 저소득층 구매자들은 부동산 시장에서 점차 배제되고 있다. 연립 주택이나 소규모 단층집 등 과거 노동자 계층의 부동산이 많았던 영국의 남부 지역을 포함한 많은 지역들을 보더라도, 그동안 구매 경쟁이 치열해지고 젠트리피케이션이 진행되면서 부동산 가치가 노동자 계층의 구매자들이 도달하기 어려울 만큼 상승하였다(글상자 6.5 참조).

글상자 6.5 핵심 개념

젠트리피케이션 : 자산이 많은 신규 유입자에 의해/를 위해 부동산을 재개발하는 것을 말한다. 그 결과, 높이 상승한 부동산 가격을 감당할 수 없는 저소득 집단은 그곳을 떠날 수밖에 없게 된다. 원래 이 용어는 뉴욕의 로어이스트사이드(Lower East Side)나 런던의 이슬링턴(Islington)과 같은 도시 근린지역의 재개발을 지칭하기 위해 만들어진 용어로서, 최근에는 중산층(혹은 서비스 계층)이 유입하면서 부동산 가치가 상승하고 기존의 저소득 집단이 배제되고 있는 촌락 지역에 대해서도 적용되고 있다.

젠트리피케이션

촌락 공동체의 젠트리피케이션은 촌락 공동체를 보다 중산층 중심으로 바꾸는 방향으로
계층 구조의 재구성을 유도할 뿐만 아니라 저소득 집단을 이탈시키는 식으로 지역 부동산
시장의 재구조화에 영향을 준다. 도시 지역의 경우 젠트리피케이션은 투기업자들이 허름
한 주택을 매입하여 재개발한 뒤 그것을 상당히 높은 가격에 매도하는 이른바 부동산 개
발의 일환으로 이루어진다. 이러한 과정은 촌락 지역에서도 중산층 투자자들 및 신규 유
입민들이 농부들의 저렴한 부동산을 상대적으로 낮은 가격에 매입하여 그것을 리모델링
하거나 현대적 시설을 갖추어 재개발하는 식으로 어느 정도 그대로 재현되는 편이다. 그
러나 촌락 지역의 젠트리피케이션은 부동산의 재개발 없이도, 주택 개발을 반대하는 중산
층에 의한, 한정된 주택을 놓고 벌이는 경쟁이 요인이 되어 이루어질 수도 있다.

촌락의 젠트리피케이션과 그 결과는 1990년대 영국에서 있었던 두 사례에서 잘 확인
할 수 있다. 첫 번째 사례는 웨일즈 남서부 해안의 스완시(Swansea) 시 부근의 촌락 지역
에 위치한 고워의 네 마을에 대한 것이다(Cloke et al., 1998; Phillips, 1993). 고워는 영
국의 어느 지역보다도 전형적인 역도시화 현상을 경험하였다. 신규 유입민의 상당수는
웨일즈 남서부에 위치한 인근 도시들에서 왔지만, 적지 않은 수가 런던, 웨스트 미들랜
드, 잉글랜드 북서부 등 보다 먼 지역에서 장거리 이동을 해 왔다. 그들 중에는 특히 런던
에서 돌아온 귀향 이주자들도 상당수 있었다. 또한 직업이나 가족 사정을 이유로 이주해
온 사람들도 많았다. 클로크 등은 다음과 같이 기술하고 있다.

> 우리가 언급하는 사람들 중 많은 경우는 시골 지역에서의 삶이 근대적 삶이 지닌 위험성
> 을 최소화해 주거나 벗어날 수 있게 해 줄 것이라는 관념을 갖고 촌락 생활에 대해 기대하
> 면서 유입하였다. 특히 공동체, 가족, 환경, 안전(특히 아이들과 관련해서) 등의 요인을
> 고워에 이사 오게 된 이유로 자주 언급하였다(Cloke et al., 1998, p. 179).

촌락의 전원성을 지향한 이와 같은 호소는 생활 잡지들에 소개된 '촌락 관념'의 영향
을 받아 부동산을 리모델링하고 개선하는 등 보다 물질적인 측면에서 잘 드러났다. 네 마
을에 살고 있는 주민의 약 1/3이 실질적인 부동산 개량을 보였고, 약 1/4은 다시 매도할
마음으로 부동산을 매입하였다. 이와 같은 부동산 가격의 잇단 상승은 해당 지역의 저소
득층 주민들의 도달 범위를 벗어날 정도의 주택 가격 상승을 불러오면서 '지대 격차' 현
상을 일으켰다. 주택을 개량한 사람들 중 돈을 가장 많이 번 사람은 중산층이었다. 그러

나 연구에 의하면, 주택 시장에 접근할 능력이 없으면서도 허름한 주택을 구입하여 개량을 추진한 '주변부 젠트리파이어'들도 상당수 존재하였다.

두 번째 사례는 런던에서 약 90킬로미터 떨어진 버크셔의 복스포드(Boxford)와 어퍼 바실던(Upper Basildon) 마을에 관한 것이다. 두 마을은 1998년 기준 인구의 1/3이 지난 5년 이내에 새로 유입했을 징도로 상당한 인구 유입을 경험하였다(Phillips, 2002). 그러나 어퍼 바실던의 인구 유입이 광범위한 신규 주택 건설에 따라 이루어진 것인 반면(1951~1991년 사이 가구 수가 2배 격차를 보인다), 복스포드의 가구 수는 비교적 일정하였다. 따라서 신규 유입민은 제한된 주택 수로 인해 높은 가격에 기존 주택을 매입해야만 했다 (그리고 비록 성공하지는 못했지만, 그들은 신규 주택 건설에 반대하였다). 복스포드에서 보이는 것과 같은 제한된 부동산 공급은 이전의 공공 주택의 매입과 개량에 의한 '주변부 젠트리피케이션' 현상을 일으키기도 하지만, 아무튼 두 촌락 지역에서 볼 수 있는 젠트리피케이션은 1991년 기준 지난 30년 동안 서비스 계층이 2배로 증가하여 총인구의 절반을 구성했을 정도로 계층의 재구성에 영향을 주었다.

별장

도시 지역과 비교해 촌락 공동체에 큰 영향을 미친 젠트리피케이션의 한 가지 형태는 도시에 기반을 둔 중산층 가정이 별장 용도로 촌락 지역에 부동산을 구입하는 것이다. 별장의 규모와 상태는 촌락에 따라 다양하며 구매자들의 문화적 차이를 반영한다. 스칸디나비아와 북아메리카의 경우에는 별장이 1930년대 이래 보편화되었고 특정 계층에 국한되지 않고 여러 계층에서 나타났다. 남부 유럽의 경우, 별장은 촌락의 인구 감소와 더불어 나타났고 촌락을 떠난 유출 인구들이 원래의 고향에 부동산을 두는 형태였다. 이들 국가에서 별장은, 가령 스웨덴의 경우 1970년대 기준 네 가구당 하나씩 별장을 소유했을 정도로 매우 광범위하고 포괄적으로 나타났다(Gallent and Tewdwr-Jones, 2000). 그러나 스칸디나비아와 달리 영국과 북유럽의 경우, 별장은 중산층을 중심으로 매우 제한적으로 나타났고 젠트리피케이션의 한 형태로 등장하였다.

별장은 도시와 촌락 지역의 부동산 시장 사이의 가격 격차를 고려하여 투자 대상으로서 매입되고 있다. 그러나 시간이 흐르면서 별장에 대한 수요는 가격을 상승시키고 부동산 형태가 소규모화되면서, 결과적으로 해당 지역의 젊은이들 및 저소득층 구매자들은 부동산 시장에서 배제될 수 있다.

더욱이 별장 매입은 해안 지역이나 겨울 스포츠 리조트 등 공간적으로 집중되는 경향을 보이기 때문에, 별장에 거주하는 시간이 계절적으로 집중되고 그 결과 해당 지역사회의 상주 인구는 급격하게 축소될 수 있다. 이러한 현상은 수요의 감소로 이어져 지역의 상점들과 서비스 업소들을 문 닫게 하는 등 촌락 공동체의 삶에 도미노 효과를 일으킨다. 결과적으로, 그것은 지역 주민과 별장 소유주 사이에 긴장감을 일으킬 수 있다(특히 두 집단 간에 문화적 차이가 존재한다면 더욱 그러하다). 예를 들면, 비록 최근 연구에 따르면 웨일즈어를 사용하는 카운티들에서 총가구 중 별장이 차지하는 비율이 4~5%에 불과하다고는 하지만 웨일즈 지방의 웨일즈어 사용 지역에서 비웨일즈어 사용 집단이 별장을 매입한 것을 놓고 몇몇 운동가들이 지역 공동체의 언어를 쇠퇴시키고 있다고 고발한 적이 있다(Gallent et al., 2003).

　이 같은 잠재적 갈등 상황은 약 200만 개소의 별장이 분포하는 프랑스의 촌락 지역에서도 나타난다. 이들 별장의 상당수는 프랑스의 도시 주민들이 소유하고 있지만, 그중 매우 의미 있는 일부는 영국인 소유이다. 상주 인구와 별장 소유주를 포함해 20만 명 이상의 영국인들이 프랑스의 촌락 지역에 별장을 소유하고 있는 것으로 추정된다(Hoggart and Buller, 1995). 영국인들은 프랑스의 저렴한 부동산 가격 및 보다 도시화된 영국의 촌락 지역에 반해 상대적으로 인구가 희박한 프랑스 촌락 지역의 낭만적인 분위기에 매력을 느끼고 있다. 이처럼 영국인 구매자들은 인구 감소 지역에서 휴양할 필요에서 부동산을 매입하는 경향이 있고, 따라서 (문화적으로 촌락성 개념이 지역 공동체의 그것과 상당히 다름에도 불구하고) 주류 부동산 시장에서 비켜나 존재하게 되고 그 결과 지역 공동체와의 갈등을 피하게 된다(Gallent and Tewdwr-Jones, 2000; Hoggart and Buller, 1995). 촌락 주민들과의 긴장 상황이 훨씬 잘 일어나는 경우는 아마도 프랑스인 별장 소유주들일 것이다. 왜냐하면 그들에게 '촌락의 장소'는 도시로부터 벗어나는 탈출구일 뿐이고 따라서 영국인들에 비해 지역 공동체에 융합될 가능성이 훨씬 적기 때문이다.

요약

지난 세기를 지나면서, 촌락 지역의 사회적 재구조화는 경제적 재구조화와 더불어 진행되었다. 농업과 같은 전통 산업의 쇠퇴 및 서비스 부문에서 일어난 새로운 고용의 기회를 포함한 노동의 공간적 분화가 새롭게 나타나면서, 시대에 따라 촌락과 도시 사이의 인구 이주 패턴에 영향을 주는 다양한 흡인 요인과 방출 요인들을 야기하였다. 자가용 소유자의 증가, 기술 발달, 고등 교육의 확대, 기대 수명의 향상 등 보다 넓은 수준에서 전개되었던 사회적 추세 또한 중요한 요인으로 작용하였다. 이러한 다양한 요인들이 서로 상호작용하여 20세기 전반 동안 촌락으로부터의 인구 유출을 야기하는 한편, 지난 30년간 많은 지역에서 역도시화 현상을 일으켰다. 그러나 인구이동 패턴은 지역적으로 상당한 차이를 보이면서 다양한 촌락 인구 지리를 파생시켰다. 더욱이 연령과 사회계층에 따른 인구이동 패턴의 차이는 촌락의 인구 구조를 재편하고 있다. 많은 경우 촌락 공동체의 인구는 젊은이들이 교육과 직업을 이유로 촌락을 떠나는 한편 노령 인구들이 은퇴하면서 촌락 지역에 유입되면서 점차 노령화되고 있다. 또한 촌락 공동체들에서 중산층이 점차 많아지고 있는데, 주택을 놓고 벌이는 중산층들 간의 경쟁이 해당 지역의 저소득층이 도달할 수 없을 만큼 부동산 가격을 상승시키게 되면 이러한 추세는 자기재생산될 수 있다.

촌락의 인구가 재구성되면서, 공동체의 삶의 본질 역시 변화하였다. 주민들이 공통된 가치와 기호를 공유하며 수 세기를 살아왔던 촌락 공동체의 결속력은 인구 변화가 역동적으로 일어나면서 침식되었다. 이것이 공동체의 구조와 연대, 특히 전통적으로 공동체 삶의 핵심 요소였던 서비스업 및 편의 시설에 대한 요구에 미친 영향에 대해서는 다음 장에서 탐구하기로 한다.

더 읽을거리

Paul Boyle과 Keith Halfacree의 편저 *Migration Into Rural Areas* (Weley, 1998)는 영국, 미국, 오스트레일리아, 유럽을 사례로 역도시화, 복지로 인한 인구이동, 계층의 재구성과 젠트리피케이션 등 촌락의 인구 변화에 대한 최근 연구들을 잘 수록하고 있다. *Journal of Rural Studies* volume 20, pages 15-34 (2004)의 Clare Mitchell의 논문 'Making sense of counterurbanization' 역시 역도시화에 대한 논문들을 잘 비평하고 있다. 서비스 계층과 촌락 변화에 대해 좀 더 알고 싶다면 T. Butler와 M. Savage의 편저 *Social Change and the Middle Classes* (UCL Press, 1995)에 수록된 John Urry의 'A middle-class countryside'를 참고하고, 촌락의 젠트리피케이션에 대해 좀 더 알고 싶다면 *Journal of Rural Studies*, volume 9, pages 123-140 (1993)의 Martin Phillips, 'Rural gentrification and the process of class colonisation', *Transactions of the Institute of British Geographers*, volume 27, pages 282-308 (2002)의 Phillips, 'The production, symblization and socialization of gentrificatio: impressions from two Berkshire village'를 참조하라.

웹사이트

상세한 인구 통계는 미국의 경우 www.sensus.gov, 영국의 경우 www.statistics.gov.uk/sensus2001/default.asp, 오스트레일리아의 경우 www.abs.gov.au 등 각 국가의 통계국 웹사이트에서 볼 수 있다. 뉴질랜드의 통계 웹사이트(www.stats.govt.nz/census.htm)는 촌락 지역에 대한 특별 코너를 두고 있고, 캐나다의 통계 웹사이트(www12.statcan.ca/english/census01/release/index.cfm)는 국내 인구이동 패턴을 보여 주는 상세한 지도를 제공한다.

제7장

공동체의 변화 : 촌락 서비스의 재구조화

서론

'공동체'라는 단어는 촌락성과 깊은 연관을 지닌 가장 강력한 용어 중 하나이다. 초창기의 많은 사회학자들은 '공동체' 개념이 촌락 생활과 도시 생활의 본질적 차이를 담고 있다고 여겼다(제1장 참조). 예를 들면, 페르디난트 퇴니스는 촌락 지역에서 우세하게 나타나는 게마인샤프트(gemeinschaft) 또는 공동체(community)— 친족 중심으로 발달한 인간 관계와 …(중략)… 공동의 거주지 그리고 사회적 선을 향한 협동과 조화를 바탕으로 하는(Harper, 1989, p. 162)—와, 도시 공간에서 우세하게 나타나는 게젤샤프트(gesellschaft) 또는 사회(society)—사람들 사이의 관계가 형식적 교환과 계약에 바탕을 두는—를 서로 대비하였다. 이보다 뒤의 학자들은 이러한 이원론을 두고 지나친 단순화라고 비록 비판했지만, '공동체'는 촌락성에 대한 일반 담론의 세계에서 여전히 강력한 요소로 남아 있고 촌락 정책 자료들에서 일반적으로 사용하는 용어가 되고 있다. 그러나 이러한 각각의 맥락들에서 '공동체'란 무엇인가 하는 점은 서로 명확하지 않다. 일반 담론의 수준에서 볼 때 '공동체'란 개인들 간의 고도의 상호작용과 강한 사회적 네트워크, 정체성의 공유 등을 내포하는 용어이지만(Bell, 1994; Jones, 1997), 이러한 특성들은 구체적이고 측정 가능하기보다는 다분히 추상적인 것들이다. 정책 담론의 측면에서 볼 때 '공동체'란 많은 경우 행정 영역을 지칭하는 약칭이거나 어떤 자발적으로 조직된 집단을 일컫는 일반적인 개념으로 쓰인다. 학문 담론의 수준에서 본다면 '공동체'란 매우 난해한 개념이다.

이와 같이 공동체는 다양한 차원을 갖는 어떤 실체로 이해되고 있다. 이 장의 앞부분에서는 공동체에 대한 여러 가지 접근 중 하나로서, '공동체'를 사람, 의미, 실천, 공간/구조로 이루어진 실체로 개념화하는 입장을 소개한다(Liepins, 2000a). 이 관점을 채택할 때의 이점은 공동체를 이루는 다양한 차원들이 어떻게 상호 의존하며 상호 구성적인가를 조명해 준다는 것이고, 따라서 공동체의 여러 요소에 작용하는 사회적·경제적 재구조화의 영향이 지닌 폭넓은 함의를 보여 준다는 것이다. 가령 공동체 구성원들의 만남의 장소로 기능하던 가게를 비롯한 여러 편의 시설이 문을 닫게 되면 공동체에서 일어나는 일상적 실천의 패턴, 공동체 내에서 이루어지는 사회적 상호작용의 구조, 구성원들이 공동체에 부여하는 의미 등에 변화를 일으킬 수 있다. 이 장의 뒷부분에서는 이러한 생각을 더 연장하여 영국, 미국, 프랑스를 사례로 촌락 공동체에 대한 서비스 지원이 어떻게 변화하고 있는지에 초점을 둘 것이다. 그리고 나서 많은 촌락 주민들에게 지리적 공동체의 중요성을 상기시켜 주는, 촌락 지역의 접근성과 관련된 쟁점들을 검토할 것이고, 끝으로 촌락 지역에 대한 서비스 지원에 있어서 고립성과 주변성 문제를 극복하기 위해 채택되고 있는 여러 가지 전략들에 대해 고찰해 볼 것이다.

공동체의 개념화

'공동체' 라는 용어의 뜻은 학문 담론 안에서도 모호한 편이다. 리핀스(Liepins, 2000a)의 주장에 따르면, 촌락 연구의 경우 '공동체' 에 접근하는 주요 관점은 네 가지가 있지만 이들 모두 완벽한 것은 아니다. 이 중 두 가지는 **구조·기능주의적** 접근 — 공동체를 관찰 가능한 특성을 지닌 분명하고도 안정된 실체라고 정의하는 입장 — 과 **민족지/본질주의적** 접근 — 공동체 안에 어떤 영속하는 '본질' 이 존재한다고 보고 그것을 탐구하여 기록하고자 하는 입장 — 인데, 이들 두 접근은 공동체의 존재를 이미 주어져 있는 것으로 간주하기 때문에 공동체가 어떻게 만들어지는지에 대해서는 아무런 해답을 내놓지 못한다는 비판을 받고 있다. 세 번째, **미니멀리스트** 접근은 '공동체' 를 단지 탐구의 한 가지 스케일 또는 느슨하게 정의되는 사회 집단 정도로 간주한다. 네 번째, 연구자들은 '공동체' 라는 용어와 밀접한, **사회적으로 구성된 의미와 상징성**(socially constructed meanings and symbolism)에 관심을 가져 왔다. 그러나 이 네 번째 접근은 실천의 중요성과 공동체를 구성하는 물리적 요소를 경시한다는 비판과 함께, 공동체의 상징적 재현들을 그 생산 주체인 사회적 관계와 분리시켜 버리고 있다는 비판을 받고 있다.

기존의 이들 네 가지 주요 접근을 넘어서, 리핀스(Liepins, 2000a)는 다섯 번째 관점을 제안한다. 이 관점은 공동체를 '상당한 다양성을 지닌 사회 집단' 으로 인식한다. 그녀의 주장에 의하면, '시간적인 면에서 적어도 "공동체"는 서로 다른 지위에 있는 사람들을

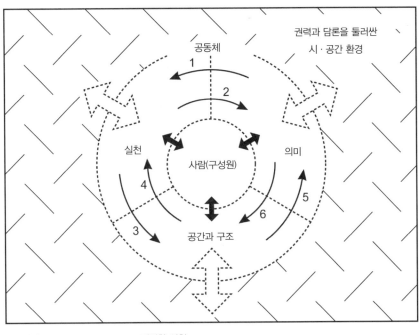

1. 의미   적법한 실천
2. 실천   의미의 순환과 도전을 가능케 함
3. 실천   공간 속에서 구조를 통해 나타나며, 다시 그러한 공간과 구조를 생성함
4. 공간과 구조   실천의 발생에 영향을 미침
5. 공간과 구조   의미의 물질화를 가능케 함
6. 의미   공간과 구조 안에서 구체화됨

그림 7.1 공동체의 구성 요소와 역학
출처 : Liepins, 2000a

하나로 묶어 내고 다양한 범위에 걸쳐 있는 정체성들을 끌어안고 있는, 일종의 사회 현상으로 볼 수 있다'고 한다(p. 27). 나아가 리핀스는 어떤 공동체가 전개되는 공간은 '공동체 활동으로 충만한 물리적 토대이자, 서로 다른 지리적 · 사회적 위치에 있으면서 "공동체 안에서" 서로 연결되는 상징적 · 은유적 공간'으로 이해될 수 있다고 제안한다(p. 28). 후자가 뜻하는 것은, 공동체가 반드시 지리적 실체일 필요는 없지만(농업 공동체, 사업 공동체, 게이 공동체 등의 예를 생각해 볼 수 있다), 실질적인 재구조화를 겪고 있는 공동체의 경우 지리적 접근이 필요하다는 점이다.

리핀스가 제안한 모델은 공동체를 네 가지 요소로 구성된 실체로 이해한다 : 공동체 구성원(사람), 의미, 실천, 공간/구조. 모든 공동체는 사회적 집합과 결속을 통해 만들어지는 것이고, 공동체의 구성원(사람)들은 의미, 실천, 공간/구조 등 세 가지 요소와 맞물려

표 7.1 인구 규모를 토대로 한 촌락 지역에 대한 공식적 정의

	두아링가 (오스트레일리아 퀸즐랜드)	뉴스테드 (오스트레일리아 빅토리아)	쿠로우 (뉴질랜드 남섬)
인구	500 미만	800 미만	1,000 미만
농업 유형	쇠고기, 곡물, 면화	목양/농작물	목양 우세
사람(구성원)	원주민 농가 서비스업 종업원 지방정부 기타 종업원	통근자 농가 라이프스타일러 서비스업 종업원	연금 수령자 농가 서비스업 종업원
입지	간선 도로, 지역 중심 도시인 록햄프턴에서 1시간 거리	지선 도로, 주도인 멜버른에서 1시간 30분 거리	소규모 도로, 지역 중심 도시인 더니든에서 1시간 30분 거리
서비스	주유소, 우체국, 호텔, 초등학교, 지역 관청(사무소)	제과점, 우체국, 호텔, 초등학교, 정육점, 농장 용품점	주유소, 우체국, 호텔, 권역 학교, 슈퍼마켓, 농장 용품점, 운송회사
핵심 추이 및 주요 사안	고용 감소, 인구 감소	지방 의회의 폐쇄 인구의 다변화	지역 경제의 쇠퇴 인구 감소

출처 : Liepins, 2000b

공동체에 참여하기 때문에, 사람이라는 요소는 공동체의 중심에 위치하는 존재이다(그림 7.1). 첫째, 사람은 자신들의 결속과 정체성을 표상하는 의미들을 형상화함으로써 그가 속한 공동체에 대한 상징적 재현을 생산한다. 특히 리핀스는 공동체에 속한 모든 구성원들이 이러한 역할을 할 필요는 없으며 공동체는 공유되는 의미들뿐만 아니라 서로 경합하는 의미들로도 이루어진다고 주장한다. 둘째, 공동체는 그 구성원들이 참여하는 제반 실천과 활동들을 통해 물리적으로 구현된다. 여기에는 다음과 같이 공식적 이벤트뿐만 아니라 이웃과의 일상적 상호작용도 포함된다.

> 소식지나 모임을 통한 기억과 의미의 순환 그리고 지역 상점이나 건강 진료소에서 이루어지는 상품과 서비스의 교환, 사회 집단 및 의례의 창출과 유지, 지방정부 게시판의 운영 등은 모두 공동체에서 이루어지는 실천들의 사례일 것이다(Liepins, 2000a, pp. 31-32).

셋째, 공동체 생활의 문화적·경제적 차원은 특정한 공간에서, 특정한 구조를 통해 이루어지며, 공동체가 은유적·물리적으로 구현된 결과라고 이해할 수 있다. 여기에는 사

회 집단에게 편의를 제공하는 신문과 웹사이트 같은 '구조들' 외에도, 공동체에게 '만남의 장소'로 기능하는 학교, 집회장, 거리 코너, 공원 등이 위치한 물리적 부지(장소)들이 포함된다.

리핀스는 공동체를 구성하는 위의 네 가지 요소들이 상호 구성적 관계에 있다고 주장한다. 그림 7.1에서 보듯이, 의미는 실천을 적법한 것으로 정당화해 주고, 실천은 다시 의미의 순환과 도전을 가능케 한다. 실천은 공간 안에서 그리고 구조를 통해 전개되지만, 그러한 공간과 구조를 다시 만들어 내고, 공간과 구조는 실천이 전개되는 방식에 영향을 준다. 끝으로, 공간과 구조는 의미의 물리적 표현을 가능케 하고, 의미는 공간과 구조 안에서 구현된다(Liepins, 2000a).

공동체의 실제 : 3곳의 사례 연구

리핀스(Liepins, 2000b)는 오스트레일리아와 뉴질랜드에 소재한 3곳의 촌락 공동체에 대한 사례 연구를 수행하면서 자신의 모델을 적용하였다. 3곳의 공동체 — 퀸즐랜드 중부의 두아링가, 빅토리아 중부의 뉴스테드, 뉴질랜드 남섬의 쿠로우 — 는 농업의 쇠퇴, 신자유주의 정부 정책, 농업에 대한 전통적인 의존성, 대도시에서 멀리 떨어져 위치하는 입지 조건 등 대체로 서로 유사한 거시경제적, 정치적 맥락을 공유하고 있다. 그러나 세 공동체가 처한 국지적인 사회적·경제적·문화적 맥락, 주요 쟁점, 거시적 변화에 대한 반응 등은 서로 다르다(표 7.1).

위의 세 사례 모두, 주민들은 '공동체'의 의미가 무엇인지에 대해 다음의 두 가지 방향에서 반응하였다. 첫째, 그들에게 공동체란 보다 큰 맥락에 포함되어 있는 지역사회로서의 의미였다. 따라서 그들의 답변은 지형적인 특성 — '언덕 아래에 위치한 작은 공동체'(쿠로우) — 에 관한 것이 주된 내용이거나, 좀 더 일반적으로는 해당 공동체의 정체성을 농업과 관련된 정체성으로 설명하는 등 농업과 관련된 역사적 기능을 위주로 대답하였다. 둘째, 주민들은 자신들의 공동체가 내부적으로 이질적인 면이 있다는 것을 인식하고 있었다. 쿠로우와 두아링가의 경우, 이러한 이질성은 공동체의 파편화를 일으킬 수 있는 하나의 위협으로서 부정적인 요인으로 인식되었다. 반면에, 통근자와 '대안적 라이프스타일러'가 새로 유입되면서 사회적 구성이 크게 바뀐 뉴스테드의 주민들은 공동체의 다양성과 관용이 자신들의 정체성에 긍정적으로 작용한다고 인식하였다.

공동체의 의미는 그 구성원들이 서로 상호작용하는 공동체의 실천을 매개로 재생산된다. 사례 공동체들의 경우, 우체국, 주유소, 학교, 상점, 호텔, 바 등은 모두 공동체의 실천이 이루어지는 핵심 장소들이었다.

> 그들에게, [공동체]는 바로 그 지역의 중심이었다. 정육점, 제과점, 밀크 바 등을 오가는
> 동안, 그러한 장소들은 사람들이 읍내에서 자신들이 원하는 물건을 얻는 장소이자 공동
> 체의 토대였다(뉴스테드 주민, Liepins, 2000b, p. 333에서 인용).

> 두아링가의 경우 사람들은 우체국과 학교 등을 오가면서 여러 가지 일들을 알게 된다. 우
> 체국을 오가는 일, 그곳에서 학교 신문을 보는 일, 그리고 학교에서 사람들의 말을 듣는
> 일 등이다(두아링가 주민, Liepins, 2000b, p. 333에서 인용).

게다가 쿠로우의 경우, 시장, 여름 축제, 꽃 박람회와 스포츠, 그리고 두아링가의 경우,
도슨 강 머드 축제, 비행기로 왕진하는 의사들의 달리기 대회, 자선 골프 대회, 뉴스테드
의 경우, 시장, 학교 축제, 오스트레일리아의 날 콘서트 등 공동체의 실천을 활성화하는
정기적인 공동 행사들도 존재한다. 이러한 행사들과 서비스 지원, 앞에서 언급한 여러 편
의 시설 등도 모두 공동체가 전개되는 공간을 제공한다(그림 7.2 참조). 리핀스는 다음과
같이 정리한다.

그림 7.2 캘리포니아의 롬폭 공동체에서 보이는 댄스와 같은 행사들 ― 세계의 새싹 수도라는 브랜드 홍보 ― 은 공
동체가 만들어지는 실천의 일종이다.
출처 : Woods, 개인 소장

이들 부지(장소)들은 물리적 공간일 뿐만 아니라 그것이 스포츠이건 공동체의 날 행사이
건, 레저 활동이건 구성원들이 상호작용하는 현장이 된다. 이 모든 경우, 공간 그 자체는
사람들이 다양한 형태의 '공동체' 상호작용에 참여하는 물리적 토대가 된다. 이들 장소
는 공동체가 공동체의 사회, 문화 생활 내에서 사회적으로 구체화되고 가시화되는 공간
인 것이다(Liepins, 2000b, p. 336).

의미, 실천, 공간, 구조를 매개로 공동체 개념을 고찰하는 방식은 다음의 두 가지 점에
서 촌락의 변화 과정과 그 결과를 탐구할 수 있는 유용한 방법이 된다. 첫째, 이 방법은 사
회적·경제적 재구조화 과정이 물질적·비물질적 양 측면에서 공동체에 어떻게 작용하
는가를 조명해 준다. 예를 들면, 농업의 중요성이 점차 감소하는 현상은, 가령 가축 시장
과 같은 공간들의 중요성을 감소시키거나, 젊은 농부들 모임이나 농산물 품평회를 통한
상호작용과 공동체 실천들을 쇠퇴시키거나, 농업과 연관된 공동체의 정체성을 약화시키
는 등 촌락 공동체의 공간 및 구조에 영향을 미칠 것이다. 둘째, 이 방법은 한 공동체를 이
루는 여러 가지 구성 요소들에서 어떤 변화가 나타나는가를 통해 의미, 실천, 공간과 구
조 사이의 역학이 어떻게 달라지는지 드러내 줄 것이다. 특히 리핀스는 자신의 사례 연구
에서 공동체 서비스 및 편의 시설의 중요성을 강조했는데, 그것은 이들 서비스 및 편의
시설이 사라지거나 변질될 경우 해당 공동체의 의미, 실천, 공간과 구조가 심각하게 변화
한다는 점을 말하려 했던 것이다.

촌락 서비스의 소멸

촌락 공동체가 목가풍의 이상적인 이미지로 연상되던 시기가 있었다. 모든 소도시마다
은행, 우체국, 상점이 있었다. 모든 마을에는 교회, 소매점, 선술집이 있었다. 그러나 더
이상 그렇지 않다. 많은 촌락 공동체들에서 합리화를 이유로 사적, 공적 서비스가 폐쇄되
었는데 이것은 오늘날의 촌락들에서 보이는 가장 가시적인 변화 중 하나이다. 이 책에서
여러 차례 언급했듯이, 촌락 서비스의 소멸은 전 세계적인 사회적·경제적 과정과 국가
적·지역적 요인들이 함께 작용하여 만들어 낸 산물이다. 첫째, 지역 회사들은 보다 대규
모의 회사들에 합병되고, 그 뒤 대규모 회사들은 이득이 없는 소규모 점포들에 대해서 합
리화를 이유로 폐쇄하게 되는데, 이런 식으로 자본주의하의 경제적 힘들이 작용한다. 큰
회사들과 경쟁이 어려운 모든 소규모의 독립 업체들은 결국 사업을 접게 된다. 둘째, 소
비 행태를 바꾸어 놓는 사회적 힘들이 있다. 이동 능력이 좋은 사람들은 자신들의 거주지

인근에 위치한 상점이나 편의 시설에 상대적으로 덜 의존하며, 직장에 통근하는 사람들은 자신들의 공동체에서 멀리 떨어진 몰이나 좀 더 큰 시내에서 쇼핑을 할 수도 있다. 냉장고와 같은 과학 기술의 발달로 소비자들은 쇼핑을 자주 하지 않아도 되었고, 슈퍼마켓은 세계 각지에서 수입된 다양한 상품들을 진열하여 선택의 폭을 크게 넓혀 주었다. 그러나 셋째, 문화직 차이와 촌락 지리를 포함한 국가적·지여적 요인들 역시 지역별 서비스의 실제 추이에 영향을 미친다. 이를 설명하기 위해, 이 절에서는 영국, 프랑스, 미국의 세 국가를 사례로 촌락 서비스의 변화에 대해 살펴보기로 한다.

영국

영국의 대부분 촌락 구역에는 만물 상점이나 소규모 가게가 없다. 다만 전체 촌락 구역의 절반 남짓한 정도에 우체국과 초등학교가 있을 뿐이다. 외과 의사가 상주하는 곳은 전체 촌락 구역의 1/5 이하이다(표 7.2). 2000년 기준의 이러한 통계는 공공 서비스와 상업 서비스가 소규모 촌락 공동체에서 사라지면서 인근의 보다 큰 촌락이나 소도시로 옮겨 가게 된, 소위 집중화 과정에서 초래된 결과이다. 표 7.2를 보면, 일반적으로 인구 200명 이하의 촌락 구역들에 있는 공동체 시설은 단지 선술집과 마을 회관뿐임을 보여 준다. 인구가 500~1,000명인 촌락 구역들은 선술집과 마을 회관 외에 우체국, 초등학교, 청소년의 여가 활동을 위한 공간인 유스 클럽이 있고, 이보다 더 큰 촌락 구역들에는 우체국, 초등학교, 선술집, 공동체 회관, 유스 클럽이 있는 것을 볼 수 있다. 공동체의 규모와 서비스

표 7.2 핵심 공공 서비스 및 상업 서비스를 갖춘 촌락 구역의 비중 : 영국, 2000년

	촌락 구역 수	인구수		
		100~199	500~999	3,000~9,999
우체국	54	22	67	93
은행 또는 주택 금융 조합	9	n/a	n/a	n/a
소규모 상점	29	7	26	78
만물 상점	29	10	35	52
주유소	19	4	16	64
선술집	75	63	58	92
초등학교	52	13	71	94
마을 회관 또는 공동체 회관	85	72	93	96
유스 클럽	51	23	58	91
외과의사	14	1	7	64

출처 : Countryside Agency, 2001

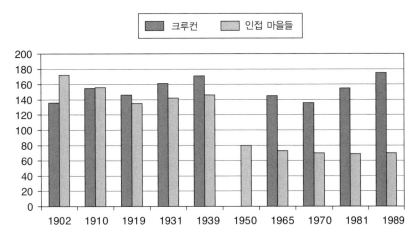

그림 7.3 크루컨과 인접 마을들에 분포하는 공공 및 상업 서비스와 시설의 수 : 영국, 1902~1989년
출처 : Woods

시설 사이의 이 같은 밀접한 관계는 특정한 시설이 유지되기 위해서는 최소한의 인구 규모가 있어야 한다는 점과, 보다 큰 규모에 위치한 시설들은 해당 공동체뿐 아니라 이웃한 보다 작은 마을에 대해서도 서비스를 지원한다는 점이다.

촌락 지역의 서비스 지원이 이러한 패턴을 보이게 된 배경에 대해서는 영국 남서부 지방에 위치한 소도시 크루컨(Crewkerne)에 대한 사례 연구를 통해 밝혀진 바 있다. 크루컨은 인구 약 6,000명의 소도시로서 그 주변에 분포하는 인구 50~2,000명의 18개 마을의 서비스 중심지로 기능한다. 비슷한 규모의 많은 다른 소도시들처럼, 크루컨은 1971년부터 1986년 사이에 약 23%의 인구 증가를 보였을 만큼 역도시화 현상에 따른 급격한 인구 증가를 경험하였다. 이웃한 4개의 마을 역시 같은 기간에 25% 이상의 인구 증가를 보였으나, 다른 3개의 마을은 인구가 감소하였고, 6개 마을은 20세기 초에 비해 20세기 말에 상대적으로 인구가 줄어들었다. 그러나 인구가 증가한 마을과 감소한 마을 모두 서비스와 편의 시설이 소멸되었다. 1902년 기준 모든 마을에 있던 서비스 시설의 총수는 크루컨보다 많았다. 심지어 가장 규모가 작았던 마을조차 소규모 상점과 대장간이 있었고, 인구 1,300명이었던 가장 큰 마을에는 2곳의 학교와 7개소의 선술집, 경찰서, 우체국, 세탁소, 그리고 식료품점, 제과점, 정육점, 석탄 판매소, 담배 판매점 등의 20개소의 소매점이 분포하였다.

집중화의 첫 번째 물결은 1910년대, 1920년대, 1930년대에 있었는데, 이때 처음으로 마을 주민들이 인근의 소도시로 보다 쉽게 오갈 수 있게 된 버스 서비스가 도입되고 일부 소규모 취락들에서는 상당한 인구 감소 현상이 나타나면서 편의 시설의 균형이 마을에서

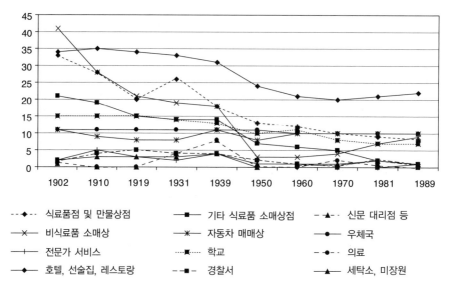

그림 7.4 영국 남동부의 18개 마을에 분포하는 핵심 서비스 및 편의 시설 수, 1902~1989년
출처 : Woods

소도시로 옮겨 갔다(그림 7.3). 두 번째 물결은 제2차 세계대전 이후에 일어났는데, 이때에는 자가용 소유자가 급증하고 고용 패턴이 변화했으며, 복지 수준의 향상에 따른 공공 서비스의 재구조화 현상이 나타났고, 소규모 업체들의 경제적 생존 능력이 약화되었다. 이러한 현상들이 개개의 공동체에 미친 영향은 심각했다. 예를 들면, 한 마을에서는 1939년 2곳의 선술집과 2곳의 제과점, 각각 한 곳씩의 우체국, 학교, 담배 판매점, 보험 회사, 자전거 수리점 등이 있었던 것이 1953년에는 우체국과 선술집 각각 한 곳씩만 남게 되었다. 이러한 집중화의 양상은 20세기 후반에도 비록 속도는 더뎠지만 지속되었고(그림 7.4), 2000년경에는 심지어 가장 규모가 컸던 마을조차도 선술집 2개소, 우체국과 학교 각 1개소, 만물 상점 2개소, 주유소, 마을 회관, 피시앤칩 테이크아웃점 각 1개소만 남게 되었다.

21세기 초에는 인근의 보다 큰 규모의 소도시에 쇼핑 센터와 수퍼마켓이 발달하면서, 크루컨의 상권을 위축시키고 식료품점과 기타 소매점을 문 닫게 하는 식으로 집중화의 세 번째 물결이 진행되고 있다. 크루컨이나 인접 마을들에서 수적으로 증가하는 기능이 있다면 그것은 레저 산업과 관련된 기능들—특히 바, 레스토랑, 도자기점과 같은 특수한 소매점, 공동체 회관—이 유일하다.

프랑스

프랑스의 촌락 서비스 시설은 두 가지 점에서 영국과 차별되는 패턴을 보인다. 첫째, 프랑스인 소비자들은 영국인들에 비해 신선한 상품들, 특히 그 지역에서 생산되는 상품들을 구매하는 것을 선호한다. 이것은 여전히 프랑스의 대부분 소도시들에게 있어 중요한 공동체 공간인 지역 시장과, 정육점과 제과점 같은 전문 식료품 소매상들이 유지되는 배경이다. 둘째, 프랑스에서 공동체 수준의 지방정부—코뮌—는 치안, 사회 서비스, 초등교육 등을 포함해 상당히 포괄적인 권한을 갖고 있다. 결과적으로, 프랑스의 많은 촌락 공동체들은 비슷한 규모의 영국의 촌락들에 비해 상당히 높은, 일정한 수준의 서비스 제공을 유지하고 있다(표 7.3). 그러나 표 7.3에서 볼 수 있듯이, 촌락 코뮌에서 제공되는 핵심 서비스의 종류는 1980년대를 지나면서 줄어들었고, 1990년대에도 하향 추세가 강화되고 있음을 보여 주는 사례가 있다. 예를 들면, 푸아투 샤랑트 지역에서는, 1988~1995년 사이에 131개 코뮌에서 마지막 식료품점이 문을 닫았다(Soumagne, 1995). 프랑스 전역에서는 고립된 촌락 코뮌에 위치한 은행들의 12%가 1988~1994년 사이에 폐쇄되었다(INSEE, 1998).

프랑스에서 촌락 서비스의 소멸은 인구 감소와 병행되어 나타나는 현상이다. 리치필드(Lichfield, 1998)는 크뢰즈 지역에 위치한 인구 500명의 발리에르 마을에 대해 연구하였다. 이 마을은 적은 인구에도 불구하고 1998년 5개소의 카페와 2개소의 레스토랑, 식료

표 7.3 프랑스에서 핵심 공공 및 상업 서비스가 제공되는 촌락 코뮌의 비중(1988년)과 그 변화(1980~1988년)

	촌락 중심지(소도시)		촌락 중심지 주변의 마을		고립된 촌락 공동체	
제과점	79.6	(−1.0)	26.8	(−2.3)	35.7	(−2.0)
만물상점	81.5	(−8.0)	34.1	(−11.1)	45.9	(−9.6)
슈퍼마켓	64.1	(+13.6)	1.0	(+0.5)	5.4	(+2.6)
옷가게	63.3	(+2.2)	3.1	(−0.3)	12.4	(−0.2)
우체국	71.2	(−0.1)	18.3	(n/a)	31.6	(n/a)
은행	61.4	(+0.2)	2.7	(=)	12.4	(+0.2)
외과의사	74.8	(n/a)	10.2	(n/a)	20.3	(n/a)
초등학교	96.9	(n/a)	67.4	(n/a)	61.7	(n/a)
운동장	83.5	(+4.4)	35.4	(+6.7)	36.9	(+3.0)
도서관	89.1	(+5.4)	58.8	(+7.3)	60.5	(+6.4)
극장	41.6	(−2.4)	0.3	(−0.3)	4.1	(−0.9)

출처 : INSEE, 1998

품점과 정육점 각각 2개소, 제과점, 철물점 각각 1개소, 전자제품점과 만물상점 각각 2개소, 은행, 자동차 수리점, 약국, 우체국 각각 1개소를 갖추고 있었다. 그러나 '가게와 바가 중앙 광장 주변에 5개소가 있었는데 문을 닫았다. 도로변에 있는 프랑스풍 파이점은 "매물"이라는 커다란 간판을 달고 있다. 호텔 외벽에 걸린 표지판에는 "호텔 폐업"이라고 쓰여 있다'고 리치필드는 말한다(p. 12).

미국

인구 감소와 촌락 서비스의 소멸 사이의 상관관계는 미국의 경우에도 잘 나타난다. 네브라스카 주에 있는 맥퍼슨 카운티는 1920년대 이후 인구의 2/3를 잃었고 19개소의 우체국과 58개의 학교 구역이 폐쇄되는 등 미국 촌락 지역의 현황을 전형적으로 보여 준다(Gorelick, 2000). 촌락 공동체에 지원되는 서비스의 합리화 정책은 사적 부문의 이윤을 극대화하고 공공 부문의 비용을 최소화한다는 경제 전략 때문에 촉발된 것이다. 사적 부문의 경우, 전통적인 소규모 취락의 '번화가'에 있던 독립 소매점들은 법인 체인점들과 슈퍼마켓, 몰, 그리고 인접한 도시에 들어선 상업 센터 등이 들어서면서 쇠퇴하였다(Vias, 2004). 촌락 지역에서 이들 신규 점포는 도로의 교차로에 주로 들어서서 광범위한 지역을 상권으로 포섭하면서 촌락 공동체의 기존 상점과 서비스를 위축시키고 있다. 미국 최대의 슈퍼마켓인 월마트는 1,100개의 촌락 지역에 체인 소매점을 개설하면서 시장 지위를 유지하고 있다(Farley, 2003). 공공 부문에서는 비용 효율성이 강조되면서 보건 시설, 사회 서비스, 도서관, 학교 등의 서비스가 축소되었다. 핏첸(Fitchen, 1991)은 다음과 같이 평가한다.

> 비용 효율성 모델은 어떤 기능체가 사람들이나 공동체에게 어떤 기능을 수행하는가가 아니라 1인당 얼마의 비용이 소요되는가를 가지고 어떤 프로그램의 효율성을 판단하기 때문에, 비용이 많이 드는 촌락 서비스들에 대해서는 효율적이지 않은 것으로 평가한다. … (중략)… 따라서 비용 효율성 모델은 서비스의 집중화를 추구하게 되고, 그 결과 서비스를 지원 받지 못하는 촌락 인구가 생기게 된다(p. 155).

예를 들면, 1980~1988년 사이에 미국의 2,700개 촌락 병원 중 161개소가 시장 압력과 비용 절감을 이유로 폐쇄되었다(Fitchen, 1991). 공공 서비스의 전문화는 사서라든가 구급자 요원 등과 같이 일정 수준의 훈련과 자격을 요구하기 때문에 촌락 지역에서 인력을 모집하는 데에도 어려움을 갖는다. 미국의 촌락 지역에 사는 2,200만 명 이상의 인구는 '보건 의료 결핍 지역' 혹은 '의료 서비스 불가 지역'에 거주하고 있다(Rural Policy Research Institute, 2003).

그러나 촌락 서비스의 소멸 현상이 보편적인 것은 아니다. 미국의 촌락 지역 중 로키 산맥 지역과 같은 리조트 지역은 인구 증가와 더불어 지역 서비스와 편의 시설이 잘 확충 되어 있다. 하지만 많은 새로운 벤처 기업들은 지역 공동체의 일상적 필요에 부응하는 서 비스를 제공하기보다는 레저에 기반 한 소비를 목적으로 하고 있다. 이러한 공동체 중 하 나가 콜로라도 주에 있는 릿지웨이이다. 릿지웨이는 1975년 이후 지난 20년 동안 인구가 2배로 증가하여 인구가 1,000명이 넘어섰고, 많은 관광객과 계절적으로 거주하는 주민 들이 유입되었다. 제과점, 철물점, 페스트 푸드점, 식료품점 등을 포함해 도서관, 척추 지 압사 등 새로운 서비스가 들어섰다. 이에 대해 데커는 다음과 같이 서술한다.

> 노인들은 더 이상 옛날의 이 마을을 기억하지 않는다. 오래된 철도 조차장에는 세차장, 부동산 업소, 사무용품점 건물이 들어섰다. 이 마을의 주요 교차로에는 주유기를 보유한 편의점과 이 마을에서 두 번째로 큰 주점이 들어섰다. 과거의 기관차고 부지에는 새로운 상점과 부티크점이 들어섰다. 카푸치노를 마시던 과거의 카우보이들은 이제 커피숍에서 월 스트리트 저널을 읽으며 (가축 대신) 주식을 몰고 있다. … (중략) … 주요 도로에 새로 입지한 가게들은 과테말라산 의류와 가구, 생화, 오토바이, 앤틱 가구와 주형, 란제리, 안 장, 누비이불 등을 진열하고 있다. 네 군데의 레스토랑에서는 파스타, 멕시코 요리인 엔 칠라다, 로브스터 등에서 알팔파 스프라우트, 주키니 빵에 이르는 모든 요리를 제공한다 (Decker, 1998, p. 93).

이러한 형태의 새로운 발전은, 앞에서 사례로 제시된 다른 촌락 지역에서의 상점 및 서 비스의 소멸 현상 못지않게 앞으로 이곳 공동체의 공간과 구조에 영향을 미칠 것이다.

글상자 7.1 촌락의 학교

많은 촌락 공동체들에게 마을의 학교는 공동체 생활의 거점으로서 교육 기관 이상의 의미를 갖는다. 학교 유지를 위해 학부모 사이에서 이루어지는 자금 조성은 공동체의 공간과 구조에 영향을 준다. 학교에서 어 린이들 사이에 형성된 친밀감은 수십 년 뒤 해당 촌락 공동체의 사회적 네트워크를 이루게 될 것이다. 학 교 강당은 공동체의 회합 공간으로 사용된다. 더욱이 학교의 존속 여부는 해당 마을에 취학 아동을 둔 새 로운 주민이 유입하는 데에 유리한 요소가 될 수 있다. 따라서 촌락의 학교를 폐쇄하자는 것은 상당한 논 란을 일으킬 수 있고 큰 저항에 부딪히기 마련이다(그림 7.5). 몰몬트(Mormont, 1987)가 조사했듯이, '마 을 학교는 지역의 자율성을 보여 주는 …(중략)… 하나의 상징이 된다. 마을 학교를 폐쇄하는 것은 해당 지역 주민들로 하여금 서비스 박탈감을 느끼게 할 뿐만 아니라 자신들의 정체성을 간직한 한 기관을 빼앗겼다는 상실감을 갖게 하였기 때문에 상당한 반발에 부딪혔다'(p. 564).

하지만 촌락 학교의 합리화는 미국, 영국, 캐나다, 뉴질랜드, 아일랜드, 독일, 스웨덴, 핀란드 등 많은 국가들에서 나타나는 최근 교육 정책의 특징 중 하나이다(Ribchester and Edwards, 1999; Robinson, 1990). 프랑스의 경우, 1,400개 이상의 촌락 코뮌들에서 1988~1994년 사이에 마을 학교가 문을 닫았다(INSEE, 1998). 미국에서는 1986-87년과 1993-94년 사이에 415개의 촌락 학교들이 폐쇄되었다(NCES, 1997).

촌락의 학교들은 촌락 지역의 인구가 매우 낮고 인구학적 추이가 감소 경향을 보이고 있기 때문에 비용 효율성 분석에 매우 취약하다. 영국에서는 약 2,700개소(15%)의 초등학교들이 학생 수 100명 이하이고, 미국의 경우에는 전체 학교의 10%인 9,000개소 이상의 학교들이 그러하다. 미국에서는 촌락의 학교들 중 38%가 1996~2000년 사이에 재학생이 1/10 이상 감소하였다(Beeson and Strange, 2003). 건물과 교직원 비용은 일정하게 고정되어 있는 비용이기 때문에 재학생 수가 감소하게 되면 학생 1인당 학교 운영비는 증가하는 것이다. 그래서 2003년의 보도에 따르면, 뉴질랜드 교육부 장관은 건물을 포함한 여타 학교의 물자들을 용도 전환하는 식으로 촌락 학교의 폐쇄를 정당화하고 있다고 한다(*Manawatu Envening Standard*, 17 June 2003). 촌락 학교의 폐쇄는 국가가 교육 전략(시험이나 공통 교육과정과 같은)을 수행하는 과정에서 겪게 된 여러 가지 어려움, 신규 채용 교사의 부족, 교육학적 논리를 비롯하여 지역 교육청의 조직 변화 등에서 종합적으로 기인한 결과일 것이다.

최근에는 소규모 학교를 선호하는 교육학적 주장들의 목소리가 커지면서 촌락 학교의 폐쇄에 제동을 걸거나 보류하도록 만들고 있다. 그러나 촌락 지역의 학교들은 여전히 고비용, 재원 부족, 재학생 수의 감소 등 여러 가지 도전에 직면하고 있다. 촌락의 학교들은 자원봉사자의 도움에 대한 의존도가 매우 높은 편이고, 많은 경우 학교 구역의 통합 및 자원 공유가 이루어지면서 유지가 위태로운 상황에 있다.

더 자세한 내용은 Chris Ribchester and Bill Edwards (1999) The Centre and the local: policy and practice in rural education provision, Journal and Rural Studies, 15, 49-63 참조.

그림 7.5 마을의 학교 폐쇄 예고에 대한 저항. 2003년 여름, 미드웨일즈
출처 : Woods, 개인 소장

표 7.4 핵심 공공 및 상업 서비스가 제공되는 2, 4, 8킬로미터 거리 내의 촌락 가구 비중, 영국(2000년)

	최근린 편의 시설 내에 위치하는 촌락 가구 수		
	2킬로미터	4킬로미터	8킬로미터
우체국	93.5	99.5	–
은행	58.1	78.4	96.7
현금 거래 상점	61.1	79.3	96.2
슈퍼마켓	60.9	79.0	96.0
초등학교	91.6	99.0	–
중학교	57.2	78.2	96.3
외과의사	66.1	85.8	98.5
병원	–	44.7	74.1
취업 은행	–	42.5	72.4
후생 복지청 사무실	–	15.7	36.4

출처 : Countryside Agency, 2001

서비스 및 대중 교통에 대한 접근성

촌락 지역의 서비스 지원 패턴의 변화는 공동체의 공간과 구조에 변화를 일으키면서 해당 공동체에 영향을 미칠 뿐만 아니라, 공동체 주민들을 촌락 외부의 서비스에 대한 높은 접근성을 가진 사람들과 상대적으로 이동성이 제한된 사람들로 새롭게 나눔으로써 해당 공동체를 변화시킨다. 한편 촌락 지역에서 나타나는 서비스의 집중화 및 합리화 현상은 이동성의 향상에서 기인한 것이다. 사람들은 핵심 서비스에 접근하거나 쇼핑을 위해 기꺼이 이동하려고 하는데, 특히 거주하는 촌락이 아닌 소도시에 직장을 둔 사람들에게는 소도시에서 쇼핑하거나 서비스를 이용하는 것이 보다 편리할 수 있다. 이처럼 촌락 서비스의 공간적 재구조화는 사람들의 일상적 공동체가 스케일 상승되는 과정에서 나타난 결과라는 주장이 있다. 그러나 이런 식의 서비스 제공의 재구조화는 촌락 공동체를 이루는 요소 중 이동성이 좋지 않은 사람(구성원)의 존재를 간과한다.

이 부분은 핵심 서비스를 보유한 촌락 공동체가 얼마나 되고 그렇지 않은 촌락 공동체가 얼마나 되는가가 아니라, 핵심 서비스와 편의 시설에 접근할 수 있는 주민의 수가 얼마나 되느냐 하는 것을 확인해야만 충분히 파악될 수 있다. 영국과 프랑스 사례에 의하면, 핵심 서비스 및 편의 시설에 접근할 수 있는 거리가 얼마나 되느냐 하는 것은 매우 중요한 요소이다. 영국의 경우 10가구 중 9가구 이상이 우체국 및 초등학교로부터 2킬로미터 이내의 거리에 위치하지만, 은행, 현금 거래 상점, 슈퍼마켓, 중학교, 외과의사로부터

2킬로미터 이내에 위치하는 가구 수는 2/3 이하이다(표 7.4). 프랑스의 경우 1998년 기준, 핵심 서비스를 지원 받지 못하는 고립 지역의 촌락 공동체 주민들은 최근린 제과점까지 평균 6킬로미터, 최근린 우체국까지는 평균 7킬로미터, 최근린 슈퍼마켓 및 은행까지는 각각 평균 10킬로미터, 최근린 의류점까지는 평균 18킬로미터 거리에 있다(INSEE, 1998). 이 모든 사례에서 거리 통계는 1980년에 비해 증가한 수치이다.

영국은 상대적으로 인구 밀도가 상대적으로 높은데, 이것은 핵심 서비스에 접근하기 위한 거리가 상당히 먼 가구의 비중이 매우 적다는 것을 뜻하면서도, 이들 가구가 지리적으로 촌락 지역에 대부분 집중 분포함을 의미한다. 예를 들면, 영국 잉글랜드의 동부 및 남서부, 북부 고원 지대에서는 최근린 우체국에서 4킬로미터 이상 떨어진 촌락 가구가 약 2만 9,000가구로 확인된다. 이와 유사하게, 웨일즈의 북부 고원 지대에 있는 마치, 도셋, 데번, 콘월 등에서는 대부분의 촌락 가구들이 최근린 슈퍼마켓에서 8킬로미터 이상 떨어져 위치한다. 상대적으로 인구 밀도가 낮은 미국, 캐나다, 오스트레일리아 등의 국가들에서는 오지의 공동체로부터 이들 서비스에 접근하기 위한 거리가 수백 킬로미터에 이른다. 그러나 이 두 사례를 어림잡아 적용해 볼 때, 원거리에 고립되어 위치한 촌락 공동체들이 도시 지역 근교에 분포하는 비슷한 규모의 촌락들에 비해 핵심 서비스와 편의 시설을 보유하고 있을 가능성이 높지만, 그들이 보유하고 있지 않은 서비스를 이용하기 위해 이동해야 하는 거리는 훨씬 멀다고 말할 수 있다(글상자 7.2 참조).

수 킬로미터라는 거리는 자동차로는 비교적 쉽게 오갈 수 있지만, 운전할 수 없거나 자가용을 소유하고 있지 않은 촌락 주민들에게는 자신이 살고 있는 마을을 떠난다는 것 자체가 어려운 일이다. 미국에서는 14개의 촌락 가구 중 1개 가구가 자가용을 소유하고 있지 않은데도 불구하고, 80개소 이상의 촌락 카운티들이 대중 버스 서비스가 지원되지 않고 있고, 촌락 주민의 40%가 대중 교통이 지원되지 않는 곳에 거주한다(Rural Policy Research Institute, 2003). 영국에서는 촌락의 절반, 프랑스에서는 촌락의 1/3이 대중 버스 지원을 받는다. 다른 공공 서비스와 마찬가지로 대중 교통 지원 역시 비용 효율성 산출에 근거해 승객이 최소 요구치 이하로 떨어지면 노선이 폐지되는 식으로 지금도 계속 축소되고 있다. 일부 국가들에서는, 정부가 이윤이 나지 않는 노선들을 인수하려고 시도했지만, 1980년대 및 1990년대에 일었던 신자유주의 정책으로 그러한 전략들은 도전을 받았다. 가령 영국에서도 1980년대 후반 대중 교통 체계의 재구조화가 이루어지면서 그러한 정책적 시도들이 좌절되었다. 이러한 상황에 대응하여 많은 공동체들이 기존의 이윤 추구식 서비스를 대체하는 '대안적' 교통의 도입을 실험하고 있다. 2001년, 영국 촌락

글상자 7.2 고립 지역의 촌락 공동체 : 아일랜드 서부의 여러 섬들

원격지의 많은 촌락 공동체들에게, 고립성은 해당 촌락 공동체의 서사적 의미를 구성하는 한 부분이 된다. 원격지의 공동체들은 섬과 같은 고립성과 빈약한 접근성을 특징으로 하며, 이러한 특징들은 자족성을 지향하는 공동체 실천들을 구성하는 의미로 작용한다. 크로스와 누틀리(Cross and Nutley, 1999)가 연구한 9개 섬―애런모어, 비어, 케이프 크리어, 클레어, 이니쉬보핀, 이니쉬어, 이니쉬터크, 서킨, 토리―을 포함해, 아일랜드의 서쪽 해안에 위치한 소규모 도서 공동체들이 대표적인 사례이다. 이들 도서는 인구 규모가 78~596명에 걸쳐 있으며, 20세기를 지나면서 모두 상당한 인구 감소를 경험하였다. 이들 중 4개 섬은 1981~1991년에 인구 증가를 기록하기도 하였다. 이들 섬에 대한 서비스 지원은 소규모 인구라는 서비스 이용객 수준과 본토에 대한 어려운 접근성을 함께 고려하는 선에서 이루어지고 있다. 1991년 9개 섬 모두 식료품점, 선술집, 간호사, 초등학교를 두고 있었다. 가장 작은 섬을 제외하면, 나머지 다른 섬들은 가톨릭 사제가 상주하였고, 그중 5개 섬에는 호텔이 있었다. 그러나 중학교가 있는 섬은 단지 2곳뿐이었고, 의사가 상주하는 섬은 가장 큰 섬 한 곳뿐이었다. 심지어 기본적인 서비스도 지원 받기 어려운 사정이었다. 일간 신문은 단 4곳의 섬에서만 제공되었고, 우유 배달이 가능한 곳은 단지 2개의 섬뿐이었다. 따라서 많은 섬들이 대부분의 서비스를 이용하기 위해서는 본토에 크게 의존해야 했지만, 대부분 섬들과 본토 사이의 교통망은 열악하였다. 매일 운항하는 정기 여객선 서비스는 단지 3곳의 섬에서만 가능하였고, 5개 섬에서는 여름철에만 한시적으로 서비스가 이루어졌다. 가장 작은 섬은 이니쉬터크에서는 정기 여객선 서비스가 없었기 때문에 '주민들은 주 단위로 운항하는 우편 배달용 선박이나 어선을 이용해야만 했다'(p. 322). 우편 배달용 선박이나 헬리콥터 서비스 등 교통 여건을 개선하기 위한 정부의 지원에도 불구하고, 다른 지역들에서 이루어지는 서비스에 비하면 이곳의 도서들은 상대적으로 낮은 수준의 서비스를 지원 받고 있었고 그 밖에는 선택의 여지가 별로 없었다.

보다 자세한 내용은 Michael Cross and Stephen Nutley (1999) Insularity and accessibility: the small island communities of Western Ireland, Journal and Rural Studies, 15, 317~330 참조.

지역의 20%가 이용자의 호출에 따라 교통을 운행하는 '호출 승차' 교통 체계를 운영하였고, 17%가 공동체 미니버스 혹은 택시 체계를 운영하였다. 그러나 영국 촌락 공동체의 16%에서 인근 소도시의 슈퍼마켓까지 무료로 이용할 수 있는 '슈퍼마켓 버스'가 가장 중요한 대중 교통 형태인 것으로 나타난다.

특히 대부분의 촌락 공동체에서 멀리 떨어져 있는 많은 서비스들―병원, 취업 센터, 후생 복지청 사무실 등―의 경우, 그 이용자들은 개인 교통 수단을 소유하고 있지 않은 사람들이 많다. 이것은 촌락 지역의 사회적 배제라는 이중적 불이익을 낳는다(제19장 참조). 이와 유사한 쟁점은 금융 서비스 부문에서도 나타나는데, 은행 지점의 집중화로 인해 새로운 금융적 배제의 지리가 파생되고 있다. 우체국과 같은 여타 출구를 통해 금융 서비스를 제공하려는 노력들도 있지만, 자동차 소유가 증가하면서 우체국 분소들이 폐쇄됨에 따라 이것도 쉽지 않은 일이 되고 있다.

고립성 극복하기 : 통신 판매에서 인터넷까지

주요 상업 및 공공 서비스의 도달 범위를 벗어난 원격지의 촌락 지역에는 많은 고립 농가와 촌락들이 분포한다. 이런 가구들에게는 쇼핑뿐만 아니라 보건과 교육 서비스가 주로 우편 서비스, 원거리 통신, 모바일 서비스, 그리고 최근에는 인터넷을 통해 이루어진다. 일찍이 1872년, 그레인지라고도 알려진 미국의 농민 공제 조합 패트론스 오브 허즈번드리(Patrons of Husbandry)는 그 회원들에게 통신 판매를 개시하였다. 1900년경, 촌락의 가구들에게 신발에서 자동차에 이르는 모든 물품을 판매했던 시어스-로벅 카탈로그(Sears-Roebuck Catalog)의 등장과 더불어 그레인지의 사업은 쇠퇴하게 되었다. 유럽의 경우, 제2차 세계대전 이후 도서관, 보건, 식료품, 심지어 영화 등 다양한 서비스를 촌락 공동체에 제공하는 모바일 서비스와 순회 서비스가 광범위한 촌락 지역에서 이루어졌다. 이와 마찬가지로, 오스트레일리아의 광활한 촌락 지역에서는 항공 수송을 통해 보건 서비스가 제공되었다. 그러나 주민들의 이동성이 증가하고 비용 효율성 분석이 이루어지면서 많은 경우 순회 서비스에 대한 수요가 줄어들고 그 서비스 지원도 대폭 줄어들었다.

20세기 후반, 새로운 원격 통신 기술이 등장하면서 이것이 촌락의 고립성을 극복하는 도구로 사용될 가능성을 갖고 있는지에 대한 탐색이 이루어졌다. 뉴질랜드에서는 1922년 촌락의 어린이들을 위한 통신 학교가 개교하였으나, 그것이 크게 확대된 것은 라디오 방송과 카세트 테이프의 이용이 증가한 1970년대에 이르러서였다. 이와 유사하게, 오스

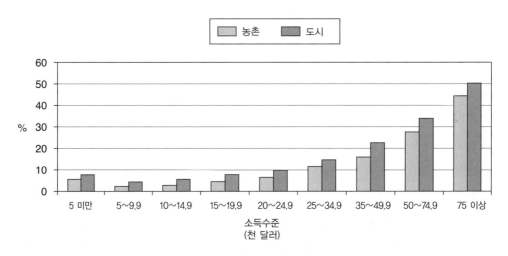

그림 7.6 온라인 서비스 접근이 가능한 촌락과 도시 지역의 소득수준별 가구 비중, 1999년

출처 : Fox and Porca, 2000

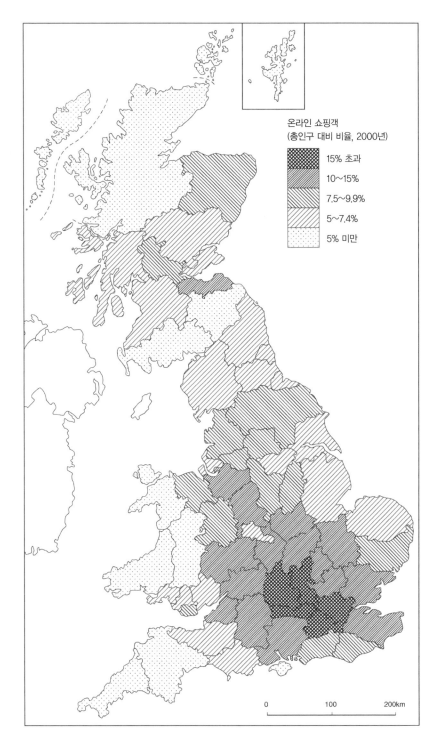

그림 7.7 성인 인구 기준 카운티별 온라인 쇼핑객의 비중, 영국(2000년)

출처 : CACI, 2000

트레일리아에서도 1951년 이후 양방향 라디오 통신을 활용하는 12개의 '공중파 학교'가 개교하였다. 그중 하나가 사우스 오스트레일리아의 포트 오거스타(Port Augusta)에 위치하였는데, 1978년 기준 이곳은 700킬로미터 거리에 떨어져 있는 80~90명의 학생들에게 서비스를 제공하였다(Nash, 1980).

최근에는, 촌락의 주민들에게 보건, 교육, 양성, 금융 서비스, 예능, 정보 지원, 온라인 쇼핑 등을 제공하는 것과 관련하여 인터넷이 지닌 가능성에 관심이 모아지고 있다. 그러나 재택근무(제5장 참조)의 발달과 마찬가지로, 촌락 지역에서 인터넷의 유용성은 촌락 지역의 IT 기반 시설에 따라 달라진다. 예를 들면, 1995년 섬유 광학 체계를 통해 여러 학교를 연결하려는 시도가 노스캘리포니아의 시골 지역에서 이루어졌는데, 이에 따르면 관련 장비를 구입하는 데에 고등학교 한 곳당 11만~15만 달러의 비용이 들고 연간 전화료는 5만 달러가 소요되는 것—촌락의 소규모 학교 입장에서는 엄청난 비용인—으로 나타났다(Marshall, 2000). 각 가구 수준에서 보면, 미국의 경우 촌락의 가구별 컴퓨터 소유 정도는 1998년 기준 40%로서 도시 지역의 가구들에 비해 낮은 형편이며, 온라인 서비스에 접근할 수 있는 가구의 비중 역시 모든 소득 계층에서 도시 지역의 가구보다 낮은 것으로 나타난다(그림 7.6; Fox and Porca, 2000). 연구에 의하면, 영국의 경우에도 온라인 쇼핑을 이용하는 촌락 지역 주민들의 비중이 영국의 어느 지역보다도 낮은 6% 이하로서, 도시 지역과 촌락 지역의 가구들 사이에 미국의 경우와 유사한 정도의 '디지털 격차'가 존재한다고 한다(그림 7.7).

요약

촌락의 공동체들은 변화하고 있다. 농업의 쇠퇴, 노동의 공간적 분화의 변천, 인구 감소와 역도시화, 이동성의 향상 등을 포함한 사회적·경제적 추세들이 촌락 공동체의 구조와 결속력에 영향을 미치고 있다. 또한 공공 서비스 및 상업 서비스, 편의 시설들이 재구조화되면서 공동체 생활의 역학을 바꿔 놓는 과정에서 공동체 내부에서도 변화가 나타나고 있다. 리핀스의 공동체 모델에 의하면 공동체란 의미, 실천, 장소, 구조로 이루어진 실체로, 촌락의 서비스 지원이 변화하면 공동체에는 여러 가지 변화가 나타나게 된다.

첫째, 서비스 지원의 합리화는 공동체 구성원들이 갖는 공동체의 의미를 변화시키게 된다. 주변의 촌락 지역에 서비스 센터로 기능하는 소도시들에서 가게, 은행, 병원, 기타 핵심 서비스들이 소멸하면서 공동체의 그러한 의미들이 도전 받게 된다. 마찬가지로, 그러한 핵심 기능들이 상실하면서 소규모 마을들의 독립성도 위협에 직면하고, 나아가 보다 큰 도시의 영역에 포섭되면서 촌락 공동체의 정체성도 경합에 처하게 된다.

둘째, 리핀스가 자신의 연구에서 기술했듯이, 가게와 우체국에서의 일상적 상호작용과, 학교 및 공동체 회관에서 이루어지는 행사들은 공동체의 실천에서 핵심이 된다. 가게와 학교와 기타 공동체 편의 시설의 소멸은 공동체 실천의 전체 층위를 사라지게 만들고 공동체 구성원들 사이에 이루어지는 규칙적 상호작용 능력을 감퇴시킨다. 그래서 셋째, 촌락 서비스의 소멸은 상점, 학교, 우체국, 번화가, 마을 광장 등의 공적 공간들로부터 정원, 마당, 현관 등 사적 공간에 이르기까지 공동체의 공간 및 구조의 재배치로 이어질 수 있다. 이러한 재배치는 주민들의 상호작용을 기존의 보다 폭넓고 개방적인 수준에서 이웃과 사회 관계망 스케일로 축소시키는 등 공동체의 파편화를 야기하게 된다.

따라서 '역사적으로 동질적인 촌락 공동체'라는 개념은 경합에 처하게 되고, 현대의 촌락 변화에 따라 촌락 공간에는 복수의 공동체들이 파생된다. 하나의 마을이나 소도시에는 배타적이고 고유한 의미, 실천, 공간, 구조를 지닌 다수의 서로 다른 공동체들이 (때로는 중첩되고 때로는 교차하며) 공존하게 된다. 또한 촌락의 주민들은 다양한 스케일 — 자신들의 마을, 보다 넓게는 교구, 더 넓게는 소도시 등 — 에서 서로 다른 공동체에 참여할 수 있지만 점진적으로 높은 스케일에 참여할 수 있는 개인별 능력은 교통의 접근성 여하에 따라 결정되고, 따라서 사회적 배제라는 구조가 출현한다. 개개인들은 지리적 공동체와의 친밀성 외에도 그들이 중요하다고 생각하는 특정한 관심사를 지닌 공동체들에서도 정체성을 추가로 찾게 된다.

공동체의 이러한 변화 패턴은 촌락의 변화가 가져오는 결과들을 평가하는 데에 매우 중요하다. 왜냐하면 촌락의 공동체를 발전시키려는 시도나 여타 정책적 시도들은 서로 다른 지리적 공동체들을 서로 연결시키는 것이 더 이상 불가능하고, 현재 공존하는 복수의 촌락 공동체들을 인정하고 그에 주목해야만 하기 때문이다.

더 읽을거리

공동체의 의미, 실천, 공간, 구조를 매개로 촌락 공동체에 접근하는 방식은 *Journal of Rural Studies*, volume 16, pages 23 – 35 (2000)에 게재된 Ruth Liepins의 'New energies for an old idea: reworking approaches to "community" in comtemporary rural studies' 와, *Journal of Rural Studies*, volume 16, pages 325 – 341 (2000)에 게재된 'Exploring rurality through "community": discourses, practices and spaces shaping Australian and New Zealand rural "communities"'를 통해 진전되었다. 첫 번째 논문은 촌락 연구에서 '공동체'에 대한 접근을 어떻게 할 것인가를 논의하면서 자신의 모델을 제안하였고, 두 번째 논문은 촌락의 변화가 공동체에 미치는 영향을 주제로 한 오스트레일리아와 뉴질랜드 대상의 사례 연구에 초점을 맞추고 있다. 촌락 지역에서의 서비스 지원에 관한 연구들은 특정 유형의 서비스 및 특정 국가나 지역을 사례로 하는 경향이 있고, 많은 경우 상당히 오래전의 것들이다. 그러나 *Journal of Rural Studies*, volume 13, pages 451 – 465 (1997)에 실린 Sean White, Cliff Guy and Gary Higgs, 'Changes in service provision in rural areas. Part 2: Changes in post office provision in Mid Wales: a GIS – based evaluation' 은 촌락의 우체국 지원을 사례로 한 경험적 연구이고, *Journal of Rural Studies*, volume 20, pages 303 – 318 (2004)에 실린 Alexander Vias의 'Bigger stores, more stores, or no stores: paths of retail restructuring in rural America' 는 미국의 촌락 지역을 사례로 소매점 서비스의 추이를 논의한 것이다.

웹사이트

2001년 기준 영국의 촌락 지역의 서비스에 대한 상세한 통계는 촌락국(Countryside Agency)의 웹사이트(www.countryside.gov.ruralservices/)에서 얻을 수 있다. 이 사이트에 올라와 있는 자료는 핵심 서비스까지의 거리를 보여 주는 GIS 지도와 엑셀 파일을 포함한다.

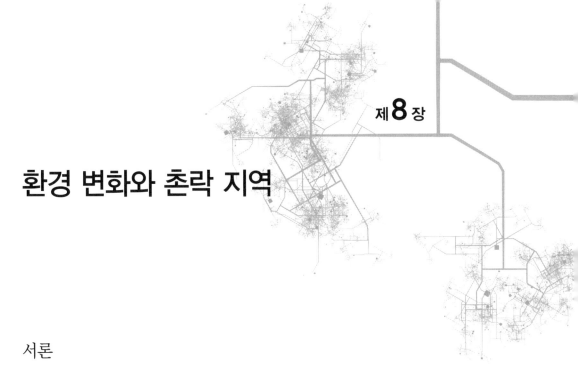

제8장

환경 변화와 촌락 지역

서론

만일 '공동체'가 촌락성과 관련된 주요어의 하나라면(제7장), '자연'은 또 다른 하나이다. 모든 촌락 지역은 인간의 간섭에 의해 어느 정도 만들어져, 진짜 '자연적인' 장소는 이제 더 이상 남아 있지 않다고 주장할 수 있을지라도, 촌락 경관에 지배적인 '자연적' 특징과 물질들은 가장 시각적으로 독특한 특징으로 지속되고 있다. 일반적인 촌락의 '자연' 그리고 '자연환경'과의 연계는 왜 촌락 경관과 장소가 현대사회에서 가치를 지니는지 그리고 왜 '촌락의 전원성'이 그렇게 매력적인지를 일부 설명하지만, 또한 촌락 환경의 취약함을 강조한다. 시골은 '자연의 장소'로 가치를 부여 받지만, 시골의 자연환경을 종종 잘 다루지는 않는다. 실제 지난 세기 촌락 지역에서의 사회, 경제 변화의 주요 많은 과정들은 중요한 부정적인 환경 영향을 미쳤다.

이 장은 촌락 지역의 환경 변화를 세 가지 두드러진 경향인 오염, 서식지의 중독과 파괴를 포함한 현대 농업에 의한 환경 악화, 촌락 지역 내 건조 환경의 도시 잠식과 확대로 인한 오염과 서식지 파괴, 그리고 농업과 관광의 지리에 미칠 수 있는 영향을 포함한 지구 기후변화의 촌락에서의 면모에 초점을 맞추어 검토한다. 이들 각각에 대한 관심 수준과 따라서 적절하다고 고려되는 대응은 채택하는 자연 철학의 영향을 받는다. 특정 관점에서는 자연이 변화에 탄력이 있고 적응할 수 있다고 고려하는 반면, 다른 관점에서는 자연은 망가지기 쉬워 보호가 필요하다고 본다. 따라서 이러한 다른 관점들은 이 장의 전반부에서 촌락성과 자연의 관계에 대한 세부적인 검토를 통해 논의된다.

촌락성과 자연

시골 지역을 자연과 동일시하는 것은 서양 문화의 자연과 사회 간의 근본적인 이원주의 그리고 문학, 예술, 정부 정책에서 역사적으로 도회지와 시골 지역을 구분한 문명의 소산 이다. 촌락성을 자연과 연계시키는 것은 또한 시골 지역이 도시에 비해 더 순수하고, 고 상하고, 더 소중한 공간으로 보는 윤리지리학을 민들어 냈디(Bunce, 1994; Macna-ghten and Urry, 1998; Short, 1991 참조). 더군다나 이러한 다양한 요소들은 개인들이 자신만의 '촌락 정체성'을 정의하고 장소를 촌락으로 이해하는 일상 담론으로 유입되었 다(제1장 참조). 예를 들어 벨은 그의 '칠더레이' 라는 익명의 사례 연구 마을 주민들의 일 상 담론에서 자연에 부과된 중요성을 강조했다.

> 비록 마을 주민들은 '칠더레이' 마을이 자연의 장소라고 확신할 수는 없지만, 그러한 장
> 소가 존재한다는 것은 의심하지 않는다. 더군다나 이들은 촌락 방식의 삶과 이러한 방식
> 을 따르는 사람이 있다는 것을 의심하지 않는다. 이들은 자연과의 긴밀한 관계는 이러한
> 방식이 무엇이며 이들은 어떤 사람들인가를 확인하는 가장 확실한 방법임을 알았다. 촌
> 락 생활방식의 윤리적 기초는 … 이러한 암반에 근거한다(Bell, 1994, p. 120).

이러한 촌락성과 자연의 상당히 낭만화된 관계는 세 가지 핵심 요소에 기반한다. 첫째, **촌락 경관은 자연 경관으로 인식된다.** 이는 도시 경관과는 구분되는 지배적인 식물상, 동 물상 그리고 상대적으로 변형되지 않은 물리적 지형을 포함한 생태적 특징을 가진다. 비 록 '경관' 그 자체 개념이 생태와 인간의 융합을 의미하지만, 인간 가공물의 존재는 이들 이, 예를 들어 작물, 삼림, 초지, 과수원과 같이 본질적으로 생물체이거나, 돌로 쌓은 담, 돌로 지은 주택, 고립된 농업용 건물과 같이 지역 자연 자원을 이용해 일반적인 경관미에 적합한 소규모 개발인 경우에만 촌락 경관의 담론에 허용된다(Woods, 2003b).

둘째, **촌락 활동은 자연을 사용하고 자연과 함께 이루어진 것으로 정의된다.** 따라서 농 업, 삼림, 어업, 사냥 그리고 바구니 만들기 공예는 모두 원천적으로 제조업, 회계업무, 스케이트보드가 아닌 것처럼 '촌락적' 이라고 주장한다. 셋째, **자연에 대한 지식과 민감성 으로 확인될 수 있는 사람은 촌락 사람으로 인식된다.** 추정하길 진정한 촌락 사람은 계절의 변화와 조화를 이루며, 기후를 이해하고 지역 식물과 야생동물에 대한 타고난 지식을 가 진다(Bell, 1994; Short, 1991).

촌락성의 사회적 구성에 포함된 많은 요소들처럼(제1장 참조), 위의 관련은 실증적으

로 증명하기 어려운 이상적인 언급이다. 그러나 이들은 자연보호와 촌락 지역의 환경 변화를 감지하고 대응하는 방식을 만든 시골 보호를 대중적으로 융합하는 데 영향을 미치기 때문에 매우 효과적인 사고이다.

한편 자연은 순수하고, 목가적이고 취약하다는 담론은 촌락 환경이 인간 개입에 의한 피해로부터 보호해야 할 필요가 있다는 입장으로부터 도출되었다. 촌락 공간의 인간 행동은 자연과 함께할 때에만 수용할 수 있고, (앞에서 기술한 것처럼) 인공물은 자연의 미관에 어울리는 경관에 설치할 수 있다고 고려되었다. 대량의 (아스팔트 포장재 또는 금속과 같은) 외부 재료 또는 현대적 기술이 경관에 적용되는 또는 경관의 형태에 불균형한 규모의 개발은 자연적이지 않고 부적절한 것으로 고려한다(Woods, 2003b). 유사하게 인공 화학물 또는 (유전자변형 작물과 같은) 자연의 변형을 포함하는 농업의 기술적 혁신은 환경에 해로운 것으로 간주된다. 이 '자연-촌락 관점'에서 현대성의 중심적 특징인 인간 영역의 자연 세계로부터의 단절(제3장 참조)은 촌락 생활의 지속 가능한 형태를 잠식했으며, 시골의 특징을 위협하는 것으로 인식되는 환경 문제를 만들어 내었다.

한편 촌락 환경에 대한 공리적인 관점은 자연을 야생적이고 회복력이 있는 것으로 이해한다. 이 관점에서 '자연' 상태의 촌락은 야생적으로 인간 활동을 쾌적하게 만들기 위

글상자 8.1 촌락 지역 환경 변화의 요인들

농업
- 농약 사용
- 화학 비료 사용
- 생산 증대
- 울타리 관목 제거
- 서식지 파괴
- 전문화-식물종 감소

외부 작용
- 산성비
- 음용수 제거 등
- 지구온난화
- 하류 오염

도시화와 개발
- 주택 등으로 인한 공간 손실
- 도로 건설 등

- 오염 증가
- 배수, 상수, 하수의 수요
- 소음과 빛 오염

삼림과 1차 생산
- 삼림 제거
- 개방된 황무지 숲 가꾸기
- 토착종이 아닌 종 심기
- 광산과 채석으로 인한 훼손
- 저수를 위한 토양 침수

관광과 여가 활동
- 시설, 숙소, 주차장 등의 수요
- 도보 길 침식 등
- 나무, 식물, 담 등의 훼손
- 쓰레기
- 야생동물 교란

해 도로와 다리 건설, 전기 공급 등을 통해 길들여져야 한다. 동시에 촌락 공간은 또한 광업과 채석, 삼림과 농업, 저수지, 그리고 수력과 풍력 발전을 통해 인간을 위한 '자연' 자원을 이용하는 기회를 제공하는 것으로 비춰진다. 회복력이 있는 자연은 이러한 개발의 충격을 견뎌 낼 수 있고 농업에서의 과학적 혁신에 적응할 수 있는 것으로 고려된다 (Woods, 2003b).

이 두 관점은 어떻게 촌락 지역의 환경 변화가 평가되어야 하는가에 대한 상반된 접근을 제공한다. 이들은 어떤 변화가 '문제'인지와 적절한 교정 행동에 대해 다른 지침을 제시한다. 그러나 양 관점은 촌락 환경은 변화하고 있고 이러한 변화는 농업 활동, 삼림, 그리고 1차 생산, 도시화와 건물 개발의 영향, 관광과 여가 활동의 결과, 촌락 공간 외부에서 시작된 환경 작용을 포함한 다양한 요소들로부터 기인하는 것으로 인식한다(글상자 8.1).

농업과 촌락 환경

현대 자본주의 농업은 자연에 보복했다. 전통적 농사는 토양, 기후, 지형의 제약을 받고 기후, 해충, 질병에 좌우되는 자연에 의존해 왔다. 그러나 근대 농업의 개척자들에게 이러한 제약과 위험은 자본의 낭비로, 환경 상황을 통제·조작·수정하기 위해 새로운 기술을 이용하기 시작했다. 관개와 선별적 품종개량과 같은 오랫동안 이용되어 온 기술로부터 경사와 토양의 '개선', 그리고 발전된 생명기술과 농화학물의 적용에 이르기까지 농업 활동은 발전하였고 생산성을 높이기 위해 환경을 변화시켰다(또한 제4장 참조).

이러한 형태의 농업 현대화가 심각한 환경 문제로 이어질 수 있다는 첫 번째 주요 경고는 1930년대 과도한 목축, 초지의 경작지로의 전환, 그리고 미국 프레리의 가뭄이 함께 어우러져 '더스트 보울(dust bowl)' 재해로 나타났다(글상자 8.2). 더스트 보울의 경험은 프레리 지역에 초지를 다시 조성하고 토양 보전을 위한 정부 프로그램의 도입으로 이어졌지만, 근본적으로 이 문제를 야기한 토지 이용 변화, 식생의 제거, 과잉 저장, 그리고 지하수 과도 이용의 농업 활동은 지속되었고 생산주의 아래 심화되었다.

두 번째 주요 경고는 1962년에 미국 과학자 카슨(Rachel Carson)의 획기적인 책, 『침묵의 봄(Silent Spring)』 출간으로 다가왔다. 카슨은 농업에 농약, 제초제, 살충제 등과 같은 무기 화학물 사용의 증가는 지구를 살기에 적합하지 않은 장소로 만드는 위험을 초래했다고 주장했다. 그녀는 어떻게 독성 화학물이 먹이사슬을 통해 전이되며 야생동물 개체수를 황폐화시키는가를 증명하고, 인간의 건강에 잠재적 위협을 가하는 것에 대해 탐구했다. 특히 그녀는 1943년에 도입되어 살충제에 사용되는 화학 DDT의 극도의 유독

글상자 8.2 더스트 보울

미국 중앙의 대평원은 자연 초지이나, 20세기 초 산업적 농업에 의해 변화하였다. 제일 먼저 대규모 소방목이 이루어져 과도한 방목이 식생 피복을 얇게 했다. 다음으로 농부들이 더 많은 돈을 벌기 위해 초지를 갈아엎었다. 캔자스, 콜로라도, 네브래스카, 오클라호마 그리고 텍사스의 남부 평원에 걸쳐 약 1,100만 에이커(440만 헥타르)의 초지를 1914~1919년 사이 경지를 위해 갈아엎었다. 1925~1930년 사이, 추가로 530만 에이커(210만 헥타르)가 경지로 바뀌었다(Manning, 1997). 동기는 경제적이다. 워스터(Worster, 1979)는 '그 당시 서구 밀 재배 농부는 자신과 가족을 위해 식량을 생산하는 일에 더 이상 흥미를 느끼지 않았다. 국가 내 다른 농업 부문보다 밀은 국제적 경기 쳇바퀴의 일부였다. 바퀴가 회전을 하는 한 함께 돌아야 했다. 만일 갑자기 중단된다면 파괴될 것이' 라고 지적하였다(p. 89).

토지 이용의 변화는 식생을 제거하고 토양을 느슨하게 했다. 이는 1920년대 이상적으로 습한 시기에 특히 농부들이 심각한 경기 침체의 압박을 받고 있었기에 환경적으로 가장 취약한 주변지로 확장하는 것이 용납될 수 있었다. 그러나 1931년에 비가 오지 않았다. 1931~1936년 사이 이 지역의 연평균 강수량은 정상 수준의 69%에 불과했다. 건조한 상황에서 토양은 건조해져 먼지가 되고, 이를 붙잡을 식생이 거의 없으면 토양은 강한 바람에 의해 빠르게 침식되며 맹렬한 먼지 폭풍을 일으키게 된다. 가장 최악의 영향을 받은 지역은 캔자스, 콜로라도, 뉴멕시코 그리고 텍사스와 교차하는 오클라호마 팬핸들(panhandle) 지역이지만, 1935~1940년 사이 심각한 바람에 의한 침식을 받은 지역은 캔자스 서부 전체, 남동부 콜로라도 대다수, 그리고 면화가 재배되는 북부 텍사스 지역으로 정기적으로 확대되었다(Worster, 1979).

1935년 봄, 폭풍이 절정에 이르렀을 때, 캔자스의 위치타대학교는 도시의 30평방마일 지역 상층부에 약 500만 톤의 먼지 구름이 떠 있는 것을 측정하였다(Manning, 1997). 가장 최악의 폭풍은 1935년 4월 14일─암흑의 일요일(Black Sunday)─북 캔자스에서 텍사스로 이동하며 4시간 이상 동안 태양빛을 가려 깜깜하게 만들었다. 다음 날 『워싱턴 이브닝 스타(Washington Evening Star)』는 보도에 '대륙의 먼지 그릇(the dust bowl of the continent)' 이라는 용어를 사용했다(Worster, 1979). 가뭄과 먼지 폭풍을 동시에 맞으며, 작물들은 죽거나 파괴되었고, 가축들은 굶어 죽었다. 건물과 농장 구조물들은 먼지 이동으로 손상되었고, 호흡기 질병 발생이 엄청나게 증가했다. 더스트 보울의 영향은 이전의 농업 침체와 합쳐지며 심각한 빈곤 상태를 특히 오클라호마 팬핸들, 텍사스 북부, 그리고 캔자스 남서부에 발생시켰다. 1930년대에 300만 명 이상의 사람들이 이 지역을 떠났고, 다수는 캘리포니아로 이주했다. 가장 최악의 영향을 받은 일부 지역은 인구의 1/3에서 과반수 정도를 잃어버렸다(Worster, 1979).

1940년이 되자 먼지 폭풍은 거의 드물어졌다. 900만 에이커에 달하는 버려진 농토의 자연으로의 복귀는 환경 상태를 안정시키는 데 도움을 주었고 초지와 나무의 방풍림을 복원하는 정부 주도의 토양 보전 프로그램이 운영되었다. 이러한 노력에도 불구하고 토양 침식은 이 지역의 심각한 문제로 지속되고 있다.

더스트 보울의 원인과 결과에 대한 더 상세한 내용은 Richard Manning (1997) Grassland (Penguin), Donald Worster (1979) Dust Bowl: The Southern Plains in the 1930s (Oxford University Press) 참조.

성을 강조했는데, 카슨이 증명한 것은 의도하지 않게 상당수의 조류, 어류, 포유류 사망에 책임이 있다는 것이다. 무엇보다도 카슨은 생명기술의 문화와 자연은 통제될 수 있다는 믿음을 비난했다.

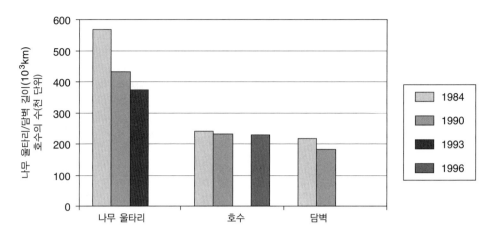

그림 8.1 영국의 일부 농지 특성의 범위(연못과 담벽 수치는 영국, 웨일즈, 스코틀랜드 수치. 나무 울타리는 영국과 웨일즈만의 수치)

출처 : Cabinet Office, 2000

'자연의 통제'는 자연이 사람의 편리함을 위해 존재한다고 가정되던 네안데르탈인 시대의 생물학과 철학에서 태어난 거만한 문구이다. … 과학이 스스로 가장 현대적이고 끔찍한 무기로 무장한 것은 너무나 원시적이고, 이를 곤충을 대상으로 사용한 것이 다시 지구를 향하게 되는 것은 너무나 걱정스러운 불행이다(Carson, 1963, p. 243).

『침묵의 봄』은 농업정책에 엄청난 충격을 주었다. DDT 사용은 금지되었고 최악의 살충제 과잉 사용을 통제하기 시작했다. 그러나 이 문제에 기여한 농업 방식은 근본적으로 변하지 않고 남아 있다. 농부들은 농약과 다른 화학물을 계속 사용하고, 생명기술 회사는 자연을 통제하기 위한 시도를 지속하고 있다.

촌락 환경은 산업적 그리고 생산주의 농업의 시행으로 엄청나게 변화했으며, 아직도 변화하고 있다. 이러한 영향은 세 가지 측면으로, (1) 서식지와 동·식물군 파괴, (2) 수로 오염, (3) 토양 침식, 홍수, 지하 대수층 저하로 구분할 수 있다.

서식지, 동·식물상의 손실

야생 식물과 동물의 손실 정도는 농업에 의해 생겨난 환경 문제로 고려된다. 일부 동·식물군의 파괴는 농부 입장에서는 의도적인 것으로 농부들은 여러 가지 형태로 항상 농업의 일부였던 해충과 잡초를 제거하고자 하기 때문이다. 산업적 농업이 불러온 차이는 농약과 제초제로 사용되는 화학물이 생불학적 또는 수동적인 방법보다 무차별적이고, 먹이사슬 어디에선가 예상하지 않은 결과를 가져온다. 유사하게, 서식지 파괴는 많은 농부들에게 생산성을 높이기 위한 노력의 부작용으로 인식되었다. 회복력이 있는 자연의 사고에 기초하여 자연은 때때로 나무 울타리, 연못 또는 목초지의 손실을 이겨 낼 수 있을 것이라고 주장할 것이다. 그러나 환경주의자들은 이러한 서식지 손실의 총계는 심각하게 토종 생물의 개체수를 고갈시킬 것이라고 주장한다.

현대적 농업은 우선적으로 야생 식물과 동물 개체수에 세 가지의 농업 '현대화' 과정을 통해 영향을 주는데, 각각은 농장 생산성 또는 소득을 증대시키려는 목적을 가진다. 첫째, 서식지는 농장의 변형을 통해 손실된다. 높은 생산성 추구는 농부들에게 농장에서 사용되지 않는 토지를 최소화시키도록 하고, 컴바인 수확기와 같은 기계류의 효과적 이용은 크고 연속된 경지를 선호하게 한다. 이러한 요소들은 더불어 경지의 경계인 울타리를 제거할 명분을 제공한다. 1945~1985년 사이, 영국과 웨일즈 울타리의 22%가 제거되거나 손실되었는데, 1970년대 동안 매년 8,000킬로미터의 울타리가 없어졌다(Green, 1996). 남아 있는 울타리의 1/3은 1984~1993년 사이 사라졌다(그림 8.1). 영국 토종 식물종의 약 1/3은 울타리에서 발견되는데, 그린(Green, 1996)이 언급한 것처럼 오직 250종만이 울타리에서 일상적으로 나타나는데, 이들은 울타리 제거로 인한 멸종 위협이 없는 종이다. 더욱 심각한 것은 동물 번식종의 손실로 개체수가 적어지는 결과이다. 영국 저지대 포유동물 4종 중 3종, 토종 조류 10종 중 7종, 나비의 10종 중 4종은 울타리에서 번식한다(Green, 1996).

둘째, 서식지는 또한 경제적 이유로 인해 토지 이용 변화로 줄어든다. 목축보다 경작 농업으로부터 얻는 높은 수익률은 넓은 면적의 초지를 작물 재배지로 전환하도록 권장했다. 유럽에서는 공동농업정책의 보조금으로 작물 재배지로의 전환을 지원했고, 보조금이 없어진 이후에도 시장의 힘이 이러한 경향을 지속시켰다. 영국과 웨일즈의 경우 초지 약 12만 2,227헥타르(또는 전체의 4.1%)가 1992~1997년 사이에 사라졌는데, 이는 축구장 100개에 해당하는 면적이 매일 사라진 것이다(Wilson, 1999). 소비자 유행 또한 영향을 미친다. 영국과 웨일즈의 과수원 면적은 1970년 6만 2,000헥타르에서 2002년 2만 6,000헥타르로 줄어들었는데, 슈퍼마켓 구매가 토종 사과와 배에서 값싼 수입산으로 대체되었기 때문이다(DEFRA, 2003).

셋째, 식물과 동물은 화학 농약과 제초제 사용의 영향을 받는다. 카슨이 언급한 것처럼, DDT와 다른 염소계 유기화합물을 포함한 새로운 화학물을 농업에 사용하는 것은 먹이사슬을 따라 치명적인 독소를 전달하는 것이다. 조류와 포식 포유동물에 미친 영향은 그린이 요약했다.

영국에는 비둘기, 꿩, 띠까마귀를 포함한 씨앗을 먹는, 그리고 다른 농지 조류와 이들을 포식하는 육식 새와 여우의 대규모 죽음이 특히 이스트 앵글리아의 옥수수 재배 지역에서 나타났다. 검독수리의 개체수는 붕괴되고 송골매는 희귀종이 되었다. 1963년 개체수는 1939년 번식한 700쌍의 44%에 불과했다. 지구 다른 지역에서의 개체수 감소는 더욱 심해 미국은 85%의 개체수 감소를 보였다. 영국의 자연보전 연구는 그 원인이 새로운 살충제였다는 것을 입증하였다. 밀의 줄기를 해치는 곤충으로부터 보호하기 위해 종자를 포장하는 데 사용된 디엘드린(Dieldrin)과 양의 피부에 붙은 기생충을 구제하기 위한 세척제인 알드린(Aldrin)은 먹이사슬을 따라 포식자에게 전달되었다(Green, 1996, p. 208).

DDT 그리고 유사한 살충제는 살상에 더해 일부 생물종의 알 껍데기를 얇게 하고, 재생산율을 낮추어 조류 개체수에 피해를 주었다. 예를 들어, 사우스캐롤라이나의 갈색 펠리컨의 얇은 알 껍데기는 번식 개체수를 1960년 5,000쌍 이상에서 1969년 1,250쌍으로 감소시켰다(Hall, 1987). 다른 생물종도 살충제와 제초제의 피해를 먹이 공급의 감소로 경험하게 되었다(Green, 1996).

위 영향들은 또한 서식지에 집합적으로 피해를 주었다. 예를 들어, 영국에서 1960년대 이래 야생화 초지의 97%가 사라진 것은 경작지로의 전환뿐 아니라 남은 제초제를 초지에 뿌리고 토지 관리를 잘못해서이기도 하다. 유사하게 현재 남아 있는 울타리는 직접적으로 뿌리건 또는 인접한 곳에서 날아오건 화학물에 의해 감소할 것으로, 따라서

농지에 울타리가 남아 있는 곳에도 이제 야생동물은 매우 희박하다. 경쟁력이 떨어지는 종들 대신에 비료를 뿌려 성장한 몇몇 갈퀴덩굴과 같은 제초제 내성이 있는 굵은 잡초와 아주 작은 흰 꽃이 많이 피는 유럽산 야생화인 카우 파슬리, 돼지풀, 귀리를 닮은 굵은 다년생 풀인 폴스 오트, 불임의 참새귀리와 같은 종들이 한때 다양했던 식물군 중에서 종종 살아 있다(Green, 1996, p. 206).

더군다나 야생동물에 미친 영향은 종종 이러한 과정들이 복합적으로 작용하며 더욱 심화된다. 예를 들어, 많은 조류종의 개체수는 단지 직접적인 화학 독극물을 받아서만이 아니라 울타리 보금자리의 손실과 농약과 제초제 사용으로 인한 먹이 공급의 고갈로 영향을 받았다. 표 8.1이 보여 주듯, 많은 농토의 조류 수는 급격하게 감소했다(또한 Harvey, 1998 참조). 전체적으로 영국의 12가지 일반적인 농지 조류종 개체수는 1978~1998년 사이 58%가 감소했다.

표 8.1 선별된 영국의 농지 조류 수의 변화

	변화 %	
	1968~1999년	1994~1999년
유럽자고새	−85	−33
멧새(농지 서식)	−88	−38
댕기물떼새(농지 서식)	−40	−2
종달새(농지 서식)	−52	−10
홍방울새(농지 서식)	−47	+2
황조롱이	−4	+2

출처 : British Trust for Ornithology(Common Birds Census), www.bto.org/birdtrends

더 최근의 농업 환경 계획의 도입을 포함한 농업정책(제13장 참조)과 실행의 변화와 유기농의 성장(제4장)은 야생동물의 개체수 감소를 역류시키기 시작했다는 증거가 있다. 영국에서의 연구는 92종의 관찰대상 중 조류, 거미, 지렁이 그리고 야생화 30종은 일반적인 농장보다 유기농장에 훨씬 많은 수가 살며, 나비의 개체수는 농업 환경 계획 아래 있는 농장에서 증가하고 있다. 그러나 이러한 회복은 지난 50년 동안의 개체수 감소 규모에 비하면 비교적 작은 규모이다.

수로의 오염

농업에서 집약적인 화학물 사용은 또한 수로 관개 농지의 오염을 증대시켰다. 수로 오염의 일부는 또한 지표수 또는 토양에 침투되며 수로로 들어가는 농약에도 기인한다. 농약은 한 번 강이나 호수로 유입되면 어류와 다른 수생 생물체의 재생산 수준을 감소시키는 역할을 할 수 있고 인간의 소비 수준 이하로 수질을 낮출 수 있다. 1993년 영국과 웨일즈의 강에서 채취한 표본의 11%에서 유럽연합의 음료수 기준을 초과하는 농도의 아트라진 제초제가 발견되었다(Harvey, 1998).

그러나 가장 심각한 형태의 농업 관련 오염은 무기질 비료로부터의 질소와 인산염이다. 영국에서 질소 무기질 비료의 연간 사용은 1950년 20만 톤에서 1985년 16만 톤으로 늘었고(Winter, 1996), 유럽연합의 다른 나라에서도 유사한 수준이 사용된다. 질소 비료 사용은 작물의 성장을 상당히 촉진하지만, 쐐기풀과 같은 가장 경합적인 잡초의 성장도 촉진해 다른 종들을 지배해 울타리와 도로 주변을 독점한다. 수로로 침식된 토양 미립자들이 씻겨 들어가면 질소는 유사한 결과를 만들어 낸다.

이러한 의도하지 않은 물의 부영양화는 작물 생산을 늘리기 위해 초지에 의도적으로 사용한 것과 거의 같은 생태적 결과를 가져온다. 더 많은 수초가 무럭무럭 자라면, 이들은 경쟁력이 없는 다른 식물들을 밀어내고 더불어 동물들도 사라져 생태계의 다양성을 급속히 축소시킨다. 물에서는 이러한 결과가 확대되는데, 엄청나게 증가한 식물 성장으로 인한 유산소의 미생물 파괴에 따른 탈산소화로 어류 그리고 다른 수중 동물의 죽음으로 확대된다. 1973년 서식스의 로더강에서 이러한 이유로 죽은 수천의 담수어, 바다 송어, 담수어 혼합 시체가 쌓여 악취를 풍겨 이 계곡에서 배수 계획을 세워야 했다(Green, 1996, pp. 211-212).

약 30만 톤의 질소가 매년 영국의 강에 용해되는데, 특히 매우 농도가 높은 집약적인 경작 지역에서 수로를 따라 유입된다(Harvey, 1998). 미국에서는 헥타르당 10킬로그램 이상의 질소가 아이오와, 일리노이, 인디애나, 오하이오의 경작지에서 미시시피강으로 유입되어, 누적된 질소는 멕시코만에 1만 5,000제곱킬로미터의 '저산소 구역'을 만들었는데, 이곳은 여름에 물속 산소가 부족해 정상적인 어류와 조개 개체가 생존할 수 없다(USDA, 1997). 질소 오염은 경작 농업과 관련 있지만, 유사한 결과가 가축 분뇨와 가축의 겨울 먹이로 말리지 않은 채 저장하는 풀인 사일리지 유출액으로 수로가 오염되며 발생할 수 있다. 소 분뇨는 가정 하수보다 80배 이상, 사일리지 유출액보다 170배에 달하는 오염을 발생시킨다(Lowe et al., 1997).

농업 오염은 음용수 공급을 오염시킬 때 인간의 건강에도 위협이 될 수 있다. 낮은 질의 물과 집약적 농업 간에는 강한 상관관계가 있다. 1980년대 영국 일부 지역의 음용수는 유럽연합의 허용 수준보다 낮았는데 이들은 이스트 앵글리아, 요크베일 그리고 샐리스베리 평원의 주요 경작지를 포함한다(Ward and Seymour, 1992). 1999년 프랑스의 브리타니 지역의 강에서 수집한 50표본 중 오직 2곳의 물만 통과할 수 있는 수준이었다(Diry, 2000).

토양 침식과 지하 대수층 고갈

더스트 보울의 경험과 이에 대한 대응으로 시작된 미국 정부의 토양 보전 프로그램에도 불구하고, 토양 침식은 촌락 지역의 주요 문제로 남아 있다. 어느 정도의 토양 침식은 자연적이지만, 현대적 농법은 허용 수준을 넘어 침식을 심화시킬 수 있다. 특히 토양 침식은 초지의 경작지로의 변환과 나무 울타리 파괴와 삼림 제거를 포함한 식생 제거, 큰 규모의 경지 조성, 전문화를 위한 윤작 포기, 그리고 외형을 따르지 않고 경사면을 큰 기계를 이용해 경작하며 악화된다(Green, 1996; Harvey, 1998; USDA, 1997). 1982년 미국에서 약 28억 톤의 토양이 침식되었으며 토양 보전 프로그램이 이를 1992년 19억 톤으로 줄이는 데 성공했지만 침식 비율은 아직 텍사스, 동부 콜로라도, 몬태나, 노스캐롤라이나 중앙평원의 대다수를 포함한 경작지의 9% 정도의 허용 수준보다 2배 이상 높다(USDA, 1997).

토양 침식을 유발하는 농법은 역효과를 낳는데, 주요 결과 중 하나는 토양 생산성의 감소이다. 토양 침식은 또한 토종 식물이 피복이 없는 토양에서 더 이상 생존할 수 없기에 서식지를 파괴하고, 농약과 질소에 의한 수로의 오염 그리고 국지적 범람으로 이어진다. 남부 유럽에는 전통적인 경작 형태에서 집약적 경작으로의 전환과 관련한 토양 침식이, 특히 남부 이탈리아, 남중부 스페인, 그리스 고지대에서 서서히 사막화로 진행되었다. 이러한 상황에서 생산 수준을 유지하기 위해 관개가 이루어졌는데, 이는 다시 지하수 이용률이 강수에 의한 보충률을 초과하면 지하수 고갈의 환경 문제를 유발할 수 있다. 심각한 지하수 고갈은 과잉 개발로 지하수위가 30미터 이상 낮아진 텍사스 북부에서 사우스다코다와 와이오밍에 이르는 800만 헥타르(또는 미국의 전체 농지의 5%)에 물을 공급하는 대규모 오갈랄라 또는 고평원 대수층을 포함한 미국의 여러 지역에서 보고되고 있다(USDA, 1997).

도시화와 촌락의 물리적 개발

촌락 환경 변화는 또한 시골 지역의 물리적 개발을 통해 발생한다. 영구적인 구조물과 더불어 건물, 도로, 주차장, 공항, 발전소의 건설은 자연적이지 않은 도시적인 특성을 촌락 공간에 도입하는 것으로 인식되었다. 이러한 종잡을 수 없는 영향에 더하여, 이러한 개발은 식생 제거, 수문계 두절, 서식지 파괴를 통해 상당한 환경적 영향을 미친다. 시골의 물리적 개발은 상황에 따라 촌락의 사회경제적 변화의 결과 또는 외부 행위자에 의해 나타난다. 그러나 일반적으로 개발은 네 가지 중 한 가지와 연계되어 있다.

첫째, 지속적인 도시의 잠식이 촌락 공간으로 이루어진다. 미국의 '도시화된 공간'은 1960년 1,030만 헥타르에서 1990년 2,260헥타르로 2배 이상 증가했고, 2000년에는 2,500만 헥타르를 넘을 것으로 예측되었다(Heimlich and Anderson, 2001). 이러한 확장 비율은 도시 인구 성장 비율보다 높고 소규모 가구와 인접한 교외 개발을 통해 충족되는 저밀도 주택에 대한 거주 선호의 사회적 경향을 반영한다. 이에 따른 한 가지 주요 결과는 (현재 미국 전체 농업 생산의 1/3을 차지하는) 도시-촌락 주변의 농업 생산을 압박하는 것이다. 미국에서 1982~1992년 사이 거의 170만 헥타르의 경지가 개발 토지로 전환되었고, 이 중 68%는 주거용이고, 저밀도 도시 팽창은 캘리포니아 중앙계곡의 농업 생산 가치를 매년 20억 달러 감소시킬 것으로 추정한다(USDA, 1997). 다른 환경 영향은 서식지 파괴, 미적으로 가치 있는 레크리에이션 토지의 손실, 지역의 쓰레기 처리 문제, 물 공급과 배수체계의 분열을 포함하는데, 후자의 경우 홍수와 산사태로 이어질 수 있다(Rome, 2001).

국가와 지방정부는 계획적 통제를 포함한 도시 팽창을 제한할 여러 계획을 채택했고(제13장 참조), 보호를 위해 '그린벨트' 토지를 구매해 공공소유로 하였다(Rome, 2001). 그러나 그 결과는 개발을 보호지역을 '뛰어넘어' 인근 촌락 지역에서 이루어지게 할 수 있다. 따라서 두 번째로는 촌락 지역의 인구 성장은 시골 내부 자체에 개발 수요를 만들었다. 미국에서 1994~1997년 사이 새로운 주택건설의 약 80%가 도시 지역 외부에서 나타났다(Heimlich and Anderson, 2001). 유사하게 영국의 도싯과 같은 촌락 지역에는 상당한 새로운 주택건설이 촌락 공동체, 특히 소규모 마을에서 이루어졌다(표 8.2와 그림 8.2). 이러한 경향은 지속될 것으로 예측된다. 영국의 토지 이용 정책은 220만 호의 새 주택이 2016년까지 촌락 지역에 건설되어야 할 것으로 입안하며, 격렬한 정치적 논쟁을 일으켰다(제14장 참조).

셋째, 시골 지역의 변화하는 사회·경제적 특징은 새로운 도로, 주차장, 하수처리, 쇼핑시설을 포함한 새로운 기반시설의 건설 수요를 만들었다. 이러한 개발 압력은 인구 성

표 8.2 영국 도싯에 새로 지어진 주택, 1994~2002년

1994년 교구 인구	교구(parish) 수	1994~2002년에 신축된 주택 수	카운티에 신축된 주택 비율(%)	카운티 전체 인구 비율(%)	교구당 새로운 주택의 평균 수
250 미만	121	202	1.3	3.5	1.7
250~499	52	484	3.2	5.0	9.3
500~999	38	959	6.4	7.9	25.2
1,000~2,499	27	1,555	10.3	9.3	57.6
2,500~4,999	10	1,392	9.3	10.0	139.2
5,000~9,999	13	4,267	28.4	26.7	328.2
10,000~19,999	4	3,063	20.4	15.2	765.8
20,000 이상	2	3,122	20.8	22.3	1,561.0

출처 : Dorset County Council

그림 8.2 돌을 재구성해 지역 주택 양식으로 지은 도싯 버튼 브라드스톡의 새 주택
출처 : Woods, 개인 소장

장과 새로운 주택 증가만이 아니라 통근 증가, 산업 공장과 사무실 이전, 그리고 관광 확장에 의해 나타난다(Robinson, 1992). 고속도로와 철도와 같은 주요 기반시설은 또한 도시 중심지와 연결하기 위해 촌락 공간을 관통하게 경로를 정한다. 촌락 경관의 시각적 붕괴 그리고 서식지의 물리적 파괴는 새로운 도로 건설에 반대하는 환경 시위의 주요 장소로 등장했는데, 영국의 뉴베리와 타이포드다운, 미국 뉴욕 주의 와이오밍 카운티, 인디애나 주의 인터스테이트 69번 루트, 그리고 독일의 튀링겐을 들 수 있다. 개발의 더 미묘한 환경 영향은 촌락 지역에 빛과 소음 공해의 증가이다. 예를 들어, 영국의 압력단체인 영국 촌락보호캠페인(Campaign to Protect Rural England, CPRE)은 영국의 주요 도로, 공항, 발전소와 같은 주요 소음 공해 발생지로부터 거리로 정의된 '조용한 지역'의 범위는 1960년대와 1990년대 사이 21% 줄었다고 주장했다(그림 8.3).

넷째, 촌락 입지는 인구가 적은 지역으로 개발이 쉽거나 저항이 적어 대규모, 유해한 그리고 촌락이 아니면 민감한 토지 이용으로 지속적으로 선호된다. 여기에는 공항, 저수지, 발전소, 감옥, 군부대가 포함된다. 개발 자체의 환경 영향과 더불어 일부의 경우 관련

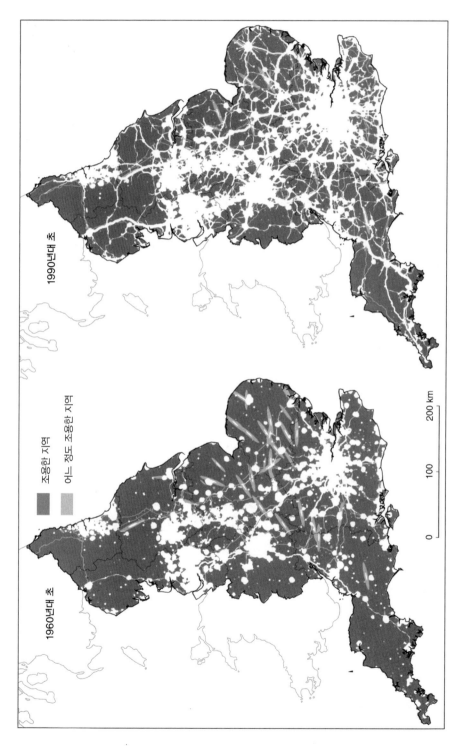

그림 8.3 영국촌락보호캠패인(CPRE)에서 정의한 1960년대와 1990년대 (어두운) '조용한 지역'

출처 : CPRE

토지 이용의 속성 그 자체 또한 새로운 환경 위험을 가져올 수 있다. 예를 들어, 유타 주의 촌락 투엘 카운티는 마그네슘 공장, 민간 저준위 핵폐기물 매립장, 유독 화학물 상점 3곳, 미국 화학무기의 반 이상을 비축한 저장소가 있다. 1999년 네바다 주 유카 마운틴에 계획된(그리고 논란이 되었던) 고준위 핵폐기물의 영구 처리 전 일시적 저장을 위한 시설을 스컬 계곡 고슈트 보호구역(Skull Valley Goshute Reservation)에 건설하려는 계획을 두고 주정부와 지역 부족 위원회 간 갈등이 발생했다. 부족 지도자들은 이 시설이 보호구역 내 일자리를 만들기 위해 필요하다고 주장했으나, 주정부는 방사능 물질에 의한 오염에 대한 대중들의 걱정을 염려했다(Wald, 1999).

기후변화

촌락 환경 변화는 촌락 공간 내 인간 활동의 결과만이 아니라 지구적 차원의 환경 작용에 의해서도 영향을 받는다. 이제는 인간 활동이 '온실가스' ―이산화탄소, 메탄, 아산화질소, 염화불화탄소 그리고 오존― 의 대기 중 집적을 증가시켰고, 그 결과 지구 기후는 변화하고 다음 세기 동안 엄청나게 변화할 것이라는 것에 의미심장한 과학적인 동의를 한다. 정부간 기후변화 패널(Intergovernmental Panel on Climate Change, IPCC)이 확인한 주요 영향은 2100년이 되면 전체 지구 평균 기온의 섭씨 1.4~5.8도 사이의 증가, 더 높은 최대기온과 대다수 육지 지역의 최저기온의 증가, 더 강한 강수, 그리고 2050년이 되면 지구 차원에서 10~50센티미터의 해수면 상승이 있을 것이라는 내용을 포함한다(IPCC, 2001).

촌락 지역은 '온실가스', 특히 메탄의 생산을 통해 기후변화에 기여하고, 농업 작물과 삼림은 탄소 제거를 통해 기후변화를 완화시키는 데 도움을 줄 수 있다(Bruinsma, 2003; Rosenzweig and Hillel, 1998). 더군다나 촌락 지역의 경제와 사회는 기후변화의 환경적 결과에 취약하다. 비록 기후변화 영향 모델이 정확하지 않은 과학이고 여러 모델이 예측을 다르게 제시하지만, 여러 있음 직한 결과는 농업, 관광, 공동체에서 확인할 수 있다.

농업

대기 중 이산화탄소 집중 증가는 이론적으로 광합성을 증가시키고 농작물의 생산성을 더 높이는 자극이 되어야 하지만, IPCC 그리고 다른 해설자들은 이러한 혜택이 고온과 극한 현상, 가뭄, 토양 악화, 해충과 질병의 변이로 인한 작물 피해를 포함한 부정적 영향에 의해 상쇄될 것이라고 주장한다(IPCC, 2001; Rosenzweig and Hillel, 1998). 그러므로 기후변화의 농업 영향은 공간적으로 차별화되어 나타날 것이다. 농작물 생산성은 캐나다, 스칸디나비아, 러시아와 같은 고위도 지역에서는 증가할 것이고, 적도 지역에서는 상당히 줄어들 것이다(Rosenzweig and Hillel, 1998). 실제로는, 빈곤한 개발도상국이 기후변화로부터 가장 고통을 받을 것이고, 일부 선신국들은 새로운 무역 기회로 혜택을 받을 것이다. 그러나 선진국 내에서도 농업 생산성의 지리는 상당한 변화를 보일 것이다.

오스트레일리아의 뉴사우스웨일즈에서는, 높아진 기온, 토양 습도의 저하, 더 빈번한 대량 강수, 줄어든 강물 모두 농업 생산성에 부정적 영향을 미칠 것으로 예측되었다. 경작지는 가뭄과 토양 저하로 줄어들고, 증가한 이산화탄소 농도는 곡물의 질을 떨어뜨릴 것으로 예측되었다. 유사하게 소에게 나타나는 열 스트레스 빈도는 2030년이 되면 약 4%의 우유 생산 감소로 나타날 것으로 예측되었다(Harrison, 2001). 유럽에서는 올리브와 감귤 경작이 가뭄이 들기 쉬워지는 지중해 지역에서 점차 북쪽으로 이동할 것으로 예측했다(Rosenzweig and Hillel, 1998). 영국에서는 농부들에게 다각화의 기회를 제공하기 위해 (미국 해군의 저장 식품인) 흰 강낭콩과 같은 새로운 작물을 도입할 수 있을 것이다(Holloway and Ilbery, 1997). 그러나 가장 경제적으로 중요한 영향은 더 빈번한 가뭄과 혹서가 프레리 지역, 특히 남부 평원에서 작물 생산을 줄이는 미국에서 나타날 수 있다(Rosenzweig and Hillel, 1998). 1988년의 오래 지속된 가뭄은 미국 곡물지대에서 농작물 수확을 40% 정도 감소시켜, 미래의 문제를 미리 본 것으로 고려되었다. 그러나 캐나다 일부, 오대호 주변, 그리고 태평양 지역을 포함한 다른 지역은 더 호의적인 환경으로의 변화로 고려되어 경지 생산이 늘어나는 것을 볼 수 있었다.

관광

기후변화는 촌락 지역의 겨울과 여름 관광 모두에 도전을 제기한다. 기온 상승은 이미 산악 지역에 덮인 눈을 감소시키며, 뉴질랜드, 알프스, 그리고 로키산맥의 겨울 스포츠 산업을 위협하고 있다. 한편 여름 관광은 남부 유럽과 같은 지역의 물 공급과 열 스트레스 문제, 오스트레일리아의 촌락 해안 구역의 해수면 상승과 태풍 노출로 영향을 받을 수 있다. 그러므로 농업에서 관광으로 다각화된 촌락 경제는 경제 재구조화를 더욱 필요로 하게 될 것이다. 그러나 동시에 더 지속적으로 건조하고 온난한 여름 패턴은 북유럽과 북미의 온화한 지역에서는 시골 관광을 활성화하는 데 도움이 되어 경제 다변화의 새로운 기회를 제공할 수 있다(IPCC, 2001).

공동체

농업과 관광의 경제적 도전과 달리 기후변화는 또한 촌락 지역 사람들의 일상생활에 직접적인 영향을 줄 수 있다. 일부 촌락 지역의 낮은 인구밀도는 이미 모진 환경 상황을 반영하며, 많은 지역은 폭풍, 토네이도, 홍수, 가뭄과 같은 극단적 기후에 노출되어 있는데, 이들은 모두 지구온난화와 더불어 증가할 것으로 예측된다. 추가로, 외딴 촌락 지역의 일부 원주민 공동체 문화는 야생동물에 미치는 기후변화의 영향으로 위협을 받는다. 이러한 과정은 모두 지구 평균보다 10배 이상의 기온 증가를 보이는 알래스카에서 뚜렷하다. 1960년 이래 알래스카의 겨울 평균 기온은 섭씨 4.5도가 높아졌고, 이로 인해 강설이 줄고, 빙하가 후퇴하고, 툰드라가 녹고 있다. 영구동토층이 녹으며 지반침하와 산사태로 건물과 도로 피해가 발생해 한 해 3,000만 달러 이상의 비용이 발생한다. 환경 변화는 또한 눈이나 얼음이 녹은 물을 공급 받지 못해 하천과 강을 메마르게 하고, 순록과 북극곰과 같은 야생동물의 먹이 체계를 붕괴시켜 개체수 감소로 이어졌다. 이러한 변화는 북극권보다 위에 거주하며 전통적 사냥과 낚시에 의존하는 귀친(Gwich'in)족의 문화를 위협했다(Campbell, 2001).

그러나 중요하게도, 기후변화에 인간의 기여를 감소시키기 위한 캠페인에서 장려하는

글상자 8.3　환경주의자의 딜레마 : 촌락 지역에서의 풍력발전

풍력발전은 재생 가능한 에너지로의 전이에서 중요하다. 상업적 풍력발전은 1980년대 초 덴마크에서 개척되었고, 곧이어 캘리포니아가 뒤를 이었는데, 1981년 최초 '풍력발전' 설치로부터 1991년에 이르러서는 거의 1만 6,000기의 풍력터빈이 작동되었다(Gipe, 1995). 영국에서는 풍력에너지를 2010년까지 국가 전체 전기 공급의 10%까지 생산할 목표를 세웠다(Woods, 2003b).

비록 일부 지역에서는 단일 풍력터빈이 개별 공동체에 전기 공급을 위해 설치되었지만, 상업용 풍력발전은 대규모로 대다수 촌락 지역에 설치되었다. 그러나 이러한 개발은 영국, 독일, 미국에서 지역 저항운동을 맞고 있다. 브리턴(Brittan, 2001)이 언급한 것처럼, 풍력터빈에 대한 반대는 종종 미적 측면이지만, 또한 많은 경우 인접한 지역 환경에 미치는 생태적 피해를 강조한다.

이러한 사례의 하나는 2000년 웨일즈 캠브리안 산맥의 센크로스에 39개 터빈 풍력발전소를 건설하려는 제안서이다. 제안된 풍력발전은 당시 영국에서 가장 거대한 규모의 건설이었으며, 지구의 친구(Friends of the Earth)를 포함한 지지자들에 의해 재생에너지 생산과 지구온난화 경감에 중요한 기여 방안으로 추진되었다. 그러나 지역 녹색당(Green party)과 웨일즈촌락보호(Protection of Rural Wales)의 지원을 받은 격렬한 저항 캠페인은 경관에 미칠 시각적 영향뿐 아니라 지역 야생동물에 미칠 결과를 강조했다(Woods, 2003).

더 많은 정보는 Michael Woods (2003b) Conflicting environmental visions of the rural : windfarm development in Mid Wales. Sociologia Ruralis, 43(3), 271–288 참조.

많은 전략들은 또한 촌락 생활의 면모에 도전을 제기한다. 예를 들어, 화석연료의 사용을 줄이기 위한 석유와 디젤에 부과한 징벌형 세금은 2000년 9월 유럽에서 높은 연료세금에 대한 농부 주도 저항에서 보여진 것처럼 직업, 학교 그리고 서비스를 위해 개인 자동차를 사용해야 하는 많은 촌락 주민들에게는 불균형적 영향을 미친다. 더 나아가, 재생에너지원으로의 실질적인 전이는 자원 수요를 충족시킬 수 있는 촌락 지역에 많은 수의 재생 가능한 발전소, 특히 수력발전소와 '풍력발전소' 건설에 달려 있다. 이러한 개발은 불가피하게 인접한 지역 환경에 영향을 주고 또한 촌락 경관의 미적 평가와 갈등을 빚게 된다(글상자 8.3 참조).

요약

자연은 촌락성에 대한 대중적 이해의 핵심이지만, 촌락 지역의 자연환경은 인간이 촌락 공간을 착취하며 악화되어 왔다. 현대 농업은 울타리를 제거하는 정도까지 자연으로부터 거리가 멀어졌으며, 화학 살충제와 무기질 비료의 사용은 식물과 동물종의 개체수를 감소시킨다고 비난을 받았다. '자연적' 촌락 경관에 이끌린 관광객들은 침식, 오염 그리고 건물을 짓기 위한 토지 손실과 같은 환경 문제에 기여했다. 유사하게, 촌락은 '자연적' 공간이라는 대중 담론으로 일부 유발된 역도시화는 주택건설, 새로운 도로와 시설 수요를 만들었고, 조명으로 인한 오염과 '조용한 지역'의 훼손을 초래했다.

촌락 지역은 동시에 지구온난화와 같은 지구 환경 변화의 결과로 고충을 겪었다. 이는 농업 생산과 관광 패턴에 상당한 변화를 불러올 수 있으며 재산과 기반시설에 피해를 일으키고, 원주민의 문화 전통을 위협할 수 있다. 따라서 촌락의 환경 변화 과정은 순환적 특징을 가진다. 이들은 인간 행동에 의해 생겨나거나 심화되고, 결국 이들은 인간 활동에 영향을 준다. 그러나 어떻게 인간 사회가 촌락 환경 변화에 대응하는가의 질문은 자연에 대한 인식에 따라 다른 답변을 제시한다. 실용적인 관점에서는, 어느 정도의 환경 변화는 자연이 적응하기에 충분한 회복 가능성이 있다고 인식하기에 관심을 기울이지 않는다. 반대로 자연-촌락주의적 관점에서는 환경 변화는 이미 자연에 돌이킬 수 없는 피해를 주었기 때문에 긴급한 행동이 더 이상의 변화를 중지시키거나 줄이기 위해 필요하다고 본다. 하지만 적절한 행동을 찾기 위해서는 불가피하게 협상을 해야 한다. 예를 들어, 야생동물 서식지를 보호하기 위한 계획은 전례가 없는 수준의 농업 규제를 해야 하고, 풍력발전소 건설과 같은 기후변화를 경감시키기 위한 발의는 인접 지역의 환경에 상당한 영향을 줄 수 있다. 따라서 수많은 보전 프로그램과 계획이 도입되었지만(제13장 참조), 촌락 환경 변화에 대한 적절한 대응은 시골 지역에서 주요 갈등 원인으로 남아 있다(제4장 참조).

더 읽을거리

촌락 환경, 특히 농업과 관련한 내용은 비록 영국적 관점이 강하지만 Bryn Green의 *Countryside Conservation* (Spon, 1996) 그리고 Graham Harvey의 *The Killing of the Countryside* (Vintage, 1998)가 시골 지역의 변화에 대해 세부적으로 논의한다. 한편 Adam Rome의 *The Bulldozer in the Countryside* (Cambridge University Press, 2001)는 미국 촌락으로의 도시 확장과 이에 대응한 환경운동에 대한 역사적 개관을 제공한다. 지구 기후변화가 농업에 미칠 영향에 대한 개관은 Cynthia Rosenzweig and Darrell Hillel, *Climate Change and the Global Harvest* (Oxford University Press, 1998)를 참조하라.

웹사이트

기후변화에 대한 수많은 보고서는 미국의 국립평가종합팀(National Assessment Synthesis Team)(www.gcrio.org/NationalAssessment), 영국의 환경농촌식품부(DEFRA)(www.defra. gov.uk/environ/climate/ climatechange)를 포함해 인터넷에서 이용 가능하다. 촌락 환경에 미치는 영향에 대한 다른 보고서와 (주관적인) 설명은 영국촌락보호캠페인(www.cpre.org.uk)과 미국 경관(www.scenic.org)을 포함한 많은 압력단체의 홈페이지에서 볼 수 있다.

제 **3** 부

촌락 재구조화에 대한 반응

제 9 장

촌락정책과 재구조화에 대한 대응양상

서론

앞 장에서 기술하였듯이, 선진국의 촌락 지역은 지난 수십 년 동안 중요한 사회적·경제적·환경적 변화를 경험해 왔다. 이 책의 다음 부분은 이러한 변화에 대해 정책결정자와 촌락 커뮤니티가 취해 온 대응양상에 초점을 두고자 한다. 이어지는 장에서는 촌락 개발 전략, 촌락 지역이 관리되는 방식의 개혁, 새로운 소비기반의 경제를 위한 시골 지역의 재정비, 촌락 환경을 보호하기 위한 계획, 그리고 촌락의 정치적 갈등의 발생에 대해서 검토할 것이다. 각각의 사례에서 촌락의 재구조화에 대한 대응양상은 지역 거주자, 고용인, 관광객, 조합, 그리고 ─가장 중요한─ 정부와 같은 촌락 공간의 안과 밖의 다양한 행위자에 의해 정해져 왔다. 촌락 개발, 보호, 거버넌스와 촌락의 상품화에 관한 다음 몇 개의 장에서 설명될 실례들은 모두 해당되거나 정부의 특정 정책의 선정에 영향을 받아 왔다.

마찬가지로, 정치적 갈등은 보통 특정 정부정책을 겨냥하고 있다. 따라서 이 장에서는 '촌락정책'이 만들어지는 과정을 검토함으로써 이 책 3부의 내용을 개관하고자 한다. 이 부분은 '촌락정책'이 무엇을 의미하고, 정부의 촌락정책의 접근방식이 어떻게 재구조화의 영향을 받아 왔는지에 대한 논의에서 출발한다. 그런 다음 이 장은 핵심적인 정책 도전 중 하나─농산물 무역의 개혁─에 집중하는 것으로 결론 내리기 전에, 서로 다른 정부가 어떻게 비슷한 문제에 대해 다른 정책적 대처법을 취해 왔는지 그 실례를 통하여 어떻게 정책이 만들어지는지를 설명하도록 하겠다.

촌락정책의 수수께끼

'촌락정책'에 대해 주목해야 할 것들 중 첫 번째는, '촌락정책'이 상당히 규정하기 어렵고, 수수께끼와 같다는 점이다. 정부 문서나 웹사이트에서는 '촌락정책'에 관한 명확한 언급이 비교적 적은 편이고, 실제로 '촌락 문제'(혹은 비슷한 부서명)를 담당하는 정부 부서가 있는 나라도 ― 영국과 아일랜드와 같은 예외도 있지만 ― 비교적 적다. 어느 정도까지는 '촌락정책'의 난해함이 도시 지역에 적용되는 것만큼이나 많은 정책범위 ― 건강, 교육, 운송, 법과 질서 등 ― 가 존재하고 있다는 사실을 반영하고 있지만, 그것이 '촌락정책'이라는 이름표를 얻는 것은 아니다. 그러나 기본적으로든 대체적으로든 간에 촌락 공간과 촌락 활동 ― 농업, 임업, 촌락 경제 개발, 그리고 토지이용계획의 중요한 요소와 보호정책 ― 에 관련 있는 또 다른 정책 분야가 있다. 최근까지 이들 각 영역별 정책 개발 간의 작은 연결고리가 만들어졌다는 사실은, 시골 지역의 기득권자들의 힘과 정책결정자들이 촌락 사회와 경제의 그러한 성격과 필요에 대해 인식해 왔던 방식에 대해 많은 것을 밝혀낸다.

예를 들어, 본넨(Bonnen, 1992)은 미국이 농업과 농업 로비의 영향력을 중시한 나머지 일관된 촌락정책을 만들어 내는 데 실패했다고 주장해 왔다. 그는 19세기 후반에서 20세기 초반에 선택된 정부정책이 촌락 커뮤니티나 사람들에게 초점을 둔 것이 아니라 농업, 임업, 광업에의 지원을 목적으로 하는 '산업정책'에 초점을 두었다고 주장한다. 특히 미국농무부(USDA)를 포함해서 미국의 촌락을 관리하기 위한 제도적 틀이 마련된 것은 이러한 관심에서 연유한다. 농업 규제와 보조금 지급에서 정부의 역할이 커지면서 미국의 촌락정책은 실질적으로 농업정책이 되었고, 농민조합은 점차적으로 정책결정 과정의 게이트키퍼로서 막강한 힘을 갖게 되었다(Brown, 2001a, 2001b 참조). 예를 들어, 로비단체들은 촌락 전기협동조합과 촌락 의료관계자들을 대표해서 나오지만, 그들의 관심은 보다 포괄적인 촌락정책을 추진할 방법을 찾거나 '비농업적' 촌락 로비를 위해 함께 일하는 것이 아니라, 그들만의 정책영역 내에서 촌락 이익집단을 대표하는 데 있었다. 뿐만 아니라, 일단 농업 이익집단이 촌락 지역에 대한 정부지출의 대부분을 통제하게 되자 그들은 촌락빈곤 문제와 싸우거나 쇠퇴해 가는 커뮤니티를 활성화시키는 데 전용될 자금을 찾기 위한 정책 전환을 지지하지는 않았다. 브라운(Browne, 2001a)이 주시하듯, '이 제도적 틀 내에서 대안적인 국가 촌락정책은 나쁜 것으로 간주되었다. 그것을 허용하는 것이 농업 프로그램 자금의 삭감뿐 아니라 심지어 전 정책기반에 대한 회의론을 가져올 수도 있다'(p. 49).

유사한 농업의 특권화는 제2차 세계대전 이후에 만들어지면서 영국 농업정책을 형성했다. 영국 촌락에 관한 상당수의 다양한 보고서가 전시에 작성되었지만, 권고사항들은 분절된 정책구조를 만들어 낸 몇 가지 법령들을 통하여 실시되었다. 이 구조에서 농업, 보존, 토지이용계획 그리고 경제개발은 동등한 것으로 취급되었지만, 분리된 정책 분야 는 다른 압력단체들과 관련되어 다른 정부부처와 정부기관의 책임이었다(Winter, 1996). 따라서 농업은 농업수산식품부의 책임, 보존은 환경부와 촌락위원회의 책임이었 지만 경제개발은 무역산업부와 촌락개발위원회의 책임이었다.

이런 식의 '촌락' 정책 과정의 구조화는 네 가지 핵심적인 결과를 낳았다. 첫째, 농업부 문은 자신만의 헌신적인 정부부처와 장관직이 부여됨으로써 다른 촌락 관심사들 이상으 로 승격되었다. 둘째, 사실 정부, 농업부처는 촌락 사회의 한 부문만을 대표하는 사이에 그들에게서 가장 가시적인 '촌락' 모습은 '시골 지역'을 나타내는 것으로 여겨졌다. 셋 째, 농업 정책결정은 진공상태에서 이루어졌고, 비농업적 이해에 대한 고려는 실천되지 않았다. 넷째, 비농업적 시골 지역은 농업적인 곳보다 하위에 놓였고, 정책 면에서는 소 외되었다. 촌락빈곤과 같은 문제들은 정책결정 과정에서 그것을 대변할 사람이 아무도 없었기 때문에 간단하게 '하찮은 주제'가 되어 버렸다.

통합된 촌락정책을 향해

촌락정책의 분절은 사회 및 경제 재구조화가 진행되고 있기 때문에 더욱더 지속할 수 없 게 되었다. 농업의 경제적 중요성의 감소는 그 특권적 위치에 대해 의문을 갖게 만들었 고, 특히 농업정책이 문제―촌락 환경을 저하시키고 농업 노동력을 대폭 줄이는 한편 과 잉생산을 가져온 농업 근대화 전략을 권장하는―가 되고 있음은 분명해졌다(제4장 참 조). 그러나 농업정책 과정의 강경한 성격 때문에 영국에서 광우병(BSE)과 구제역 같은 최악의 위기가 발생하였고, 독일에서는 광우병에 대한 불안감이 정책구조의 중요한 변화 를 강제하였다. 동시에 촌락정책결정자, 전문가, 해설자 모두는 촌락 재구조화에서 야기 된 많은 문제가 오직 시골 지역과 관련된 정부정책의 다양한 부분을 통합시킴으로써 해 결될 수 있다는 것을 점차 깨닫게 되었다.

통합된 촌락정책을 개발하기 위한 가장 중요한 계획은 영국 정부에 의한 1995년 및 1996년 잉글랜드·스코틀랜드·웨일즈 '촌락백서(Rural White Paper)'의 발간이었다. 이 문서는 촌락 지역과 관련하여 농업에서부터 전기 통신, 주택에서 마을 회관, 그리고 삼림관리에서 스포츠에 이르기까지 폭넓은 주제에 대한 정부정책의 통합된 설명서이다. 더욱이 그 문서에서는 현 시골 지역의 다양한 성격과 보다 더 통합된 촌락정책의 필요성 이 분명하게 인식되고 있다.

우리는 계속해서 상반되는 이해관계와 상충되는 우려 사이에서 중심을 찾아야만 한다. 농민과 임업인은 토지의 80%를 돌본다. 동식물에 열광하는 사람, 고대 건물과 전통공예품에 열광하는 사람, 옛것을 대체할 새로운 사업을 시작하고 있는 사람, 촌락 전원생활을 실현하고자 하는 전입자, 시골 지역을 걷는 사람과 시골 지역에서의 스포츠에 빠진 사람, 새나 말 훈련을 즐기는 사람 혹은 승마길에서 말을 타는 사람, 지주와 영국 촌락에 뿌리 깊은 사람, 이들은 살고 일하는 시골 지역에 받아들여질 필요가 있는 이해관계를 지니고 있다(DoE/MAFF, 1995, p. 6).

그러나 백서가 계속해서 낡은 정책구조의 사고에 영향을 받고 있고, 근본적으로 기존의 농업정책에 도전하지도 않았으며, 때문에 정말로 통합된 접근을 개발하는 데 실패했다는 비판이 일고 있다. 호지(Hodge, 1996)가 주장하듯이, '우리는 촌락백서의 마지막에서 놓친 장이 있다고 느낄지도 모른다. 그것이 촌락정책 분야 간, 촌락 환경과 보다 넓은 사회적·경제적·환경적 변화 간의 연관성을 이끌어 낸다'(p. 336). 그럼에도 불구하고 1995-96년도 촌락백서는 영국에서 통합적 촌락정책으로의 전환의 전조가 되었고, 그것은 그 이후에 2000년도 잉글랜드의 두 번째 촌락백서 발간과 환경촌락식품부(DEFRA)를 조직하기 위한 2001년 농업수산식품부와 환경부의 통합에 의해 발전되었다.

대안적 접근법은 오스트레일리아에서 도입되었는데, 오스트레일리아에서는 정부가 2000년에 다양한 촌락관계자 대표들의 화합을 위해 '지역 오스트레일리아 회담(Regional Australia Summit)'을 소집하였다. 회담과 12개의 실무그룹은 사회간접자본, 보건, 커뮤니티 웰빙, 기업활동 촉진, 농업 커뮤니티로의 가치부여, 새로운 산업, 커뮤니티 리더십, 교육과 지속 가능한 자원 관리를 포함한 다양한 주제에 대해 고민하였다. 이러한 주제에 대한 토론의 결과는 커뮤니티 엠파워먼트(community empowerment), 지역 커뮤니티에서의 경제개발, 그리고 지역 커뮤니티에서의 서비스 형평성이라는 세 가지 '전략 분야'를 중심으로 짜여 진 최종보고서에 포함되었다. 따라서 오스트레일리아의 접근법은 영국의 접근법보다 더 포괄적이고 사려 깊으며, 호지(Hodge, 1996)가 영국 백서에서 빠져 있다고 한탄한 전략분석을 포함했다고 할 수 있다. 비록 오스트레일리아 정부가 회담의 권고사항을 받아들이는 데 최선을 다하였지만, 짧은 수명과 반독립적인 상태는 회담이 본질적으로 의사결정 구조를 바꾸지 않았음을 의미한다.

영국과 오스트레일리아의 사례는 모두 통합적 농업정책의 개발이 계속 직면해 있는 난제를 강조한다. 주장컨대 양쪽의 계획이 실질적이기보다는 상징적이었고, 양쪽의 사례에서 대부분의 행위자, 그리고 낡고 분절된 정책구조와 관련된 제도와 태도는 새로운 구조에 포함되어 버린 채로 남아 있는 한편, 그러한 것들이 자신만의 특정 부문적 이해를 계속 요구할지도 모른다. 따라서 발전하는 농업정책이 어떻게 촌락 재구조화에 대한 대응책을 만들어 갈지를 이해하기 위해서는, 가장 먼저 한발 물러서서 정책이 어떻게 만들어지는지에 대해 고민할 필요가 있다.

정책결정 과정

촌락정책이 만들어지는 정확한 방법은, 나라의 입법구조, 현행의 지배적 정치 이데올로기와 관련된 다양한 제도적 행위자들의 상대적 강점에 따라서 나라마다 그리고 정부의 규모마다 차이가 있다. 그러나 근본적으로 정책결정 과정은 모든 사례에서 정책을 만드는 국가기관―국가, 초국가, 지방이나 지역 스케일―과 정책을 실행하는 기관, 특정 정책의 결과를 지지하거나 반대하는 캠페인을 벌이는 압력단체 간의 협의를 수반한다(글상자 9.1 참조). 이러한 다양한 행위자 사이의 관계는, 정책결정의 다수의 서로 다른 모델이 그려 내듯이, 긴밀하거나 느슨하고, 안정적이거나 불안정적이며, 합의적이거나 대립적일 것이다.

글상자 9.1 촌락 정책결정에 있어서의 제도적 행위자

전 지구적

세계무역기구(WTO)―146개 회원국으로 이루어진 초국가적 조직으로 관세 인하와 무역장벽 완화를 목적으로 국제무역협정 협의를 전담한다. 농산물, 임산물 등의 무역협정을 통해 촌락정책에 영향을 준다. WTO 정책결정은 주요 선진국, 특히 미국이 지배하는 경향을 보인다.

초국가적

유럽연합(EU)―유럽의 25개 회원국으로 이루어진 조직이다. 공통농업정책(CAP)과 유럽구조기금(European Structure Funds)을 통한 촌락 개발의 재정지원에 책임이 있다. 정책은 각료이사회(회원국의 각료로 구성)가 수립하고 유럽연합위원회(회원국에서 지명된 위원으로 구성되고 그들 각자가 총국을 맡음)가 관리한다. 농업, 환경과 지역정책 총국은 촌락정책과 가장 관련 깊다.

북미자유무역협정(NAFTA)―미국과 캐나다, 멕시코의 농·임산물을 포함한 자유무역을 촉진하기 위한 협정이다. 독립적인 정책결정 구조는 존재하지 않는다.

케언즈 그룹(Cairns Group)―오스트레일리아, 캐나다, 뉴질랜드, 남아프리카공화국, 아르헨티나를 포함해서 농산물을 수출하는 18개 국가로 구성된 연맹이다. 1986년에 농업에 있어서의 세계 자유무역활동에 영향력을 행사하기 위해 조직되었다.

국가적

정부 각 부처―정책을 제안하고 소개하고 강제하는 역할을 담당한다. 다양한 부서들이 촌락정책(보건부,

교육부, 교통부 등을 포함해서)에 관심을 가지고 있겠지만, 촌락정책에서 가장 중요한 부서는 농업부 혹은 촌락총무부이다. 주목할 만한 예는 다음과 같다.

- **미국농무부(USDA)** - 1862년에 생겨났고, 현재는 10만 명 이상의 직원들이 일하고 있다. 미국의 농업과 농업무역, 촌락 개발, 식품 안전성, 천연자원과 환경을 전담한다.
- **환경촌락식품부(DEFRA)** - 영국 정부부처로 전(前) 농업부와 환경부가 통합되어 2001년에 형성되었다. 농업, 임업, 수산업, 식품 안전성, 촌락 개발, 동물보호와 환경보호를 전담한다.

정부기관 - 촌락정책 시행을 담당한다. 기관은 전형적으로 보호, 국립공원, 임업, 촌락 개발 등을 담당한다. 주목할 만한 예는 다음과 같다.

- **미국산림청** - 미국 내 155개소의 국유림과 20개소의 국립 초원지를 관리한다.
- **미국자연자원보호청(NRCS)** - 미국 내 농부, 목장주, 지주들과 함께 임의의 보호 체계를 개발하기 위하여 일한다.
- **촌락청(Countryside Agency)** - 영국 정부기관으로 촌락 커뮤니티 개발, 시골마을 보호와 레크리에이션을 목적으로 한 촌락 토지로의 접근을 지원하는 역할을 한다.

하위국가적

하위국가 지역정부는 농업, 계획, 보호, 촌락 개발, 보건 및 교육 분야에 어느 정도 책임이 있다. 미국과 오스트레일리아의 주(states), 캐나다의 주(provinces), 독일의 주(L nder), 그리고 영국의 스코틀랜드 · 웨일즈 · 북아일랜드의 위임정부가 그 예이다.

압력단체 - 농업

농업적 압력단체는 촌락정책 형성에 있어서 전통적으로 가장 영향력 있는 비정부 행위자이다. 주목할 만한 예는 다음과 같다.

- **농민연합** - 5만 명의 미국 농부, 조합이 회원으로 있으며 군(county)과 주(state) 수준의 조직의 연방구조로 1919년에 형성되었다.
- **전국농민조합(NFU, 미국)** - 30만 명의 회원으로 구성된 농민조합으로 1902년에 형성되었다.
- **전국농민조합(NFU, 영국)** - 9만 명의 회원으로 구성된 영국에서 가장 큰 농민조합으로, 1908년에 형성되었다.
- **전국농민연맹** - 오스트레일리아의 농업을 대변하기 위해 주 농민조직과 상품이사회의 연합으로서 1979년에 형성되었다.
- **뉴질랜드연합농가** - 1만 8,000가구의 농가 및 개인 회원으로 구성된 농민조합으로 1945년에 형성되었다.
- **프랑스농업경작인총연합회(FNSEA)** - 가장 큰 프랑스 농민연합이다.
- **전문농업조직위원회(COPA)** - EU 수준에서의 농업조직을 대표하는 농민조합 연합이다.

압력단체 - 기타

촌락정책은 점차적으로 보존단체, 친사냥 로비단체, 촌락빈곤 캠페인 단체와 산업조직을 포함한 폭넓은 압력단체들의 관심을 모으고 있다. 주목할 만한 예는 다음과 같다.

- **농촌연맹(Countryside Alliance)** - 10만 명의 회원으로 구성된 영국 친사냥 단체로, 농업과 서비스 제공을 비롯한 다양한 농촌 주제로 캠페인을 벌인다.

- **농촌살리기운동본부(CPRE)**－영국 환경보호주의자 단체로 도시화에 저항하고자 1926년에 설립되었다. 이전에는 잉글랜드농촌보존회로 알려졌었다.
- **지구의 벗**－국제 환경단체로 촌락 환경과 유전자조작 작물에 관한 관심을 통하여 촌락정책에 관여하고 있다.
- **시에라클럽**－1892년에 설립된 미국 환경보호단체로 미국 내에서 약 70만 명의 회원이 활동하고 있다.
- **국립촌락보건협회**－미국의 의료인과 관련 단체를 대표하는 산업기구이다.
- **농촌연합**－미국과 멕시코의 진보적인 촌락 압력단체의 연합으로 농장 노동자 단체, 지방 환경조직 그리고 유기농 단체 등이 속해 있다.

정책분석가들은 진부하게 정책결정의 **다원주의**와 **협동조합주의**를 구별하였다. **다원주의** 모델에서 정책은 풀뿌리 회원에게 즉각적으로 반응하는 여러 단체의 영향을 받는다. 정부는, 단지 언제라도 경쟁하는 압력단체의 강점에 따라 자원을 분배하고 정책을 만들어 수동적으로 보인다. 반대로 **협동조합주의** 모델은, 정부와 주요 경제적 이익을 대표하는 일부 이익집단 간에 긴밀한 관계를 갖는다. 정부는 정책 추진에서 중요한 역할을 한다. 그러나 이익집단은 정책결정과 실행, 그리고 회원들에게 이익을 주는 데에 적극적으로 참여한다. 따라서 정책결정은 서로 다른 경제적 이해관계자들 간의 협상, 갈등 해소의 형태를 취한다(Marsh and Rhodes, 1992). 그랜트(Grant, 1983)와 윈터(Winter, 1996)와 같은 해설자들은 20세기 중반에 농업 정책결정의 폐쇄구조가 협동조합주의의 형태였다고 하지만, 스미스(Smith, 1992)는 이것을 비판해 왔다. 그는 농부들이 거의 정책 실행에 참여하지 않았고, 농업정책 구조는 갈등 해소를 의도한 게 아니며, 협상도 제한적이었다고 비판하였다.

대신 스미스와 다른 이들은 **정책 네트워크**(policy networks)라는 대안적 모델을 추진하였다. 다원주의의 양극성과 달리 정책 네트워크 모델은 정부와 이익집단 간에 정도의 차이가 있는 상호작용이 있다고 인식하는데, 느슨한 '이슈 네트워크(issue networks)'에서 폐쇄적이고 유대가 긴밀한 '정책 커뮤니티(policy communities)'에 이르기까지 그 범위가 다양하다(글상자 9.2 참조). 이슈 네트워크는 크고 불안정한 멤버십, 정책결정자로의 유동적인 접근성 그리고 가변적인 영향을 특징으로 하지만, 정책 커뮤니티는 제한적이고 안정된 멤버십, 빈번한 고급 접근성과 지속적인 영향으로 특징지어진다(표 9.1). 이 두 극단 사이에는 의사와 같은 전문가들을 대표하는 안정적이고 제한적인 '전문가 네트워크', 하위국가 정부조직의 '정부 간 네트워크' 그리고 정책결정에서 생산자의 이익을 대표하는 '생산 네트워크'가 있고, 이들의 멤버십과 영향력은 경제적 동향에 의해 변

글상자 9.2   핵심 개념

정책 네트워크 : 조직 클러스터로 국가기관과 이익집단을 포함하며, 자원 때문에 상호보완적인 관계로 연결되어 있어 특정 정책 분야에 관한 정책결정에 관여한다.

정책 커뮤니티 : 정책 네트워크의 유대가 가장 긴밀한 형태로, 안정적인 상호보완적 관계에 참여하는 소수의 제한적 행위자들로 구성되고, 정책 분야를 강력하게 통제한다.

이슈 네트워크 : 정책 네트워크의 가장 느슨한 형태로, 특정 정책 분야에 대한 정책결정 과정에 있어서의 유동적인 참여에 대한 제한적인 상호의존성을 갖는 폭넓고 다양한 단체로 구성된다.

한다(Marsh and Rhodes, 1992).

정책 네트워크 접근법은 두 가지 핵심 가정에 기초한다. 첫째는, 그 정책결정이 다수의 다른 부분들을 통해서 착수된다는 것으로, 그 각각은 오직 한정된 단체만이 접근할 수 있

표 9.1 정책 커뮤니티와 이슈 네트워크의 성격

	정책 커뮤니티	이슈 네트워크
참여자 수	매우 제한적. 일부 단체는 의식적으로 배타적	많고, 불안정한 멤버십
참여자의 이해관계	경제적 그리고/혹은 전문적 이해관계가 지배적	영향을 받는 이해관계의 범위를 망라함
상호작용의 빈도	정책 이슈에 관련한 모든 사항에 대한 빈번한 고급 상호작용	접촉은 빈도와 강도 면에서 변동적
지속성	멤버십, 가치와 결과가 오랫동안 지속	접근이 대폭 변동
합의	모든 참여자가 기본적인 가치를 공유하고, 결과의 합법성을 수용한다	합의의 척도는 존재하나 갈등은 항상 존재한다
네트워크 내에서의 자원분배	모든 참여자가 자원을 지니고 있는데, 기본적 관계는 교환적 관계이다	일부 참여자는 자원을 지니고 있을 수도 있으나 상당히 제한적이고, 기본적 관계는 협의이다
참여기관 내의 자원분배	계층적이며 리더는 회원들에게 제공할 수 있다	다양하고 가변적인 제공과 회원들을 규제하는 능력이 있다
권력	회원들 간 권력의 균형. 한 단체가 지배할 수도 있지만, 커뮤니티가 지속한다고 치면 모든 단체가 획득해야만 한다	불평등한 권력, 불평등한 자원과 불평등한 접근을 반영. 일부 참여자들은 타인을 희생시켜 이익을 얻는다

출처 : After Marsh and Rhodes, 1992; Winter, 1996

다. 그리고 둘째는, 정책결정이 국가기관과 자원 때문에 서로에게 의존하는 이익집단 간의 상호관계를 포함한다. 가령 정부는 자금을 제공할 수는 있지만, 현장에서 노동자의 협력을 제공하려고 이익집단에 의존할 수도 있다. 정책 네트워크는 관련된 행위자들의 역할을 정의하고, 어떤 이슈가 정책 아젠다에 포함될지 그리고 어떤 것이 배제될지를 정하며, 참여하는 단체의 행동을 형성하는 '게임의 룰'을 정함으로써 이런 관계의 틀을 제공한다.

더욱이 유형별 정책 네트워크 간의 차이는 이익집단이 지닌 영향력과 정부 정책결정자로의 접근 정도가 다르다는 것이다. 이와 같이 차이는 정책 커뮤니티 내부에서 작동하는 '내부자 단체' 사이에서 만들어질 수 있는데, 이들 내부자 단체는 정부에 의해 합법적이라고 여겨지며, 정기적으로 상의된다. 반면 '외부자 단체'는 정책 커뮤니티에서 제외되고, 정부와의 접촉이 적고 영향력 또한 떨어진다(Grant, 2000; Winter, 1996). 촌락정책의 맥락에서 규모가 큰 농민조합과 농촌살리기운동본부와 시에라클럽과 같은 기존의 보호단체는 '내부자 단체'로 여겨질 수 있지만, 반면 '외부자 단체'에는 보다 작은 규모의 농장조합, 농장노동자조합, 전투적인 촌락저항단체와 촌락빈곤 문제 캠페인 운동가가 속한다. 환경단체와 소비자단체는 주장컨대, '외부자 단체'에서 적어도 부분적 내부자의 지위로 바뀌었다.

촌락 네트워크가 촌락정책에 적용될 때는, 정책 네트워크의 틀이 지난 20년간 다수의 전문적이고 자율적인 정책 커뮤니티를 중심으로 조직된 정책결정 구조로부터 보다 광범위한 권한으로 더 개방적이지만 덜 안정된 일련의 이슈 네트워크로 광범위한 전환이 일어났음을 밝혀낸다. 이것은 영국과 미국의 농업정책 커뮤니티 사례에 있어서 가장 명백한 증거이다.

농업정책 커뮤니티

전후 영국과 미국의 농업 정책결정은 스미스(Smith, 1993)에 의해 '폐쇄적 정책 커뮤니티의 전형적인 예'로 그려졌다(p. 101). 미국에서 정책 커뮤티니는 미국농무부, 의회농업위원회 그리고 3개의 주요 농민조합인 농민연합, 전국농민조합, 그레인지(the Grange)로 구성되었다. 이러한 유대가 긴밀한 단체는 1930년대부터 1970년대까지 생산주의의 발흥을 감독하면서 효과적으로 농업정책을 통제하였다(제4장 참조). 동시에 그들은 작은 규모의 농장조합, 환경과 소비자단체, 심지어는 예산국과 백악관까지 정책결정 과정에서 제외시켜 버렸다. 정책 커뮤니티의 참여자들은 정책의 방향을 만들었던 공통의 이데올로기를 공유하였고, 자원 때문에 상호의존적이었다. 미국농무부는 농장조합들이 원하던 결과를 가져올 수 있는 능력을 지녔었지만, 조합들의 자문기구에 의존하였다. 결국 조합들은 그들의 아젠다를 지원했던 의회 의원들에게 선거 지원을 하였다(Smith, 1993).

영국에서 농업수산식품부와 전국농민조합으로 구성된 비슷한 '주요한' 정책 커뮤니티는 직접적으로 매일 정책결정에 참여하기도 하지만, 전국지주협회, 식품가공업자와 농장노동자조합들도 특정 주제에 대해 상의하기 위해 '2차 커뮤니티'의 멤버로 끌어들인다. 그러나 환경, 소비자 그리고 동물보호단체들은 완전히 제외된다. 미국에서처럼 영국 농업정책 커뮤니티도 생산주의에 대한 공통된 이념적 약속을 공유하였고, 상호의존적인 관계를 대표하였다. 이 관계 속에서 농업수산식품부는 단 하나의 정책결정 센터를 제공하였고, 전국농민조합은 정책 결과를 산출하는 데 있어 농민들의 지원을 제공하였다(Smith, 1992, 1993). 1973년 영국이 유럽공동체(지금은 EU)에 가입한 이래, 공통 농업정책을 고수함으로써 더 큰 차원의 것이 부가되었다. 기존의 정책 커뮤니티는 계속해서 영국 내에서 농업정책을 통제하였지만, 농업총국(DG VI라고 알려진)과 전문농업조직위원회(COPA), 유럽 농민 조직을 포함한 유럽 차원에서 돌아가는 정책 커뮤니티에서 그들의 대표자를 통해 영향력을 갖게 되었다(Smith, 1993).

농업정책 커뮤터니의 결과물은 농업에 있어서 정부개입과, 농업생산의 증대 그리고 소비자와 환경적 이해를 넘어서 농업에 우선순위를 두는 것이었다. 그러나 그런 결과에는 분명히 과잉생산, 환경 저하와 식품 품질에 대한 불안 또한 포함되었다. 이런 결과들은 모두 정책 커뮤니티가 반대의 목소리에 귀 기울일 필요가 없음을 합리화했기 때문에 발생했던 것이다. 스미스가 주시하듯이,

> 농업정책에 반대하는 단체들을 제외시킴으로써 커뮤니티는 농업정책에 대해 합의했다고
> 말할 수 있을 것이다. 결과적으로, 합의는 오로지 가능성 있는 농업정책 하나만 있음을
> 입증하게 되고, 이런 이유로 커뮤니티가 농업정책이 그들의 이익이 된다는 것을 보장하
> 기 때문에 소비자 대표는 필요가 없게 된다(Smith, 1992, p. 32).

정책 커뮤니티에서 이슈 네트워크로

정책 커뮤니티의 배제성은, 비농업적 촌락조직의 부재가 그들이 시골마을의 성격 변화에 적응할 수 있는 능력을 제한시켰기 때문에 그들의 치명적 약점이 되었다. 농업의 경제적 중요성이 줄어들고 관광 및 서비스 부문의 중요성이 늘어남에 따라 다른 경제적 이익 이상의 농업의 특권화는 그 타당성이 떨어지게 되었다. 1980년대의 농업 불황과 농가소득

표 9.2 1995년 잉글랜드 촌락백서 진상조사에서 얻은 응답자별 답변

카테고리	수	예
보호단체	51	농촌살리기운동본부, 내셔널 트러스트, 왕립조류보호협회
비즈니스	50	부커 컨트리사이드 주식회사
개인	49	
지방정부	47	
연구기관	26	촌락경제센터
전문조직	26	전국농민조합, 전국지주협회, 소규모농가조합, 공인임업가협회
봉사단체	26	여성단체, 루럴 보이스(Rural voice)
정부기관	20	촌락개발의원회, 잉글리시 네이처(English Nature), 국립하천공사
기타	57	

출처 : DoE/MAFF, 1995

하락 문제는 정책 커뮤니티에 속한 농민연합의 합법성에 대한 의문을 제기하며 농업 커뮤니티 내에서 긴장을 야기하였다. 그 사이 1980년대 신자유주의 정부의 대두는, 정책 커뮤니티 이념의 핵심 교리였던 국가개입 강조에 공감하지 않는 정치 기후를 만들어 냈다.

참여하는 농장조합 간에 긴장이 발생하고 백악관 ― 이 맥락에서 외부자 ― 이 자체 농업 아젠다를 보다 강하게 행사하기 시작하면서 미국의 농업정책 커뮤니티는 1970년대에 이슈 네트워크로 와해되기 시작했다. 영국에서 스미스(Smith, 1989)는, 신자유주의 보수당과 소리 높여 항의하는 환경 압력단체들에 의해 정책 커뮤니티의 추정사항들에 대한 이의가 제기되면서 1980년대에 다원론적 정책결정으로 돌아갔다고 주장한다. 1995-96년도 촌락백서 발간은 폐쇄된 정책 커뮤니티와의 분명한 결별을 보여 준다. 진상조사가 이익집단과 개인들로부터 380개의 답변을 이끌어 내었고(표 9.2), 1,300명의 사람들이 텔레비전 프로그램이 진행하는 촌락정책 관련 토론에 기여하였다. 그러나 영국의 촌락정책이 지금은 다원주의라고 결론짓는 것은 잘못된 것이다. 예를 들면, 2001년 구제역 발병 문제에 대한 정부의 처방은 전국농민조합의 계속적인 영향력에 대한 실례이다. 그러므로 미국에서와 같이 영국에서도 촌락 정책결정이 이슈 네트워크로 간주될 것이고, 그 안에서는 다양한 조직이 참여할 수도 있지만, 일부 조직은 다른 조직들보다 훨씬 더 정책결정자에게 계속 접근할 수 있다.

촌락정책을 위한 과제

좀 더 통합된 촌락정책과 정책결정에 있어서 좀 더 열린 네트워크 참여의 경향은, 촌락

재구조화에 대한 적절한 대처법을 취하는 데 있어 정부에게 닥쳐 오고 있는 난제의 양 신호이다. 이전 촌락정책의 분절을 없애고 정책결정 과정에 다양한 행위자를 참여시킴으로써, 정부는 새로운 사고의 필요성과 심지어 촌락이 통치되고 규제되는 방식으로 근본적인 변화가 필요하다는 것을 인정하였다. 현재 촌락정책 결정자가 직면한 과제들은 다양하고 상당히 많으며, 촌락 경제 재건, 촌락 환경 보존, 촌락 커뮤니티와 지역사회 서비스 지원, 촌락빈곤과 결핍 완화에 관한 문제들도 포함되어 있다. 이와 같은 많은 과제들 때문에 취해진 정책적 대응은 다음 장에서 다루어질 것이다(제10, 11, 13, 14장 참조). 그러나 이 장에서 기억해야 할 것은 농업정책 재구조화라는 핵심주제에 초점을 두고 있다는 것이고, 그렇게 함으로써 국가 정책적 맥락에서 동일한 광범위한 문제들에 대응하여 다른 전략을 채택할 수 있는 방법을 고민하는 것이다.

농업정책 재구조화에 대한 배경은 제4장에서 상세히 논의하였다. 그 장에서 설명하였듯이, 20세기 중반에 농업을 이끌던 생산주의 정책은 선진국에서 농산품이 적정한 시장가격으로 팔리는 것보다는 더 많이 생산되는 상태를 야기하였다. 게다가 농산물 가격 압박은, 농업 근대화에 투자함으로써 발생한 심각한 농가부채와 같은 다른 요인들과 결부되어 농업에 심각한 경기 침체기를 가져왔는데 1980년대 중반과 1990년대 후반 미국에서, 1980년대 뉴질랜드에서, 1990년대 영국에서 발생한 농업 불황이 그러하다. 따라서 농업에 관해 정부가 맞닥뜨리고 있는 과제는 다음과 같이 정리될 수 있다.

1. 농산물을 판매할 새로운 시장과 수출시장을 찾아야 한다. 그러나 국내시장과 국산품은 보호해야 한다.
2. 정부의 농업부문 지출을 줄여야 한다. 그러나 보조금에 의존해 왔던 소규모 농가나 한계농가의 생존력은 보호해야 한다.
3. 농업의 경제적 이익과 환경 문제, 소비자들의 우려 사이에 균형을 맞추어야 한다.

농산물에 관한 세계무역의 규제는 특히 이런 문제를 해결하는 데 있어서 까다로운 주제이다. 오스트레일리아와 뉴질랜드와 같은 주요 수출국들에게 있어서 자유무역의 확대는, 그 나라들의 생산을 위한 추가시장을 제공하고, 그 나라들 농장의 경제적 건전성을 지원해 준다. 그러나 유럽과 미국에서는 상황이 더 복잡하다. 일부 거대 농가와 농식품 회사들은 더 큰 자유무역으로 이익을 얻게 되겠지만, 국내시장에 더 의존하고 있고 정부의 보조 없이는 수출에서 효과적으로 경쟁할 수 없는 소규모 농가들에게는 위협이 될 수 있다. 이러한 우려로, 유럽과 미국에서 농업 로비단체의 정치력은, 이들 나라의 정부가 오스트레일리아나 뉴질랜드 정부보다 농업 무역의 규제 완화에 대해 훨씬 더 주의 깊은 자세를 취하는 경향을 보여 왔음을 의미한다. 그런 까닭에 농업 재구조화를 위한 세 가지 특징적인 전략의 채택은 뉴질랜드, 유럽연합, 미국에서 각각 확인될 수 있다.

뉴질랜드 : 규제 완화

농업은 1980년대 중반에 국가 수출의 57%를 차지하면서 뉴질랜드 경제에 크게 공헌하고 있다(Cloke, 1989b). 전후시대에 농업 수출 산업은, 생산 증대와 정부 마케팅 보드를 장려하기 위한 보조금을 포함해서 농업에서의 상당한 정부개입으로 지원되었다. 그러나 1980년대 초 뉴질랜드 농업은 다른 선진국들이 농업에서 경험했던 비슷한 문제에 직면하면서 농업정책 재편에 대한 비슷한 압력에 맞닥뜨렸다. 그러나 뉴질랜드에서의 대처법은, 1984년 데이비드 롱이(David Lange) 노동당 정권 선거의 결과에서 이어진 지배적인 국가정책 이념의 뚜렷한 변화에 영향을 받았다. 롱이와 그의 재무장관인 로저 더글라스(Roger Douglas)는, 미국의 레이건 대통령과 영국의 대처 수상의 '신우익' 정부와 비슷한 정부 역할의 재구조화를 목표로 하는 일련의 신자유주의 정책을 소개하였다. 그러나 롱이의 개혁은 별도로 농업에도 적용되었다. 정부의 가격지지와 비료, 농약, 농수, 관계시설에 대한 보조는 중단되거나 축소되었다. 그리고 세금공제와 감면은 끝이 났다. 또한 보조 농업금리는 상업적 수준으로 높아졌다(Cloke, 1989b; Cloke and Le Heron, 1994; Le Heron, 1993). 부분적으로 이러한 개혁은, 1980~1985년 사이에 농업보조금으로 지출된 25억 뉴질랜드 달러가 주로 해외차용으로 조달되었기 때문에 국가의 부채를 줄여야 한다는 보다 폭넓은 우려에서 단행되었다(Cloke and Le Heron, 1994).

주목할 만한 것은, 비록 연방농민조합이 내적으로 보조금 상실의 영향에 대해 걱정하는 작은 농가들로 나뉘었지만, 개혁은 농업 로비단체로부터 폭넓은 지지를 받았다는 것이다. 규제 완화의 즉각적인 결과로 농업소득이 감소되고, 농가부채가 늘어나고, 농사에서의 변화와 문 닫는 농가가 생겨나면서 어느 정도는 이런 걱정이 사실화되었다. 그러나 덜 경제적인 농장의 폐쇄율은 당시 예측된 연간 8,000~10,000까지의 폐쇄율보다 낮았고(Cloke, 1989b), 지지자들은 개혁이 세계시장에서 경쟁할 수 있도록 뉴질랜드의 농산물 수출 능력을 강화한다고 주장했다. 그런데도 뉴질랜드 농업은 1990년대에 국제적으로 농업에 의해 대면하게 된 경제적 압력에서 벗어나지 못했다. 그리고 르 헤론과 로슈(Le Heron and Roche, 1999)가 언급하듯이 1980년대 선언된 '규제 완화'가 사실은 수

출시장, 세계 농식품 기업과 슈퍼마켓의 수요를 충족시키기 위한 '규제' 이상의 것임이
드러났다.

유럽연합 : 다양화

EU에서의 농업정책 개혁은 과잉생산, 환경의 저하 그리고 공통농업정책에 드는 재무비
용이라는 세 가지 우려에 의해 단행되었다(제4장 참조). 비록 주기적인 개혁이 1980년대
초부터 시도되었지만, 근본적인 변화의 압력은 동유럽에까지 EU 확대가 이루어지면서
더 심해졌다. 2004년에 가입한 새 회원국들은 농업인구가 많고, 그들을 기존의 조건으로
공통농업정책(CAP)에 포함시키려면 농가지원에 대한 EU 지출이 매우 증가할 것이다.
EU의 정책결정 구조는 주요 개혁에 관한 회원국들의 만장일치를 요한다. 그렇기 때문에
일부 개혁자들이 뉴질랜드식 규제 완화를 외치지만, 이것은 EU 보조로 상당한 혜택을
받고 있는 소규모 농가들이 많은 프랑스와 아일랜드 같은 나라에서는 정치적으로 용인될
수 없는 것으로 차단되어 있다. 따라서 절충안은 개개의 농가와 광범위한 촌락 경제 양쪽
의 다양성을 장려하기 위해 EU 자금을 사용하는 것이었다. 여기에는 두 가지 핵심요소가
있다.

첫 번째로, **조절**(modulation)은 이론적으로 촌락 개발계획으로 향할 수 있는 유용한
자금을 만들면서, 점차적으로 대규모 농가로의 직접지불을 끝낸다(Lowe et al., 2002).
이어지는 2003년의 공통농업정책 개혁 합의로 2007년까지 대규모 농가들에 대한 직접
지불은 5%로 감소될 것이다. 두 번째로, **비동조화**(decoupling)는 농업보조금과 생산 간
의 연결고리를 잘라 낸다. 2003년 개혁하에서 농가들은 이전 수령액에 기초하지만 생산
과는 연관되지 않은 일시금을 받게 될 것이다. 그러나 프랑스는 2003년 합의에서 감면
을 타결하였고, 공통농업정책 개혁은 개혁이 아직 충분히 실시되지 않았다고 주장하는
많은 비판과 함께 계속해서 논쟁을 초래할 만한 정치적 이슈가 될 것이다.

미국 : 보호주의

미국에서의 농업정책은 새로운 농업법(Farm Bills) 통과로 5년 단위로 규칙적으로 검토
되고 있다(Dixon and Hapke, 2003). 이론적으로 이것은 다른 나라들에 존재하는 것보
다 미국에서 더 큰 개혁의 계기를 보여 주어야만 하고, 2002 농업법(공식적으로 농업보
호촌락투자법으로 알려진)의 출현은 근본적으로 여전히 보조금과 정부의 가격지지에 대
해 매우 강조하는 생산주의 정책에 중요한 개혁이 도입될 수 있다는 추측으로 맞아들여
졌다. 낙관주의는 부분적으로 농업 자유무역 합의에 대한 WTO 협정의 일부로서 보조금

을 줄이고 관세를 없애야 한다는 미국(그리고 EU)에 대한 압력에서 비롯되었다. 그러나 결국 국제적 압력은, 두 방향에서 나온 국내 정치적 압력에 의해 날조되었다. 첫째는 기업식 농업조직들이 공화당 정부와의 긴밀한 관계를 통하여 영향력을 행사하였다. 둘째는 주류 농업단체들이 촌락 유권자를 매개로 의회 의원들에게 로비활동을 벌였다. 2000년 대통령 선거의 첨예한 결과를 모사한 2002년 의회 선거로 인해, 촌락 지역은 매우 정치적 중요성을 띠었고 의회 의원들은 농업 유권자들 때문에 보조금이나 관세개혁의 잠재적인 결과를 유념해야 했다(글상자 9.3 참조).

　그런 이유로 2002년 농업법의 결과는 농산물 생산을 늘리기 위한 지원으로 보조금을 보다 더 정착시키는 것이었다. 선택된 수입식품에 대한 계속된 관세 부과와 함께(프랑스에서 보베의 맥도날드 반대운동이 일어난 1999년에 로크포르 치즈에 대한 관세가 100% 인상된 것도 포함해서; 제3장 참조) 농업법은 미국이 농업 문제에 대한 대응으로 보호주의 정책을 답습하고 있음을 시사한다. 그렇지만 보호된 농업 이익단체들은 기업식 단체들이었다. 농가직접지불의 60%가 오직 농가의 10%에게만 돌아갈 것이고, 가족농 단체들은 실질적인 개혁을 위해 로비활동을 벌였다. 국제 수준에서, 썸너(Sumner, 2003)는 미국의 입지가 줄어들게 됨으로써 미국의 보호주의가 WTO에서의 논의를 좀 더 어렵게 만들 것이라고 주장한다. 개발도상국들은 미국의 사례를 따라 보호주의를 취할 수도 있

글상자 9.3　정책 개혁의 지역적 영향－루이지애나 설탕

사탕수수는 18세기부터 루이지애나에서 재배되어 왔고 현재는 미국 남쪽에 있는 25개 교구에 걸쳐 2만 7,000명의 사람들이 설탕산업에 고용되어 있다. 2002년 사탕수수 재배자들은 사탕수수로 킬로그램당 약 46센트를 벌었다－세계 시장금리의 2배 이상이고 가격지지 정책으로 인위적으로 높게 유지되었다. 이러한 정책하에 미국 정부는 국내생산에 대한 할당제도로써 수요를 통제하고(2004년 루이지애나의 할당량은 140만 톤이었다), 관세 대상인 수입을 제한한다. 킬로그램당 40센트 이하로 시장가격이 떨어질 때 이 가격으로 농부에게서 설탕을 사는 것도 정부가 관여한다. 그러나 NAFTA 체제하에서 멕시코 설탕에 대한 관세는 2008년까지 단계적으로 폐지할 예정이다. 이것이 이루어질 때, 대신 현재 세계시장에서 거래되고 있는 멕시코 설탕 잉여재고는 미국 국내에서 생산된 설탕을 여전히 저가로 공급하면서 더 많은 돈을 벌 수 있었던 미국으로 수출될 가능성이 높다. 그렇게 해서 멕시코로부터의 수입은 2011년까지 미국 설탕 소비의 16%를 차지할 것으로 예상된다. 그리고 미국 설탕 가격은 2012년까지 반값으로 떨어질 것으로 추정된다. 남부 루이지애나와 같이 사탕수수 재배가 주요 경제활동인 지역에의 영향은 심각해질 것이고, 농장과 처리공장의 폐쇄와 실업 그리고 다른 지역으로 이주하는 사람들이 늘어날 것이다. 그렇기 때문에 2002년 루이지애나 미 상원의원 선거에서 설탕은 중요한 이슈였다.

출처 : John M. Biers (2003) Bittersweet future. The Times-Picayune, 9 March, pages F1-2.

표 9.3 1990년대 후반 농산물 매출량 대비 보조금

스위스	76
일본	69
유럽연합	42
미국	16
오스트레일리아	9
뉴질랜드	3

출처 : *The Guardian*, 26 November 1999

고 친자유무역 케언즈 그룹의 이목이 EU 회원국이나 스위스, 일본과 같이 보조금 수준이 높은 나라들보다는 미국에 계속 집중될 것이다.

요약

현재 시골 지역의 사회 · 경제적 재구조화는 정부의 촌락정책의 변화를 요하고 있다. 이 것은 단순히 농업이 지원 받고 규제되는 방식의 개혁이 아니라, 다음 장에서 보이듯이, 특히 촌락 경제개발 전략과 촌락 환경을 보호하기 위한 새로운 계획을 가리킨다. 이 정책 리뷰의 일환으로서, 농업과 환경, 토지이용계획, 촌락 개발 등의 정책을 구분하는 것은 20세기 동안 많은 나라의 촌락 정부가 지닌 특징이었지만, 새롭게 통합된 촌락정책에 대 해 강조하기 위해 그 구분은 사라지기 시작했다. 동시에 이처럼 분절된 정책 분야를 통제 했던 폐쇄적 정책 커뮤니티는, 보다 개방적이지만 안정성과 일관성이 떨어지는 이슈 네 트워크의 일부로서 지금 촌락 정책결정에 관여하고 있는 폭넓은 이익집단으로 인해 와해 되고 있다. 이것은 고려되어야 할 근본적이고 기본적인 정책 개혁을 위해 차례로 문을 열 었고, 정부와 이익집단은 마찬가지로 국제적 정책 전환의 사고의 일환으로서 서로에게서 배우는 중이다. 그러나 농업정책 개혁의 사례가 실증하듯이, 다른 나라들의 정부가 비슷 한 문제에 직면해 있고 비슷한 이념적 입장을 공유하고 있다고 하더라도, 자국 내의 정치 적 고려사항이 개입되기 때문에 그들이 취하는 대처 방법은 매우 다르다.

더 읽을거리

미국과 영국의 촌락정책 개발에 대한 설명은 각각 William P. Browne, *The Failure of National Rural Policy: Institutions and Interests* (Georgetown University Press, 2001)과 Michael Winter, *Rural Politics* (Routledge, 1996)에서 소개되고 있다. 윈터의 책은 정책결정의 다른 모델에 대해 논의한다. 영국과 미국의 농업정책 커뮤니티는 Martin J. Smith, *Pressure, Power and Policy* (Havester Wheatsheaf, 1993)에서 상세히 다루어지고 있다. 농업정책 개혁을 둘러싼 현재 논쟁에 대한 배경은 Richard Le Heron, *Globalized Agriculture* (Pergamon, 1993)에서 소개되고 있다. 그는 1990년대 초기에 일어선, 뉴질랜드 농업의 규제 완화와 미국과 유럽연합의 농업정책 이슈들을 조사한다.

웹사이트

2002 미국 농업법에 관한 정보는 법령의 모든 내용과 함께 미국농무부의 웹사이트에서 찾을 수 있다(www.usda.gov/farmbill/index.html). 상세하지만 비판적인 요약본과 설명은 보다 근본적인 개혁을 위해 캠페인을 벌였던 압력단체인 촌락연합이 제공하고 있다(www.ruralco.org/html2/farmbillreport.html). 2003년에 합의된 유럽연합의 공통농업정책 개혁에 관한 상세한 내용은 EU농업총국의 웹사이트에서 볼 수 있다(europa.eu.int/comm/agriculture/mtr/index_en.html). 간략한 요약본은 영국의 환경촌락식품부에서 확인할 수 있다(www.defra.gov.uk/farm/capreform/agreement-summary.html).

제 10 장

촌락 개발과 촌락 재생

서론

정부는 왜 촌락 지역의 경제개발에 관심을 가지는가. 첫째, 복지국가주의자의 논리를 꼽을 수 있다. 국가는 사회적 웰빙의 기본 수준을 지지하고 시민 간 공평성을 진작할 의무가 있다. 따라서 국가는 촌락 지역 주민의 생활조건을 개선하고 기반시설에 투자하여 공공 서비스를 제공한다. 또한 경제활동이 쇠퇴하여 실업이나 빈곤이 발생할 경우, 경제 발전을 활성화하기 위해 국가가 개입하게 된다. 둘째, 경제적 논리 때문인데, 자본주의 국가는 사업체를 지지함으로써 자본을 축적한다. 예를 들면, 기반시설을 공급하여 촌락 지역에서 기업 활동을 진작시키고 촌락 자원을 개발하며, 사업자금을 저리로 대부하거나 직업훈련 프로그램을 마련함으로써 기업의 위험부담을 줄이기도 한다. 셋째, '관리'적 이유도 존재하는데, 국가는 촌락의 토지와 자원을 적절하게 관리하고 현명하게 사용해야 한다는 전체 사회의 이해를 위해 움직인다. 넷째, 인구의 공간적 통제가 필요하기 때문이기도 하다. 20세기 초반 발생한 촌락 지역의 인구 감소는 경기불황 시 일자리가 있는 장소로 이동하는 것이 일반적인 반응임을 보여 주었다. 그러나 이러한 대규모 인구 이동은 사회적 불안을 유발했고, 국가는 공공 서비스의 공급구조를 바꿔야 했다. 관리적 측면에 입각하면, 국가가 침체된 지역의 경제 발전에 투자하여 인구 유출을 유발하는 '배출요인(push-factors)'을 감소시키는 것이 더 나았다.

이 마지막 논리는 **촌락 개발**과 **지역 개발**을 결합시킨다. 촌락 지역 경제에 대한 정부의 지원은 이 두 가지를 모두 포함할 수 있지만, 촌락 개발과 지역 개발은 목표도 다르고 그 대상이 되는 지역의 스케일도 다르다. 예를 들면, EU의 구조기금(Structural Funds)은 두 가지를 모두 포괄하고 있는데, 촌락 개발을 위한 제도로 LEADER(글상자 10.2 참조)

제도를 마련하여 농업 쇠퇴 등 촌락 경제의 재건을 돕는 한편, 지역 개발을 위한 제도로 오브젝티브 1 프로그램을 마련하여 다수의 촌락 지역이 포함되어 있는 EU의 빈곤 지역의 GDP를 향상시키고자 노력하고 있다.

'개발'과 '재생'이라는 두 용어는 의미가 서로 다르다. 비록 이 두 용어는 상호 교환적으로 사용되곤 하지만 그 내용은 상당히 다르다. '개발'은 진보적인 변화 또는 근대화 과정을 의미한다. 예를 들면 미국의 촌락부에 전기를 공급하는 것은 촌락 개발 프로젝트다. 반면 '재생'은 보다 순환적인 과정, 즉 경제 활황기를 지나 쇠퇴기를 맞이하였고, 따라서 그 이전 상태로 되돌리기 위한 개선책이 필요하다는 것을 의미한다. 촌락 소도시의 쇠퇴 분위기를 반전시키는 것을 목표로 하는 시도 혹은 농업이나 제조업에서 잃어버린 일자리를 다른 분야에서 공급하고자 하는 시도는 촌락 재생 전략으로 묘사될 수 있다. 나아가 '개발'과 '재생'의 차이가 정책의 '패러다임 전환'에 상응된다는 주장도 있다. 즉 국가가 주도하는 대규모 기반시설 중심 프로젝트라는 특징을 지니고 있는 '하향식' 촌락 개발에서, 공동체가 주도하고 소규모로 진행되며 지역 자원에 기반하는 '상향식' 촌락 재생으로 전환하는 의미를 지닌다는 것이다. 이 장은 이러한 전환을 살펴본다. 먼저 국가가 주도하는 하향식 개발을 간략히 논하고, 촌락 경제의 상향식 재생을 폭넓게 살펴보고자 한다.

국가 개입과 하향식 개발

국가가 촌락 개발에 개입해 온 역사는 오래되었다. 북미와 오스트레일리아, 뉴질랜드에서 국가는 통신회선이나 다른 기반시설 등을 마련하여 유럽인이 촌락 지역에 정착하는 것을 지지했는데, 이는 그 자체가 실질적으로 촌락 개발이었다. 유사하게 1860년대 미국의 랜드그랜트칼리지(Land Grant Colleges) 설립도 농업에 기반을 둔 초기 촌락 개발 전략의 일환이었다. 1910년 영국 정부는 촌락개발위원회(Rural Development Commission)를 설립하여 소규모 촌락 산업의 개발을 지지하고자 했다. 이러한 역사를 고려하면, 농장 고용이 감소하여 촌락 경제가 변화에 직면했을 때 정부가 촌락의 근대화를 제창하며 그 주요 수단으로 기반시설에 선택적 투자를 실시한 것은 당연한 일이었다.

이러한 유형의 초기 거대 프로젝트 중 하나가 미국 남서부의 테네시강 유역 개발공사(Tennessee Valley Authority, TVA) 사업이었다. 1933년 미국 루즈벨트 대통령은 경제 불황에 대응하기 위해 '뉴딜' 정책을 내세웠는데, TVA는 그 일환으로 설립되었다. TVA는 녹스빌, 테네시, 퍼두커, 켄터키를 따라 흐르는 테네시강 1,045킬로미터 지역에 9개의 댐과 8개의 발전소, 2개의 화학공장을 세우고, 지류에도 11개의 댐을 건설하려고 하였다.

TVA의 건설 사업은 홍수를 예방할 뿐 아니라 경제 발전을 촉진할 것으로 기대되었다. 첫째, TVA의 발전소는 전력공급을 통해 지역의 산업화를 지지할 것으로 기대되었다. 둘째, 화학공장은 질산비료를 생산하여 농업의 근대화에 기여할 것이라 예상되었다. 셋째, 건설 사업과 계획 관리는 그 자체로 다수의 새로운 일자리를 창출할 것으로 기대되었다.

1933년 당시 이들 카운티에서는 가구의 50%가 복지수당을 받고 있었는데, TVA의 프로젝트로 상당한 변화가 나타났다. 1940년 당시 실업상태였던 약 17만 명이 1950년 재고용되었다. 새로이 건설된 화학공장으로 1939~1947년 2만 개가 넘는 새로운 일자리가 창출되었고, 1차 금속산업의 성장으로 1만 2,000개의 일자리가 창출되었다(Martin, 1956). 전반적으로 TVA 프로젝트는 지역의 고용구조를 농업에서 산업, 무역, 서비스 부문으로 전환시켰다. 그러나 래핑 등이 논했듯이, 촌락 개발 전략으로서 TVA가 성공했느냐에 대해서는 의견이 분분하다.

> 도시는 성장했고, 촌락은 도시 개발을 위한 노동력과 자원을 공급했다. TVA는 '성장거점' 개발 이론을 실천으로 옮겼다. 개발은 도시로 집중되었고, 촌락은 이 성장거점을 둘러싸게 되었다. 도시에서 그 배후지로 기회와 돈이 확산될 것으로 가정되었고[소위 트리클 다운(trickle down) 효과], 궁극적으로 촌락의 수입이 오르고 삶의 질도 개선될 것이라고 가정되었다. 이는 어느 정도 이루어졌지만, 그럼에도 불구하고 지역 전체는 여전히 빈곤했고, 환경은 악화되었고, 경제적 혼란도 경험되었다(Lapping et al., 1989, pp. 32-33).

유럽에서 제조업은 또한 하향식 촌락 개발의 주춧돌이 되었다. 예를 들면, 아일랜드 공화국에서는 1949년 산업개발공사(Industrial Development Authority, IDA)가 설립되어, 아일랜드 서부 촌락 지역에 공장입지를 확보하고 공장을 진출시키는 전략을 실시했다. 1972~1981년 사이 아일랜드에 세워진 공장 중 절반 가까이가 서부 촌락의 11개 카운티에 건설되었다. 그중에서도 특히 골웨이(Galway)와 샤논(Shannon) 공항의 소위 '성장거점'에 건설된 경우가 많았다(Robinson, 1990). 결과적으로 1960~1970년대 동안 서부 아일랜드에서 제조업 종사자 수는 약 45% 가까이 증가했는데, 이는 아일랜드의 다른 지역보다 상당히 높은 수치였다(그림 10.1).

영국에서도 유사한 전략이 취해졌다. 촌락웨일즈개발위원회(Development Board for Rural Wales, DBRW; 1957년에 설립된 기존 조직을 대체하여 1976년에 설립), 고지대및섬개발위원회(Highland and Islands Development Board, HIDB)라는 두 기관이 설립

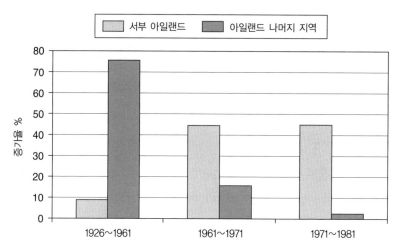

그림 10.1 아일랜드 공화국의 제조업 고용 증가 현황, 1926~1981년
출처 : Robinson, 1990

되어, 각각 웨일즈와 스코틀랜드 주변부 촌락 지역에서 경제 개발의 책임을 맡게 되었다. 두 기관 모두 아일랜드와 테네시강 사례처럼, 산업용지를 매입하고 공장단지를 조성하여 제조업 투자를 유치하고자 했으며, 그 결과 나타난 대부분의 경제성장은 '성장거점'인 웨일즈의 뉴타운(Newtown)이나 스코틀랜드의 인버네스(Inverness), 포트윌리엄(Fort William)에 집중되었다. 반면 나머지 다른 지역은 경제적 쇠퇴와 인구 유출 문제를 계속 겪었다. DBRW와 HIDB는 지역격차를 완화하기 위해 관광산업이나 어업, 공예산업 등에 임하는 소규모 촌락 기업에게 보조금을 제공하였으나, 이는 여전히 하향식 개입 패러다임 속에서 이루어졌고, 상향식 시도를 장려하는 데는 이르지 못하였다(Robinson, 1990).

촌락 개발에서 하향식 국가 개입 전략은 일부 성공을 이끌어 냈다. 수백만의 새로운 일자리가 창출되어 농업 근대화로 인해 발생한 빈자리를 채웠으며, 일부 촌락 지역에서는 인구 유출이 완화되거나 인구 유입 효과도 창출되었다. 정보통신시설 및 공공 기반시설도 개선되었고, '성장거점'으로 선정된 마을은 번영을 누렸다. 그러나 하향식 촌락 개발은 두 가지 중요한 이유에서 비판 받고 있다.

첫째, 하향식 촌락 개발은 외부투자에 의존하곤 한다. 자생적인 촌락 경제 안에서 성장을 모색하는 경우는 드문데, 왜냐하면 외부 투자자들은 그들의 투자를 회수하고 싶어 하기 때문이다. 새로운 공장과 새로운 고용주가 창출한 이익은 종종 지역 외부로 유출된다. 촌락 지역은 기업의 결정에 더 많은 영향을 받게 된다. 기업은 광범위한 경제 동향 속에서 의사결정을 하기 때문에 개발 당국이 유치한 회사는 나중에 다른 곳에서 더 우호적인

글상자 10.1   일본의 촌락 개발

일본 촌락 개발 정책의 주요 관심사 중 하나는 바로 도시화된 인구가 증가하면서 촌락적 뿌리를 상실하게 된다는 데 있다. 이에 대응하기 위해 일본 정부는 1980년대 후반 모든 지자체에 1억 엔 규모의 교부금을 지급하며, 이를 '창조적'으로 사용하여 일본 촌락의 '고향' 정신을 부활시키는 프로젝트를 실시할 것을 지시했다. 이는 본질적으로 하향식 촌락 개발 전략이었고, 헛된 프로젝트에 예산을 낭비하는 결과를 낳았다. 아와지(淡路) 섬의 쓰나 정(津名町)에서, 정장(町長)은 이 예산을 사용하여 63킬로그램의 금괴를 만들었는데, 이는 당시 단일 금괴로는 세계에서 가장 크다는 이유로 관광을 위해 전시되었다. 예산을 현금화하여 지폐로 피라미드를 만든 곳도 있었고, 테마파크를 건설하거나, 주민의 휴가예산으로 사용하기도 하였다. 이 전략은 2001년 '마을 재생' 프로그램으로 수정 제안되었는데, 촌락과 도시 거주민의 교류를 진흥하기 위해 60억 엔이 사용되었다.

출처 : Jonathan Watts (2001) Rural Japan braced for new riches. Guardian, 27 September, p. 19.

조건을 제시한다면 그들의 공장을 폐쇄할지도 모른다.

둘째, 하향식 전략의 속성은 민주적이지 않다. 물론 TVA처럼 몇몇 프로그램은 풀뿌리 참여를 보장하고 있지만, 일반적으로는 지역 주민의 참여가 제한되어 있다. 이는 도입된 개발이나 창출된 일자리가 지역 주민이 바라던 것이 아님을 의미할 수도 있다. 또한 부패의 위험이나 촌락개발기금이 '무의미한 프로젝트'에 사용될 우려도 존재한다(글상자 10.1 참조). 경제개발을 위한 EU의 구조기금은 1980년대 후반 바로 이러한 이유 때문에 개편되었다. '현실에서 "엉뚱한 사람"이 기금을 사용하고 있다'는 우려가 제기되었던 것이다(Smith, 1998, p. 227).

상향식 촌락 재생

촌락 개발이 상향식으로 전환되면 촌락 개발의 관리 방식과 개발 내용이 바뀐다. 국가주도의 하향식 관리와 대조적으로 상향식 촌락 개발은 지방 공동체가 스스로 주도한다. 공동체는 그들이 직면하고 있는 문제를 평가하고, 적절한 해결책을 모색하고, 재생계획을 디자인하고 실행하도록 권장된다. 그들은 보통 프로젝트에 사용할 공공기금을 신청하게 되는데, 이를 위해 때로는 경쟁하고 때로는 파트너십을 취하며 협력한다(자세한 논의는 제11장 참조). 국가의 역할은 촌락 개발의 공급자에서 촌락 재생의 촉진자로 바뀐다(Edwards, 1998; Moseley, 2003).

유사하게 촌락 개발의 유형과 중점도 변화한다. 대부분의 경우 외부 투자 유치를 더 이상 강조하지 않으며, 오히려 지방의 자생적인 자원을 개발하거나 향상시키는 소위 **내생**

적 발전(endogenous development)이 중시되고 있다(Ray, 1997). 프로젝트의 목표도 경제개발이 아니라 공동체 개발로, 경제 재생이 가능하도록 공동체 스스로의 능력을 구축하는 것이다. 공동체 개발은 촌락 개발의 필수요소로 여겨진다. 이는 공동체가 국가에 의존하지 않고 재생에 책임을 질 수 있도록, 나아가 경제적 개발이 촌락 내부에서 사회적 양극화를 초래하지 않도록 하기 위함이다(Edwards, 1998; Lapping et al., 1989; Moseley, 2003).

그런데 상향식 접근은 촌락 개발 전문가뿐 아니라 신자유주의적 성향을 지닌 정치인의 지지도 얻고 있다. 촌락 개발 전문가는 지방 공동체에게 권한을 이양하고, 지방의 수요와 환경에 적합한 재생 전략을 수립하고자 상향식 접근을 지지한다. 반면 신자유주의 정치가는 국가의 재구조화를 요구하며, 대대적인 '국가 역할의 축소'에 발맞추어 상향식 접근을 통해 촌락 개발의 책임을 국가에서 시민으로 전가시킴으로써, 촌락 개발에 대한 국가의 지출을 줄이고자 한다.

EU 촌락 개발과 내생적 개발

촌락 개발을 목적으로 하는 대규모 프로젝트로 EU의 구조기금이 있다. 글상자 10.2에서 볼 수 있듯이, EU는 두 가지 기제로 촌락 개발을 지지한다. 첫째, 대부분의 촌락 지역은 EU의 지역정책 사업인 오브젝티브(Objectives) 프로그램에 지원할 수 있는 자격을 부여받고 있다(그림 10.2). 이탈리아 남부, 아일랜드 서부, 영국의 '콘월(Cornwall)'과 웨일즈 서부 등 '조건 불리(least favoured)' 지역은 오브젝티브 1의 기금을 받게 되고, 프랑스, 이탈리아, 잉글랜드의 대부분의 촌락 지역 등 '전환(converting)' 지역은 오브젝티브 2의 기금을 받게 된다[덧붙이자면, 이러한 원조를 받을 자격조건을 충족시키지 못하는 몇몇 지역은 '과도적 지원(transitional support)'을 받게 되는데, 스코틀랜드와 아일랜드 촌락 지역의 일부가 여기에 속한다].

둘째, 촌락 개발은 또한 LEADER의 공동체 계획(community initiative)의 지원을 받는데, 이는 농업집행위원회(Directorate-General for Agriculture, DGA) 소관 사업이다. LEADER 프로그램은 현재 세 번째로 지원이 실시되고 있는데, EU의 25개 국가에서 938곳의 지방행동단체가 이를 수행하고 있다. 지역정책 프로그램이 여전히 하향식 개발요소를 안고 있는 것에 비해(예를 들면 교통 기반시설에 대한 자금조달), LEADER는 확고하게 상향식 접근에 근거한다. 프로그램 예산의 86% 이상은 '상향식 접근에 근거한 실험적인 통합형 구역 개발 전략'으로 지출되고 있다(European Union, 2003).

글상자 10.2　촌락 개발 및 지역 개발을 위한 EU 프로그램

지역 개발

지역 개발을 위한 지원은 구조기금의 세 가지 목표하에서 제공되고 있다.

- **오브젝티브 1 : EU의 조건불리 지역 개발하기**　GDP가 EU 평균보다 75% 이하 또는 인구밀도가 제곱 킬로미터당 8명 이하(주로 스칸디나비아)인 지역이라면 기금을 신청할 수 있다. 2000~2006년 사이 오브젝티브 1 기금 신청가능 지역에는 EU 인구의 22%가 거주하고 있었는데, 이 기간 동안 총 1,350억 유로 이상의 기금을 지원 받았다.
- **오브젝티브 2 : 구조적 어려움에 직면해 있는 산업 지역, 촌락, 도시, 어촌 지역 재활성화하기**　인구밀도가 제곱킬로미터당 100명 이하이거나 농업 종사자 비율이 EU 평균치의 2배인 지역, 그리고 실업률이 EU 평균보다 높거나 인구가 감소하는 지역에서 신청 가능하다. 2000~2006년 사이 오브젝티브 2 기금 신청가능 지역에는 EU 인구의 18%가 살고 있었고, 이 기간 동안 총 200억 유로의 기금을 지원 받았다.
- **오브젝티브 3 : 교육, 훈련, 고용 지원하기**　오브젝티브 3은 대상지역을 한정하지 않아 모든 지역에서 신청 가능한데, 다만 오브젝티브 1 지역은 제외된다.

2000년 이전에는 촌락 지역의 재구조화를 지원하는 프로그램으로 구조기금의 오브젝티브 5b가 설정되어 있었다. 이는 2000~2006년 오브젝티브 2로 통합되었다.

촌락 개발

LEADER+(Liaison entre actions de d veloppement de l' conomie rurale) : '공동체 계획(Community Initiatives)'의 네 부문 중 하나. 다른 부문은 INTERREG, EQUAL, URBAN이다. LEADER는 촌락 개발을 지원하는 것이 목표이다. 상향식 구역 개발, 구역 간 또는 경계를 가로지르는 협력 지원, 촌락 네트워킹의 세 가지 행동(actions)으로 구성된다.

1991년 설립된 LEADER는 이제 세 번째로 접어들고 있는데(LEADER+), 실행 주체는 촌락 지역에서 설립된 지방행동단체이다. 2000~2006년 동안 유럽농업보증및지도기금(European Agricultural Gurantee and Guidance Fund, EAGGF)의 총 21억 500만 유로를 사용할 수 있었는데, 이는 다른 공공·민간 자본 29억 4,100만 유로와 매칭될 것으로 기대되었다.

더 자세한 정보는 europa.eu.int/comm/regional_policy/index_en.htm(오브젝티브 1과 오브젝티브 2), europa.eu.int/comm/agriculture/rur/leaderplus/index_en.htm(LEADER+) 참조.

LEADER 프로그램(그리고 EU 촌락 개발 정책)의 기본원칙은 코크 선언(Cork Declaration)에 명시되어 있다. 코크 선언은 1996년 아일랜드 공화국에서 개최된 촌락 개발유럽회의(European Conference on Rural Development, ECRD)에서 발표된 선언이다(글상자 10.3).

레이(Ray, 2000)는 LEADER 프로그램을 내생적 촌락 개발을 위한 '실험실'이라고 묘사하였다. 각각의 LEADER 그룹은 혁신적인 아이디어를 모색하는데, 이러한 아이디

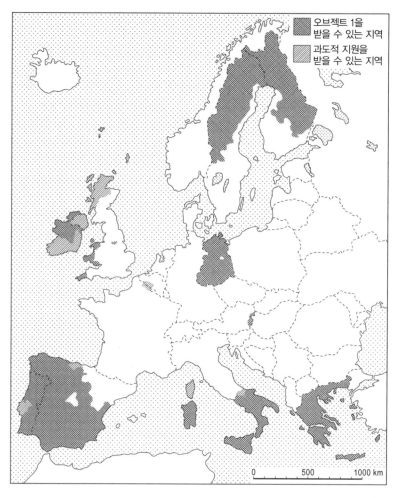

그림 10.2 EU의 구조기금 오브젝티브 1을 받는 지역, 2000~2006년
출처 : European Commission

어는 '국지적으로 사회·경제적 실현 가능성에 기여할 뿐 아니라 다른 참가 지역에게 실증 사례를 제공하기 때문이다'(p. 166). 레이는 또한, LEADER 프로그램은 풀뿌리 실험을 통해 혁신을 모색하는 촌락 개발이라고 설명하며, 내생적 개발의 핵심원칙을 압축적으로 보여 준다고 주장하였다. 즉 공동체 주도, 영역 집중 개발을 실시함으로써 '지역 자원(자연자원과 인문자원)에 가치를 부여하고 발굴함으로써, 개발이익을 지역 내에 유지'시킨다는 것이다(p. 166). 그러나 지방 LEADER 단체에 대한 실증연구들은, 현실은 이러한 비전과 다르다고 지적하기도 한다. 예를 들면, 독일에서 LEADER는 급진적인 촌락 개발 아이디어를 지양하는 보수적인 집단이라고 지적되기도 하였다(Bruckmeier,

---

글상자 10.3 코크 선언

경제·사회적 활동의 다양성을 지지하기 위해서는 민간계획과 공동체기반계획(community-based initiatives)이 자립할 수 있도록 체계를 확립해야 한다. 투자, 기술 지원, 사업 서비스, 충분한 기반시설, 교육, 훈련, 선진 정보기술의 도입, 소도시의 역할 강화(소도시는 촌락의 필수요소이자 핵심 개발요소다), 실행 가능한 촌락 공동체 개발, 그리고 마을 재생 촉진 등의 체계를 마련해야 한다. 촌락 개발 진흥정책은 유럽 농업경관(자연자원, 생물의 다양성, 문화적 정체성)의 질과 어메니티를 유지하도록 실시되어야 하며, 이를 통해 오늘날 세대의 이용이 미래 세대의 선택을 방해하지 않아야 한다…. 유럽 촌락의 다양성을 고려하면 촌락 개발 정책은 보완성의 원칙을 따라야 한다. 가능한 분권화되어야 하며, 모든 수준의 이해관계자(지방, 지역, 국가, 유럽)의 파트너십과 협동에 기반해야 한다. 참여와 '상향식' 접근이 강조되어야 하며, 이를 위해서는 촌락 공동체의 창조성과 결속력을 활용해야 한다.

The Cork Declaration: A Living Countryside, issued by European Conference on Rural Development, November 1996에서 발췌.

2000). 스토레이(Storey, 1999)도 아일랜드의 LEADER 계획에서 지방의 참여 정도가 높지 않다고 우려를 제기했다. 그럼에도 불구하고 LEADER가 지지하는 프로젝트는 일반적으로 촌락 개발의 속성이 질적으로 전환되었음을 보여 준다(표 10.1; 이러한 설명은 EU의 지역개발 프로그램에서 기금을 지원 받는 프로젝트에도 마찬가지로 적용될 수 있다. Ward and McNicholas, 1998 참조). 글상자 10.4에서 볼 수 있듯이, 많은 프로젝트는 환경적 요소도 다수 지니고 있어서 내생적 개발뿐 아니라 지속 가능한 개발에도 기여하고 있다(Moseley, 1995 참조).

표 10.1 LEADER 1 단체의 주요 목적

주요 목적	단체 수
촌락 관광 진흥	71
훈련 및 인적 개발	40
농업 생산품의 부가가치화	38
소기업 및 공예산업 지원	34
보다 균형 있는 포트폴리오 개발	34

출처 : Moseley, 1995

글상자 10.4 LEADER가 지지하는 프로젝트 사례

이탈리아, 가르파냐나(Garfagnana) : 그린 산림공학기술을 도입하여 내생적 자원과 자연 자재를 활용함으로써 지방 임업 협동조합을 재활성화. 1995~1999년까지 이 지역의 임업 협동조합에서는 약 120여 개의 새로운 일자리가 창출되었다.

아일랜드 공화국, 워터퍼드(Waterford) : 인공습지를 조성하여 농장으로 인해 오염된 수질을 개선. 인공못에 초목을 심고 물고기를 방류하여 오염 감소뿐 아니라 관광 매력물로 삼고자 하였다.

프랑스, 레 콩브라이유(Les Combrailles) : 마나트 지방(Pays de Menat)에 있는 빈 부동산을 활용하여 인근 고용성장 지역의 신규 거주자에게 제공하는 주택계획을 개발. 이를 통해 새로운 개발수요를 억제하고 빈집 및 폐가를 개조하는 데 기여하였다.

영국, 카마던셔(Carmarthenshire) : 고장의 역사와 전설을 주제로 지역민이 입력하는 정보 게시판 및 문헌을 개발하여 관광을 진흥하였다.

음식 관광과 농산물 직거래 장터

내생적 촌락 개발에서 공통적인 주제는 기존의 촌락 경관과 환경, 생산품에 '가치를 더하는' 것이다. 그 한 가지 방안은 관광객을 끌어들이기 위해서 지방의 전통과 유산을 강조하면서 촌락의 지역성을 '재포장' 하는 것이다. 이 방안에 대해서는 제12장에서 더 자세히 살펴볼 것이다. 다른 방안으로는 농업에 새롭게 접근하여 농업의 근대화가 아니라 전통적인 식품을 강조하거나 직거래를 통해서 경제 개발을 진흥하는 방안도 있다. 베씨에르(Bessière, 1998)가 관찰했듯이 지방의 먹을거리는 촌락 관광에서 중요한 요소가 되었다. 촌락 지역은 프랑스의 **원산지표시제**(appellation d'origine contrôlée)나 촌락개발기금이 지원하는 마케팅 계획 등을 이용하여 특별한 먹을거리를 만들어 냄으로써, 스스로를 시장화하여 관광객에게 제공한다. 게다가 지방음식의 생산장소인 농장이나 목장, 치즈공방, 포도밭, 맥주공장 등을 관광 매력지로 제공하면서 이차적인 수입을 올린다(그림 10.3).

농산물 직거래 장터는 점차 내생적 촌락 개발에서 흔히 등장하는 요소가 되었는데, 이는 직거래 장터가 세 가지 차원에서 촌락 재생에 기여하기 때문이다. 먼저 직거래 장터는 음식 관광의 활성화에 기여한다. 또한 지방의 소규모 식품 가공업에 기여하고, 나아가 도매상과 소매상에게 지불해야 하는 수수료를 제거함으로써 농부의 수입을 증가시킨다. 프랑스에서 매주 열리는 6,000여 개의 직거래 장터를 모델로 삼아 미국에서도 이제 3,000여 개의 직거래 장터가 개최되고 있다. 영국에서도 그 수가 급격히 늘어나서, 바스(Bath)

에서 1997년 도입된 이래, 2000년에는 200개로, 2002년에는 450개로 증가하게 되었다. 미국에서는 매년 10억 달러 이상이 직거래 장터에서 지출되고 있으며, 영국에서는 2001년과 2002년 1억 6,600만 파운드가 지불된 것으로 조사되었다(Holloway and Kneafsey, 2000; NFU, 2002). 홀로웨이와 니프지(Holloway and Kneafsey, 2000)가 언급했듯이, 직거래 장터는 로컬리즘, 좋은 품질, 진정성, 공동체 등의 사고에 호소한다. 따라서 직거래 장터는 슈퍼마켓이나 글로벌 농식품 기업의 독점에 도전하는 '대안적 공간'이자 촌락의 전원성이라는 개념을 대변하는 '반동적 혹은 향수적 공간'으로 독해될 수 있다.

그러나 직거래 시장의 성공에 대해 세 가지 경고를 덧붙여야 할 것이다. 첫째, 잉글랜드에 있는 스트라트퍼드(Stratford) 직거래 장터에 대한 홀로웨이와 니프지의 사례 연구에 따르면, 시장 가판대의 총매상은 매월 변동이 심하다. 둘째, 직거래 장터에서는 특정 상품에 대한 선

그림 10.3 웨일즈 서부의 관광 전단지. 지방 음식의 생산자를 방문할 것을 권유하고 있다.
출처 : Woods, 개인 소장

호도가 크다. 홀로웨이와 니프지(Holloway and Kneafsey, 2000)에 따르면 스트라트퍼드에서 가장 많이 구입된 것은 야채 및 달걀, 사과주스, 치즈, 꿀로 기록되었다. 목축업자는 유럽의 쇠퇴한 촌락 지역에서 다수를 차지하고 있지만 직거래 장터에서 별로 이득을 얻지 못했다. 셋째, 위의 이유와 관련된 것이기도 한데 직거래 장터는 공간적으로 집중되어 분포해 있다. 미국에서 대부분의 직거래 장터는 메트로폴리탄 주위에 모여 있다(그림 10.4). 뉴욕에 있는 유니언 스퀘어 그린마켓(Union Square Greenmarket)과 같은 도시 장터에는 인근 촌락 구역의 생산자들이 도시 주민에게 물건을 팔고 있다(그림 10.5). 반

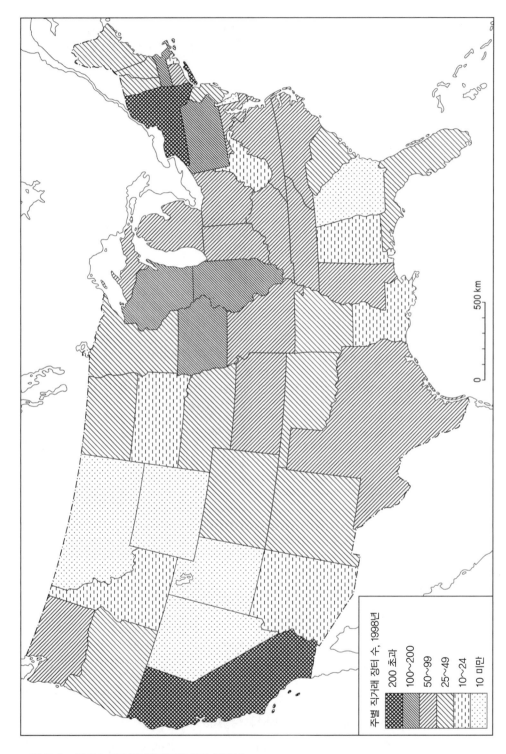

그림 10.4 미국의 농산품 직거래 장터의 입지, 1998년

출처 : Price and Harris, 2000

그림 10.5 뉴욕 시에 있는 유니언 스퀘어 그린마켓
출처 : Woods, 개인 소장

면 더 촌락적인 지역인 몬태나 주나 조지아 주에는 1998년 각각 7개의 직거래 장터만 입지하고 있었고, 와이오밍 주에는 6개만이 입지했을 뿐이었다. 유사하게 영국에서 직거래 장터도 잉글랜드 남부에서 일차적으로 증가했고, 더 주변부 촌락 지역인 웨일즈나 스코틀랜드, 잉글랜드 북부에서는 증가가 더뎠다. 이러한 직거래 장터 사례를 통해 상향식 촌락 재생에서 아이디어의 확산은 중요하지만, 내생적 발전이란 지역의 문제에 적합한 해결책을 찾는 것을 의미하기 때문에, 동일한 전략이 다른 모든 곳에서도 유효하지 않을 수 있다는 것을 알 수 있다.

소도시 재생

소도시 재생은 촌락 개발에서 특별하고도 중요한 도전이다. 소도시는 촌락 경제에 있어서 핵심적인 거점이다. 역사적으로 소도시는 촌락 지구에게 서비스를 공급하는 센터로서의 역할을 해 왔다. 최근에는 촌락의 노동 시장이 토지 기반에서 제조업 및 서비스 부문으로 전환되면서 소도시는 촌락 노동력의 주요 고용지가 되었다(제5장 참조). 소도시는 또한 인구 성장과 새로운 주택개발이 이루어지는 장소이고, 시골에서 사회적 투자(교육

및 보건 등 공공 서비스뿐 아니라, 예술 및 문화시설, 이벤트도 이에 포함된다)가 이루어
지는 장소이다(Edwards et al., 2003). 그러나 많은 소도시도 경제적으로 상당한 어려움
을 겪고 있다. 제조업 공장이 문을 닫고 전통산업도 쇠퇴하면서, 일부 소도시는 인근 촌
락보다 더 많은 경제적 어려움을 겪고 있다. 소도시의 상점과 서비스도 교외 상업 중심지
나 대도시와의 경쟁이 심화되면서 축소되었다(제7장 참조). 이러한 이유로 소도시 재생
의 필요성이 인정되고 있을 뿐 아니라, 소도시가 재생되면 더 넓은 촌락 지역의 경제가
활성화되는 '트리클 아웃(trickle-out)' 효과가 나타날 것이라고 여겨지고 있다.

이러한 담론은 영국 정부의 2000년 '촌락백서(Rural White Paper)' 에 실린 잉글랜드
정책부문에서 정교화되었다. 촌락백서는 한 장 전체를 소도시 또는 마켓타운(market
town)[1]의 재생에 할애하고 있다. 문서가 선언하였듯이, '마켓타운은 촌락 공동체의 번
영과 낙후지역의 재생에 기여하는 중요한 곳이다' (MAFF/DETR, 2000, p. 74). 소도시
를 경제성장의 거점이자 주민의 서비스 수요를 충족시키는 센터로 하고자 한 이 제안은
촌락청(Countryside Agency)의 '마켓타운 건강검진(Market Town Healthcheck)' 계
획을 통해 상향식 접근으로 실행되었다. 이 계획은 소도시 스스로가 그들 자신의 상황을
평가하고 재생을 위한 '실행계획' 에 합의하는 방식으로 진행되는 사업이었다(Edwards
et al., 2003).

소도시의 성공적인 재생 전략은 지역자원과 외부지원의 적절한 결합으로 달성된다. 케
년과 블랙(Kenyon & Black, 2001)은 오스트레일리아의 소도시 재생을 위한 핸드북을
작성하면서 성공적인 프로젝트에서 공통적으로 나타나는 다수의 핵심요소를 도출하였
다. 즉 타이밍, 지역사회 계획 기법의 활용, 열정적인 지역 리더십, 도시의 미래에 대한
긍정적인 믿음, 지역 기업가, 기꺼이 재정적으로 지원하는 지역 주민, 새로운 아이디어를
활동적으로 지지하는 새로운 커뮤니티 네트워크, 지역의 젊은이 등이다(글상자 10.5 참
조; 또한 Herbert-Cheshire, 2003 참조). 케년과 블랙이 논의한 오스트레일리아의 사
례에는 직접 경제투자 및 일자리 창출 등의 요소도 포함되어 있지만, 그러나 대부분의 사
례에서 소도시 재생계획의 핵심은 건조환경의 쇄신 또는 혁신에 놓여 있다. 미국에서 진
행된 내셔널 메인 스트리트 프로그램(National Main Street Program)은 1979~ 1989
년 동안 200개가 넘는 소도시의 재생을 지원했는데, 그중에는 650여 개의 외관 개선사
업과 600여 개의 정비사업이 포함되어 있었다(Lapping et al., 1989). 이 계획은 고용된

---

1) 역자 주 : 마켓타운은 영국의 전원지역에 위치한 장이 서는 마을이다.

> ### 글상자 10.5 소도시 재생 — 태즈메이니아 델로레인
>
> 델로레인은 인구 2,100명의 소도시로 오스트레일리아 태즈메이니아 섬의 북서부에 위치해 있다. 다른 많은 소도시처럼 델로레인도 농업의 쇠퇴, 1990년 고속도로 우회로로 건설로 인한 12개 사업소의 폐쇄로 경제적 어려움을 겪었다. 또한 이 마을은 지역 주민과 대안적 라이프스타일을 추구하는 이주민 간 갈등도 겪었다. 마을 재생계획은 수많은 정책을 포함했는데, 지역 기업의 성장 및 훈련을 지원하는 비즈니스 센터 설립, 쓰레기 매립지 및 재활용 장소 창출, 커뮤니티 미화 및 공원 프로젝트, 관광객 유치를 위한 고속도로 광고판 후원, 매년 태즈메이니아 공예축제를 개최하여 3만 명 이상의 관광객 유치하기, 공동체 '실크 예술품(Artwork in Silk)' 프로젝트 등이 실시되었다. 특히 실크 예술품 프로젝트는 넓이 57제곱미터의 공간에 작품을 전시하는 프로젝트로 현재 주요 관광 매력물이 되고 있다. 이러한 프로젝트는 외부펀드를 적절히 이끌어 내면서, 동시에 지역 공동체가 주도하면서 진행되었다. 케년과 블랙(Kenyon and Black, 2001)은 강한 믿음과 기대감, 지방정부의 리더십, 젊은층의 주도 등을 델로레인 재생의 핵심요소로 꼽았다. 이 마을은 1997년 '올해의 오스트레일리아 공동체(Australian Community of the Year)'로 뽑혔고 그 성과를 인정받았다.
>
> 더 자세한 사항은 Kenyon, P. and Black, A. (eds) (2001) Small Twon Renewal: Overview and Case Studies (Barton, Australia). Report for the Rural Industries Research and Development Corporation 참조. www.rirdc.gov.au/fullreports/hcc.html에서 볼 수 있다.

프로젝트 매니저를 통해서 운영되었는데, 이들 매니저는 마을의 이해당사자인 상인, 은행, 시민단체, 지방정부, 미디어, 주민과 함께 작업을 하였다. 프로그램은 세 가지 차원으로 실행되었다. 첫째, 도심 지역의 다각화로, 유휴상태인 상층부를 주거용 숙박시설과 오피스로 전환하거나 새로운 상점을 모집하는 전략이 도모되었다. 둘째, 주요 거리, 특히 역사적 건물의 물리적 개선으로, 이 사업은 신축건물에 디자인을 적용하는 정책과 함께 진행되었다. 셋째, 소도시 중심부가 쇼핑, 일, 생활의 중심이 되게끔 진흥하는 활동으로, '이러한 활동은 특정 도심 로고가 그려진 쇼핑 가방의 배포부터 도심 비즈니스에 대한 안내책자 출판 또는 공예 축제, 직거래 장터, 노상할인판매 등의 이벤트 후원까지 매우 다양했다'(Lapping et al., 1989, p. 293).

촌락 개발의 한계?

상향식 내생적 개발은 촌락 경제의 문제를 다룰 때 유행하는 접근이 되었지만 여전히 과제는 남아 있다. 맥도나프(McDonagh, 2001)는 아일랜드 서부의 촌락 개발에 대한 연구에서 '상향식 발전의 좌절'(p. 128)을 지적한 바 있다. 즉 상향식 개발에는 지역주민의 다양한 이해를 조정하고 대변하면서 계획을 주도하는 '핵심집단'이 존재하는데, 문제는 이 집단이 공동체 전체의 이해를 대표하지는 않는다는 것이다. 책임과 권력의 문제, 그리고

실행에 참여하는 '공동체' 의 이질성 문제는 다른 학자들도 제기하고 있는데(Edwards et al., 2000, 2003; Storey, 1999 참조), 이 주제는 다음 장에서 더 자세히 살펴볼 것이다.

촌락 개발의 책임을 국가에서 지역 공동체로 이양하는 것이 지역 재생의 불평등 지리를 심화시키는 징후도 나타난다. 일부 공동체가 다른 공동체보다 프로젝트를 더 잘 착수하거나 정부 펀드를 더 잘 획득하기 때문이다(Edwards et al., 2000; Jones and Little, 2000). 게다가 어떤 공동체는 이미 전통적인 경제활동이 쇠퇴했거나 사라져서 아예 재생이 불가능하게 된 곳도 있다. 허버트－체셔(Herbert-Cheshire, 2000, 2003)가 오스트레일리아 전원도시를 조사하면서 관찰했듯이, 재생을 위한 '청사진' 이 결실을 거두지 못하고 끝나면 재생 전략은 단지 헛된 희망에 그치게 될 뿐 아니라, 그 실패의 책임을 지역 공동체에게 돌리는 결과를 낳는다. 이 논리는 한 발만 나아가면 '비경제적' 인 지역을 개발하기 위한 국가원조의 철수를 정당화시키는 데 이용된다. 이러한 전망은 2000년 오스트레일리아 경제학자 고든 포스(Gordon Forth)에 의해 제시되었는데, 그는 '이러한 마을의 대부분이 쇠퇴하게 되고, 인구가 감소할 뿐 아니라 더 가난해지고 불이익이 증가하게 될 것이다' 라고 주장하였다(Gearing and Beh, 2000). 비록 이 논평은 격렬한 반발을 불러일으켰지만, 조건불리 지역의 촌락 개발 책임으로부터 국가의 완전한 철수와 최근의 촌락 개발 정책의 궤도는 그리 차이가 없어 보인다.

요약

지난 사반세기 동안 촌락 개발과 재생에서는 새로운 패러다임이 등장하였다. 과거 강조되었던 하향식, 국가주도, 대규모 기반시설 프로젝트와 산업화를 통한 개발은 이제 내생적 발전에 기반을 둔 상향식 접근으로 대체되었다. 새로운 접근은 자연이든 인재든 지역 자원을 갈고 닦고 부가가치를 더하여 촌락을 재생하고자 하며, 지방 공동체의 우선순위와 선호도를 중시하고자 한다. 이리하여 촌락 공동체에게 권한을 부여하고, 더 지속 가능한 경제 발전을 향해 나아가야 한다는 목소리가 강해졌다. 그러나 상향식 혹은 내생적 촌락개발은 만병통치약이 아니다. 모든 촌락 공동체가 스스로의 내생적 자원을 통해 똑같이 성공적으로 재생할 수 있는 것도 아니며, 모든 공동체가 외부 펀딩과 후원을 유치할 수 있는 경쟁력을 갖춘 것도 아니기 때문이다. 그렇기 때문에 실제로 촌락 개발에서의 패러다임 전환은 촌락 개발의 새로운 불평등한 지리를 생산하고 있다고 비판되고 있다.

더 읽을거리

유럽의 사례 연구를 제시하면서 촌락 개발의 이론과 실제를 개관하는 책으로 Malcolm Moseley, *Rural Development: Principles and Practice* (Sage, 2003)을 꼽을 수 있다. EU의 LEADER 프로그램에 관심이 있다면 저널 *Sociologia Ruralis*의 2000년도 4월(April)의 특별호를 참조하라. 이탈리아, 스페인, 프랑스, 독일, 영국 등의 LEADER 사례 연구가 수록되어 있다. 영국의 직거래 장터에 관심이 있다면 논문, Lewis Holloway and Moya Kneafsey, 'Reading the spaces of the farmers' market: a case study from the United Kingdon' , *Sociologia Ruralis*, volume 40, pages 285-289 (2000)를 보라. 소도시 재생에 대한 문제는 R. Imrie and M. Raco (eds), *Urban Renaissance: New Labour, Community and Ruban Policy* (Policy Press, 2003)의 Bill Edwards, Mark Goodwin and Michael Woods, 'Citizenship, community and participation in small towns: a case study of regeneration partnerships' 가 상세하다. 오스트레일리아인의 관점에서 쓴 논문, Lynda Herbert-Cheshire, 'Translating policy: power and action in Australia' s country towns' , *Sociologia Ruralis*, volume 43, pages 454-473 (2003)도 참고하기 좋다.

웹사이트

EU의 지역 개발 및 촌락 개발 프로그램에 대한 정보는 EU의 웹사이트에서 얻을 수 있다. 오브젝티브 1과 2에 대한 정보는 europa.eu.int/comm/regional_policy/index_en.htm, LEader+에 대한 상세한 정보는 europa.eu.int/comm/agriculture/rur/leaderplus/index_en.htm을 참조하라. 직거래 장터에 대한 정보도 웹에서 이용 가능한데, 영국의 경우는 www.farmersmarket.net, 미국의 경우는 www.localharvest.com/farmers-markets를 참조하라. 미국의 내셔널 메인 스트리트 프로그램은 www.mainst.org를 보라.

제11장

촌락 거버넌스

서론

촌락 지역이 통치되는 구조는 헌법체계, 지배적인 정치이념 그리고 역사적 전통에 따라 나라마다 다르다. 예로 미국과 프랑스는 지역의 환경과 지역 주민의 의견을 반영한 정책을 채택하기 위해서 상당한 자치권과 권한을 갖는 지역사회 규모의 강력한 정부기관을 가지고 있다. 반대로 뉴질랜드와 영국의 지방정부는 자율성이 적고, 책임도 작으며, 법령과 정책 분야에서 국가수준의 중앙정부에 의해 훨씬 강력하게 지도를 받는다. 이러한 차이점은 촌락 사회를 공부하는 학생들에게 중요한데, 그것은 그 차이점들이 어떤 스케일에서 의사결정을 검토하고, 촌락 변화에 대응하며, 재구조화에 대한 대응이 촌락 지역 내부에서 개발되는지 혹은 외부로부터 부과되는지 그 정도를 결정하는 데 대한 판단에 영향을 미치기 때문이다.

비록 서로 다른 행정구조에도 불구하고 촌락의 지방정부는 대부분의 나라에서 최근 수십 년간 중요한 변화의 대상이었다. 이러한 변화의 성질과 시기는 다시 국가적 맥락과 함께 다양하겠지만, 개괄적으로 말해서 촌락 정부는 20세기 초의 **온정주의** 시대에서 20세기 중반의 **국가통제주의** 시대로, 그리고 21세기 전환기에 '**거버넌스**' 의 새로운 시대로의 전환을 통해 변하고 있다. 이러한 전환은 촌락 재구조화를 반영한 것이기도 하고, 그 일부이기도 하며, 촌락정책의 입안과 시행, 촌락 사회의 규제, 경제와 환경 그리고 시골 지역 내의 권력분배에 중요한 영향을 미친다. 이 장에서는 먼저 간략하게 과도기를 설명함으로써 이들 주제를 살펴보고, 그런 다음 촌락 거버넌스의 새로운 구조에 초점을 두어 그 특징과 대두되고 있는 이슈에 대해 검토하겠다.

온정주의에서 거버넌스로

역사적으로 촌락 사회에서의 권력분배는 자원의 통제와 특히 토지의 통제로 결정되어 왔다. 일차생산에 기반을 둔 경제에서는 토지 소유가 경제적 부의 열쇠였고, 많은 경우에 고용과 주택 때문에 지주에게 의존했던 노동자와 임차인을 관여시켰다. 결국 부는 지주가 교통수단과 같은 희소자원을 구입할 수 있게 해 주었고, 그들이 공공 서비스와 정부에 참여할 수 있는 시간을 허락하였다. 또한 토지와 부는 비공식적으로 촌락 지도층의 규칙을 만드는 대중담론에 맞게 지위를 제공하였다. 그리고 지위, 시간과 부 모두가 상류 고급클럽, 비공개 파티와 사회적 네트워크로 접근할 수 있도록 하였고, 이것들을 통해서 정치공작과 후원이 이루어졌다(Woods, 1997).

유럽에서 토지 소유의 구조는 봉건제도의 유산이었다. 20세기 초에 토지 대부분을 소유하고 촌락 사회에서 지도층을 형성했던 집안은 대게 봉건귀족의 후손들과 지위와 권한을 얻기 위해 토지를 샀던 다수의 산업 자본가들이었다. 반대로 북미, 오스트레일리아, 뉴질랜드 촌락 지역의 유럽인 정착지는 보다 평등주의적이어야 했다. 그렇지만 여기서도 마찬가지로, 광산을 개발하고 가장 큰 농장과 목장을 만든 기업가들이 빠르게 우세해졌다. 변경지역에서 맷슨(Mattson, 1997)이 관찰하듯이,

> 지역 지도층의 특징을 구분 짓는 것은 부와 직위에 기반한 태어날 때부터 주어진 영향력이다. 왜냐하면 문맹률은 해안가를 따라 위치한 마을에 비교하여 높았고, 남성들은 그들의 카리스마적인 리더십 기술과 경제적 영향력에 바탕을 둔 명성 있는 직위를 얻었기 때문이다. 따라서 대지주, 지역 상인과 땅투기꾼들이 치안판사가 되었다(p. 127).

그러나 온정주의는 단순한 경제 엘리트들의 권력집중 이상의 것을 의미한다. 온정주의 하에서 엘리트들은 그들만의 비공개 채널을 통해 정부가 지닌 종래의 기능 중 많은 기능을 이행하는 것에 대해 책임을 졌다. 지역의 사회간접자본을 개발하고 경제적 발전을 이끄는 사람은 지주와 사업가였다. 그들은 주택과 고용, 보다 자애로운 재단법인 조직의 학교와 병원을 제공했고, 지역 자선단체를 지원하였다. 지방정부의 역할을 비롯한 국가의 역할은 따라서 제한적이었다.

20세기 중반까지 온정주의는 지속되기 어려웠다. 유럽의 귀족 엘리트는 수적으로나 재산 면에서나 감소하기 시작했고, 지역 정치 지배층에서의 그들 역할에서 물러나기 시작했다(Woods, 1997). 온정주의적 문화의 요소들은 사라지지 않고 남아 있었고, 지역 커

뮤니티들은 리더십을 제공하고 '대지주'의 역할을 맡기기 위해 부농들에게 의지하였다 (Newby et al., 1978). 그러나 이미 촌락의 작은 마을에서 지배적인 엘리트층을 형성한 새로운 농업 엘리트나 상인, 전문가들 누구도 온정주의이라고 특징지어진 민간정부에 제공하기 위한 자원을 가지고 있지 않았다. 대신 그들은, 그들이 지배하는 사무실이 자리 잡고 있는 지방정부의 조직을 통해 권력을 행사하였다(글상자 11.1 참조).

글상자 11.1 잉글랜드 서머싯의 변화하는 촌락 권력구조

1906년 잉글랜드 서남쪽의 서머싯 주 의회 67명의 위원 중에는 26명의 지주와 최소한 8명의 농부가 포함되어 있었다. 22명의 주 의회 의원 중 15명은 상당히 영향력 있는 지주였다. 이렇게 상당히 귀족적이고 토지를 소유하고 있는 엘리트의 우세는 당시 대부분의 잉글랜드 촌락의 전형적인 모습으로 권력의 세 가지 원천에 의존하였다. 첫째, 자원의 통제로 특히 토지가 그러했고, 둘째, 친족, 사냥과 시골저택 파티를 통해 형성된 배타적인 네트워크를 통한 후원과 영향력의 행사였다. 셋째, '지방 대지주 담론'으로, 이것은 젠트리 계층(gentry)을 촌락 사람들의 상사 더 나아가서는 촌락 사회의 타고난 지도자로서 위치 지었다.

그러나 엘리트의 권력은 제1차 세계대전 이후 의무상실과 토지매매를 촉진시키고 귀족집안을 지배층 지위에서 물러나게 하거나 카운티(county)를 모두 떠나게 만든 경기후퇴로 침식되었다. 그들의 위치는 새로운 소규모 농가, 무역가, 우체국장, 성직자나 의사와 같은 촌락 커뮤니티 리더에 의해 채워졌다. 이들 촌락 커뮤니티 리더는 '농업 커뮤니티'와 '유기적 커뮤니티'라는 두 담론에 의해 지지 받았고, 유기적 커뮤니티는 농민과 가시적인 커뮤니티의 모습을 각 촌락 정부의 알맞은 지도자로 위치 지었다. 1935년까지 74명 자치주 의원 중에는 12명의 소규모 농부, 최소 15명의 상업적 배경을 지닌 의원, 그리고 17명의 지주로 이루어진 그룹이 포함되어 있었다. 상인들이 자치주에서 읍(town)과 자치군(borough) 의회를 지배하는 동안에 농부들은 교구 의회와 촌락 지구 의회를 지배하였다.

20세기 마지막 분기 동안에 서머싯은 특히 상상의 '유기적 커뮤니티'에 대한 적은 공감과 촌락성 (rurality)의 이해에 있어서 장소에 대한 매우 다른 담론으로 동기부여된 중산층 인구의 대규모 전입을 포함하여 상당한 사회적·경제적 재구조화를 다시 겪어야 했다. 그런 이유로 새로운 중산층 거주자들은 기존 엘리트들에 의해 대표된다고는 느끼지 못했고 지방정부의 자리를 놓고 스스로 경쟁하기 시작했다. 1995년에 서머싯 주 의회의 57명 중 오직 두 사람만이 '토지를 소유한 젠트리 계층' 출신이었고, 4명은 농부였지만 9명은 교사이거나 전직 교사, 그리고 10명은 공공부문에 고용된 사람들이었다. 그러나 구식 관료들은 행정 장관과 지역 보건공무원 그리고 국립공원의회를 포함한 지방정부에서 지명된 지위에서 계속 큰 존재감을 가졌다. 그런 이유로 서머싯의 지역 권력구조는 20세기 초기 하나의 폐쇄적이고 배타적인 엘리트에 의한 지배에서 마지막 미니 엘리트와 경쟁하는 분해된 구조로 바뀌었다.

좀 더 상세하게는 Michael Woods (1997) Discourses of power and rurality: local politics in Somerset in the 20th century. Political Geography, 16, 453-478 참조.

따라서 정부는 지방정부의 형성에 있어서 특히 촌락 지역에서 그 역할을 확대시켰다. 그러나 새로운 국가통제주의 시대는 근본적인 모순으로 특징지어졌다. 반면 선출된 지방정부는 온정주의의 엘리트주의 이후 촌락 사회의 민주화로서 대표되었다. 예를 들어, 올

리베이라 밥티스타(Oliveira Baptista, 1995)는 1974년 살라자르(Salazar) 독재의 뒤를 이은 포르투갈의 민주적인 지방정부의 도입은 '시민들에게 지역의 관리에서 영역에 관한 경제적 통제를 갖는 것에 반대할 기회를 제공하였고'(p. 319), 촌락의 쇠퇴에 대처할 수 있었던 것을 통해 기초를 만들어 낼 수 있었다고 언급한다. 영국과 프랑스 그리고 미국과 같은 나라에서는 이러한 분명한 민주화가 단지 지방정부에만 관련된 것이 아니라 선출된 농민 대표들이 농업정책을 이행하기 위해 다양한 위원회에 참여하는 것과도 관련되어 있다.

반면 국가 통제주의 시대 역시 전례 없을 정도의 중앙집권을 동반하였고, 자본주의 경제활동을 옹호하여 농촌에 대한 국가개입의 필요성을 반영하였다. 앞 장(제4, 9, 10장 참조)에서 상세히 보았듯이, 그것은 농업시장과 가격을 보장하고, 농업 투자와 현대화를 위해 보조금을 지급함으로써 위험을 흡수하며, 산업 국유화를 통해 에너지와 자원을 안정적으로 공급하게 하고, 토지이용 개발제한을 통해 농업용 토지를 보호하고 촌락의 레저 목적의 이용을 위해 규제함으로써 레저 소비를 촉진시키는 한편, 촌락 개발에 투자함으로써 인구이동을 규제하기 위한 조치를 포함하였다. 이러한 목표들을 이행하기 위해서 농업조정위원회, 국립공원 및 삼림청, 보존국, 국유 공익사업 단체와 촌락개발공사를 포함한 새로운 정부기구가 창설되었는데, 이것은 선출된 지방정부 구조와 나란히 촌락 공간에서 운영되었지만 보통 지역 주민들의 민주적인 참여는 없었다.

국가 통제주의 시대 그 자체는 촌락 공간의 안과 밖으로부터의 압력으로 막을 내렸다. 첫 번째 단계에서 촌락 정부의 재구조화는 경제 및 이데올로기적 요인들로 진행된 정부 재구조화의 광범위한 과정의 일환이었다. 그 요인들에는 자본주의적 생산요건의 변화, 국가 복지 공급비용의 상승에 대한 우려, 높은 비율의 조세에 대한 대중의 반대, 국유기업의 비효율성과 공공부문 무역조합의 권력, 그리고 1980년대에 '최소한의 정부'의 이데올로기에 전념하는 '신우익' 정부의 당선, 개인과 적극적인 시민 그리고 비즈니스 지식의 결부에 힘을 실어 주기가 포함되어 있었다. 두 번째 단계에서는 촌락 지역의 사회 및 경제 재구조화의 과정이 국가 통제주의 구조를 약화시키고 개혁의 근거를 만들어 냈다. 이것은 다섯 가지 변화를 통하여 발전되었다(Woods and Goodwin, 2003).

- 농업과 운송과 같은 부문에서의 규제 완화, 국유 공사와 기업의 민영화, 그리고 지방정부에서의 민간 및 자원봉사 부문 조직의 고용을 비롯한 촌락 지역에서의 정부활동의 축소

글상자 11.2 핵심 개념

거버넌스 : 새로운 형태의 통치는 주권국의 장치를 통해서뿐만 아니라 다양한 협회와 기관, 파트너십과 주도권을 통해서도 이루어진다. 그 속에서는 공공, 민간 그리고 봉사 부문 간의 경계가 흐려진다. 거버넌스와 관련된 행위자와 조직들은 안정성과 수명에서 정도의 차이를 보이고, 다양한 형태를 취하며, 위·아래의 다양한 스케일에서 운영되고, 국민국가의 그것과도 일치한다.

- 정부에서 '적극적인 시민'으로의 책임 전환과 로컬 스케일에서의 파트너십을 통한 활동에 의한 지역 커뮤니티 참여
- 정부부처, 기관의 통합과 정부의 다른 층 및 부문 간 파트너십 형성을 포함한 촌락정책 시행의 조율
- 촌락과 도시를 아우르는 지역 위원회를 분명하게 지지하는 일부 촌락기관의 교체
- 지방의회의 권력, 재정과 구역을 비롯한 선출된 지방정부의 개혁

총체적으로 이러한 변화는 '촌락 통치' 시스템에서 '촌락 거버넌스'로의 전환을 나타낸다고 논의되어 왔다(글상자 11.2 참조).

촌락 거버넌스의 성격

'거버넌스'의 개념은 1980년대에 도시 연구자들이 처음 고안해 낸 것으로, 그들은 선출된 지방정부의 권한이 도시 정책결정과 이행에 있어 민간부문 참여의 확대와 경제개발과 같은 지역 책임이 있는 비선출기관의 설립으로 어떻게 타협되고 있는지를 관찰하였다(Jessop, 1995; Rhodes, 1996; Stoker, 2000). 한동안 '새로운 지방정부'의 이 시스템은 암암리에 본질적으로 하나의 도시 현상으로 취급되었다. 그렇지만 거의 간과되어 버린 동일한 과정들이 촌락 지역에서 작용하였다. 1990년대 중반까지 촌락 거버넌스의 모습은 정부의 기존 기관들뿐만 아니라, 가령 유럽에서의 LEADER 행동단체(제10장 참조)와 미국의 유역관리 파트너십을 비롯한 과다한 파트너십, 커뮤니티 주도, 정부 간 조직, 비즈니스 포럼과 공동출자 방식을 통해서도 나타났다. 굿윈이 관찰하였듯이,

징후는 상호의존적인 복잡한 망으로 점점 촌락 지역을 지배하는 복잡하게 얽힌 계층들이고, 지금은 지역에서 유럽인에 이르는 각 수준에서의 촌락정책 형성과 서비스 전달을 위한 지지 장치들이다. 모든 수준에서의 공식적인 정책언명은 정부의 공식구조를 넘어선

글상자 11.3 거버넌스에 관한 다섯 가지 제의

1. 거버넌스는 통치로부터가 아닌 그 이상으로부터 끌어낸 복잡한 제도와 행위자들과 관련된다.
2. 거버넌스는 경계와 사회·경제적 이슈와의 씨름에 대한 책임의 모호함을 밝힌다.
3. 거버넌스는 집단행동에 참여한 기관들 간의 관계에 내포된 권력 의존성을 밝힌다.
4. 거버넌스는 행위자들의 자율적인 자치 네트워크에 관한 것이다.
5. 거버넌스는 능력(capacity)을, 정부가 무엇을 명령하거나 그 권한을 이용하는 힘에 기초하지 않고, 무엇인가를 해낼 수 있는 것으로 인식한다. 그것은 조작하거나 인도하기 위해 새로운 툴을 사용할 수 있도록 정부를 이해한다.

출처 : Gerry Stoker (1996) Governance as theory: five propositions mimeo, Mark Goodwin (1998) The governance of rural areas: some emerging research issues and agendas. Journal of Rural Studies, 14, 5-12에서 인용.

파트너십과 네트워크의 역할을 강조한다(Goodwin, 1998, p. 6).

그러나 통치에서 거버넌스로의 변화는 제도적 체제의 변화 이상의 것을 내포한다. 그것은 형태, 통치의 논리와 담론에서의 변화를 포함한다. 정부는 더 이상 통치에 관해 독점권을 갖는다고 가정되지 않고, 오히려 정부와 다른 부문들의 책임이 모호해진다. 정부는 또한 더 이상 공공재의 공급자로 위치 지어지지 않지만 지역 커뮤니티가 그들 스스로 관리할 수 있도록 해 주는 조력자로 정해졌다. 유사하게 거버넌스의 정통성은 전통적인 지배의 선거권한으로부터라기보다는 통치 활동에 있어서의 시민과 이해관계자들의 직접적 참여에서 온다고 인식된다(글상자 11.3 참조).

이러한 아이디어들을 함께 그려 내면서, 촌락 거버넌스 출현의 증거는 두 가지 연결요소의 주위에서 확인될 수 있다. 그것은 파트너십을 통한 활동과 커뮤니티 참여, 그리고 적극적인 시민이다.

파트너십

파트너십을 통한 활동은 거버넌스 개념의 핵심으로, 다양한 방법으로 나타낼 수 있을 것이다. '파트너십을 통해 일하는 것'은 조직들이 연락회의를 개최하거나 자문포럼에 참여하는 것을 의미하고, 어떤 계획에 공동출자하거나 둘 이상의 조직이 함께 특정 사업에서 일하는 것을 의미한다. 에드워즈 등(Edwards et al., 2000)은 가장 확실한 수준에서 '파트너십 조직'은 '둘 이상의 파트너로 구성된 공식적 혹은 준공식적 조직으로, 알아볼 수 있는 재정적·행정적 구조를 띠며, 구성 파트너와 구별되는 아이덴티티를 지닌다. 그리고 그것은 특정 목표에 대해 행동하는 능력을 달성하기 위해 구성 파트너들이 지닌 자원을 결합하고자 창안되었다'(pp. 2-3)라고 정의하였다. 이러한 모든 유형은 촌락 지역에서 급증되어 왔고, 에드워즈 등은 다음과 같이 기술한다.

> 잉글랜드나 웨일즈의 작은 촌락 타운이나 촌락지구에서 활동 중인 조직들에 대한 엄밀한 검토는 LEADER 단체, Local Agenda 21 단체, 트레이닝 파트너십, 커뮤니티 기업이나 개발 사업, 시 포럼, 그리고 촌락 개발 프로그램, 또한 마케팅과 제품 공공가격 설정, 지속 가능한 개발, 교통과 관광에 초점을 둔 과다한 단체들을 드러내는 것과 같다. 이 모든 조직은 다양한 조직을 한데 묶어 공공부문, 민간부문과 자원봉사 부문을 아우르며 구성되었다(Edwards et al., 2000, p. 1).

특히 이러한 형태의 파트너십은 촌락 거버넌스에서 명성을 얻고 있다. 첫째로, 정책과 다른 스케일이나 다른 부문에서 활동하는 정부 기관들을 비롯하여 촌락 지역에서 활동하는 다양한 정부기관들의 계획을 조정하는 것을 목표로 하는 전략적 파트너십이 있다. 일부 사례에서 전략적 파트너십은 또한 농민연합, 비즈니스연합 그리고 자원봉사 부문 대표자와 같은 다른 이해관계단체를 포함하기도 한다. 미국의 촌락개발연대(National Rural Development Partnership, NRDP)가 전략적 파트너십의 좋은 예이다. 1990년에 형성된 NRDP는 40개가 넘는 연방기관, 촌락 지역의 프로그램 듀플리케이션과 서비스 격차를 밝혀내는 것을 목적으로 하는 정부조직으로 만들어진 네트워크로, 기관들 간의 공동작업과 조직화를 하고, 정책결정 과정에서 정보를 전파하여 촌락의 이익을 대표한다. 그것은 국가 파트너십과 국립촌락개발위원회(National Rural Development Council)의 두 가지 스케일에서 작동하는데, 국립촌락개발위원회는 주 수준의 기관과 핵심 민간·비영리 부문 이해관계자들로 구성된 파트너십이기도 한 36개의 주촌락개발위원회(State Rural Development Councils)가 지원한다(Radin et al., 1996).

둘째로, 제공 파트너십(delivery partnership)으로, 이것은 특정 정책이나 계획의 이행을 관리하기 위해 지역 수준에서 형성된다. 지방정부는 보통 핵심 파트너가 되지만, 다른 파트너에는 적절한 재정단체, 상공회의소, 기업기관, 시민 및 거주자 조직, 그리고 젊은이들과 같이 커뮤니티의 특정 부문을 대표하는 단체가 속한다. 제공 파트너십은 종종 촌락 개발 사업 실시에 포함되는데, 파트너십을 통한 개발은 많은 촌락 개발 프로그램의 요건이 되고 있다. 예로, 웨스트홀름 등(Westholm et al., 1999)은 유럽에 있어서의 지역 촌락 개발 파트너십에 대해 조사하였는데, 이들 중 상당수가 EU 촌락개발계획의 결과물이다(제10장 참조). 이들은 파트너십 원칙의 광범위한 적용만이 아니라 나라마다 다른 정치적 맥락과 시민사회 전통의 차이에서 비롯된 파트너십 조직들의 형태와 구조에서 의미있는 차이를 보여 준다. 더욱이 웨스트홀름 등은, EU가 유럽에서의 파트너십을 통한 개발을 촉진하는 데 있어서 원동력이 되는 동안 파트너십은 점차적으로 국내 촌락 개발 프로그램의 특징이 되어 가고 있다고 설명한다(글상자 11.4 참조). 그리하여 에드워즈 등(Edwards et al., 2000)은 영국에서 서로 인접해 있는 3곳의 카운티에서 활동하는 촌락 재생 관련 파트너십 수가 1993년 20개 이하에서 1999년 140개 이상으로 증가하였음을 기록하였다(그림 11.1).

글상자 11.4 루럴 챌린지

루럴 챌린지(Rural Challenge)는, 1994년부터 1997년까지 4년간 재정 지원 대회에서 24개의 지역 프로젝트를 재정 지원했던 잉글랜드의 촌락개발위원회가 주도하는 재생사업이었다. 대회는, 매년 프로그램에 참여할 수 있는 자격을 지닌 각각의 16개 카운티에서 뽑힌 한 곳이 이어서 가거나, 매년 재정적 지원을 받는 6개의 프로젝트에서 뽑힌 한 곳이 이어서 가거나 하는 두 단계로 되어 있었다. 존스와 리틀(Jones and Little, 2000)이 기록하듯이, 1994~1997년 사이에 재정적 지원을 받은 18개 프로젝트는, 그 범위가 서머싯에서 촌락 젊은이들을 위한 모바일 정보, 레저와 트레이닝 시설을 제공하기 위한 150만 파운드짜리 프로그램에서부터 노퍽의 스와프햄에서 비즈니스 파크와 에코 테크 센터를 건설하는 1,300만 파운드짜리 개발 프로그램에 이르기까지 다양했다. 대회 규칙에는 모든 신청서는 반드시 공공부문, 민간부문, 커뮤니티 부문의 파트너를 포함하는 파트너십으로 만들어져야만 한다고 명기되어 있다. 파트너십을 통한 개발의 강점은, '민간부문 투자비율이 가장 높고', 다양한 파트너들을 참여시킨 입찰로 얻은 신용으로 신청서를 평가하는 데 사용되는 평가기준의 일부였다. 프로그램 안내서에 쓰여 있듯이, 루럴 챌린지는 '지역 파트너십에 참여하려고 보통 촌락 재생에 참여하지 않는 조직들을 자극하는 것을 목적으로 하였다. 입찰은, 폭넓은 관심에 대해 논의되어 왔고, 입찰에서 직접적인 이익을 얻는 민간, 공공, 자원봉사 부분, 예를 들면 지역 고용주, 경찰, 학교, 대학, 보건당국의 핵심 파트너들이 파트너로서 포함되었고, 제안에 전념한다는 것을 반드시 보여 줘야 한다'(Jones and Little, p. 176에서 인용).

  그러나 존스와 리틀은 파트너십의 형성 과정이 간단하지만은 않다는 것을 입증한다. 촌락 민간 부문의 한정된 규모와 작은 기업에 대한 높은 의존도는, 민간부문 파트너를 등록시키기가 종종 어렵고, 특히 민간부문 자금의 경우는 더욱 그러하다는 것을 의미했다. 또한 커뮤니티 단체도 흔히 그들의 참여가 자원 부족과 절충되었음을 발견하였다. 그렇기 때문에 프로그램에서 대부분의 파트너십은 지역 카운티 및 지구의회를 비롯한 공공부문 기관들이 차지하였다. 일부 경우에 단지 입찰을 프로그램 기준에 맞추기 위해 일부 '파트너'들을 명목상으로만 참여시키는 '거짓 파트너십'이 생겨났다.

더 자세히는 Owain Jones and Jo Little (2000) Rural challenge(s): partnership and new rural governance. Journal of Rural Studies, 16, 171-183 참조.

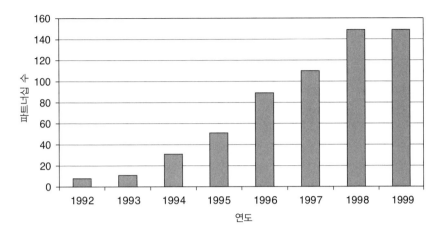

그림 11.1 1992~1999년 포이스 케레디전 주와 잉글랜드 슈롭셔 주에서 운영되고 있는 촌락 재생 사업 파트너십의 수
출처 : Edwards et al., 2000

또한 제공 파트너십은 점차적으로 환경관리제도의 실시에도 도입되고 있다. 정부기관, 환경단체, 자원 이용자와 지역 커뮤니티를 비롯한 모든 이해관계자들의 참여는, 책임공유를 하고 환경 문제를 다루는 데 있어 합의형성의 중요한 단계로 이해된다. 통합된 생태계와 유역관리를 위한 파트너십은 미국의 촌락부, 특히 미국 서부에서(Swanson, 2001), 그리고 오스트레일리아의 토지보호 프로그램(Lockie, 1999b; Sobels et al., 2001)을 통하여 형성되었다.

셋째로, 협의 파트너십(consultative partnership)은 아래에서 논의되듯이, 커뮤니티를 통치 과정에 참여시키기 위한 메커니즘으로서 다양한 스케일에서 작동한다.

커뮤니티 참여와 적극적인 시민

앞 장에서 논의하였듯이, 거버넌스의 중심적인 신조로서 커뮤니티 참여 촉진은 촌락 개발에서의 커뮤니티 참여의 증가와 함께 이루어져 왔다. 실제로 양 사례에서 직접적인 참여는 지역주민의 권한부여로서, 그리고 정부에서 시민에게로의 책임이전으로서 이해될수 있다. 이것은 주민조직, 시민사회와 시골마을 어메니티 협회(village amenity societies)와 같은 커뮤니티 단체를 파트너십 조직에 등록시킴으로써, 그리고 조사의 이용, 평가 연습 그리고 지역 주민들이 직접 참여하는 공식 회의를 통해서 이루어진다.

에드워즈(Edwards, 1998)는 1980년대 초부터 계속되어 온 커뮤니티의 영국 촌락 통치 참여에 대해 밝혀낸다. 그러나 지역 커뮤니티의 직접적인 참여는 1990년대에 들어서야 비로소 1995-96년도 영국 촌락백서(Edwards, 1998; Murdoch, 1997)와 1998년 오스트레일리아의 퀸즐랜드에서의 밝은 촌락미래 회의(Positive Rural Futures conference, Herbert-Cheshire, 2000)와 같은 중요한 문서나 행사에서 촌락정책의 핵심적인 원칙으로 자리 잡게 되었다. 그렇게 해서 커뮤니티 참여는 촌락 개발과 재생계획 (Aigner et al., 2001; Edwards, 1998; Lapping et al., 1989)뿐만 아니라 교육 (Ribchester and Edwards, 1999), 범죄예방(Yarwood and Edwards, 1995), 시골 지역으로의 일반인 접근(Parker, 1999) 그리고 주택 문제와 노숙 문제(Cloke et al., 2000)를 비롯한 촌락 거버넌스와 관련된 광범위한 다른 영역에 있어서도 표준관행이 되었다.

그러나 여전히 '커뮤니티'를 참여시키는 것이, 촌락 커뮤니티가 점점 해체되어 가고 있는 시대에서는 쉽지가 않다(제7장 참조). 일부 사례에서 지역의회는 커뮤니티의 대표로서 활동하고 있지만, 관행으로서의 커뮤니티 참여 촉진은 선출된 지방정부의 포괄성에 대한 암묵적 비판으로도 읽힐 수 있다. 대신 파트너십은, 젊은 사람들과 같은 특정 단체를 대표하는 파트너들이 포함될 것을 특별히 요구하는 일부 프로그램과 함께 다양한 사람들을 대표하는 다양한 커뮤니티 단체를 등록시키도록 장려되고 있다.

따라서 효과적인 커뮤니티 참여는 커뮤니티 구성원의 적극적인 참여에 달려 있다. 커뮤니티 참여 촉진은 따라서 적극적인 시민의 참여를 촉진하는 것과 밀접하게 관련되어 있는데, **적극적인 시민**은 개인이 그들 스스로 문제에 대한 해결책을 찾을 **권리**와 그렇게 함으로써 적극적으로 참여되어야 하는 **책임** 모두를 가진다는 담론이다(Herbert-Cheshire, 2000; Parker, 2002; Woods, 2004b). 보통 수준에서 적극적 시민은 단순히 지역선거에서 투표하거나 커뮤니티 조사에 응답하는 것을 의미할지도 모르지만, 그것은

글상자 11.5   버몬트에서의 리더십 훈련

커뮤니티에서의 환경적 파트너십(EPIC)은 미국 북동부 지역에 위치한 버몬트의 재생계획이다. 버몬트대학교에서 지원하고 운영하고 있는 이 계획은 지속 가능한 촌락 개발을 위한 전략을 개발하는 데 있어서 커뮤니티 지원을 목적으로 하고 있다. 이것은 저녁회의와 주말휴식으로 구성된 10주간의 리더십 훈련 프로그램이다. 워크숍에서는 '참여자 역할극을 하고, 사회 문제(쓰레기 매립지 현장과 같은)를 둘러싼 갈등 해결을 연습하며, 어떻게 자원에 접근하는지 배우며, 어떻게 텔레비전 인터뷰를 하고 보도자료를 작성하는지, 그리고 어떻게 그들이 하는 일에 대하여 글을 쓰도록 리포터를 설득하는지를 배운다'(Richardson, 2000, pp. 112-113). 촌락 커뮤니티의 기존의 리더에 의해 지명된 코스 참여자들은 커뮤니티로 돌아가 리더십 역할을 맡을 것으로 기대된다.

더 자세히는 Jean Richardson (2000) Partnerships in Communities: Reweaving the Fabric of Rural America (Island Press) 참조.

커뮤니티 리더가 될 개개인의 동원을 의미하기도 한다. 후자의 중요성은 퀸즐랜드의 '촌락 리더 양성' 프로그램과 미국의 W.K. 켈로그 재단의 미국 촌락 개발과 같은 리더십 훈련 계획을 통하여 증가되었다(글상자 11.5 참조).

촌락 거버넌스에 의해 대두된 이슈

촌락 거버넌스의 '새로운' 시스템은 여전히 현상을 진화시키고 있다. 그렇지만 연구자들은 촌락 사회의 권력분배에 대한 거버넌스의 효과와 결말에 대해 많이 우려한다. 여기에서는 대두되고 있는 모든 이슈를 상세히 다루기 위해 많이 할애할 수는 없지만, 여섯 가지 핵심 이슈를 소개하겠다.

첫째, 촌락 거버넌스 구조의 **배타성**에 대한 우려이다. 파트너십과 커뮤니티 참여는 표면적으로 포함이라는 말을 사용하지만, 기존의 조직이나 개인과 같은 작은 단체에게로 권력을 집중시킬 수 있다. 커뮤니티에서 보다 더 소외된 집단은 비록 개발계획에서 의도적으로 그들에게 초점이 맞추어지더라도 자신들이 배제되었음을 알게 될 것이다. 예로, 클로크 등(Cloke et al., 2000)은 촌락 지역에서 노숙 문제 해결을 목표로 하는 파트너십 개발계획이 어떻게 노숙자들을 참여에서 배제시키는지를 그려 낸다. 촌락 거버넌스의 활동문화가 배타성을 지닐 수도 있다. 리틀과 존스(Little and Jones, 2000)는 촌락 거버넌스에서의 경쟁과 민간부문 참여에 대한 강조, 루럴 챌린지(Rural Challenge)와 같은 재생 프로그램에서의 지원계획 유형에 대한 결정은 특정의 남성적인 업무관행과 가치관을 반영하고 강화한다고 주장한다.

둘째, 새로운 거버넌스 구조의 **정통성**과 **책임**에 대해 의문이 제기되고 있다. 선출된 정부기관들이 선거를 통하여 시민들에게 책임을 져야 하고 그들의 민주주의 권한으로부터 정통성을 끌어내는 반면, 파트너십과 같은 거버넌스의 기관은 참여하는 조직들의 범위에서 정통성을 끌어내고, 오로지 그들의 파트너와 자금 제공자에 대해서만 책임을 진다(Edwards et al., 2000). 더욱이 전통적이고 선출된 지방정부 기관들을 지속시키면서 지방정부는 그들의 정통성을 유지할 새로운 방법을 찾아야만 한다. 웰치(Welch, 2002)는 오스트레일리아와 뉴질랜드의 촌락 지방정부의 사례 연구를 통하여 정통성은 관여된 조직들에게 있어서 주요 관심사이고, 그 정통성이 지금은 어느 정도 다른 커뮤니티 단체들과 함께 지역의회의 파트너십 참여로부터 나오고 있음을 증명한다.

셋째, 파트너십의 논리는 보통 각기 다른 파트너들의 **불공평한 자원**으로 인해 약화된다. 촌락 지역에서 민간부문의 투입을 찾아보기란 어려울 수 있지만, 커뮤니티 부문 파트너들도 시간과 의견 이외에는 공헌하는 게 아무것도 없다(Edwards et al., 2000; Jones and Little, 2000; Welch, 2002). 따라서 공공부문 파트너들이 지배적인 경향을 보인다. 커뮤니티 투입은 또한 파트너들 간 합의도달의 필요성과 연대책임의 원칙으로 조정될 수 있다(Edwards et al., 2000; Westholm et al., 1999).

넷째, 파트너십과 특정 프로그램에 관련된 다른 계획들, 혹은 대회에 자금을 대는 것이 **단기적**(short lifespan)일 수도 있다. 보다 오래 지속되는 파트너십은 보통 단지 자신들의 존재를 지키기 위해서 상당히 많은 시간과 에너지를 소모한다. 그러므로 촌락 거버넌스의 제도적 구조는 매우 불안정하다(Edwards et al., 2000, 2001).

다섯째, **촌락 거버넌스의 새로운 영역과 범위**는 일부 지역에서 새로운 파트너십 구축과 선출된 지방정부의 재구조화와 함께 형성되어 왔다. 협력의 문제는 중복된 기관들과 다르게 정의된 영역에서 활동하는 파트너십 사이에서 발생할 수 있고, 지역 사람들에 대한 거버넌스 조직들의 책임은 더욱 혼란스러워진다(Edwards et al., 2001; Welch, 2002).

마지막으로, 정부는 커뮤니티에 대한 책임을 없애고 있기 때문에 보편적 정부 제공의 개념은 사라지고 있다. 커뮤니티 내의 특정 시설 제공이나 경제 발전을 위한 자금의 유용성은, 커뮤니티가 적절한 파트너십을 조직하고 자원을 위해 경쟁할 수 있는 능력에 달려 있을 수도 있다. 따라서 촌락 거버넌스가 '파트너십이 풍부한' 커뮤니티와 '파트너십이 부족한' 커뮤니티 간의 **지리적 불균형**을 만들어 내고 있다는 것이 촌락 지역에서 강력하게 표명될 수 있다고 논의되어 왔다(Edwards et al., 2000, 2001).

요약

촌락 지역이 통치되는 구조는, 촌락 재구조화의 결과와 그리고 좀 더 폭넓게는 정부 재구조화의 패턴 모두를 반영하면서 지난 100년 동안 상당히 변해 왔다. 20세기의 시작점에서 온정주의 시스템은 정부기관들을 통해서 지방정부의 좀 더 중앙집권적이고 좀 더 총체적인 구조로 점차적으로 대체되었고, 지난 20년 동안 책임과 권위가 촌락 거버넌스의 새로운 시스템 내에서 정부의 안과 밖의 행위자들의 광범위한 네트워크로 분산되었기 때문에 결국 그것은 지난 20년 동안 재정비되었다. 이러한 전환은 다른 시기에 선호되는 서로 다른 엘리트들과 함께 촌락 지역의 권력구조에 영향을 주었다. 실제로, 선출된 지방정부의 민주주의 체제와 거버넌스 체제의 포함이라는 언어에도 불구하고, 모든 통치방법은 암암리에 다른 사람들보다는 일부의 목소리를 선호하고, 가치 있는 자원의 배분에 따라 권력의 집중을 낳는다. 따라서 새로운 구조의 촌락 거버넌스와 함께 기관들이 자금을 제공하고, 매니저들이 불균형적인 영향력을 즐기는 파트너십 위원회를 꿰차고 있는 동안 지주들은 온정주의하에 유럽의 촌락 지역에서 지배층을 형성하였다. 특히 촌락 거버넌스 시스템의 출현은 권력과 책임에 관련된 문제에 대해 많은 관심을 불러일으켰다. 많은 나라들 및 공공부문 파트너와 함께 평등하게 참여하는 자원봉사 부문 파트너가 겪었던 어려움, 그리고 강력한 촌락 민간부문의 부재로, 논평가들은 거버넌스가 이름만 다른 구식 정부의 연속이나 다름없음을 시사하기에 이르렀다(Edwards et al., 2001). 그러나 만약 권력이 거버넌스하에서 이양되지 않았다면 책임도 확실히 그러했을 것이다. 새로운 촌락 거버넌스의 원칙들이 '상향식' 내생적 발전(제10장)에 대한 강조와 함께 작용하면서, 그 원칙들은 촌락 지역의 미래 형성에 대한 책임이 정부에서 커뮤니티 자체로 이양되었음을 시사한다. 많은 커뮤니티들을 위해 이러한 변화에 힘이 실어졌지만 허버트 체셔(Herbert-Cheshire, 2000)가 언급하듯이 커뮤니티는, '그들이 기업가적 능력이 부족하다고 여겨졌거나 그들이 "자기변화"를 주저하였기 때문에, 그들 자신의 조건을 개선시키지 못한 어떤 실패에도 (불공평하게) 책임 지워질 수 있었다'(p. 210).

더 읽을거리

1998년에 발간된 특정 주제를 다루는 *Journal of Rural Studies* (volume 14, issue 1)는 Mark Goodwin, 'The governance of rural areas: some emerging research issues and agendas' (pages 5-12) 논문과, Bill Edwards, 'Charting the discourse of community action: perspectives from practice in rural Wales' (pages 63-78) 논문을 비롯한 촌락 거버넌스를 다루는 많은 논문들과 함께 의미 있는 출발점이다. 학회지에 실린 논문들은 기본적으로 영국에 초점을 두었지만 오스트레일리아, 뉴질랜드 그리고 미국의 관점은 각각 Lynda Herbert-Cheshire, 'Contemporary strategies for rural community development in Australia: a governmentality perspective', *Journal of Rural Studies*, volume 16, pages 203-215 (2000); Richard Welch, 'Legitimacy of rural local government in the new governance environment', *Journal of Rural Studies*, volume 18, pages 443-459 (2002); Beryl Radin et al., *New Governance for Rural America* (University of Kansas Press, 1996)에서 찾아볼 수 있다.

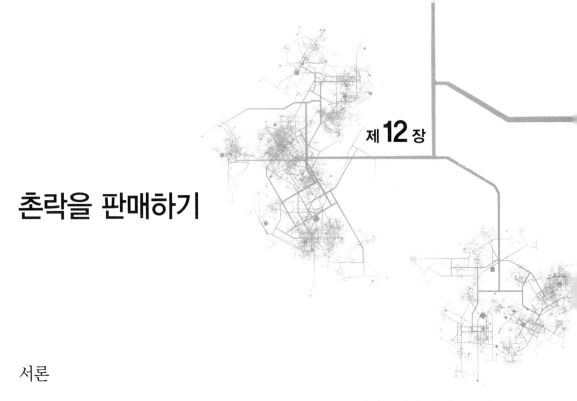

제**12**장

촌락을 판매하기

서론

최근 촌락은 생산기반경제에서 소비기반경제로 재구조화가 진행되고 있다(제5장). 소비기반 촌락 경제는 금융서비스에서 소매업에 이르기까지 광범위한 활동을 아우르는데, 그중 가장 눈에 띄는 분야가 관광이다. 촌락 관광의 파급효과에 대한 정확한 통계는 발견하기 어렵지만, 몇몇 사례의 '스냅숏'을 통해 촌락 관광의 중요성을 엿볼 수 있다.

- 2001년 영국의 국내 숙박여행 중 23%가 시골(countryside)이나 마을(village)에서 머문 여행이었다.
- 1999년 아일랜드의 골웨이에는 65만 9,000명의 촌락 관광객이 방문했으며, 그 이웃 마을인 클레어 카운티에는 31만 명이 방문했다. 촌락 관광으로 골웨이는 1억 100만 아일랜드 파운드의 수입을 창출했으며, 클레어는 1억 2,200만 아일랜드 파운드의 수입을 창출했다.
- 1994년 애리조나의 코치즈 카운티를 방문한 8만 1,000명의 방문객의 소비액은 약 100만 달러가량에 이른다.
- 2002년 스페인 안달루시아를 방문한 촌락 관광 숙박일수는 20만 일을 넘었다. 1999~2000년 사이 이 지역의 촌락 관광업체 수는 50% 증가했다.
- 뉴질랜드에는 촌락 관광 관련 기업이 1만 5,000~1만 8,000여 개 존재한다.

이들 수치는 특정 촌락 지역에서 관광의 기여도를 이해하는 데 도움을 준다. 그런데 촌락 관광의 유형과 중요성이 지역에 따라 상이하고 다양하다는 것도 지적하고 넘어가야 할 것이다. 북미의 국립공원이나 유럽의 알프스, 영국의 레이크 디스트릭트, 스코틀랜드의 하이랜드와 같은 곳에서 관광의 역사는 19세기까지 거슬러 올라간다. 반면 더 전통적인 농업 지역의 경우 관광이 눈에 띄게 발달한 것은 상대적으로 최근의 일이다. 게다가 방문객의 활동이라는 측면에서도 도시-촌락 경계에 있는 레크리에이션 장소를 방문하는 당일여행객의 활동은 북미나 오스트레일리아, 뉴질랜드의 외지를 찾는 '모험 여행객'의 활동과 매우 상이하다.

촌락 관광이 성장하는 이유는 모든 유형의 관광이 팽창하고 있기 때문인데, 동시에 관광의 인기가 '전통적인' 리조트 휴양에서 나아가 보다 광범위한 관광경험으로 바뀌고 있기 때문이기도 하다. 웜슬리(Walmsley, 2003)는 이를 라이프스타일 주도(lifestyle-led) 사회와 여가 지향(leisure-oriented) 사회의 도래라고 정의하였다. 이러한 사회 경향은 촌락에 발전의 기회를 제공하고 있다. 많은 지역에서 내생적 촌락 관광 전략의 일환으로 관광이 장려되고 있는데(제10장), 웜슬리는 관광이 쇠퇴하는 촌락 공동체에게 만병통치약인 것처럼 여겨지고 있다고 관찰하였다. 관광은 농업을 다각화하는 하나의 방법으로 장려되기도 한다(제4장). 쇼와 윌리엄즈(Shaw & Williams, 2002)는 1990년 당시 영국의 농장 중 20%가 관광에 관여했다고 추정하였는데, 그 비중은 최근 훨씬 더 높아지고 있다. 뉴욕 주에서는 1986~1991년 동안 농장 투어 운영자의 2/3가량이 사업을 확장하였고(Hilchey, 1993), 동부잉글랜드관광국(East of England Tourist Board)에서 설립한 6개의 농장이 운영하는 민박 마케팅 협동조합은 매년 160만 파운드의 연 수입을 올리고 있다.

그러므로 촌락 관광은 다양한 범위의 활동을 포괄하고 있다. 버틀러(Butler, 1998)는 드라이브 · 산책 · 역사유적 방문 · 피크닉 · 유람 · 낚시 등을 '전통적 활동'으로, 스노모빌 · 산악자전거 타기 · 오프로드 비이클(off-road vehicles) · 지구력 스포츠 등을 '새로운 활동'으로 구분하였다. 그런데 이러한 관광활동을 구분하는 더 유용한 방법은 촌락에서 전개되지만 촌락적 특성은 나타나지 않는 활동과, 촌락 경관 · 환경 · 문화 · 전통과 적극적으로 연계되는 활동으로 나누는 것이다. 전자는 테마파크 또는 자기 완결적 휴양센터로 센터팍스(Center Parcs)를 비롯한 대부분의 '활동기반' 휴가 및 코스가 이에 해당된다. 반면 후자의 범주에는 산악 트레킹, 농장 휴가, '전통' 공예체험 등이 포함되며, 모험관광의 스릴 넘치는 자연 체험 활동도 포함된다. 두 번째 범주에서 공통적으로 나타나는 것은 '관광객의 시선'(Urry, 2002)에서 나타나는 '촌락' 중심성이다. 어리(Urry,

2002)는 '관광객의 시선'이라는 개념을 제안하며, 관광은 일상과 다른 장소를 보고, 경험하고, 이해하고, 재현하는 과정이라고 설명하였다. 관광객의 시선은 장소를 변형시키는 결과를 초래한다. 관광객은 그들의 예상과 기대에 맞게끔 촌락 장소를 변화시킨다. 촌락도 스스로를 포장하고 광고하며, 때로는 물리적으로 변화시켜서, 관광객의 시선이 보내는 기대에 맞추어 관광객을 유치하고 개척하고자 한다.

촌락의 상품화

'관광객의 시선' 특유의 경험을 찾는 것이 중요해지면서 촌락 경제는 생산기반경제에서 소비기반경제로, 즉 물리적 환경을 개척하던 경제에서 시골의 미학적 매력을 개척하는 경제로 전환될 필요가 발생했다. 당연히 촌락 환경의 상대적 가치는 변화하였다. 촌락의 토지는 생산 잠재력이라는 가치를 상실했고, 반면 관광객에게 혹은 영화 세트장처럼 미학적인 소비의 형태로 제공될 기회는 늘어났다. 환언하면, 시골은 상품이 되었고(글상자 12.1 참조), 관광 소비나 이주민의 부동산 투자, 촌락 공예품점이나 상품의 마케팅, 그리고 촌락 이미지를 통한 제품 판매 등을 통해서 '사거나' '팔리게' 되었다.

클로크(Cloke, 1992)는 시골의 상품화를 초래하는 다양한 요인이 있다고 설명한다. 즉 농업이나 임업의 경제적 운은 쇠퇴했지만 관광 산업은 성장하고 있으며, 브랜드·기호·상징이 세계를 이해하는 기본적이 수단이 되는 사회가 도래했고, 그 결과 기업은 그들의 자산에서 가치를 최대한 이끌어 낼 필요가 생겼기 때문이라는 것이다. 한 조각의 촌락 토지는 생산가치와 동시에 교환가치를 위해 개발된다(다음 절에서 제시되는 수력발전소, 급수장, 숲의 관광 마케팅 사례를 보라). 그리하여 클로크가 묘사했듯이 상품화는 촌락 지역에서 자본주의 경제의 일부가 되었고, 다음의 인용을 포함한 수많은 방법으로 진행되었다.

시골마을은 특권층이 사는 장소로 고급화되고, 촌락 공동체는 사고파는 맥락에 놓이게

글상자 12.1   핵심 개념

상품 : 교환(즉 사거나 파는 것)을 목적으로 생산된 물건

상품화 : 물건이 그 '사용가치'를 초과하여 판매될 때의 가치('교환가치'). 환언하면 문화적 혹은 미학적 이유에서 실제 사용가치를 넘어서는 가치가 부과된다. 상품화되면 물건의 사용가치나 필요성은 중요하지 않게 된다('추상화'된다).

되며, 촌락의 생활양식은 식민지화될 수 있고, 촌락의 문화적 아이콘은 공예품이 되거나 포장되거나 판매되며, 촌락 경관은 '요금을 내고 입장하는' 국립공원뿐 아니라 급증하는 테마파크까지 새로운 잠재력을 지니게 되었으며, 촌락의 생산품은 새롭게 상품화된 음식 부터 도시에서 옮겨진 잠재적으로 혹은 실제로 오염을 발생시키는 제조공장의 생산품까 지 다방면에 걸치게 된다(Cloke, 1992, p. 293).

다른 상품과 마찬가지로 시골도 가장 규모가 큰 잠재적 소비자(시장)에게 어필하기 위 해 디자인되고 포장되며 마케팅된다. 촌락의 맥락에서 가장 큰 교환가치를 지니고 있는 것은 촌락의 이상적인 목가에 근접한 경관이나 환경 · 전통 · 관습 등이다. 그러므로 촌락 의 마케팅은 종종 촌락적 목가와 관련된 특징을 강조하면서 촌락 지역을 재포장하고 재 현하면서 이루어진다(제1장 참조).

클로크(Cloke, 1993)는 웨일즈와 잉글랜드 남동부에서 제작된 촌락 관광 광고물을 연 구한 뒤 다섯 가지 주제가 반복적으로 등장하고 있음을 밝혔다. 첫째, 촌락 **경관**이 배경으 로 흔히 언급되는데, 특히 웨일즈에 있는 오크우드(Oakwood) 테마파크처럼 농업과 관계 가 없는 경우일수록 '아름다운 펨브룩셔 시골의 80에이크' 에 위치하고 있다는 식으로 촌 락 경관이 배경으로 더욱 강조된다(p. 62). 둘째, 관광경험으로 동물과 식물이 언급되면서 **자연**도 강조된다. '은하수와 노스 데번의 맹금류 센터' 에서는 '재미있는 농장체험. 우유 짜기! 아기 동물을 안고 우유 먹이기!' 를 약속한다(p. 62). 셋째, **역사**도 시골의 사회적 구 성에서 중요한 요소로서 강력하게 제시된다. 넷째는 **가족**이다. 마지막으로 촌락 공예품과 시골 '축제' 가 장려되는데, '안내책자에 등장하는 시골마을은 거의 모두 특정 공예품과 다과가 시골마을 경험 패키지의 일부를 구성하는 것 같은 인상을 준다' (p. 63).

유사한 주제가 홉킨스(Hopkins, 1998)의 연구에서도 발견되었다. 그는 캐나다 온타리 오 남부의 촌락 관광지 판촉물에서 '상징적 촌락 마을' 을 분석하였다. 자연은 여기서도 자주 강조되었는데, 특정 동물이 언급되는 경우도 많았다. 환경 어메니티, 가족과 공동체, 역사라는 주제도 흔히 강조되었다. 홉킨스는 광고물이 이러한 메시지를 전달하는 수많은 방법을 지적하였다. 그중에는 매력물의 로고가 있는데, 대부분의 로고는 가족 캠핑 야영 지 로고처럼 자연 또는 환경을 어떤 형태로 상징화한 것이다.

숲 속 동물—여기서는 맑은 눈으로 미소 짓는 '테디' 베어—이 두 발로 서서 캠프파이어 에 핫도그를 꼬치에 끼워 굽고 있는 것으로 묘사된다. '천진난만함', '어린 시절', '음식', '길들여진 자연'에 대한 신화가 다시 한 번 상징화된다. … 그리고 캠프파이어에는 다른 신화가 함축되어 있다. '낭만', '사교', '여름철', '시간의 영원함', '황야.' 이 단순한 로고는 자연의 즐거움, 즉 외딴 숲의 캠핑이 지닌 원시적 즐거움을 효과적으로 포착한다(Hopkins, 1998, p. 76).

이 장의 나머지는 시골마을의 상품화에서 나타나는 다섯 가지 주요소를 묘사하는 사례연구들로 구성되어 있다. 촌락 생산지의 관광마케팅, 촌락 문화유산의 재포장, '가상'의 촌락 경관 판촉, 모험관광의 극단적 경험을 위한 장소로서의 촌락, 도시 소비자에게 상품을 팔기 위한 '브랜드'로서의 촌락이 그것이다.

관광 매력물로서의 촌락 상품

생산기반경제에서 소비기반경제로의 전환은 시골마을 전역에서 이루어지는 것이 아니라 개별 기업이 사업을 실행하면서 진행된다. 많은 농장이 농업의존도를 완화하고 수입원을 다각화하기 위해 관광 산업에 진출한다. 가장 흔한 형태는 B&B(bed and breakfast room)를 제공하거나, 직접 취사가 가능한 코티지(cottage)나 캠핑장을 대여해 주는 민박

그림 12.1 잉글랜드에 있는 '농장 파크'의 광고지
출처 : Woods, 개인 소장

을 시작하는 것이다. 농장 상점, 자연 산책, 승마시설, 호수 낚시도 시도되었는데, 그러나 이 경우 농장은 일차적으로는 여전히 농업 기업이었다. 그런데 농장이 스스로를 '농장 파크'로 재고안하게 되는 추상화 단계에 이르게 되면, 농장 작업은 농장의 대중적인 이미지를 반영하여 목가적으로 바뀌게 된다(그림 12.1). 예를 들면, 잉글랜드 윌트셔에 있는 '파머 길리스(Farmer Giles)'는 광고지에서 가족이 '전통적이고 현대적인 농장일을 배우면서 즐길 수 있는' 안전한 환경으로 묘사된다. '당신은 작은 방목장과 울타리 안에 있는 다양한 동물을 껴안고, 다듬고, 우유를 주고, 손으로 먹이를 줄 수 있다.'

동일한 방법으로 농장 파크는 촌락적 목가로 깔끔하게 처리된 농장 이미지의 보여 준다. 숲도 상품화되는데, 왜냐하면 산림 경관은 대중적인 촌락 담론에서 높은 가치가 있기 때문이다. 최근까지 산림은 목재 생산을 위해 식목되고 관리되었고 대중적 접근은 매우 제한되었다. 그러나 산림 관리자는 숲이 목재 수확이라는 사용가치뿐 아니라, 레크리에이션 활동으로 개척될 수 있는 교환가치도 지니고 있음을 깨닫게 되었다. 예를 들어, 영국에서 포레스트 엔터프라이즈(Forest Enterprise)는 영국의 국유림을 관리하는 반공공

그림 12.2 밴쿠버, 시모어 전시림에 있는 설명 표지판
출처 : Woods, 개인 소장

적 성격의 기업인데, 그 자산을 관광지로 적극 판촉하고 있으며, 방문객 센터 · 피크닉 장소 · 산책로의 도로 표지 · 예술 장치 · 산악자전거 코스 등을 개발하고 있다.

특히 포레스트 엔터프라이즈는 자연 · 경관 · 고요함 · 야생성이라는 일반적인 주제를 자연보존 · 산림관리 · 임업 등 교육적 요소와 결합시켜 산림을 판촉한다. 이 교육적인 의제는 캐나다 밴쿠버에 있는 시모어 전시림(Seymour Demon- stration Forest)에서도 눈에 띈다. 이 숲은 그레이터 밴쿠버(Greater Vancouver) 수질 구역의 분수령에 해당되었기 때문에 출입이 금지되어 왔으나, 1987년 '대중에게 교육적 · 여가적 기회를 제공하기 위해' 개방되었다(광고지). 이 숲에는 해설안내책자와 표지판이 제공되는 1.6킬로미터의 '통합적 자원 관리 산책로'가 있어서(그림 12.2), '산림 관리 주기에 대해 알 수 있는 좋은' 기회를 제공한다(광고지).

촌락 문화유산의 상품화

이상의 사례에서 촌락은 자연과 환경 · 경관이라는 모티프가 강조되면서 상품화되었는데, 이는 사회적으로 구성된 촌락의 전원성의 핵심 요소이다. '촌락의 전원성'의 다른 특징은 향수, 그리고 촌락이 도시보다 덜 변화되었고 덜 타락되었다는 느낌이다. 이러한 믿음에 호소하며 촌락의 문화유산은 상품화되고 관광지화된다. 그중에는 전통적인 경제기반이 붕괴된 뒤 재생을 도모하기 위해 과거를 기념하는 전략을 채택하는 장소도 있는데, 그 대표적인 사례가 캐나다 밴쿠버 섬에 있는 슈메이너스(Shemainus)이다. 1983년 이 마을의 제재소가 문을 닫아 654개의 일자리가 사라지자 다양한 재생계획이 시도되었는데, 그중 하나가 지역의 역사를 묘사하는 5개의 벽화를 그리는 작은 프로젝트였다. 기대치 않았던 폭발적인 반응에 고무되어 1992년 '벽화 축제'가 개최되기 시작하였다. 벽화 축제에는 32개의 벽화와 6개의 조각이 전시되었는데, 이는 모두 지구의 농업 유적 및 개척자 유적을 그린 것이었다(그림 12.3). 벽화는 매년 25만 명의 관광객이 방문하는 중요한 관광 매력물이 되었고(Barnes and Hayter, 1992), 오스트레일리아 태즈메이니아에 있는 세필드(Sheffield)를 비롯하여 다른 마을에서도 이 계획을 차용하게 되었다(Walmsley, 2003).

슈메이너스 벽화는 과거 재현을 일정한 거리를 두고 소비하는 것이다. 그런데 때로는 관광객에게 직접 과거를 '경험'할 수 있는 기회를 제공하기 위해 역사적 촌락을 '재구조'하는 시도도 제기된다. 윌슨(Wilson, 1992)은 애팔래치아 남부에서 나타난 네 가지 사례를 논의한 바 있는데, 윌슨에 따르면 이 지역은 미국에서 가장 궁핍한 촌락 지역 중 하나

그림 12.3 밴쿠버 섬, 슈메이너스에 있는 촌락 문화유산을 묘사한 벽화
출처 : Woods, 개인 소장

로, '위기의 지리를 보여 주는 훌륭한 사례다. 오랫동안 산악 및 유역에서 고립되어 왔던 독특한 지역문화가 지난 60년 동안 가차 없이 근대적 개발 프로젝트와 충돌해 온 것을 목격할 수 있기 때문이다'라고 설명하였다(p. 206). 네 가지 사례 중 돌리우드(Dollywood)와 헤리티지(Heritage) USA 두 곳은 명백히 상업적인 사업으로, '촌락의 문화유적'을 방문객에게 파는 패키지의 일부로 구성되어 있다. 테네시 주의 피전 포지(Pigeon Forge)에 있는 돌리우드는 컨트리 가수인 돌리 파튼(Dolly Parton)이 소유한 테마파크로 그녀를 주제로 삼고 있다. 광고물에서는 '스모키 산맥(the Smokies)의 전통과 자부심이 살아 숨 쉬는 유일한 장소, 옛날식 공예품, 숨 막히는 장관, 음식, 즐거움, 친절한 사람들, 그리고 돌리의 업 비트 음악!'이라고 묘사하며 관광객을 초대한다(돌리우드 안내책자). 윌슨이 묘사한 것처럼, 산악의 문화유적은 돌리우드에서 재생산되었다. 물질적으로는 건물·베틀·농기구·곰방대·빨래판·성경 등이 재현되었고, 상징적으로는 그림이 그려져 있는 티셔츠와 머그컵, 포스터가 기념품 가게에서 판매되었다. 윌슨은 돌리우드가 물질성(materiality)을 넘어서, 건전하고 단순하며 촌락적인 고향(home)이라는 사고를 상품화하고 있다고 주장한다.

한때 사람들은 이렇게 살았다. 산악생활은 단순했지만 건전했다. 더 이상 돌리가 이러한 방식으로 살고 있는 것은 아니라는 사실은 상관없다. 방문객을 매혹시키는 것은 바로 인위적인 것이다. … 돌리우드가 보여 주는 것은 우리와 산악 문화의 (이는 남아 있을 수도 혹은 남아 있지 않을 수도 있지만) 관계가 모순으로 가득 차 있다는 사실이다(Wilson, 1992, p. 211).

돌리우드의 촌락 문화유산 재현에서 암시되어 있었던 도덕적 의제는 헤리티지 USA에서 명확하게 드러난다. 헤리티지 USA는 노스캐롤라이나의 샬럿(Charlotte) 부근에 있는 기독교 부동산 개발 사업이었는데 현재는 문을 닫은 상황이다. 헤리티지 USA는 전통을 이용하여 현재에 대한 도덕적 비전을 안내해 주고 정당화하고자 했으며, 이를 경관에 반영하여 물질적으로 표현하였다. 그런데 윌슨의 논평처럼, '헤리티지 USA를 묘사할 때는 매 단어마다 따옴표가 필요하다. 그곳에는 "증기" 기관차, "통나무" 집이 딸린 "오래된" 농장, "조지 왕조풍" 건물이 늘어선 "메인 스트리트 몰"이 있다. 대부분의 건물 내부에서 우리는 에어컨·향수·"작금의" 적당한 음악에 둘러싸인다' (p. 214). 여기에는 팜 랜드(Farmland) USA도 포함되는데, 광고물에서는 이를 '19세기 시골의 삶을 경험' 하는 것으로 묘사해 놓았지만, 실제로는 모호한 시공간의 재현을 체현해 놓은 것에 불과하다. 빅토리아 시대 농가와 헛간, 동물을 만질 수 있는 동물원, 말과 마차 타기, 풍차·시골 작업장·시골 예배당 등 전형화된 수집품만이 전시되어 있기 때문이다.

반면 테네시 주의 노리스(Norris)에 있는 애팔래치아 박물관(Museum of Appalachia)은 스스로를 '세상에서 가장 진정하고 완벽한 개척자 생활의 모형' 으로 광고한다. 옥외부지에는 이축한 20개 이상의 '진짜' 오두막과 시설이 있는데, 이들은 '다른 무엇보다도 진정성을 추구하며 "사람이 계속 산 것 같은" 느낌' 을 전달해 주기 위해 박물관 내에 인위적으로 배치되었다(박물관 안내책자; 그림 12.4 참조). 돌리우드처럼, 전시되어 있는 재현물은 더 심오한 메시지를 담고 있는데, 이는 '인구수가 줄고 있는 남부 애팔래치아의 순수혈통인은 세계에서 가장 존경스러운 종족이다' 라는 박물관 설립자의 이야기에서 명확히 나타난다(박물관 안내책자). 그런데 윌슨은 재현의 선택성을 지적한다.

이야기들은 관광객을 개척시대로 데려간다―황야와 야만에게 승리했던 해로. 그러나 나는 그 후 패배의 해에 대한 이야기―토양침식과 저수지 범람, 빈곤, 근대적 생활이 침투한 이야기를 찾을 수 없었다. 20세기 중반 이곳에서 어떤 일이 발생해서 이들이 사라지게

그림 12.4 애팔래치아 박물관, 산속 오두막의 재현
출처 : Woods, 개인 소장

되었는지를 보여 주는 단서가 없었다. 그리고 백인보다 앞서 살았던 문화의 흔적도 없었다. 그래서 우리의 현재가 어떻게 이들 도구나 건물과 연계되는지 의구심을 품게 되었다(Wilson, 1992, p. 207).

마지막 장소인 카데스 코브(Cades Cove)는 가장 강력하게 진정성을 주장하는 곳일 것이다. 이곳은 한때 사람이 살았던 마을인데, 그러나 스모키 산맥 국립공원이 1934년 창설되면서 마을 주민들은 이주하였다(글상자 13.1 참조). 건물의 대부분은 철거되었지만 몇 개가 예전 생활양식을 재현하기 위해 남겨졌는데 현재는 빈 오두막집과 헛간ㆍ학교ㆍ교회ㆍ대장간ㆍ방앗간이 순환도로 투어의 정류소로 사용되고 있다(그림 12.5). 건물에는 배치된 가구도 없고, 안내원도 없으며, 해설 안내판도 없다. 윌슨은 이러한 부가적인 설비의 부재가 카데스 코브를 다른 장소보다 더 진정한 곳으로 만들지만, 그러나 결론을 내리기는 아직 이르다고 설명한다. 국립공원 당국에 의해서 적절히 잘 관리되고 있는 빈 건물로서, 카데스 코브의 건물은 여기에 한때 살았던 사람이 누구인지, 그들은 무엇을 했고 어떤 어려움에 직면했는지에 대해 거의 전달해 주지 않는다. 그 대신 건물은 무채색 용기처럼 세워져 있어서 방문객은 자신의 목가적인 산악생활에 대한 편견을 마음껏 채워 넣을 수 있다. 이에 반대하는 서사는 존재하지 않기 때문이다.

그림 12.5 스모키 산맥의 카데스 코브에 있는 옛 마을의 흔적
출처 : Woods, 개인 소장

    윌슨이 논의한 장소는 촌락 문화유적, 그중에서도 특히 애팔래치아의 산악 유산을 재현하며 상품화된 곳이다. 이 공간적 언급은 중요한데, 왜냐하면 촌락 문화유적지라는 상품은 글로벌화와 동질화(제3장)에 맞서는 지역적 특수성의 상징으로 여겨지기 때문이다. 지방의 정체성을 표현하는 수단으로 촌락 문화유산을 사용하는 사례는 또한 곳곳에서 발견된다. 스웨덴 중부의 달라나(Darlana) 지방은 수많은 마을이 잘 보존된 유적지를 보유하고 있는데, 그 대부분은 버려진 농장이다. 크랭(Crang, 1999)이 지적한 것처럼, 이러한 장소는 애팔래치아의 역사공원이 과거 촌락 생활의 현실에서 벗어나 추상화된 것처럼 달라나 문화의 기반을 재현하는 것으로 중시되고 있으며, 나아가 스웨덴의 상징적 문화로 간주되고 있다.

허구적 촌락 경관

촌락 문화유적에 대한 향수적 사고는 시골마을에 대한 관광객의 시선을 구성하는 하나의 요소인데, 그런데 관광객의 시선은 영화나 TV 프로그램 문학에서 등장하는 촌락 생활과 촌락 경관의 허구적 재현에 의해 영향을 받기도 한다. 사실 영화에서 촌락을 촬영지로 사용하면서 토지 소유자에게 부가적 수입을 제공하는 것 자체가 상품화의 한 형태이다. 1999년 칸 영화제에서는 '조용하고 전통적이며 스펙터클' 하여 영화 촬영에 적합한 400여 개의 영국 농장 데이터베이스가 CD로 제공되기도 하였다. 장소 이용료뿐 아니라, 촌락을 배경으로 한 영화나 TV 프로그램이 성공할 경우 영화 속 '진짜 세상'을 보고 싶어서 수많은 관광객이 방문할 것으로 기대된다. 예를 들면 모듀(Mordue, 1999)는 1991년 영국의 유명한 TV 드라마였던 "하트비트(Heartbeat)"의 촬영지였던 잉글랜드 노스요크셔 무어주(Moors)에 있는 마을 고스랜드(Goathland)의 사례를 논하고 있다. 고스랜드의 주민은 450명에 불과했고 관광객 수도 연 20만 명에 지나지 않았지만, 드라마 촬영 이후 고스랜드를 방문하는 관광객 수는 연 120만 명으로 증가했다. 이 드라마 시리즈는 1960년대 허구적 마을인 에이든스필드(Aidensfiled)에 살고 있는 한 시골 경찰관의 삶을 그린 것이었다. 그래서 드라마에 나온 경관에 이끌려 고스랜드를 방문한 관광객도 많았지만, 드라마에서 재현한 낭만적이고 단순하며 느린 전원생활을 찾아오는 방문객도 많았다.

관광객의 시선은 허구적 이야기를 위한 배경으로 제공되는 촌락에 투영되고, 실제 경관과 허구적 경관 사이의 차이를 흐릿하게 만들게 되는데, 시간이 지남에 따라 '진짜' 지방성(localities)의 물리적 환경을 바꾸는 효과를 지니고 있다. 예를 들면, 고스랜드에서 "하트비트" 촬영을 위한 요소는 영구적인 마을경관이 되었는데, 가장 눈에 띄는 것은 마을 상점 정면에 놓여 있는 길로, 이곳은 관광객이 그들이 찾는 허구적 장소와 현실의 장소의 연계를 제공해 주는 중심이 되었다. L.M. 몽고메리(Montgomery)의 유명한 아동소설 『빨강 머리 앤』의 배경인 캐나다 프린스 에드워드 섬(Prince Edward Island)에 있는 캐번디시(Cavendish)에서도 유사한 경향이 나타난다. 1908년에 출간된 이 소설은 한 농부와 그 아내에게 입양된 고아가 촌락에서 보낸 그녀의 어린 시절에 대한 이야기이다. 하트비트와 고스랜드처럼, 캐번디시를 찾은 방문객은 낭만적인 촌락의 옛날을 찾아서 온다. 스콰이어(Squire, 1992)가 관찰했듯이, 몽고메리 특유의 연상적인 상상력은 캐나다인의 목가적 전원의 원형을 창조하는 데 도움이 된다(글상자 12.2 참조).

캐번디시는 소설에 나오는 에이번리(Avonlea) 마을의 모델로 여겨졌지만, 소설 속 경관의 일부는 상상되거나 수정된 것으로, 캐번디시의 진짜 지리와 에이번리의 허구적 지리가 정확하게 일치하지는 않는다. 캐번디시를 방문하여 둘 사이의 차이에 직면한 관광객은 허구적 설명을 우선시하고자 했는데, 이는 프린스 에드워드 국립공원에서 '빨강 머리 앤의 집(Green Gables)'을 관리하는 캐나다 공원 당국도 마찬가지였다. 스콰이어가 지적했듯이,

---

글상자 12.2   빨강 머리 앤

밖에서는 커다란 벚나무가 자라는데 그 가지는 집에 맞닿을 만큼 가까이 있고, 나뭇잎을 보기 힘들 정도로 벚꽃이 만개한다. 집 양쪽에는 큰 과수원이 있는데, 한쪽은 사과나무이며 한쪽은 체리나무로 꽃이 한창이다. … 정원 아래에는 라일락 나무가 보라색 꽃을 피우고 취할 것 같은 달콤한 향이 아침 바람에 창문 너머로 실려 온다.

　정원 아래에는 클로버 잎이 무성한 녹색 들판이 출렁거리면서 흐르는 개울과 수 그루의 자작나무 거리로 이어지고, 대수롭지 않게 자라는 덤불 아래에는 즐거운 가능성을 연상시키는 양치식물과 이끼가 자라고 우거진 숲이 펼쳐진다.

L. M. Montgomery, 1968 edition, Anne of Green Gables, Toronto: McGraw-Hill Ryerson P. 33-34에서 발췌.

　　캐나다 공원 당국이 보여 주는 빨강 머리 앤의 집에 대한 해석적 정책은 역사적 진정성이 때로는 문학적 표현과 타협하게 됨을 보여 준다. '실제로 현장에 존재했던 농장에 대한 정보'가 불충분하거나, 이와 유사한 19세기 농장에 대한 정보가 부족할 경우 현장은 소설 속 세부 묘사에 따라 재개발된다(Squire, 1992, p. 143).

　그러므로 스콰이어에 따르면, 프린스 에드워드 섬은 몽고메리에 의해 소설로 옮겨졌지만 관광 산업은 그 과정을 뒤집어서 '다수의 관광 매력물을 통해 허구에 사실적 정체성을 부여'하였다(p. 143).

촌락 모험의 체화된 모험

촌락 환경은 점차 휴양을 넘어서 모험을 추구하는 관광객이 찾는 장소가 되고 있다. 여기에는 전통적인 '아웃도어 추구'인 카누 타기 · 트레킹 · 스키뿐 아니라 제트보트 · 번지점프 · 스노보드 · 래프팅 등 새로운 모험 관광경험도 포함된다. 이는 앞에서 묘사한 전통적인 관광활동인 '관람'하기보다 더 많은 관광활동이 이루어지게 됨을 의미한다. 클로크와 퍼킨스(Cloke and Perkins, 1998)가 주장했듯이, 모험관광은 '관광객의 시선'이라는 은유를 넘어서 '있기 · 하기 · 만지기 · 보기'에 기반을 둔 보다 체화된(embodied) 경험이 된다(p. 198).

　모험관광은 다수의 촌락 지역에서 중요한 여가적 · 경제적 활동이 되었는데, 그중에는 로키산맥, 브리티시컬럼비아, 뉴잉글랜드, 캘리포니아, 그리고 가장 눈에 띄는 곳으로 뉴질랜드 남섬 등이 있다. 매년 15만~20만 명의 방문객이 뉴질랜드로 제트보트를 타러 가고, 5만~10만 명이 번지점프 · 암벽 타기 · 동굴탐험 · 산악자전거와 래프팅에 참여하는 것으로 추정된다(Cloke and Perkins, 1998; Swarbrooke et al., 2003). 이러한 활동의 센터는 섬 내륙에 있는 퀸즈타운(Queenstown)이다. 이곳은 1950년대 이후 동계 스포츠 리조트지가 되었으며 모험관광이 붐을 이룸에 따라 최근 지역 경제와 인구가 급격히 팽창하고 있다(Cater and Smith, 2003). 클로크와 퍼킨스가 관찰했듯이, 자연환경과 모험의 기회는 모두 퀸즈타운의 상품화를 이끌어 냈다. '관광경험은 아름다운 자연경관과 함께하는 모험과 흥분으로 특징지어지고, 이는 사회적 공간화(social spatialization)를 통한 장소 신화를 부채질하였다'(p. 201). 오지의 자연환경은 두 가지 이유에서 모험관광의 장소로 적합했다. 첫째, 오직 모험적인 방법만으로 접근할 수 있는 '사람의 발길이 닿지 않은' 장소를 약속하기 때문이다.

> 스키, 래프팅, 산악자전거, 카약을 타고 훼손되지 않은 장관, 맛있는 음식, 친절한 뉴질랜드인을 만나자. 이 나라의 유명한 관광지를 둘러보고, 사람의 발길이 닿지 않는 곳으로 떠나서 오직 현지인만이 알고 있는 아오테이어러우어(Aotearoa)[1]를 만나자(Alpine Excellence 안내책자; Cloke and Perkins, 1998, p. 202에서 재인용).

둘째, 모험관광은 자연의 도전을 극복하는 체화된 경험이기 때문이다. 모험은 '미지의 영역 개척하기, 탐험을 통해 위험을 겪고 아드레날린 분출하기, 여행하기 어려운 곳 여행하기, 보기 힘든 것 보기, 일반적으로 말해서 자연적 장벽에 대항하는 대담성과 용기 그리고 기술적 전문성을 발휘하고 승리하기를 포함한다'(p. 204).

이러한 방법으로 모험관광은 촌락의 상품화에 기여하는데, 그러나 촌락의 역사적·사회적 구성처럼 목가적 전원으로 재구성되는 것이 아니라 황야와 모험의 장소로 재생산된다.

마케팅 장치로서의 촌락

이상에서 살펴본 사례는 모두 촌락 공간 내에서 이루어지는 소비활동을 위해 촌락이 상품화된 것이다. 그러나 상품으로서 '촌락성'은 이동성을 지니게 되므로 다른 상품에 부가되어 도시에서 사고팔 수 있게 된다. 이들 상품은 촌락성과 연계되면서 부가가치가 더해진다. 이를 잘 보여 주는 사례가 '촌락' 브랜드와 상징을 사용한 프리미엄 음식과 공예

---

1) 역자 주 : 뉴질랜드를 지칭하는 마오리어

품이다. 대표적인 사례로 버몬트(Vermont)를 꼽을 수 있다. 힌리히스(Hinrichs, 1996)
는 버몬트가 독특한 촌락으로 구성되면서, '메이드 인 버몬트' 라는 라벨이 '버몬트의 경
관, 전통, 장소의 긍정적인 연상과 연계되면서 상품의 질을 보장하는' 의미를 지니게 되
었다고 설명하였다(p. 269).

　　그런데 촌락적 이미지로 마케팅하기 위해서 상품이 반드시 촌락에서 생산될 필요는 없
다. 단지 도시 소비자의 열망에 부합하는 라이프스타일을 보여 주기만 하면 된다. 스리프
트(Thrift, 1989)의 이야기처럼, '시골마을과 문화유산은 소비문화와 잘 맞다. 시골마을
과 문화유산으로 상품은 **판매**되고, 결국 이러한 상품이 그 전통을 강화한다' (p. 30, 강조
는 원저자). 이 관계를 가장 잘 보여 주는 사례가 의류로, 바버(Barbour) 방수재킷, 고어
텍스 아웃도어 의류 등이 이에 해당된다. 자동차도 좋은 사례인데, 특히 사륜구동 자동차
나 스포츠카는 촌락적 이미지를 사용하여 자연과 황야에 맞서는 남성미를 보여 주곤 한
다. 1990년대 후반 랜드로버(Land Rover) 광고는 산비탈에 놓인 자동차와 그 뒤로 뻗은
인적이 드문 황야를 보여 주면서, '일요일, 이 모든 것이 당신 것이다' 라는 문구로 선전되
었다. 여기서 자동차는 도시 거주자가 주말 동안 촌락의 전원성을 소비하는 핵심으로 사
용되었다.

요약

시골마을의 상품화는 촌락에서 진행되고 있는 경제적 재구조화의 일환으로 제기되고 있
다. 전통적인 생산기반경제가 쇠퇴함에 따라 촌락 환경과 경관의 '교환가치' 는 '사용가
치' 를 추월하게 되었다. 대중적인 촌락성에 맞게 포장된 시골마을은 많은 구매자를 거느
린 상품이 되었다. 관광객뿐 아니라 이주자, 이전 기업, 영화제작 기업, 모험가, 행락객,
고급 촌락 음식 및 공예품 소비자, 그리고 고어텍스 옷을 입고 SUV를 운전하며 시골풍
부엌을 설치한 도시 거주자도 모두 시골마을이라는 상품의 구매자다.

　　그런데 상품화 과정은 촌락이라는 장소를 바꾸고 갈등을 유발한다. 시골마을을 상품으
로 마케팅하면서 그 재현은 고정되어 버리는데, 이는 촌락의 사회공간적 역동성 및 다양
성과 모순된다. 게다가 마케팅 이미지는 소비자의 기대감에 맞춰서 선택되는데, 그 결과
재현은 일상생활의 경험보다는 신화에 근거하게 되고, 촌락의 전원성이라는 향수적 사고
나 영화, TV, 문학의 묘사를 따르게 된다. 그리하여 특정 장소가 재현되는 방식과 상품화
의 결과를 둘러싸고 갈등이 제기되기 시작한다. 대규모 관광은 사회적 · 경제적 · 환경적

문제를 유발하는데, 예를 들면 교통혼잡, 오솔길의 토양침식, 지가 상승, 계절적 고용 편중, 주민보다는 관광객의 수요를 중시하는 상점과 서비스 등의 문제가 나타날 수 있다. 지역 주민은 장소를 빼앗기고 있다고 느낄 수도 있는데, 특히 농장과 같이 전통적인 경제 부문에 종사하는 주민은 자신의 이해가 관광 산업 또는 다른 소비 부문에 의해 제한되고 있음을 발견하게 될 수도 있다. 예를 들면, 일단 촌락 경관의 미학적 가치가 생산적 잠재력보다 더 높게 평가되기 시작하면 경관의 외관을 보존하는 것이 농업의 근대화보다 더 경제적으로 중요해진다. 촌락의 갈등은 제14장에서 더 자세히 설명되어 있는데, 그에 앞서 제13장에서 시골마을의 보존에 관련된 광범위한 이슈를 검토해 보고자 한다.

더 읽을거리

시골마을의 상품화라는 개념은 Sue Glyptis, *Leisure and the Environment* (Belhaven, 1993)에 실린 클로크의 글에 잘 설명되어 있는데, 유감스럽게도 이 책은 구하기가 쉽지 않다. 간략한 개관은 이 장에서 인용한 다른 참고문헌에서 볼 수 있다. 이 장에서 논의한 사례 연구는 그 원문에서 더 자세한 내용을 살펴볼 수 있다. 애팔래치아의 촌락 문화유산의 재현에 대해 더 알고 싶으면 Alexander Wilson, *The Culture of Nature: North American landscape from Disney to the Exxon Valdez* (Blackwell, 1992)를 참조하라. 노스요크셔 무어 주의 TV 유인 관광에 대해 알고 싶으면 Tom Mordue, 'Heatbeat country: conflicting values, coinciding vision', *Environment and Planning A*, volume 31, pages 629–646 (1999)을 보라. 프린스 에드워드 섬의 빨강 머리 앤에 대해 더 알고 싶으면 Sheelagh Squire, 'Ways of seeing, ways of being: literature, place, tourism in L.M. Montgomery's Prince Edward Island'를 보라. 이 글은 P. Simpson-Housley and G. Norcliffe, *A Few Acres of Snow: Literary and Artistic Images of Canada* (Dundurn Press, 1992)에 실려 있다. 뉴질랜드의 모험관광은 논문, Paul Cloke and Harvey Perkins, 'Craking the canyon with the awesome foursome: representations of adventure tourism in New Zealand', *Environment and Planning D: Society and Space*, volume 16, pages 185–218 (1998), 그리고 P. Cloke, *Country Visions* (Pearson, 2003)에 실려 있는 Carl Cater and Louise Smith, 'New country vision: adventurous bodies in rural tourism'을 참고하라.

웹사이트

이 장에서 언급한 다양한 관광지는 각각의 웹사이트를 운영하고 있는데, 여기에도 촌락성의 재현이 나타난다.

파머 길리스 농장 파크	www.farmergiles.co.uk
레이즈 농장	www.virtual-shropshire.co.uk/rays-farm/
시모어 전시림	www.metrovancouver.org/services/parks_lscr/lscr
슈메이너스 벽화	www.chemainus.com
돌리우드	www.dollywood.com
애팔래치아 박물관	www.museumofappalachia.com
뉴질랜드 퀸즈타운	www.queenstown-nz.co.nz

제13장

시골 지역 보호하기

서론

촌락 환경의 보호는 150년 넘게 운동가나 정부의 중요한 도전 중 하나였다. 일찍이 19세기 중반, 에머슨(Ralph Waldo Emerson)이나 소로(Henry Thoreau)를 포함한 미국 작가들은 주거, 경작, 개발의 영향으로부터 북미의 멋진 자연 '야생성'을 보호할 필요성을 옹호했다. 유사하게 영국에서도 워즈워스(William Wordsworth), 러스킨(John Ruskin), 모리스(William Morris)를 포함한 낭만주의 운동에서 작가들은 촌락의 미적 가치를 높이 평가하고, 종국에는 1895년 가치 있는 경관과 역사적 장소를 대중의 이익을 위해 보존하기 위해서 취득하는 국가신탁(National Trust)을 형성하였고, 민간 자선을 통한 촌락 보전 실천을 시작하였다. 한편 촌락 환경 보호에서 정부의 역할은 1872년 첫 국립공원인 옐로스톤 지정과 환경보호와 경제 자원의 책무를 통합한 공리적인 보전 모델을 발전시킨 1909년 미국 삼림국(US Forestry Service)의 첫 수장인 핀초트(Gifford Pinchot)의 개척적인 작업으로 설정되었다.

초기 시골 지역 보존 옹호자들은 목가적인 또는 야생적인 경관의 심미적 가치, 종종 종교적 믿음, 또는 이러한 경관이 국가 정체성과 문화에 중요하다는 인식을 더하며 관심을 유발하였다(Bunce, 1994; Green, 1996). 핀초트는 이러한 접근과 달리 촌락 경제에 보전이 가져다주는 물질적 혜택을 강조해 생물학적 자원의 통제된 개발과 관리를 통해 농업, 삼림, 어업으로부터 최대한의 지속적인 수익을 추구해야 한다고 주장했다. 더 최근에는 환경 운동이 등장해 촌락 환경에 미친 피해에 대한 과학적인 분석 그리고 때때로 '심층 생태학' 철학에 뿌리를 둔 윤리적 동기(Green, 1996)에 기초해 촌락정책을 더욱 '녹색화' 하는 데 기여했다(제8장 참조). 촌락 환경 보호에 대한 이런 여러 다른 이유들은 환경 계획을 다른 목적으로 이어지게 했다. 심미적 동기는 **보존**(preservation) 계획과 관련되어 촌락 경관을 거의 변화하지 않는 상태로 유지하는 목표를 추구하게 했다. 반대로 물질적 혜택에 기초한 실용적 동기는 책무, 관리된 변화, 그리고 과도한 이용의 회피를 의미하는 **보전**(conservation) 계획을 지지했다. 양자의 접근은 기본적으로 자연은 촌락 공간의 광범위한 개발과 함께 (특정 '보호 경관'을 지정하거나 자원 이용의 관리로) 보호될 수 있다는 자연과 문화의 현대적인 구별을 따르고 있지만(제3장 참조), 최근 환경주의의 물결은 환경 영향은 모든 정책 영역에 가장 우선적으로 고려되어야 한다고 요구하며, 예를 들어 한때 촌락 발전에 중요한 요소로 고려되었던 새로운 도로 건설에 반대하는 편견을 만들며 촌락정책의 근본적인 변화를 제기한다.

시골 지역의 보호를 위한 다른 동기들은 또한 촌락 환경에 시기, 장소에 따라 다르게 다가온 위협을 반영한다. 초기 보존주의자 운동에는 그 위협이 산업화와 도시 팽창의 확대였다. 그러나 제8장에서 세부적으로 다룬 것처럼, 지난 세기 동안 시골 지역의 환경 변화는 촌락 지역의 자체적인 내부 개발과 현대적 농업의 영향을 포함한 광범위한 요인들에 의해 이루어졌다.

따라서 촌락 환경을 보호하려는 노력은 다른 문제를 다루고, 다른 이유를 따르기 위해 수많은 다른 전략으로 나타난다. 이 장은 이러한 접근의 세 가지로서 첫째, 촌락 지역 내 토지 이용과 관리가 엄격하게 통제되는 '보호 지역'의 지정, 둘째, 시골 지역의 개발을 더 일반적으로 규제하는 토지이용계획 정책의 이용, 셋째, 현대 농업의 치명적인 영향을 감소하고 농업을 통해 보전을 권장하는 농업 환경 계획의 촉진을 논의한다.

보호 지역

보호 지역 배후의 원칙은 특정의 촌락 경관이나 촌락의 환경적 장소가 매우 심미적, 문화적 또는 과학적 중요성을 가져 유해한 인간 활동으로부터 특정의 보호를 받아야 한다는 것이다. 따라서 보호 지역의 지정은 시골 전반의 개발을 허용하지만 촌락 환경의 가장 가치 있는 자연적 특징은 보존하자는 것이다. 보호 지역으로 가장 잘 알려진 형태는 국립공원이지만, 이들은 실제 한 수준의 지정에 불과하다. 세계보전연맹[World Conservation Union, 국제자연보전연맹(International Union for Conservation of Nature, IUCN)으로도 알려짐]의 구분을 따르면, 보호 지역은 사람이 거의 접근하지 못하는 과학보호구역(scientific reserve)에서 자원 이용이 이루어지지만 지속 가능한 사용을 위해 관리되는 '자원 관리 보호 지역'에 이르기까지 다양하다(표 13.1). 규제와 보호의 수준이 다양한

표 13.1 국제자연보전연맹(IUCN)의 보호 지역 분류

	형태	내용
I	엄격한 자연 보존/야생성	과학 또는 야생 보호를 위한 매우 엄격한 관리
II	국립공원	대다수 사람이 살지 않고, 생태계 보호와 여가를 위한 관리
III	국가 기념물	특정 대상을 보전하기 위한 관리
IV	서식/생물종 관리 지역	관리 간섭을 통해 보전되는 지역
V	보호 경관 또는 바다 경치	인간과 자연 간 균형이 목표
VI	관리된 자원 보호 지역	자연 생태계의 지속 가능한 사용을 위한 관리

출처 : IUCN 웹사이트 www.iucn.org

것처럼, 보호 구역은 또한 소규모 자연보호 구역에서 수천 제곱킬로미터의 국립공원에 이르기까지 다양하며, 허용된 인간 활동의 수준도 다양하다. 가장 엄격하게 보호되는 지역은 사람이 살 수 없으며, 접근은 엄격하게 제한되고, 보호 지역의 다른 형태인 국제자연보전연맹(IUCN)의 분류에서 가장 주목할 만한 수준 V는 사람이 살 수 있으며 지역 주민의 이익과 자연 보전의 균형을 유지해야 한다.

국립공원

세계 최초의 국립공원은 1872년 와이오밍 주 옐로스톤에 설립되었다. 이 공원의 지정은 즉각적인 환경에 대한 관심에 의해 시작되었다기보다는 미국이 유럽에 대적할 만한 자연적 불가사의를 가지고 있으며, 이러한 장소는 민간의 이윤 창출의 장소보다 대중의 재산이 되어야 한다는 확신을 가진 한 집단의 수십 년간의 진정에 따라 이루어졌다(Runte, 1997; Sellars, 1997). 1864년 캘리포니아 요세미티 계곡의 걸출한 경관이 민간 기업에 의해 남용될 수 있다는 관심은 링컨 대통령으로 하여금 이 지역을 캘리포니아 주의 소유와 책임으로 양도하도록 해 국립공원의 본보기가 되었다(요세미티는 이후 1890년 완전한 국립공원으로 지정되었다). 옐로스톤에서는 간헐천, 폭포, 협곡의 놀라운 배열과 사라진 옛 문명의 흔적인 인공물들이 발견되어 이 장소를 두드러지게 하고, 미국은 이 문화유산을 보호하기 위한 헌신을 보여 줄 수 있었다(Runte, 1997). 국립공원이 야생성의 보존 장소로 평가 받고 옐로스톤이 광활한 야생성을 보호할 수 있다는 사실은 이곳을 우연한 역할 모델로 만들었다.

실제 다른 두 우연한 선례인 광범위한 영역의 포함(입법자들은 옐로스톤의 보물 모두가 발견되었는지 확신할 수 없었다)과 미국 연방정부 소유권(당시 와이오밍에는 주정부

가 없었다)이 옐로스톤에서 생겨났다. 이러한 우연한 출발에도 불구하고, 옐로스톤은 뛰어난 자연 또는 문화 현상에 초점을 맞추고, 넓은 영역을 포함하고, 전체를 공공 소유로 하고, 사람이 거주하지 않아야 하고, 상업적으로 이용되지 않고, 국가를 대신해 정부가 관리를 하는 미래 국립공원의 모델이 되었다. 미국에서 추가적인 국립공원 지정은 서서히 이루어졌지만, 이러한 생각은 대영제국 자치령으로 빠르게 확산되어 오스트레일리아 (1879), 캐나다(1885), 뉴질랜드(1887) 모두에 옐로스톤 모델에 기초한 국립공원이 지정되었다.

그러나 이 모델은 유럽의 경우 사람이 거주하지 않는 넓은 시골 지역이 남아 있지 않았으나, 20세기 초 도시화로부터 촌락 경관이 위협을 받는다는 관심이 고조되어 쉽게 받아들였다. 20세기 중반 국립공원이 설정되었을 때, 타협된 두 접근 중 하나가 채택되었다. 아일랜드, 이탈리아, 스위스와 같은 나라는 옐로스톤 모델의 원칙을 충실하게 지켜 (IUCN 분류에는 수준 II), 국립공원은 공공 소유이고, 사람이 살지 않고, 엄격하게 관리되지만, 상대적으로 적은 토지 면적만이 국립공원으로 지정되도록 제한된다. 반대로 영국이나 독일은 넓은 영역을 국립공원으로 지정하지만, 민간 소유의 땅과 사람이 살고 있는 지역이 포함되고, 훨씬 낮은 수준의 환경보호가 이루어진다(IUCN 분류의 수준 V). 프랑스는 혼합된 접근을 취했는데, IUCN의 수준 II 기준에 적합한 핵심 국립공원과 이를 둘러싼 영국 모델과 유사한 사람이 거주하는 주변구역을 포함한다. 결과적으로 '국립공원'이라는 용어는 세계적으로 사용되지만, 그 의미는 국가 간 상당한 차이를 보인다(표 13.2 참조).

이러한 차이는 미국과 영국의 국립공원 체계를 더 세부적으로 검토함으로써 드러낼 수 있다. 미국은 2003년에 56곳의 국립공원을 지정하였는데, 이들 중 다수는 승격하기 전에 원래 낮은 수준의 보호인 '국가기념물' 지위를 부여 받았었다. 국립공원 체계의 확장은 4단계로 이루어졌다. 첫째, 이전의 옐로스톤과 요세미티에 이어 서부의 상대적으로 야생적인 지역이 지속적으로 공원으로 지정되었는데, 그랜드캐니언(1919), 세쿼이아 (1890), 그리고 로키마운틴(1915)뿐 아니라 소규모 지역인 아칸소 핫스프링스(1921), 사우스다코다의 윈드케이브(1903)가 포함된다. 둘째, 동부지역에서 서부지역으로 온 여행자들이 동부에도 국립공원—가장 잘 알려진 그레이트 스모키 마운틴—을 만들자는 캠페인을 벌이게 되었다(글상자 13.1 참조). 이미 거주지가 확장된 미국 동부에 이러한 공원을 설정하는 일은 어려운 토지 매입과 지역 주민의 재정착을 포함해 더 복잡한 일이었으며, 상대적으로 적은 수의 국립공원이 미시시피 동부에 지정되어 있었다(그림 13.1). 셋

표 13.2 8개 국가의 국립공원 비교, 2003년

	공원 수	최초 지정	가장 최근 지정	최대 공원 면적(km²)	최소 공원 면적(km²)	평균 면적 (km²)	인구	토지 소유권	관리/통치
미국	56	옐로스톤(Yellowstone) 1872	콩가리(Congaree) 2003	게이츠 오브 아크틱(Gates of Arctic) 34,287	핫 스프링스(Hot Springs) 22	3,917	비거주	공공	국립공원청
캐나다	42	반프(Banff) 1885	시르밀리크(Sirmilik) 1999[a]	우드 버펄로(Wood Buffalo) 44,840	세인트 로렌스 아일랜드(St Lawrence Islands) 8.7	5,344	대다수 공원은 비거주. 일부 소규모 읍과 유목 인구	공공	캐나다 공원 –정부기관
영국	13	피크 디스트릭트(Peak District) 1951	케언곰(Cairngorms) 2003[b]	케언곰 3,800	브로드(The Broads) 303	1,407	모든 공원에 거주. 2,200 ~43,000명	대다수 민간 (c. 75%)	임명된 국립공원 원가구
아일랜드	6	킬라니(Killarney) 1932	발리크로이(Ballycroy) 1998	위클로 마운티(Wicklow Mountains) 159	버렌(The Burren) 16.7	99	비거주	공공	두처스–정부 유산기관
프랑스	7	라 바노이스(La Vanoise) 1963	라 구아델루프(La Guadeloupe) 1989	레 세벤느(Les Cévennes) (핵심 3,214)	레질 드 포트 크로(Les îles de Port Cros) 37(전체 지역)	핵심 : 530 전체 : 3,068	해심지역은 비거주, 주변은 거주	혼재	임명된 행정위 원회
독일	13	바이리셔 발트(Bayrischer Wald) 1970	하니크(Hanich) 1997	슐레스위크-홀스타인 바텐인 바텐(Schleswig-Holsteinisches Wattenmeer) 4,440	야스문트(Jasmund) 30	731	한정된 지역 인구	혼재	지방정부 책임
오스트레일리아	516[c]	로얄(Royal)(NSW) 1879	웨스턴 오스트레일리아에 2002~2004년에 30곳의 새 국립공원 설립	카카두(Kakadu)(NT) 13,000	팜스(The Palms)(QL) 0.12	500	비거주	공공	정부기구 책임
뉴질랜드	14	통가리로(Tongariro) 1887	라키우라(Rakiura) 2001	피오르드랜드(Fiordland) 12,570	아벨 태즈먼(Abel Tasman) 225	2,204	비거주	공공	보전과

[a] 2003년에 제안된 컬프 오브 아일랜드 국립공원
[b] 2003년에 제안된 사우스 다운스, 뉴 포레스트 국립공원
[c] 2003년에 제안된 새로운 공원 미포함

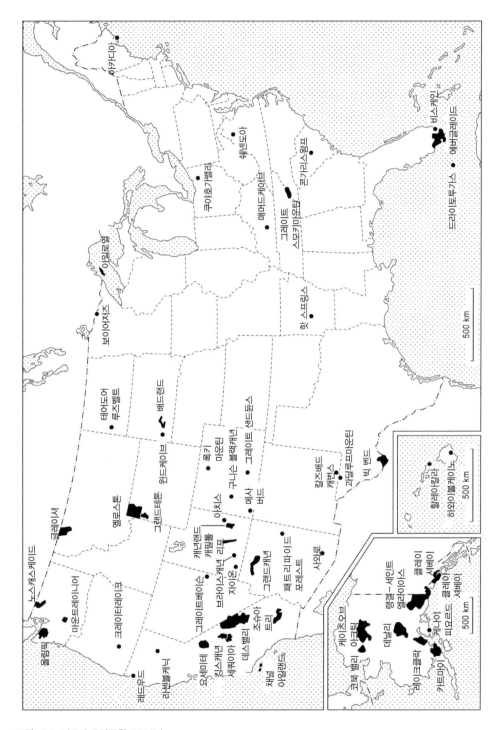

그림 13.1 미국의 국립공원, 2003년

째, 1980년의 알래스카 토지법(Land Act)은 주내 7곳의 새로운 국립공원을 설정하고 매킨리산 국립공원(1917년에 처음 지정)을 확장하고 이름을 바꾸었다(Runte, 1997). 알래스카 국립공원은 경치가 좋고 과학적 중요성을 모두 가진 지역을 포함하는데 전체적으로 영국보다 넓은 면적이다. 마지막으로, 여러 개의 새로운 공원이 1990년 이래 지정되었는데, 캘리포니아의 데스밸리와 죠슈아트리[모두 1994년의 사막보호법(Desert Protection Act)에 의해 만들어짐], 콜로라도의 구니슨 블랙캐년(1999), 오하이오의 쿠야호가밸리(2000), 콜로라도의 그레이트샌드듄스(2000), 그리고 사우스캐롤라이나의 콩가리(2003)를 들 수 있다.

국립공원청이 채택한 관리 전략은 또한 최근 관심과 보전 방법과 비슷하게 발달하였다. 예를 들어, 1920년대에 국립공원청(National Park Service)은 옐로스톤 국립공원에서 포식자 통제 전략의 일부로 회색 여우를 제거하였으나 1995년에 재도입하였다(Sellars, 1997). 보전과 레크리에이션의 균형을 유지해야 할 필요 또한 과제였는데, 국립공원의 대중적 이용은 최초부터 공원 설정의 이유 중 일부였지만 대중 관광이 요세미티와 옐로스톤에서 나타나는 데 수십 년이 걸렸다. 캠핑장, 방문객 센터 그리고 산책길을 제공하는 것은 국립공원청의 중요한 업무 중 일부였지만 레크리에이션의 수요는 보전에 대한 관심과 특히 알래스카 국립공원과 같이 인간의 손이 가장 닿지 않은 곳에서는 충돌하게 되었다. 유사하게, 상업적으로 가치 있는 토지는 역사적으로 국립공원에서 배제되었지만 알래스카에 대규모 공원을 조성하는 것은 석유 채취와 광물 매장 가능성을 확인한 기업의 이익과 격렬하게 충돌하였고, 갈등은 공원을 가로지르는 도로와 파이프라인 건설 그리고 사냥과 상업적 어업에 대한 접근권을 두고 오랫동안 지속되었다.

영국에서는 국립공원 조성을 위한 기초 작업이 제2차 세계대전 동안 두 정부 보고서로 이루어졌는데, 촌락 지역에의 토지 이용에 대한 스콧 보고서(Scott Report on Land Utilisation in Rural Areas, 1942)는 가치 있는 촌락 경관을 도시와 산업 발전으로부터 보호해야 할 필요성을 확인하였고, 영국과 웨일즈의 국립공원에 대한 도우어 보고서(Dower Report on National Parks in England and Wales, 1945)는 국립공원 설정을 위한 기본 틀을 제시하였다. 이후 1949년 국립공원과 시골지역 접근법이 발효되어 최초의 공원으로 피크 디스트릭트와 레이크 디스트릭트가 1951년 4월과 5월에 각각 지정되었다. 1951~1957년에는 추가로 8개의 공원이 서부와 북부 영국과 웨일즈 고지대에 설정되었는데, 일부 특히 피크 디스트릭트, 요크셔데일, 노섬버랜드는 주요 도시 중심부에 인접한 곳이었다(그림 13.2).

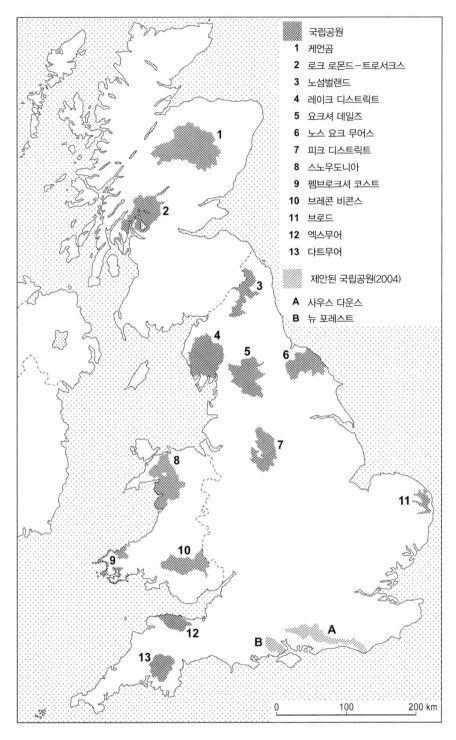

그림 13.2 영국의 지정·제안된 국립공원, 2003년

스콧과 도우어 보고서는 모두 도시화와 산업화를 시골 지역에 대한 주요 위협으로 인식하였고, 따라서 새로운 국립공원의 주요 기능은 토지이용 개발에 엄격한 통제를 부과하는 것이었다. 특히 농업은 보전 과정의 일부로 보았고, 따라서 국립공원에서 이루어지는 농업 활동에는 특별한 통제가 가해지지 않았다. 이러한 체계는 현대적, 생산주의 농업이 엄청나게 경관을 변화시키고 야생동물 서식지에 피해를 주며, 여러 국립공원, 특히 엑스무어에서 히스식물 초지가 농업적 초지로 변환된 것에 대해 특별 조사(Lowe et al., 1986; Winter, 1996)가 이루어지는 갈등이 발생해 '치명적인 모순'(p. 10)으로 드러났다(MacEwen and MacEwen, 1982; 제4, 8장 참조). 유사하게 도우어 보고서는 '광산, 수력발전, 저수지, 군사훈련장, 고속도로 건설은 국가의 이익과 만족할 만한 대체 장소가 없는 경우라는 분명한 증명이 제시되는 경우에만 허용되어야 한다'고 권고했지만, 이들은 이론적으로 모든 국립공원에서 허용되었다(Williams, 1985, p. 360). 실제 국립공원 기구가 브레콘비콘스, 노섬버랜드, 다트무어 국립공원 내 대규모 군사훈련장, 다트무어 공원의 일부를 통과하는 오케햄톤 도로 또는 스노도니아 국립공원에 트로우스피니드 핵발전소 건설(글상자 13.1 참조)을 저지하는 데 실패한 것은 모두 영국 체계의 취약성을 보여 주는 증거로 비판을 받는다(MacEwen and MacEwen, 1982).

영국의 오랫동안 거주하고 경작되었던 지역을 국립공원으로 지정하는 방식은 주민을 이주시켜 재정착하게 하거나 국립공원의 토지를 공공 소유로 취득하는 미국 모델을 따르기 어렵게 했다. 영국과 웨일즈 국립공원 토지의 3/4은 민간 소유이고, 40%는 농지이다. 무엇보다 지배적인 민간소유권은 국립공원을 레크리에이션 이용의 성격으로 만들었다. 비록 이들이 주요 관광지가 되었지만, 2000년 시골 지역과 통행권법(Countryside and Rights of Way Act)이 발효되기까지 대중의 접근은 지정된 '통행권' 보행로와 내셔널트러스트와 같은 박애주의 조직이 소유하고 개방한 토지로만 제한되었다. 사유재산 존중에도 불구하고, 토지 소유자들은 많은 국립공원의 설정에 반대했다. 토지 소유자의 반대는 1950년대 스코틀랜드에서 국립공원을 설정하는 어떤 움직임도 차단했고, 웨일즈 중부에 제안된 캠브리안 마운틴 국립공원에 대한 성공적인 토지 소유자 반대는 1960년대 영국과 웨일즈에서의 국립공원 지정 프로그램을 갑작스레 중단하게 하였다. 1990년대가 돼서야 이전에 인정되었던 브로드 국립공원, 스코틀랜드에 최초의 2곳의 국립공원, 그리고 영국 남부의 2곳의 국립공원 제안이 지정으로 이어졌다(그림 13.2).

미국과 영국의 국립공원은 매우 다른 모델을 따르지만, 이들 두 국가 그리고 다른 국가의 국립공원 체계를 가로지르는 두 가지 이슈가 있다. 첫째는 국가와 지역 이해의 균형이

글상자 13.1 그레이트 스모키 산맥과 스노도니아 국립공원

미국과 영국 국립공원의 차이는 유사한 규모의 두 공원, 미국 노스캐롤라이나와 테네시의 경계에 있는 그레이트 스모키 국립공원(2,110km²)과 북서부 웨일즈의 스노도니아 국립공원(2,142km²)을 비교하며 탐구할 수 있다. 그레이트 스모키 국립공원은 서부의 국립공원에서 영감을 받은 녹스빌 인근에 사는 데이비스(Willis P. Davis) 여사의 캠페인으로 시작되어 1934년에 지정되었다. 그러나 스모키 산맥('Great'는 국립공원위원회가 추가)은 상당한 벌목과 함께 이미 거주와 경작이 이루어지고 있었다. 공원을 만들기 위해서는 민간 소유자로부터 토지를 대다수 집단 민원을 통해 조성된 기금과 록펠러 가문으로부터의 500만 달러 기부금으로 매입해야 했다. 일부 소유자는 팔기를 거부했고, 색다른 협상을 통해 카데스 코브(현재는 관광지, 제12장 참조) 지역의 여러 가족들은 공원이 설정된 이후 평생 동안의 임대 형태로 살 수 있도록 허용했다. 그러나 주거민들은 일반적으로 재정착을 했다(역설적으로, 1830년대 유럽인의 정착은 이전에 정착한 체로키 부족으로 인해 가능했다).

오늘날 그레이트 스모키 산맥의 경관은 130종의 나무와, 4,000종의 다른 식물, 그리고 흑곰, 엘크, 1991년 국립공원청에 의해 재도입된 붉은 여우를 포함한 야생동물의 서식처로 삼림이 지배적이다. 이곳은 국제생태계보전지역(International Biosphere Reserve)이며 세계유산지역(World Heritage Site)으로 인정받았다. 이 국립공원은 단지 (국립공원 설립의 일부로 건설한) 한 개의 도로만이 관통하고, 대다수의 지역은 비포장도로와 산책로만 접근이 가능하다. 그러나 이곳은 매년 900만 명이 대부분 6월과 10월 사이 방문하는, 미국에서 가장 많이 찾는 국립공원이다. 국립공원청이 운영하는 시설은 9곳의 캠핑장, 5곳의 승마용 마굿간, 피크닉 지역, 자연 오솔길, 3곳의 방문센터, 공원의 가장 높은 봉우리인 클링먼돔(Clingman's Dome, 2,023m)에 있는 전망대 등이다. 환경 문제는 수질 오염과 식물과 동물의 질병, 그리고 멀리 오하이오 주 클리블랜드, 앨라배마의 버밍험에서 유입되는 대기오염이 있다. 뉴펀들랜드 갭(Newfoundland Gap) 관찰 지점에서의 평균 가시거리는 145킬로미터에서 35킬로미터로 줄었으며, 황산염과 오존 오염으로 인한 식물 피해가 보고되고 있다.

스노도니아 국립공원은 영국에서 세 번째로 1951년 10월에 지정되었다. 압도적으로 고지대 경관을 포함하는 이 공원은 웨일즈의 첫째와 셋째로 높은 정상인 스노든(1,084m)와 케이더이드리스(892m)를 포함한다. 공원의 일부는 세계생물권보전지역(World Biosphere Site)과 세계유산지역으로 지정되었다. 모든 영국의 국립공원과 마찬가지로 스노도니아는 사람이 거주하며 대다수 개인이 소유하고 있다. 민간 소유 토지는 스노도니아의 69.9%를 차지하고, 15.8%는 삼림위원회, 8.9%는 국가신탁 자선단체, 1.7%는 웨일즈 시골위원회, 그리고 1.2%만이 국립공원청에서 소유하고 있다. 26,267명의 주민은 대다수 돌젤로우와 발라 읍과 마을에 집중 거주하는데, 이 지역 외에는 개발이 엄격하게 제한된다. 이전 점판암 채취광산 마을인 블래노우 페스티니오그는 예외이지만, 국립공원으로 완전히 둘러싸여 있다.

국립공원 지정은 토지 소유자들이 반대하였고, 지역의 저항은 레이크 디스트릭트와 피크 디스트릭트에서 사용된 모델에 기초한 독립적인 계획위원회 제안서를 철회시키고 책임을 선출한 카운티 의회의 공동위원회에 귀속시켰다. 국립공원 당국은 결국 1995년 독립적 지위를 얻고, 현재는 지방정부 대표와 웨일즈 의회에 의해 지명된 회원의 조합으로 구성되었다. 국립공원 당국은 500만 파운드의 예산으로 운영되며 120명의 직원이 근무한다.

토지는 농업적 이용이 지배적이다. 국립공원의 거의 45%는 개방되어 있어 대다수가 방목 황무지이며 최근 일반인들도 이용권을 얻었다. 그 위의 31%는 봉쇄된 농지(대다수 방목지)이고 15%는 삼림이다. 농업은 지역 경제에 중요하지만 농업 현대화는 공원이 최근 농업 환경 계획에서 언급한 대로 주요 환경적 도전의 하나이다. 더 논란이 되었던 것은 1959~1965년에 공원 중심에 건설된 트로우스피니드 핵발전소로, 환경주의자들은 이를 공원의 개발 통제 능력의 폐단으로 간주했다. 1993년 이 발전소는 문을 닫았고, 해체가 진행 중이다.

　스노도니아는 영국에서 세 번째로 많은 연간 1,000만 명이 방문하는 공원이다. 이 방문 중 반 이하는 당일 여행이고, 국립공원에서의 레크리에이션은 전통적인 관광과 더 모험적인 '야외 활동' 을 성공적으로 혼합하고 있다. 그러나 양자의 활동은 공원 환경에 압력을 가한다. 특히 교통체증과 오염 문제는 2003년 자동차나 개인 대형 차량을 이용해 국립공원을 방문하는 사람들에게 대중교통 이용을 권장하기 위해 '교통체증 요금' 을 부과하는 논의를 제기하였다.

더 많은 정보는 www.great.smoky.mountains.national-park.com/info.htm 그리고 www.snowdonia-npa.gov.uk 참조.

다. '국립공원' 이라는 말 자체는, 관리는 지역 이해를 넘어 국가의 책임이라는 의미를 지닌다. 따라서 미국, 캐나다, 뉴질랜드에서는 관리가 지역의 투입이 최소화되고 국가 정부 기관이 담당한다. 이들 국가의 대다수 공원은 사람이 살지 않지만, 공원의 특정 경제·문화적 이해를 가진 주변 지역이 있고, 다수의 공원에는 자신들의 복지와 문화적 이해(특히 사냥)가 보전 우선의 원칙과 갈등을 겪는 소규모의 원주민 거주자가 살고 있다. 사람이 많이 사는 국립공원 국가에서는 공원 관리에 지역 주민의 참여가 높다. 독일의 국립공원은 지방정부체계를 통해 관리되는 반면 영국과 프랑스는 선출된 지방 정치인이 중앙정부 임명자와 더불어 대표자로 구성된 독립된 기관에서 수행한다. 그러나 이것이 국립공원 기구가 비민주적이거나 지역 경제 이해나 재산권이 외부 임명자에 의해 무시된다는 지역 주민으로부터의 항의를 막지는 못한다.

　두 번째 이슈는 레크리에이션 용도의 이용이다. 촌락 관광이 성장하며(제12장 참조), 국립공원은 시골 지역이 특히 '야외 모험' 또는 '자연과의 재결합' 을 추구하는 활동을 통해 찾게 되면서 주요 장소로 등장했다. 전통적으로 여기에는 캠핑, 하이킹, 자동차를 통한 관광을 포함하지만(1994년 조사에 의한 국립공원 방문객의 주요 활동), 점차 장거리 여행과 헬리콥터 여행과 같은 '모험관광' 도 포함한다. 대다수 국립공원 여행은 상대적으로 가까운 대도시에서 또는 관광의 역사를 가진 지역으로 이루어지지만, 점차 알래스카의 데날리 그리고 게이츠오브더아티크 공원과 같은 멀리 떨어진 공원도 관광 대상지가 되고 있다. 가장 접근할 수 없는 국립공원만이 영향을 받지 않는데, 북극 캐나다의 극히 외딴 이바빅 국립공원은 1995년 단 170명이 방문했다. 따라서 레크리에이션은 국립공원의 임무 중 중요 부분이고 인근 지역의 경제에 매우 중요하다. 실제 지난 20년간 오스트레일리아, 영국, 캐나다의 새로운 국립공원 설정은 보전만큼 경제적 혜택을 기대하며 추진되었다. 그러나 관광은 국립공원의 환경에 오염, 침식, 도로 건설 수요, 주차장과 기타 시설물 등의 압박을 가했다. 레크리에이션과 보전의 균형을 유지하려는 바람은 유럽의 자연과 국립공원연합(Federation of Nature and National Parks)이 걷기 · 등산 · 자전거 타기 · 사진 · 학교 방문과 자연 캠프와 같은 활동을 권장하며 지속 가능한 관광을 촉진하고, 대규모 호텔 · 레저 공원 · 현대적 행락지 · 대규모 방문 · 스키 모터보트와 오프로드 자동차 사용을 억제시켰다.

다른 보호 지역

국립공원은 시골 지역 보전을 촉진하기 위해 지정된 보호 지역 행렬 중 단지 하나에 불과하다. 예를 들어 영국은 국립공원이 걸출한 아름다운 자연지역(Areas of Outstanding Natural Beauty), 국가지정 경치지역(National Scenic Areas), 특별과학자연보전구역(Sites of Special Scientific Interest and Nature Reserves)으로 보완되고(표 13.3), 오스트레일리아의 국립공원은 전체 60만 4,000제곱킬로미터로 지정된 보호구역의 43%에 불과하다. 이들 다른 보호 지역의 목적은 일반적으로 국립공원과 세 가지 중 하나의 방식에서 다르다. 첫째, 일부 지정은 국립공원 상황과 유사하게 하나의 자연적 특징 또는 특정의 경관 형태에 적용된다. 예를 들어 미국 국립공원청은 특정의 자연 또는 유산인 70곳의 국가지정 기념물, 10곳의 국가지정 해변, 4곳의 국가지정 호수변, 6곳의 국가지정 강, 9곳의 국가지정 야생 · 경치가 좋은 강뿐 아니라 역사적 · 문화적 중요성으로 지정된 국립 역사공원, 전쟁터, 기념물과 역사터, 그리고 국립 레크리에이션, 경치 좋은 오솔길, 레크리에이션을 매우 강조하는 공원도로에 대해서도 관리 책임을 진다. 둘째, 보호 지역은 경치 또는 문화적 중요성으로 지정되지만 국립공원에 비해 보호나 규제가 덜한 수준이다. 예를 들어, 영국과 웨일즈의 걸출한 아름다운 자연지역(AONB)은 공식적으로 중요도 면에서 국립공원과 동등하고, 자연적 특징을 보호하기 위해 특정의 방법을 포함하지만, 최근까지 독립적인 관리 구조를 가지지 못하고 국립공원과 같은 보전과 레크리에이션 기능을 부여 받지 못하고 있다(Green, 1996; Winter, 1996). 셋째, 보호 지역의 일부 형태는 국립공원보다 서식지와 야생동물을 보호하기 위한 더 강력한 과학적 이유를 가진다. 예를 들어, 영국의 특별과학관심구역(Sites of Special Scientific Interest, SSSI)은 개별 야생동물 집중지에서 삼림지역이나 습지와 같은 전체 생태계에 이르는 취약한 서식지를 보호한다. SSSI는 계획 체계에서 개발로부터 특별한 보호를 받을 뿐 아니라 농업적 이용을 규제한다. 토지 소유자는 할 수 있는 활동에 제약을 받고 이 장소에 영향을 주는 활동은 보전기관에 알려야 한다. 그러나 실제로는 토지 소유자의 자발적 협조에 의존한

표 13.3 영국의 보호 지역, 2002년

지정	개수	전체 면적(km²)	내용
걸출한 아름다운 자연 지역(AONB)	50	24,087	영국, 웨일즈, 북아일랜드만 해당. 동·식물상, 경관 특징의 보전 필수
국가경관지역(NSA)	40	10,018	스코틀랜드만 해당. AONB와 동등
특별과학관심구역 (SSSI)	6,578	22,863	특정 활동을 규제하는 과학적으로 중요한 장소
국립 자연 보존	396	2,405	보호 및 동·식물상 연구를 위해 지정한 장소. 국가보전기관이 관리
지역 자연 보존	807	455	지역기관과 보전위탁으로 관리되는 자연보존 장소

출처 : *Whitaker's Almanack 2003*

다는 것은 SSSI 규제가 강제하기 어렵다는 것을 의미하고 1/4 정도의 SSSI는 1982~1989년 사이 어느 정도 손실을 겪었다(Winter, 1996). 미국에서는 야생동물과 민감한 서식지에 대한 추가적인 보호가 국가지정 보존구역, 야생동물 피난처와 야생성 구역 지정을 통해 도입되었는데, 국립공원과 많이 중복된다. 이들 구역은 이론적으로 야생성 구역에서는 모터로 구동되는 이동이나 도구 사용 금지를 포함한 최소한의 인간 활동만을 허용하지만(Runte, 1997), 미국 행정부가 2001년 알래스카 야생동물 피난처에 석유 채취를 위한 천공을 허락하는 계획을 발표하며, 보전과 경제적 이해 간 갈등으로부터 위협은 아직도 생겨날 수 있음을 보여 주었다.

토지이용계획과 개발 통제

보호 지역은 가장 가치 있는 촌락 환경을 보전하는 데 도움을 주지만, 촌락 공간의 아주 적은 비율만을 포함한다. 이 지역 외부에는 '일상의 촌락' 외관과 환경이 토지 이용 변화와 개발로 위협을 받는다(제8장 참조). 이러한 위협에 촌락 토지 이용과 개발을 규제하는 대응은 많은 국가에서 토지이용계획을 통해 시도되었다. 토지이용계획은 개발 통제에 관한 것만이 아니고, 경제 발전을 도모하고 기반시설을 공급하는 사전대책으로 사용될 수 있지만, 촌락 상황에서 일반적으로 가장 중요한 것은 개발 통제 기능이다(Cloke, 1988; Hall, 2002; Lapping et al., 1989 참조). 그러나 계획 체계의 형태와 범위에서 그리고 촌락 환경에 적용할 수 있는 보호 수준에서는 국가 간 상당한 차이가 있다. 서유럽에서 촌락 지역의 개발은 국가종합계획의 틀 아래 상당히 엄격한 통제와 규제를 받는다. 미국과 오스트레일리아는 반대로 보호 지역 바깥의 토지 이용 규제는 자유롭고, 적용되는 개발 통제는 전체를 통괄하는 국가 전략 없이 지역 수준에서 이루어진다. 다음에서는 영국의 높은 규제의 계획 체계를 미국의 분절화된 개발 통제 접근과 비교한다.

영국과 웨일즈의 계획 체계

영국과 웨일즈에 1947년 현대적 계획 체계인 도시 및 시골계획법(Town and Country Planning Act)이 도입된 것은 도시와 산업 발전으로부터 촌락의 경관과 환경을 보호하기 위해 캠페인을 벌인 촌락 보존론자에게는 승리였다. 1947년의 법은 효과적으로 영국과 웨일즈에서 토지개발권을 국유화시켰고, 정부는 지역계획기구 형태로 특정 토지의 개발 여부를 결정하고, 토지 소유자도 계획기구의 허가 없이 자신의 토지를 개발할 권리를 가지지 못한다(Hall, 2002). 이는 정부가 무엇이 어디에 건설되는지를 통제하고, 개발로부터 지역을 보호할 수 있게 한다.

이 체계는 하향식으로 작동한다. 계획법은 국가 수준에서 만들어지고, 이것의 해석 지침은 영국과 웨일즈의 계획부에 의해 발포된다. 추가적인 지침은 지역별로 세울 수 있고, 지역의 지방정부로 구성된 지역계획협의회는 영국에서 주택개발의 배정에 합의하는 역할을 한다. 국가와 지역 정책은 카운티위원회에 의해 제시되는 지역의 토지 이용과 개발 통제를 위한 기본 틀을 제시하는 구조 계획 그리고 구역위원회에 의한 공동체 단위 기반에 대한 개발 구역 지정의 지역 계획에 영향을 미친다[Murdoch and Abram, 2002 참조; 버킹엄셔의 사례는 Murdoch and Marsden, 1994 참조). (웨일즈처럼) 카운티와 구역위원회가 한 단계의 지방정부로 통합된 곳에서는 구조계획과 지역 계획의 목적을 통합한 개발계획을 제시한다. 국립공원 당국은 또한 영역 내 구체적인 계획을 만드는 데 책임이 있다. 동의가 이루어지면 이러한 계획들은 토지를 개발하기 위한 지원서 평가에 대한 규제를 형성한다. 토지를 개발하려는 (또는 기존의 건물을 변경하려는) 토지 소유자나 건설업자는 지역계획기관(보통 지구위원회)에 계획서 허가를 위해 지원을 해야 한다. 토지의 개발 형태가 그러한 형태의 개발을 위해 지정된 곳이고 제안서가, 예를 들어 제안된 건물 재료 또는 승용차 접근의 안전과 관련된 다른 기준을 충족시킬 경우에만 허락이 떨어진다.

도시와 촌락 공간의 구분은 초기부터 영국 계획체계의 근본적인 원칙이었다(Murdoch and Lowe, 2003). 이것은 가장 뚜렷하게 대도시 지역 주변에 어떤 개발에도 강하게 반대하는 가정을 하고 있는 '그린벨트'를 만들어 강제했다. 런던 주변의 최초의 그린벨트는 1947년에 지정되고 나중에 확장되어 현재 80킬로미터 너비의 원을 형성하고 있다 (Hall, 2002). 추가적인 그린벨트가 계속해서 다른 주요 영국의 도시와 연합도시 주변에 설정되었다. 이들은 도시 확산을 제한하고 농업용지를 보호하고 도시에 근접한 시골 지역에서 레크리에이션을 제공하며 원래의 목적을 충족시켜 매우 효과적으로 판명되었다. 그러나 그린벨트는 또한 교외 확장 기회를 제한하게 되며 도시로부터의 이주자를 그린벨트를 '뛰어넘어' 촌락 지역으로 유도(Murdoch and Marsden, 1994)하여 역도시화에 기여했다(제6장 참조). 이러한 압력이 인접한 촌락 지역에 축적되어 1990년대 후반에는 제안서들이 브래드포드, 뉴캐슬, 허트포드셔에서는 그린벨트 내 새로운 주택건설을 허용할 것을 제안했다(제14장 참조). 더군다나 그린벨트 내 개발 제약은 부동산 가격 상승으로 이어져 실질적으로 이들 지역을 중산층만이 집중 거주하는 지역으로 바꾸어 놓았다 (Murdoch and Marsden, 1994).

촌락과 도시 공간의 구분은 또한 새로운 개발이 소규모 도시와 대규모 마을에 집중하게 되며, 광범위하게 촌락 지역의 지역계획정책에서도 실행되었다. 이를 위해 다른 계획 기관은 다른 전략을 채택했다. 가장 일반적으로, 구조계획은 특정 도시와 마을을 확장 지역으로 지정하고 다른 거주지 개발은 엄격하게 제한하는 '핵심 거주지' 정책을 채택했다 (Cloke, 1983; Cloke and Little, 1990). 다른 기관들은 시장 도회지 집중 정책 또는 전체 구역에 걸쳐 개발을 엄격히 제한하는 정책을 채택했다(Cloke and Little, 1990). 그러나 모든 경우에 지역계획은 도회지와 마을 주변에 '개발 금지선(development envelop)'을 그어 새로운 건설은 일반적으로 제약을 받고 따라서 개방된 시골 지역에 건물을 금지하였다.

전체적으로, 영국과 웨일즈의 계획 체계는 일반적으로 촌락 경관을 황폐화시키는 무작위의 보기 흉한 구조물을 금지하고, 소규모 마을의 촌락 특징을 보존하고, 도시 성장을 억제하고, 농업 토지를 보호하고, 환경적으로 민감한 장소를 보호하는 면에서 촌락 토지의 개발을 합리적이고 체계적인 방식으로 규제하는 데 성공적이었다. 그러나 몇 가지 이유로 비판을 받기도 한다. 첫째, 계획 정책은 무엇이 건설되느냐보다 어디에 건설되느냐에 더 관심을 기울였다. 개발 금지선 내의 새로운 건물은 대개 지역 건축물 형태나 건축 재료 규제를 따라야 할 의무가 없으나, 경관에 영향이 적고 자연적 재료를 사용하는 개발이어도 개방된 시골 지역에서는 금지될 것이다. 둘째, 농업은 계획 체계로부터 거의 면제되었다. 농업용 건물은 개발 금지선 외곽에 계획 허가 없이 건축될 수 있고, 계획 기관은 경관의 외형을 엄청나게 바꿀 수 있는 울타리 제거와 같은 농업 활동을 규제할 권한이 없다. 셋째, 계획 체계는 촌락 공간에 대규모 하부시설 건설을 통제하는 데는 효과가 없었다. 새로운 도로, 발전소, 공항 그리고 유사한 개발 계획은 상당한 반대에 부딪혀 공적인 조사로 결정이 되었지만, 거의 거부되지 않았다. 공적 조사는 비용이 많이 들며 결과를 도출하는 데 몇 년이 걸릴 수 있어, 정부는 2002년에 대규모 건설의 계획 과정을 단축시키기 위한 새로운 절차를 제안하였는데, 촌락 캠페인 집단이 주장하는 것처럼 이는 취약한 시골 지역 보호로 결론지어질 것이다.

넷째로, 계획 과정은 중산층의 이해를 선호하게 된다. 구조계획과 지역계획의 생산은 이론적으로 협의와 민주적인 책임을 필요로 한다. 그러나 이 과정에 가장 큰 영향력을 가진 집단은 중산층으로 촌락 지역에서 지방정부를 지배하고 자원을 동원해 계획가에게 압력을 가하고, 적절한 기술적 언어를 사용해 건의할 수 있다. 그 결과는 개발이 배타적으로, 중산층 마을에는 제한되고, 대신 인구가 혼재된 도시나 마을에 집중된다. 이 경향은 개발이 가장 제한되며 공급 부족으로 인해 마을 내 재산 가격을 올리며 이러한 마을에서 주택을 구입할 수 있는 사람을 제한하게 되며 자체 재생산하게 된다. 런던 북서부의 버킹엄셔는 중산층 공간의 생산으로 기술된다.

> 결과는 도시 지역의 중앙에 기분 좋은 시골 지역의 확장이다. 밀톤 케인즈에서 북쪽으로, 그린벨트와 런던에서 남쪽으로, 에일즈버리 베일에서 촌락에 집착하는 투쟁은 결코 쉽지 않다. 그러나 장소의 사회적 구성은 일반적으로 엄청난 행위자 집단들이 달갑지 않은 개발에 조직적인 반대를 위해 쉽게 모일 수 있다는 것을 의미한다. 지역은 위치적 지위가 높아지며 '외곽 지역'에 갇혀 있는 미래의 거주자들에게 더욱 매력적이 될 것이다. 따라서 자원, 특히 주택에 대한 경쟁이 증가할 것으로 저소득층은 머무르거나 이러한 지역으로 이주해 가는 것이 더욱 어려워질 것이다. 따라서 이 지역의 중산층 성격은 확실시된다 (Murdoch and Marsden, 1994, p. 229).

마지막으로, 계획 체계의 하향식 속성은 지역 차원의 계획 정책은 필연적으로 광범위한 경향에 호응한다는 것을 의미한다. 다음 장에서 논의하겠지만, 이는 1990년대 말 지역 기관들이 영국 촌락에 대대적인 갈등을 유발한, 예상된 220만 호의 새 주택을 수용하는 계획을 수립하라는 요구를 받았을 때 분명하게 드러난다.

북미의 개발 통제

미국이나 캐나다에는 개발 통제를 위한 종합적인 국가 체제가 없다. 토지 이용 책임은 주 (state, province) 그리고 지방(local)정부에 있고, 다양한 기관과 기구 간의 분절된 조직은 계획 체제의 효율성을 상당히 제약하였다. 계획의 통합된 접근 시도가 뉴욕, 캘거리, 에드먼턴을 포함한 여러 도시 지역에서 계획위원회의 설치를 통해 이루어졌다(Hall, 2002). 지역계획은 개발 통제에만 관심이 있는 것이 아니라 많은 경우 농업 토지 또는 레크리에이션을 위한 개방된 토지를 보존하기 위한 방법을 포함한다. 그러나 이러한 계획은 법령보다는 권고였고, 그 자체로 촌락 공간을 보호하지 못한다.

미국 지방정부 내에 계획 조직이 존재하지만, 이들은 일반적으로 자원과 실행할 권한이 부족하다. 미국에서 토지 이용은 상당수 구역제(zoning)를 통해 규제되는데 별개의 구역제 조직과 공공위생과 관련한 법을 사용해 강제하고 계획 과정과 별개로 그러나 병행해서 운영된다(Hall, 2002). 구역제는 주택, 산업, 상업 등과 같은 다른 용도의 이용을 서로 다른 토지에 지정한다. 그러나 개방된 촌락 토지를 보호하기 위한 구역제의 사용은 한계가 있다. 오직 하와이, 오리건, 워싱턴의 3개 주만이 독점적 농업 이용을 위한 토지 구역 설정을 허용, 주 전체에 적용되는 법을 도입했다(Lapping et al., 1989; Rome, 2001). 추가적으로, 일부 지방자치단체는 농업용 토지를 매우 규모가 큰 건물 구역으로 설정해 개발의 영향을 감소시켰다(Hall, 2002). 그러나 개발업자는 대개 자신의 목적을 결국에는 달성하는데, 특히 미국 헌법에서 토지 소유자는 자신의 토지를 개발할 권리를 보호 받는다고 인식되기에 구역제는 전반적으로 개발을 규제하는 데 반 정도만 유효한 것으로 평가된다(Hall, 2002; Rome, 2001).

영국의 개발권을 국유화한 도시 및 시골계획법과 동등한 법 없이 개발을 통제하고자 하는 미국의 기관들은 농업용 토지의 개발권을 매입하는 계획을 도입했다. 농지보존계획은 여러 대다수 북동부의 많은 주, 카운티와 지방자치단체가 도입하고, 전체적으로 20억 달러 이상의 비용으로 73만 헥타르 이상을 보호했다(Sokolow and Zurbrugg, 2003). 가장 넓은 면적은 메릴랜드, 펜실베이니아, 버몬트에서 나타나는데, 재정적으로 가장 거대한 프로그램은 메릴랜드 호워드 카운티가 1억 9,300만 달러를 개발권 매입에 지불했고, 매사추세츠 주는 1억 3,590만 달러를 지불했으며, 메릴랜드, 펜실베이니아, 캘리포니아, 그리고 버몬트에서도 상당한 계획이 이루어졌다(표 13.4). '지역권(easement)'으로 알려진 토지 소유자에게의 지불은 일반적으로 농지로서의 토지 가치와 개발 토지로서의 가치 간의 차이로, 그 액수는 위치에 따라 상당히 다르지만 헥타르당 평균 810달러 정도이다. 재원은 지역 세금, 채권 발행, 그리고 연방·주·지방정부로부터의 교부금에서 확보된다. 농지 보호 프로그램의 일부인 연방자금지원은 1996년에 도입되어 1996~2003년 사이 보호된 농지가 3배 이상 증가하였다. 추가 10억 달러의 연방자금지원은

표 13.4 미국 15개 주에서 46개 지역권 프로그램으로 보존된 농지

	프로그램 규모	헥타르	보존된 농지 (에이커)	프로그램 비용 (백만 달러)
메릴랜드	군(county), 지방(local)	105,019	259,307	464.6+*
펜실베이니아	군, 지방	60,286	148,861	394.0
버몬트	주(state-wide)	40,763	100,651	56.8
캘리포니아	군, 지방	34,189	84,418	102.4
델라웨어	주	26,478	65,377	69.5
매사추세츠	주	21,384	52,800	135.0
콜로라도	군, 지방	20,589	50,788	75.1
뉴저지	군, 지방	20,153	49,761	254.3
코네티컷	주	11,684	28,850	84.2
워싱턴	군, 지방	6,693	16,527	62.1
뉴욕	군, 지방	3,669	9,060	68.3
버지니아	지방	2,570	6,346	13.5
위스콘신	지방	836	2,064	3.38
미시간	지방	752	1,856	6.0
노스캐롤라이나	군	508	1,255	2.6

* 메릴랜드의 두 프로그램에 대한 자료는 없음.

출처 : Sokolow and Zurbrugg, 2003

2002년 농지안전 및 촌락투자법(Farm Security and Rural Investment Act) 프로그램에서 주어졌다.

다른 곳에서는 세금 감면을 통해 토지 소유자에게 농지를 농업적 이용으로 유지하게 하였다. 이러한 종류의 계획은 모든 미국 주와 캐나다 주, 특히 캘리포니아와 뉴욕에서 시행되는데, 토지 소유자는 토지를 특정 기간 동안 농지로 유지하는 데 동의하면 대가로 세금 감면을 받고(Beesley, 1999; Hall, 2002), 미시간, 위스콘신, 앨버타는 농장 운영자에게 낮은 세금을 부과한다(Beesley, 1999). 농업 구획제는 농부로 하여금 자발적으로 규정된 농업 구역 내에서 농업용 토지를 유지하는 데 집합적·자발적으로 동의하는 대안적 장려 방식의 접근으로, 그 대가로 세금 연기와 공해법(nuisance laws) 세금 면제를 포함한 혜택을 받는다(Beesley, 1999; Lapping et al., 1989). 비록 뉴욕 주 농지의 1/3 이상이 1970년대 농업 구역에 포함되었지만, 이 접근은 개발 기대가 덜 중요한 지역보다 당면한 개발 압력을 받는 촌락 지역에서는 덜 효과적인 것으로 드러났다(Lapping et al., 1989).

북미에서 촌락 토지의 개발을 통제하기 위한 마지막 접근은 공공기관이 토지를 매입해 공적 목적으로 이용하는 것이다. 이것은 미국 국립공원에서 사용된 모델이지만, 또한 소규모 카운티와 지방자치 기관에서 도시 개발로부터 취약한 토지를 보호하기 위해 도입하였다. 예를 들어, 샌프란시스코는 이 방법으로 1960년대와 1970년대에 도시 주변에 사실상의 그린벨트를 설정하였는데, 1970년대가 되자 많은 지방 기관들은 토지 가격이 너무 높아 대규모 미개발 토지를 취득할 수 없게 되었다(Rome, 2001). 민간 그리고 공동체 토지 신탁은 또한 개방된 토지를 개발로부터 보호하기 위해 구입하였는데, 1980년대 후반에는 900개 이상의 토지 신탁이 81만 헥타르 이상의 농지를 관리하였다(Beesley, 1999).

전체적으로, 북미의 개발 통제 전략의 효과에 대한 평가는 엇갈린다. 개별 프로그램은 개발될 수 있었던 토지를 안전하게 지켰지만, 미개발된 대다수의 촌락 토지는 보호되지 않은 채 남아 있다. 실행 중인 다양한 접근들 중 많은 경우에 요구되는 비용과 법적 강제력의 부족은 종합적이고 통합된 계획의 등장을 방해했고, 유지될 수 있는 보호 수준을 약화시켰다.

농업 환경 계획

20세기 대다수 기간 동안 촌락 보전 정책의 주요 목적은 도시형 발전으로부터 촌락 환경을 보호하는 것이었다. 북미, 오스트레일리아, 뉴질랜드의 국립공원과 같은 가장 엄격한 경관 보호 형태 또한 토지 경작을 금지했지만, 더 일반적으로 농업은 이 문제의 일부가 아니거나 보전의 협력자로 고려되었다. 개발 통제 정책은 특히 환경의 가치만큼 농업용 토지를 보호하려는 희망으로 추동되었다. 그러나 1950년대 이후 현대적 농업 또한 촌락 환경에 피해를 준다는 것이 널리 알려졌고(제7장 참조), 농업 형태를 변화시키기 위한 농업 환경 프로그램 또한 필요했다.

농업의 조방화를 포함한 농업 환경 계획은, 다행히 후기생산주의 전이에서 농업 생산을 줄여야 할 필요와 일치하였다(제4장 참조). 농업 환경 정책은 1980년대 공동농업정책을 개혁하려는 시도의 일부로 유럽연합에서 처음으로 도입되었고, 미국에서는 1985년 농장안전법(Farm Security Act)에 앞서 보전집단의 진정에 따라 도입되었다. 농업 환경 계획은 1980년대 대중적인 환경 관심의 물결 동안 확대되었고 이후 농업정책 개혁을 강화했다(Potter, 1998; Swanson, 1993; Winter, 1996).

농업 환경 계획은 화학제 사용 감축, 오염 통제, 경작지의 초지로의 전환, 토양 침식 방지, 가축 밀도 감소, 유기농 권장 그리고 삼림지의 유지와 식목을 포함한 광범위한 목적의 어느 하나를 목표로 한다(또한 글상자 13.2 참조). 어떤 계획은 구체적으로 이러한 목적의 하나를 다루기 위해 만들어지지만, 다른 계획은 특별히 지정된 지역 내에 통합된 접근을 발전시키려는 목표를 가진다. 예를 들어, 영국에 도입된 첫 계획은 28곳의 환경적으로 민감한 지역(Environmentally Sensitive Areas, ESAs)의 지정을 포함하는데, 전체 16,889제곱킬로미터 지역이 환경적 중요성과 환경에 더 피해를 방지하기 위해 전통적 농업의 잠재력에 기초해 선정되었다(Winter, 1996). 환경적으로 민감한 지역(ESAs)의 농부는 비료 사용, 가축 밀도 제한, 제초제와 살충제 사용 금지, 새로운 배수와 울타리 설치, 그리고 울타리·도랑·삼림·벽·창고와 같은 경관적 특징 유지를 포함한 관리 동의에 대한 대가로 면적당 보상금을 받을 수 있다.

글상자 13.2 시골 지역의 재삼림화

유럽 대다수 촌락의 자연 상태는 삼림지대였지만, 몇 세기 동안의 경작은 농업을 위해 그리고 이후에는 도시화로 삼림을 제거하였다. 그러나 최근 수십 년간 잉여 농지에 나무를 심어 자연적인 삼림을 증대하려는 계획이 도입되었다. 영국은 20세기 초 산업용 침엽수로 삼림을 가꾸며 회복하기 전까지 1086년 15%였던 삼림지대가 1890년 4.8%로 감소하며, 1980년대 활엽수 삼림 조성 정책이 도입되었다. 유럽연합의 농업환경 프로그램의 일환으로 운영된 농장삼림계획[Farm Woodland Scheme, 이후에는 농장삼림우수계획(Farm Woodland Premium Scheme, FWPS)]은 농부에게 활엽수를 조성에 대해 헥타르당 195파운드를 지불하였다. 활엽수 성장에 장시간이 소요되는 것을 인정하여, 오크와 너도밤나무는 40년, 다른 활엽수에는 30년, 그리고 다른 삼림에는 20년 동안 지불을 보장하였다(Mather, 1998). 1995~1996년에는 전체 360만 파운드의 지불이 FWPS 아래 이루어졌고, 추가로 1,610만 파운드가 삼림위원회에 의해 운영되는 삼림지대보조금계획(Woodland Grant Scheme) 아래 지불되었다.

삼림화는 또한 1991년 영국 미들랜드의 이전 촌락 석탄산지에 지정된 국유림(National Forest) 그리고 랭카셔와 브리스톨 주변에서 이루어진 유사한 사업을 포함해 대규모의 계획으로 추진되었다. 국유림은 500제곱킬로미터 지역의 1/3에 3,000만 그루의 나무를 심는 계획인데, 삼림 기업(Forest Enterprise, 삼림위원회의 상업적 부분)과 삼림 신탁(자선기관)에 의한 토지 매입, 지역 삼림 개발, FWPS로부터의 지원을 포함한 농지에 자발적으로 나무 심기를 권장하는 계획의 혼합된 전략으로 추진한다(Cloke et al., 1996). 환경 개선과 함께 국유림과 같은 계획은 또한 레크리에이션 공간을 만들어 관광과 경제 재생을 활성화하는 것도 목표로 한다.

역사적으로 엄청난 삼림 제거를 경험한 아일랜드 또한 유사한 계획으로 나무를 심는 국민새천년삼림(People's Millennium Forests)으로 새천년을 경축했다. 민간 후원 자금을 이용해 이 계획은 아일랜드의 모든 가구가 한 그루의 나무를 국내 16곳의 장소에 심는 것이다. 각 가구는 삼림지대의 격자 지도를 이용해 '심을' 나무의 위치에 대한 세부적인 정보와 함께 증명서를 발급 받았다(그림 13.3).

영국 국유림과 국민새천년삼림 계획은 모두 지역 주민을 시골 지역의 재삼림화에 참여하게 하는 것이다. 그러나 삼림에 대한 일반인의 태도는 혼재되어 있고 깊숙이 자리한 문화적 연관에 의지한다(Cloke et al., 1996). 일부 사람들은 삼림을 '인간과 야생 생명체가 평온하고 행복하게 공존할 수 있는 살아 있는, 숨

쉬는 평화로운 장소'(p. 569)라고 인식하지만, 다른 사람들은 삼림을 두렵고, 나무에 의해 '폐쇄되고', '압도된'고 인지한다. 유사하게 삼림의 다양한 표현 그리고 삼림지대를 피난 장소와 감시를 넘어선 장소와 같이 다양하게 이용하는 것 또한 잘 조성된 삼림지대와 상업적 삼림에 인접한 지역에서 발견된다(Marsden et al., 2003).

비록 농장삼림계획의 성과에 대해 일부 회의론이 제기되었지만(Mather, 1998 참조), 농업 환경 프로그램의 지불, 대규모 삼림 계획, 그리고 버려진 농지에서의 자연적 성장들은 복합적으로 영국의 삼림지대 피복을 2000년에 8.4% 증가시켰다.

국유림과 삼림에 대한 대중들의 인식에 대해서는 Paul Cloke, Paul Milbourne and Chris Thomas (1996) The English National Forest: local reactions to plans for renegotiated nature-society relations in the countryside. Transactions of the Institute of British Geographers, 21, 552-571, 촌락 삼림 전반에 대해서는 Brian Ilbery (ed.) (1998) The Geography of Rural Change (Longman)에 있는 Alexander Mather의 글 참조. 영국의 국유림에 대한 정보는 www.nationalforest.org, 아일랜드의 국민새천년삼림은 www. millenniumforests.com에서 더 많은 정보를 얻을 수 있다.

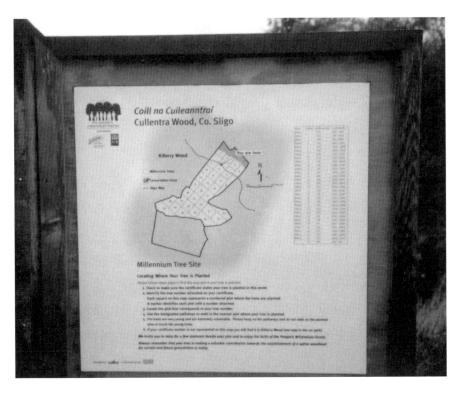

그림 13.3 아일랜드 슬리고 카운티 쿨렌트라 삼림의 국민새천년삼림의 식목 지도
출처 : Woods, 개인 소장

영국의 환경적으로 민감한 지역(ESA) 프로그램은 보전 이슈를 광범위하게 목표로 하고 있지만, 미국에서 1985년 농업법(Farm Bill)으로 도입된 보전비축프로그램

(Conservation Reserve Program, CRP)은 처음에 토양 침식의 한 가지 문제에 초점을 두었다. 이 프로그램 아래 농부들은 침식에 매우 취약한 토지를 보호하기 위해 나무를 심거나 초지를 조성하면 헥타르당 약 60달러를 받았다(Potter, 1998; Swanson, 1993). 많은 농업 환경 계획처럼 보전비축프로그램의 배후에는 환경적 이익만큼 생산을 통제하려는 이유가 있었고, 1차 보전비축프로그램 동안 미국농업국은 환경보다 생산에 더 관심이 많았고, 가장 침식의 위험에 노출된 곳보다 가장 생산이 감소될 수 있는 토지를 대상으로 했다는 비판을 받았다(Potter, 1998). 그럼에도 불구하고 1992년 1,450만 헥타르(미국 전체 농경지의 11%) 토지가 보전비축프로그램에 포함되었고 토양 침식이 22% ― 연 7억 톤 ― 감소한 것으로 추정되었다(Potter, 1998). 더군다나 1991년 보전비축프로그램의 범위는 수로의 필터스트립[1], 수원보호구역, 주의 수질, 보전 지역을 포함하는 것으로 확대되었고, 두 병행 계획인 습지보호프로그램(Wetlands Reserve Program)과 농업수질보호프로그램(Agricultural Water Quality Protection Program) 또한 도입되었다(Green, 1996).

보전비축프로그램과 그 결과들은 유럽연합의 농업 환경 프로그램의 대다수 계획과 농업을 통해 보전을 추진하는 데 재정적 보상을 하는 면에서 일치한다. 반대로, 보전비축프로그램이 거부 제재의 위협을 사용한 것처럼 미국에는 보전준수정책(Conservation Compliance Policy)이 도입되었다. 보전준수는 농부에게 토양 침식이 심각하게 이루어지지 않는다는 것을 보여 주는 승인된 농지 보전 계획 이행을 요구했다(Potter, 1998; Swanson, 1993). 1995년 1월 1일까지 시행하지 않는 농부는 상품 가격 지불, 작물 보험, 재해 구조 기금을 포함한 연방 보조 수혜 자격을 박탈했다. 아이오와와 같은 일부 주는 거부 제재 접근을 더욱 확대해 토양 침식과 수질 오염으로부터 보호하기 위한 엄격한 법을 입안해 법을 따르지 않는 농부는 구속한다는 위협적인 내용을 담았다(Simon, 2002).

생산 통제만이 농업 환경 계획의 유일한 부수적 혜택은 아니다. 오스트레일리아의 토지보호(Landcare) 프로그램은 보전을 대중의 환경 관리 참여 촉진과 결합한다. 토지 소유자와 농장 기업은 자조(self-help), 협력, 지역 행동의 원칙을 통해 토지 악화의 문제를 다루는 다른 토지보호 집단과 함께 참여하는 것을 권장한다(Lockie, 1999a, 1999b). 그동안 웨일즈의 티르 사이먼[2] 계획과 그 후속인 티르 고팔에서는 농업 환경 활동이 광

---

1) 역자 주 : 식생지역에 일반적으로 좁고 긴 완충지로, 물 흐름을 늦추어 토양 침식과 강 오염을 감소시키는 관리 수단이다.

범위한 촌락 발전 목표의 일부로 자리 잡고 있었다. 자신의 토지 환경 특성을 유지하겠다고 동의한 농부에게 보조금을 지불하며, 이 계획은 촌락 경제에서 전통적 농업 형태의 지속 가능성을 지원하고 새로운 취업 기회를 만드는 것을 목표로 하였다. 전체적으로, 티르 사이먼은 3곳의 시범지역에서 연 29일의 환경 작업을 행한 것으로 계산되었는데, 이는 농장의 임시노동자에게는 더 길어진 취업 기간을 의미한다(Banks and Marsden, 2000).

농업 환경 계획은 농부의 자발적 참여에 기초하고, 따라서 그 효과는 생산성 감소를 포함한 비용과 노력 대비 농업 환경 계획이 약속한 보상과 혜택에 대한 농부의 평가에 달려 있다. 비록 일부 초기 계획의 활용은 적절했고 상당한 지리적 변이가 있지만, 농업 환경 계획은 이제 극소수의 농장에서만 시행된다. 유럽연합 농지의 약 20%가 2000년까지 농업 환경 프로그램에 참여했고, 오스트레일리아에서는 30%가 토지보호 프로그램에 참여했다(Juntti and Potter, 2002; Lockie, 1999a). 참여는 젊은 그리고 기업가적 농부에게서 높게 나타났고, 가장 중요한 참여 이유는 다양했다. 그러나 영국의 두 농업 환경 계획의 연구에 따르면, 참여자의 대략 반은 만일 지원금이 없어진다면 보전 조처를 지속하지 않을 것이고, 참여한 농부들이 더 환경적 사고를 하게 되는 태도 변화를 보이는 것을 발견했다(Wilson and Hart, 2001). 이와 같이, 농업 환경 집단 참여자는 환경 책무로 자극받은 '적극적 수용자' 로, 재정적 지원이 중요하고 현재의 농장 관리 방식의 변화가 요구되는 곳은 '소극적 수용자' 로 구분될 수 있고, 참여하지 않은 농부는 만일 계획의 조건이 다르면 참여할 수 있는 '조건부 비수용자' 와 강력하게 참여에 반대하는 '저항적 비수용자' 로 구분될 수 있다(Wilson and Hart, 2001).

촌락 환경을 보호하는 데 농업 환경 계획의 효과에 대한 결론은 엇갈린다. 특정 목적은 달성하지만, 필연적으로 광범위한 영향은 없다. 윈터(Winter, 1996)는 자신들의 활동 중 한 요소에 대하여 농업 환경 동의를 한 농부들은 다른 곳에서 생산을 집약적으로 해 보상을 받는 '후광 효과(halo effect)' 에 대한 우려를 제기했는데, 록키(Lockie, 1999b)는 오스트레일리아의 토지보호는 실제 농업의 집약화에 기여했다고 주장한다. 더 긍정적으로는 영국에서의 연구는 농업 환경 계획은 나비, 곤충 그리고 조류 개체수의 회복에 기여했다는 결론을 제시했다.

---

2) 역자 주 : 웨일즈의 대표적 경관을 보존하는 환경보존 프로그램으로, 1992년 시작했으나 1998년 새로운 지정이 중단되었다.

동물과 촌락 환경

촌락 환경을 보호하려는 계획은 대다수 현재의 경관과 서식지를 다가올 악화로부터 보전하고, 식물 또는 야생동물 개체수의 감소를 역전시키거나 관심을 기울이지 않았던 경관 특성을 복원하려는 비교적 적절한 수준의 계획에 관심을 가진다. 아주 소수의 경우에 과거 촌락 환경을 재구성하려는 야심 찬 규모의 행동이 이루어졌다. 여기에는 여러 국립공원과 조림계획에서 농업 경작을 없애고 한때 토종이었던 동물종을 재도입하는 것을 포함한다. 동물은 자연환경 체계와 촌락을 담론적으로 표현하는 데 모두 중요하다. 따라서 야생동물 보호는 많은 보전을 위한 과학적 지식에 기초하고 조류, 나비 그리고 갈색곰과 같은 매우 인지도가 높은 동물상의 취약성에 대한 대중적 동정의 지원 아래 서식지 보호에 초점을 맞춘 계획에서 중요한 목적이었다. 그중에서도 특히 시골 지역에서 가축의 중요성 그리고 생산주의 농업 아래 선별적 품종 개량과 가장 생산성이 높은 종이 지배하게 되며 가축의 동질화가 이루어지는 것에 대해서는 그다지 관심을 기울이지 않았다(Yarwood and Evans, 2000). 비록 보전계획이 소, 양, 돼지 등의 희귀종 보호를 위해 있지만 이러한 계획은 야생동물의 보호만큼 대중적 관심을 얻지 못했다(Evans and Yarwood, 2000).

더 논란이 되는 것은 현대적 농업과 양립할 수 없기 때문에 이전 세대에서 의식적으로 멸종시키거나 개체수를 줄인 동물종을 재도입하려는 계획이다. 아마도 이러한 종류의 가장 의욕적인 계획은 미국 대평원의 '버팔로 공공재(Buffalo Commons)'로, 19세기 일부 스포츠와 밀무역으로 그리고 일부 상업적 소 목축을 위한 전제 조건으로 이루어진 거의 박멸된 토종 들소 개체수를 복구하려는 시도이다(Manning, 1997). 최근 들소 무리가 평원의 일부 지역에 국지적으로 다시 생겨났는데, 버팔로 공공재 계획은 몬태나, 노스다코타에서 남쪽 텍사스의 광대한 지역에 걸쳐 들소가 돌아다니는 복귀를 기대하고 있을 것이다. 제안자인 프랭크와 포퍼(Frank and Deborah Popper)가 상상한 것처럼, 이 계획은 대평원에서 지속적으로 인구와 농업이 감소하기에 경작지를 울타리가 없는 공동 초지로 복원할 수 있는 기회가 된다는 것에 기초한다. '버팔로 공공재'는 은유이자 관광, 사냥, 들소 고기, 가죽, 그리고 토종 식물의 이용에 기반한 새로운 지역 경제를 위한 구체적인 계획이다(또한 Manning, 1997; Popper and Popper, 1987 참조). 그러나 이 은유는 수명을 다했고, 지역 내 많은 이 계획 지지자에 의해 그리고 재산권 손실과 자신들의 상업 활동이 위축되는 것을 두려워한 토지 소유자와 목부를 포함한 반대자에 의해 다른 방식으로 재생산되었다.

동물 재도입 계획은 동물이 농업에 직접적으로 피해를 준다고 인식되기에 더욱 반대를 유발하였다. 스코틀랜드에 비버를 재도입하려는 계획에 대하여 토지 소유자들은 이 계획을 지연시키는 방식으로 반대를 해 비난을 받았고, 여우와 같은 큰 육식동물을 재도입하는 계획은 여러 지역에서 강렬한 저항에 부딪혔다. 예를 들어 브라운로우(Brownlow, 2000)는 뉴욕 주의 아디론댁산에 회색여우를 재도입하려는 계획이 어떻게 지역에서 여우를 사람이 사는 시골 지역에 맞지 않는 그리고 가축과 더 가치 있는 야생동물인 사슴을 잡아먹는 '해로운 작은 동물'로 문화적으로 구성된 내용과 충돌하는가를 보여 주었다. 더군다나 이 제안은 도시 기반 보전주의자들이 자신들의 이상적 가치를 촌락 환경에 부과하려는 시도로 표출되었다. 이는 제3장에서 논의한 '가치의 세계화'의 사고를 상기시키는데, 점차 세계화되는 환경 이념은 지역의 자연과 촌락성에 대한 상식과 충돌하는 보전 기준을 조장하고 있다.

요약

자연 환경의 보호는 촌락 공간이 관리되는 방식에 상당한 영향을 주고 있다. 촌락정책의 녹색화는 촌락 재구조화와 관련한 여러 요인들에 대한 대응이었다. 첫째, 촌락 환경이 현대적 농업, 도시화와 물리적 개발로 인한 피해에 대한 인식이 높아지고 있고(제7장 참조), 환경주의의 광범위한 확산과 더불어 시골 지역 보전에 대한 대중적 지지를 받게 되었다. 둘째, 농업의 과잉생산이 주요 정책 문제가 되었고(제4장 참조), 농업의 집약도를 줄여 보전을 하는 논리는 점차 정책입안자에게 매력적으로 다가갔다. 셋째, 촌락 공간의 경제 재구조화는 생산의 공간으로보다 소비의 공간으로 시골 지역을 상품화하는 것을 포함해(제12장 참조), 아름다운 경관 가치의 보호는 자원의 이용으로 인한 환경 악화보다 더 경제적 의미를 가진다. 이러한 다양한 변화들은 이해관계의 결합으로 연합하며, 집합적으로 촌락정책의 녹색화를 성취하였다.

그러나 시골 지역 보호의 범위 내에는 많은 특정 문제를 다루는 다양한 전략과 접근을 취하는 여러 계획들이 광범위하게 존재한다. 일부는 자발적 참여에 의존하고, 다른 일부는 법에 따른 강제적 수단을 가진다. 보전을 위해 재정적인 긍정적 장려금을 사용하는 경우도 있고, 동의하지 않는 경우 부정적 제재를 가하는 경우도 있다. 일부는 농부, 토지 소유자, 그리고 다른 촌락 공간의 사용자와 관련되고, 다른 일부는 촌락 토지 이용을 더 근본적으로 변화시키고자 한다. 환경 관련 압력단체 내에서조차 목적과 방법에 차이가 있다. 비록 '보전'이 환경 보호를 위한 모든 것에 우선하는 용어로 자주 사용되지만, 실제 '보존'의 더 극적인 목표에는 없는 적절한 변화를 수용한다는 것을 의미한다. 한편 보전과 보존 모두 현재의 촌락 환경을 출발점으로 하는 점에서 과거 환경의 재구성을 목표로 하는 계획과는 다르다.

더군다나 촌락 환경을 보호하려는 어떤 계획도 아직 농부, 토지 소유자, 개발업자, 사냥꾼, 목재회사, 석유·광물 채취자, 그리고 다른 상업적 운영들로부터 자신들의 경제적 이익, 후생, 그리고 권리가 식물과 동물의 관심보다 낮다고 주장하는 반대에 부딪힌다. 환경 계획의 과학적·철학적 정당화 논리는 지역 주민이 현재의 상태를 유지하기 위해 주장하는 자연에 대한 일반 담론과 논쟁할 수 있다. 반대는 또한 외부의 도시에 기반한 환경 가치가 촌락 사람들에게 강요된다는 인식을 중심으로 조직화될 수 있다. 따라서 환경 문제는 촌락 갈등 등장의 충분한 근거가 된다고 판명되었다.

더 읽을거리

보호된 경관과 농업 환경 계획을 포함해 촌락 환경을 보호하려는 계획에 관한 상당히 종합적인 설명은 대부분 영국의 관점에서 Bryn Green, *Countryside Conservation* (Spon, 1996), Michael Winter, *Rural Politics : Policies for Agriculture, Forestry and the Environment* (Routledge, 1996)에서 다루고 있다. 미국의 국립공원 이야기는 무게감 있게 Alfred Runte, *National Parks: The American Experience* (University of Nebraska Press, 1997)에서 다루었다. Adam Rome, *The Bulldozer in the Countryside* (Cambridge University Press, 2001)는 미국의 시골로 도시가 확장하는 것을 제한하는 역사적 노력을 다루고 있다. 발전 통제 전략과 농지 보전 계획은 또한 Owen Furuseth and Mark Lapping (ed.), *Contested Countryside: The Rural Urban Fringe in North America* (Ashgate, 1999)를 위시한 여러 사람이 다루고 있다. 오스트레일리아의 토지보호 프로그램에 대해서는 록키의 작업을 보고, 포터는 유럽 농업환경 정책의 다양한 면모를 탐구한다. 추천 도서로는 S. Lockie, 'The state, rural environments and globalisation: "action at a distance" via the Australian Landcare program', *Environment and Planning A*, volume 31, pages 597–611 (1999); C. Potter, 'Conserving nature: agri-environmental policy development and change', in B. Ilbery (ed.), *The Geography of Rural Change* (Addison Wesley Longman, 1998); in C. Morris and C. Potter, 'Recruiting the new conservationists: farmers' adoption of agri-environmental schemes in the UK', *Journal of Rural Studies*, volume 11, pages 51–63 (1995) 등이 있다.

웹사이트

국립공원에 대한 더 많은 정보는 영국 국립공원위원회(www.cnp.org.uk), 영국 국립공원기구협회 (www.anpa.gov.uk), 캐나다공원(www.pc.gc.ca), 아일랜드 국립유산국(www.duchas.ie/en/ NaturalHeritage/NationalParks), 뉴질랜드 보전국(www.doc.govt.nz), 그리고 미국 국립공원 청(www.nps.gov)을 포함한 여러 공식적인 국가 웹사이트와 비공식적 웹사이트로 미국 국립공원 (www.us-national-parks.net)에서 얻을 수 있다. 영국의 환경농촌식품부 웹사이트 (www.defra.gov.uk)는 영국의 계획 정책과 농업 환경 계획에 대한 세부적인 내용을 제공하고, 미국의 농지신탁 웹사이트(www.farmland.org)는 농지 보존계획과 농업 환경 계획에 대한 정보를 포함하고 있다. 오스트레일리아의 토지보호 프로그램에 대해서는 오스트레일리아 토지보호 (www.landcareaustralia.com.au)와 국립토지보호 프로그램(www.landcare.gov.au) 웹사이트를 참조하라.

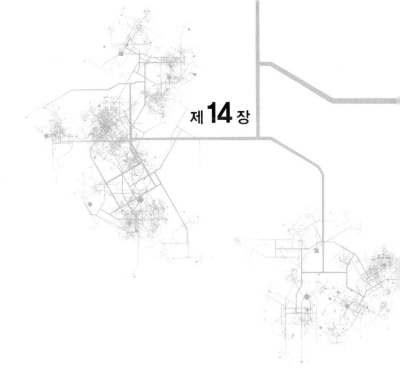

제 14 장

촌락 갈등

서론

사회·경제적 재구조화로 시골 지역은 예전보다 훨씬 더 복잡하게 변했다. 과거에 농업의 경제적 우위성과 다른 자원개발 산업, 촌락 커뮤니티의 상대적 안정성은, 지배적인 담론이 촌락을 균질공간으로서 표현할 수 있고, 그러한 균질화의 표현이 촌락정책과 촌락생활의 구조를 이루는 기초로서 받아들여졌음을 의미하였다. 예를 들면, 농업과 촌락에 대한 강력한 인식은, 농업 이익단체가 농업정책(제9장 참조)에서 우선시되었고 주요 촌락생활이 농업에 맞춰 조직화되었다는 것을 의미했다. 그러나 재구조화 과정은 그러한 단순한 표현을 깨뜨렸다(Mormont, 1990). 지금은 동일한 물리적 공간상에 그려지고, 촌락성에 대한 다양한 사회적 구성(제1장 참조)과 다양한 경제적·사상적 관심으로 알려진 촌락에 대한 다양한 표현들이 있다. 경우에 따라서는 촌락 공간에 대한 다른 표현이 공존할 수는 있지만, 촌락 공간의 관리를 위해 뒤따르는 의미는 양립될 수 없음을 증명한다. 예를 들면, 천연자원의 개발로 고용이 제공되어야 하는 작업 커뮤니티로서 촌락이라는 표현과 촌락의 매력이 산업의 부재와 경관 보호에 있기에 생활하기에 쾌적한 공간으로서 촌락이라는 표현 사이에서나, 농업생산의 일환으로 방목지의 일부로서 들판이라는 표현과 반드시 보호되어야만 하는 희귀한 식물과 곤충의 서식지로서 들판이라는 표현 사이에는 내재적 모순이 존재한다. 이러한 종류의 갈등은 몰몬트(Mormont, 1990)가 묘사한 '촌락성을 둘러싼 상징적 전투'(p. 35)의 원인이 되어 왔다. '상징적 전투'에서는 '촌락' 공간에서 다른 개발, 계획, 정책의 합법성이나 타당성에 대한 많은 갈등이 발생해 왔다.

촌락 갈등의 범위는 소음과 농장에서의 냄새, 오솔길로의 접근 그리고 가로등 공급과 같은 비교적 지역 문제에 대한 논쟁에서부터, 새로운 주택개발, 산업입지, 도로, 폐기물

투기와 발전소에 대한 반대운동, 보호구역의 지정과 관리, 농업활동과 사냥과 같은 '촌락' 활동의 규제에 관한 논의에까지 이른다. 사회·경제적 재구조화의 여파로, 촌락의 갈등은 처음 지역 스케일—일상생활이 거의 직접적으로 영향을 받는 수준—에서 발생하였다. 그러나 대부분의 경우, 갈등은 지역 행위자뿐만 아니라 가까운 촌락 지역 밖에 있는 개인, 압력단체, 기업, 기관과 관련되었다. 그래서 정책결정을 변화시키기 위해 지역, 지방 그리고 정부정책에 참여하도록 캠페인 운동가가 강요 받듯이 촌락 갈등의 '고급화'가 발생하였다(예 : Murdoch and Marsden, 1995; Woods, 1998b, 1998c 참조). 동시에 촌락 활동가들은 농업을 개혁하고, 새로운 보존조치를 도입하고, 공공 서비스를 재구조화하며, 사냥을 규제하며 시골 지역으로의 일반인 접근을 촉진하기 위한 중앙정부 정책 구상으로부터의 촌락 커뮤니티와 경관과 문화로의 위협에 대응하여 동원되었다(Woods, 2003a).

이렇게 하여 많은 나라에서 1980년대 이후 촌락 이슈는 정치적 논의의 주변에서 중심으로 이동하였다. 물론 항상 촌락 정치에 관한 정치적 논의는 어느 정도 있었지만, 제9장에서 논의되고 있듯이 상당 부분이 전통적으로 비교적 친밀하고 사적인 정치 네트워크로 흘러들어 갔다. 때때로 발생한 그러한 촌락 항의는 사유재산 이익, 환경보호, 그리고 부문 고유의 논쟁에 대한 이슈, 특히 주목할 만한 것으로 농업정책에 관한 이슈에 관심을 갖는 경향이 있었다. 지난 20년간 발생한 변화는 그러한 '촌락 정치'가, 바로 그 의미와 촌락 공간의 규제가 정의된 이슈가 되는 새로운 '촌락의 정치'로 대체되어 왔다는 것이다. 또는 몰몬트의 지적대로,

> 촌락에 관한 질문이라고 불리는 것이 존재한다면, 그것은 더 이상 농업 문제 또는 촌락 환경 내 생활조건의 특정 측면에 대해 관심을 갖는 것은 아니지만, 촌락 공간의 특정 기능과 그 안에서 권장되는 개발 유형에 대해 관심을 갖는 질문들이다(Mormont, 1987, p. 562).

이 장에서는 새로운 '촌락의 정치'의 전형적인 촌락 갈등의 세 가지 형태에 대해 검토한다. 첫 번째는 촌락 공간의 개발과, 개발의 필요성을 증진시키는 계획의 근거와 환경적 영향 및 '촌락의 특징' 상실에 대한 걱정 사이에서 발생하는 갈등에 관한 것이다. 두 번째 사례 연구는 촌락 공간에서의 천연자원 이용을 둘러싼 갈등, 그리고 농업 이익집단과 보호 이익단체 간 균형에 관한 것이다. 세 번째 갈등은 야생동물 사냥을 금지하거나 규제하려는 시도로부터 '촌락식 생활'로의 인지된 위협에 관한 것이다. 이 장은 촌락 아

이덴티티에 관한 특정한 표현을 옹호하거나 홍보하기 위해 다양한 이슈들을 아우르는 캠페인 운동에 관련된 단체를 구성하는 광범위한 '촌락 운동' 의 출현을 논의하는 것으로 끝맺는다.

글상자 14.1　농민들의 저항

농민들의 정치적 동원은 촌락 정치와 정책의 역사적 궤도를 형성하는 데 있어서 중요한 역할을 담당해 왔다. 19세기 후반에서 20세기 초반 농민들의 노동조합화는 촌락정책의 중심에서 농업의 위치를 강화하는 데 큰 역할을 하였다. 그러나 농장조합이 농업 정치 커뮤니티에 포함되던 시기에(제9장 참조), 많은 나라에서 정치가들에게 더 많은 압력을 행사하기 위해서든, 농업 이익단체들이 주요 조합들로 대표되는 방법에 대한 반체제 농업단체들의 불만 표출 때문에서든 농민들의 시위와 집회가 끊이질 않았다. 후자의 동기는 1970년대 미국 농업 운동(American Agriculture Movement, AAM)으로 인한 시위의 배후에 있었다. 소농들의 느슨한 연합체인 AAM은 워싱턴 DC에서 농산물 가격지원의 증강과 농장부채를 탕감할 조치를 촉구하기 위해서 두 번의 '트렉터 행렬' 시위를 벌였다. 1978년 1월에 발생한 첫 트렉터 행렬 시위로 3,000명의 농민이 수도로 모였고, 반면 1979년 2월에 발생한 두 번째 트렉터 행렬 시위에서는 40킬로미터에 달하는 트렉터 열로 교통혼잡이 야기되었다(Stock, 1996).

　주요 농장조합에 대한 불만은 1950년대부터 계속 프랑스의 과격한 농민들에 의한 정기적 시위를 부채질 하였고, 흔히 무역정책을 겨냥하였으며, 농업 수입을 줄이도록 위협하는 유럽연합의 공동농업정책(CPA) 개혁을 제안하였다. 가끔 폭력적으로 도로, 철도, 항구 봉쇄, 대중시위, 낙서, 수입육류를 운반하는 트럭 납치는 프랑스 농민 저항의 일환을 이루었다(Naylor, 1994). 비록 보다 더 진보적이고 반세계화적이지만 소작농 동맹(글상자 3.3 참조)에 의해 전통은 분명히 지속되고 있다.

　1990년대에 농산물 가격하락과 전통적 농업정책 커뮤니티의 붕괴는 영국, 아일랜드, 오스트레일리아에서 농부들로 하여금 시위 전술을 채택하게 만들었다. 영국에서의 첫 시위는 1997~1998년 겨울에 즉흥적인 연락선 항구 봉쇄로 아일랜드로부터의 수입을 타겟으로 한 것이었다. 뒤이은 시위는 급진적인 풀뿌리 행동단체가 조직한 것으로, 농업 전 부문에 걸친 경기후퇴의 확산 때문에 슈퍼마켓, 식품가공공장, 유제품 회사 · 제조공장을 겨냥하였다(Woods, 2004a). 가장 악명 높은 것은, 유럽 전역에 걸친 일련의 시위의 일환으로서 2000년 9월에 연료세 부과에 저항하기 위해 농부들이 석유정제공장과 연료저장고를 봉쇄하려고 화물수송회사와 함께 참여하였던 것이다.

미국, 프랑스와 영국 각 나라의 농민 저항에 대해서 더 살펴보려면 Catherine McNicol Stock (1999) Rural Radicals (Connell University Press), Eric Naylor (1994) Unionism, peasant protest and the reform of French agriculture. Journal of Rural Studies, 10, 263-273, Micheal Woods (2004) Politics and protest in the contemporary countryside, in L. Holloway and M. Kneafsey (eds), Geographies of Rural Societies and Cultures (Ashgate) 참조.

시골 지역의 경쟁하는 개발

건조환경 개발은 많은 이유에서 보통 촌락 갈등의 진원지가 되어 왔다. 건축 프로젝트는, 잠재적으로는 주변지역의 많은 사람들에게 영향을 주는 촌락 경관의 가시적인 변화를 동반한다. 그들은 촌락성에 대한 몇 가지 다른 담론에 있어서 중요한 문제를 제기한다.

예를 들면, 정부기관과 설계자의 관점에서 시골 지역에서의 대규모 개발 장소는 관습적으로 용인되고 적절한 것으로 여겨져 왔다. 이용 가능한 토지와 희박한 인구는 촌락 지역을 발전소, 공항, 쓰레기장과 같이 인구가 밀집된 도시 지역에서는 용인될 수 없는 유해시설 개발과 대규모 개발을 하기에 매력적인 곳으로 만들어 왔다. 마찬가지로, 촌락 공간에 주요 도시와 연결되는 고속도로와 철도의 필요성, 자원개발에 기반한 촌락 경제의 일환으로서의 저수지 축조와 댐, 지역개발 전략의 일환으로서의 주택과 산업개발의 필요성은 일반적으로 받아들여져 왔다.

개발을 위한 지원은 촌락 지방정부와 촌락 사업에서 비롯된 것이고, 그들 때문에 사회간접자본 개발은 촌락 지역의 근대화를 위해 필요한 부분이다. 따라서 새로운 주택은 전입자들이 그곳에 살아야 하고, 수준 이하의 기존 주택을 대체해야 하며, 산업공장과 관광지는 농업쇠퇴 때문에 일자리를 창출해야 하며, 새로운 도로·철도·공항은 주변성이 지니는 경제적 불이익을 덜어 주어야 한다. 이와 같은 친개발 담론은, 그것이 반개발 운동가들의 도전을 받기 시작한 20세기 말까지 촌락정책에 있어서 지배적이었다. 개발 반대자들은 종종 민감한 경관 손상과 서식지 훼손을 비롯한 환경적 영향에 대한 걱정을 동원하기도 하였지만, '촌락 전원성'(제1장 참조)이라는 이상으로 묘사되었듯이, 촌락 공간의 심미적 질에 대한 우려로 자극 받기도 하였다. 따라서 촌락 토지를 개발하자는 제안은 새로운 구조물들이 경관을 망가뜨리고, 소음과 광공해로 시골 지역의 평온함을 망치며, 소규모 거주지의 '촌락 특징'을 위태롭게 하거나, '도시' 또는 적어도 '비도시'로 인식되는 토지이용을 도입한다는 이유로 반대되어 왔다.

이와 관련되어 빚어진 갈등의 출현은 자주 역도시화와 연관되어 왔고, 그렇게 해서 지역 주민과 전입자 간의 갈등으로 그러한 것을 표현하고자 하는 유혹이 존재한다. 가령 스페인(Spain, 1993)은, 환경적 가치와 보존에 큰 가치를 두는 '온 사람(come-heres)' 혹은 전입자와 경제적 이익을 가져오는 성장을 좀 더 수용하는 오랫동안 거주해 온 '있던 사람(been-heres)' 간의 싸움으로서 버지니아 주 랭커스터의 개발을 둘러싼 갈등을 규명한다. 비슷한 특징이 영국 남부의 촌락 지역에서 지역 정치가의 진술로 기록되어 남겨졌다(Woods, 1998b).

그러나 세밀한 조사로 상황이 종종 지역인/전입자라는 이분법보다 더 복잡하다는 사실이 드러난다. 스페인(Spain, 1993)이 주시하듯이, 많은 이주민이 장기 거주자보다 훨씬 더 자원에 접근하고, 보다 더 정치적으로도 동원할 수 있다. 그러나 이러한 것은 보통 역도시화에서의 계층구성이 반영된 것이고, 오직 다른 자원에 관하여 표출되는 갈등은 지역인/전입자 간 갈등보다는 더 정확하게는 계층 간 갈등으로 그려질 수 있다. 이주자들은 만약 촌락 장소에 대한 자신들의 재정적·감정적 투자가 위협 받는다면, 개발에 반대하기 위해서 특정한 동기를 갖게 되고, 이러한 동기는 재산투자를 해 왔거나 장소에 대해 강한 애착심을 갖는 장기거주자와 공유될 수도 있다. 이주자와 지역적으로 성장한 커뮤니티 간의 심각한 분열 또한 존재한다. 예를 들면, 안전을 이유로 도시 거리를 환하게 비추는 데 익숙한 이주자들의 어떤 한 단체가 제안한 도시 가로등 도입은 인공적 빛의 부재를 커뮤니티의 촌락적 특징의 일환으로 여기는 다른 사람들의 반대를 가져왔다. 따라서 계급 분류, 거주기간, 연령 등에도 영향을 미칠 수 있는 촌락성에 대한 서로 다른 담론에 기인한 개발에 대한 태도와, 다양한 근거로 동기화되는 행위자들의 임시동맹을 포함하는 것으로서 개발을 둘러싼 갈등에 대해 생각해 볼 가치가 있다.

영국 촌락의 주택개발

촌락 공간에서의 개발을 둘러싼 갈등 속에 내포된 복잡성은 영국 촌락 지역에서의 새로운 주택건설을 둘러싼 갈등 사례로 입증된다. 새로운 주택개발은 모든 선진국에서 논란이 많다. 왜냐하면 새로운 주택개발이 더 많은 사회간접자본시설 확충에 필요한 부차적인 요건과 함께 인구 증가를 내포하고 있고, '도시화'로서 쉽게 간주되기 때문이다(제9, 13장 참조). 제13장에서 설명되고 있듯이, 그러한 우려의 결과로서 영국 촌락 지역에서의 새로운 주택개발은 주택의 질과 위치를 결정하는 계획단계를 통해 규제되고 있다. 정기계획은 이해관계자와 일반시민들과의 토론을 포함하는 과정을 통하여 선출된 지역의회가 민주적으로 만들고 있다(Murdoch and Abram, 2002; Murdoch and Marsden, 1994 참조). 개발업자와 보호주의자들을 대표하는 캠페인 운동 단체들은 공개조사 건의와 의사결정자들에게 로비활동을 통해서 이 과정의 결과에 영향을 주려고 애써 왔다. 그러나 1990년대까지 그린벨트와 국립공원 밖에서 어느 정도의 새로운 주택개발은 필요하고, 촌락 환경을 심하게 손상시키지 않는 범위에서 수용될 수 있다는 전반적인 합의가 있었다.

그러나 1990년대 중반에 신계획 마련은 더 큰 논란을 가져왔다. 역도시화의 경향과 사회적 행동의 예측된 변화에 기초한 인구추계에 따르면, 1991~2006년 사이에 영국에서 새로 추가되는 440만 가구를 위한 건물이 필요할 것이고 그중 절반은 촌락 지역의 미개발 지역에 건설되어야 할 것이라고 추정되었다. 이러한 수치는 중앙정부가 인정하였고, 카운티의회가 지역구조계획에 그 수치를 포함시키려 했기 때문에, 대중들의 이목을 끌기

전에 지역개발회의에 의해 카운티 사이에서 배분되었다. 이어지는 대규모 갈등은 영국의 서남쪽에 위치한 촌락 카운티인 서머싯의 사례에 의해 그려지는데, 서머싯의 경우 1991 ~2006년 사이에 5만 개의 신주택을 할당 받았다(Woods, 1998b).

제안된 주택개발을 둘러싼 갈등은 세 가지 규모에서 진행되었다. 첫 번째는, 5만 개의 신주택 목표에 도전하기 위해서 카운티 의회에서 캠페인 운동이 시작되었다. 지역주민과 이주자, 보호단체와 환경단체가 포함된 캠페인 운동가들은 환경적 영향과 촌락 특징 상실에 대한 우려를 강조하였다. 예를 들면, 잉글랜드농촌보호협회(지금은 농촌살리기운동본부, CPRE)의 지부장은 한 지역신문에 '수 세기에 걸쳐서 천천히 발달해 온 촌락 마을의 생활방식이 단박에 일소될 것이다'라고 했다(Woods, 1998b, p. 20에서 인용). 이러한 표현은 촌락성에 대한 이주자와 중산층의 전형적인 담론을 반영한 것이지만, 지역 주민들을 위한 가용주택이 부족했던 때에 이주자들을 위한 주택건설에 반대했던 노동자층의 이익단체들과 동조했던 의원들의 지지도 받았다.

두 번째로, 중기 주택개발에 관한 논쟁은 시위자들이 주택건설을 위한 즉각적인 계획에 반대하는 카운티에 발생하는 다수의 국소적 갈등을 강조하였다. 이러한 경우에 반대는 촌락 경관에 대한 견해, 마을 특징, 자연 서식지에 대한 개발의 인지된 위협중심으로 동원되었다. 적어도 지역신문에 편지를 보낸 한 사람은 촌락 전원성에 대한 그들의 투자를 옹호하는 동기에 관해서 분명하다.

> 우리는 어떠한 개발에 대해서도 일절 반대한다. 우리는 견해와 프라이버시 때문에 톤턴 (서머싯에서 가장 큰 타운)의 한 단지에서 이곳으로 왔고, 이것은 쉬운 일이 아니다 (Woods, 1998b, p. 20에서 인용).

서머싯 내에서는 친개발 건의 수는 제한적이었다. 그것들은 지역 주민들을 위한 주택을 건설하기 위해서, 자치단체의 경제적 기회를 다른 부문에 뺏기지 않기 위해서, 그리고 단순히 '전진'의 미명하에 개발이 필요하다고 공개적으로 제안하기 위해서 준비되었다. 그러나 이 소수파는 그들의 편에서 계획 시스템의 타성이 있다. 비록 인기 있는 캠페인이지만, 국가 수준에서 중요한 정책 변화 없이 계획을 바꾸기 위해서 카운티 의회가 할 수 있었던 것은 비효과적이었다. 따라서 셋째는 서머싯에서의 캠페인 운동이 다른 것들과 나란히, 잉글랜드 촌락 지역 전역에 걸쳐 220만 개의 새로운 주택건설에 반대하여 농촌살리기운동본부에 의해 조직된 정부 캠페인 운동에 반영되었는데, 이들은 그 계획을 잉글랜드의 시골지역의 파괴로 묘사했다. 오직 이 정부 캠페인 운동만이 성공하였고, 결국에는 촌락 현장에 배분된 새로운 건물의 수를 약간 줄일 수 있었다.

촌락의 자원 갈등

촌락의 자원을 둘러싼 갈등은 역사가 길다. 그러나 농업과 임업을 비롯하여, 자원 이용 산업의 경제적 중요성의 감소와 함께 자연보호에 대해 강조되고 있다는 것은 자원의 적절한 이용이 촌락 공간의 서로 다른 대표자들을 갈등 속으로 끌어들여 폭발하기 쉬운 정치적 문제로서 되돌아오고 있음을 의미한다. 자원 관련 갈등의 인화점에는 농지 관리와 삼림 관리가 포함되어 있다. 예를 들면, 콜럼비아 주 그레이트베어 우림지대는 개벌(皆伐)로 인한 지역의 자연생태계로의 영향을 둘러싸고 벌목회사와 보호주의자들 사이에서 갈등의 초점이 되어 왔고, 이에 대해 야생위원회 캠페인 단체는 상업적 숲과 야생동물 간의 선택으로 묘사한다.

최근 몇 해 동안에 세간의 이목을 끌었던 촌락 자원 갈등 중 하나는, 오리건 주 남부와 캘리포니아 주 북부 사이에 있는 클래머스 유역에서 발생하였다. 이 지역은 자연적인 고지대 사막이지만 클래머스강과 습지로 나누어진다. 1905년에 미 개척국은 유역의 농업을 지원하기 위해 야심 찬 사업에 착수하였다. 그 사업은 구축된 네트워크를 통하여 습지를 개간하고 사막을 관계하는 것이었고, 현재 네트워크는 7개의 댐, 45개소의 펌프장, 거의 300킬로미터에 달하는 수로와 830킬로미터나 되는 관개용수로로 되어 있다. 거의 1만 헥타르의 농장과 목장부지가 보통 이 프로젝트로부터 공급되는 물에 의존하고, 강의 연평균 유량의 25%를 전용하고 있다. 이 지역은 유역 복원과 종 다양성 보존으로 알려져 왔다. 그러나 제한된 물 공급을 둘러싼 다양한 이용자들 — 농민과 목장주, 클래머스 원주민, 그리고 유역의 야생동물 — 간의 긴장은 뿌리 깊다(Doremus and Tarlock, 2003).

그러나 2001년 여름 극심한 가뭄으로 대빨판이와 은연어가 위협 받으면서, 어퍼클래머스강의 수위가 감소하였다. 절멸위기종보호법 규정에 의거하여 사업 매니저는 관개의 수문을 잠그고 호수로 흘러가는 유량을 유지하였지만 관개용 공급은 90%로 줄었다. 농사를 망치자 농장 수입이 급감하였고, 일부 농가는 파산에 이르렀다. 이에 대응하여 농민과 목장주, 지지자들은 6월 4일 깃발을 흔드는 시위자들에 의해 수문을 다시 열려는 공인되지 않은 시도를 포함하여 시민 불복종 캠페인을 시작하였다.

평균 이상의 해빙은 2002년 위기의 반복을 피할 수 있게 해 주었다. 그러나 농민들의 이익이 물고기의 이익 아래에 있다는 농민들의 분개로 농민과 보호주의자 간의 갈등은 계속되었다. 갈등은 영농 커뮤니티에서, 매각을 원하는 사람들과 농업의 더 많은 감소가 트랙터 판매상, 비료 공급자, 종자 공급자와 같은 보조경제를 위협하고 결국에는 촌락 커뮤니티 전체를 약화시킬 것이라고 믿는 사람들 사이에서도 발생하였다.

사냥과 촌락식 생활

제3장에서 보았듯이, 촌락 지역에 영향을 주는 가장 중요한 세계화 과정 중 하나는 '가치의 세계화'이다. 특히 20세기 후반에 세계화의 확대와 자연과 인간의 상호작용에 관심을 갖는 것에 대한 가치의 대중화가 목격되었다. 이것은 환경보호를 위한 새로운 기준을 도입하고 동물권의 이념을 증진시켰다. 환경 철학, 녹색이념, 과학적 표상의 혼합에서 발견되고, 양질의 자연에 대한 지식을 쌓는 이러한 가치들은 종종 전통적인 촌락 민속문화와 지식을 형성하는 자연에 대한 이해와는 모순된다. 그런 연유로 갈등은 정부와 기관들이 전통적인 촌락 활동과 관련된 새롭고 세계화되고, 환경적인 가치에 기반한 새로운 법과 규제의 틀을 도입하려고 했을 때 발생하였다. 예를 들면, 이러한 것은 촘촘히 짜여진 사육장 그리고 살아 있는 동물 운송을 비롯한 농업에서의 동물 복지에 대한 갈등에서 분명히 드러난다(Buller and Morris, 2003). 그러나 가장 주목할 만한 갈등을 야기해 온 문제는 바로 사냥이다.

사냥은 촌락성에 대한 많은 전통적인 담론에서 매우 상징적인 활동이다. 이것은 자연과 밀접하게 뒤엉켜 있는 촌락식 생활을 표현하는 것이고, 그 안에서 인간은 살아남기 위해 자연과 지혜를 겨루고, 그러면서도 궁극적으로는 힘을 행사할 수 있고 자연을 지배한다. 그러나 동물권에 대한 세계적 가치의 관점에서 사냥은 잔인하고 야만적인 활동으로 묘사된다. 전체 사회에서 후자의 영향 증가는 새로운 법과 프랑스, 벨기에 그리고 가장 논란이 되고 있는 영국을 비롯한 많은 나라에서 사냥 규제나 금지를 목표로 하는 조치를 취하도록 하였다.

영국에서의 논쟁은 여우와 사슴을 포함한 야생 포유류를 사냥개와 함께 사냥하는 것에 초점이 맞춰져 있다. 이러한 완전히 영국식 사냥은 사냥감의 냄새를 쫓도록 특별히 훈련된 사냥개와 함께 여러 사람들로 그룹 지어 이루어지고, 사람들은 말에 올라타 사냥개를 쫓아간다. 사냥과 그것과 관련된 의식은 적어도 19세기 초부터 촌락 문화의 중요한 부문이었고, 전통적으로 엘리트주의의 촌락 권력구조의 유지 요소(Woods, 1997)인 동시에 커뮤니티 활동의 중심이었다(Cox et al., 1994; Cox and Winter, 1997). 비록 사냥은 촌락 인구의 특정 부류에게 있어서 특정 장소에서(Milbourne, 2003a, 2003b) 여전히 중요한 활동이지만, 영국의 전체 시골 지역에서의 그 존재는 이주자, 농업의 후퇴, 사회적 태도의 변화로 희석되어 왔다.

사냥에 대한 반대도 영국에서는 역사가 길고, 동물권과 계급정치에 대한 우려로 격화되었다. 1945년부터 계속 사냥개와 함께 야생 포유류를 사냥하는 것을 금지시키기 위한 법안을 도입하려는 많은 시도가 있었고, 1980년대와 1990년대 동안 가속화되었다. 1997년 총선은 사냥에 대한 자유투표 실시를 공약으로 내세운 노동당과 하원에서의 다수의 사냥 반대의 결과를 낳았다. 사냥을 금지하는 법안이 빠르게 도입되었고, 의회운영 절차와 문제가 생겼다. 다른 시도들이 이어졌지만, 친사냥 로비활동으로 동원된 강력한 반대측은 금지에 대한 정부의 열정을 완화시켜 일련의 교착상태에 빠뜨렸다. 스코틀랜드 의회는 2001년 12월에 금지에 대한 법률 제정을 통해 영국의 나머지 부분들을 미연에 방지하는 동안, 객관적인 증거 요구는 촌락 경제와 사회에 미치는 금지의 영향에 대한 독립적 위원회(the Burns Inquiry, 잉글랜드와 웨일스의 개와 함께하는 사냥에 대해 조사하는 위원회)를 설립하게 되는 결과를 낳았다.

반사냥 논의는 동물권에 기초를 두고 있는 반면, 친사냥 운동가들은 사냥에 대한 공격이 촌락에 대한 공격이 되는 것처럼 사냥을 촌락성과 동일시함으로써 그들의 입장을 견고히 하였다. 이 전략에는 세 가지 요소가 있다. 첫 번째는, 사냥이 촌락방식 생활의 핵심으로서 묘사되고 있다는 것이다. 사냥 금지는 일거리를 희생시키고, 커뮤니티 생활의 중심점을 사라지게 하며, 사회적 배제를 증가시킨다(Woods, 1998c 참조)고 지적되고 있다. 두 번째로, 금지에 관한 과학적·도덕적 근거가 사냥이 완전히 자연적이고, 사냥된 동물은 불필요한 학대에 시달리지 않고, 그리고 사냥이 농부들에게 있어서 병충해 방지의 형태로서 필요하다고 주장하는 자연에 관한 촌락적 표현에 의해 도전 받고 있다(Woods, 2000). 세 번째로, 시골 지역에 도시중심사회의 가치를 입히는 도시중심사회의 권리는 이의가 제기된다. 따라서 사냥을 둘러싼 갈등은 촌락과 시민적 자유와 권리를 옹호하면서 촌락이 약자로서 그려지는 도시 간의 갈등으로 재구성된다.

사냥과 촌락성과의 연관성은 친사냥 운동가들이 받아들인 전략 속에서 재현되었다. 사냥 문제 하나만으로는 법률 제정을 중단시킬 수 있는 충분한 대중의 지지를 얻을 수 없다고 판단하여, 캠페인 운동가들은 농촌연맹(Countryside Alliance) 이익단체를 형성하였고, 그 안에서 사냥을 촌락 걱정거리 중 한 가지로 위치 지었으며, 촌락식 생활이 잘못 판단한 도시정부에게 공격 받았다고 주장하였다. 이 메시지는 다양한 저항 사건을 통해서 전달되었는데, 런던에서 열린 세 가지 대규모 시위 — 시골 지역 집회(Countryside

그림 14.1 2002년 런던, 자유와 생계 시위에서 시민적 자유와 연관된 사냥
출처 : Woods, 개인 소장

Rally, 1997년 7월), 시골 지역 시위(Countryside March, 1998년 3월), 자유와 생계 시위(Liberty and Livelihood March, 2002년 9월)—가 포함된다. 시위에 대한 언론의 관심은 농업 쇠퇴, 주택개발과 촌락 서비스 폐지를 포함한 많은 문제를 강조하였지만, 사냥에 대한 옹호는 조직과 참여자 대다수에게 있어 여전히 핵심적인 동기였다(Woods, 2004a). 많은 슬로건이 촌락-도시 갈등과 위기에 봉착한 시골 지역에 대한 생각을 부각시키는 동안, 사냥에 대한 언급은 가두행진 참여자들이 들고 있는 현수막에 현저하게 나타났다(그림 14.1).

농촌연맹의 전략은 사냥을 지지하는 것으로서 떠오르는 영국 시골 지역을 나타내는 것이었다. 그러나 재구조화된 시골 지역의 실상은 복잡하다. 심지어 촌락 지역 내에서도 사냥에 반대하는 중요한 소수의 반대파가 있고, 촌락성에 대한 담론 역시도 사냥 반대를 지지하도록 그려지고 있다. 예를 들면, 사냥은 자연공간으로서의 촌락의 침해로서 그려지고 있고, 활동으로서 사냥은 산책하는 사람과 소풍 나온 사람과 같이 촌락 공간을 이용하는 다른 사람들을 불쾌하게 한다(Woods, 1998c, 2000). 그렇기 때문에 사냥을 둘러싼 갈등은 촌락과 도시 간의 갈등 못지않은 촌락 내 갈등이다.

요약

이 장에서 논의된 사례 연구는, 최근에 발생한 촌락 갈등의 문제유형을 보여 주는 실례를 제공한다. 동원된 논의, 관련된 행위자들, 각각의 경우에서 촌락성의 의미와 규정이 논쟁되는 정확한 방식은 문맥에 달려 있을 것이다. 그러나 서로 다른 특정 갈등들로부터 발견되는 공통적인 주제와 규칙성이 있고, 이것은 촌락성에 관한 광범위한 담론의 영향을 반영한다. 예를 들면, 영국의 농촌연맹은 도시의 개입으로부터 촌락을 '방어한다'는 주제 하에 서로 연결되어 있는 다양한 문제의 가능성을 입증하였다. 그러나 농촌연맹에 의해 동원되고 옹호되는 촌락에 대한 설명은 촌락을 농업과 개인 토지 소유자, 동질적 커뮤니티, 그리고 사냥과 같은 '전통적' 활동과 연관시키는 매우 특정한 담론에 근거를 두고 있다. 이것은 본질적으로 배타적이고 영국 시골 지역의 많은 현 거주자들이 동의하지 않는 담론이다. 따라서 담론의 가정이 재구조화로 생겨난 보다 더 복잡한 촌락 세계에서 도전받을 때 이 담론의 지지자들이 다수의 갈등 문제에 가담하고 있는 자신을 발견하게 된다는 것은 다소 놀라운 일이다. 게다가 매우 다른 관점에서 촌락 갈등 간의 연결고리를 만들려고 노력해 온 다른 캠페인 단체도 있다. 예를 들면, 프랑스의 소작농 동맹은 소농들의 경제적 이득과 환경 문제, 반세계화 간의 연결고리를 만들었다(Woods, 2004a). 그 사이에 미국의 농촌연합은 지속 가능한 농업, 환경보호, 사회정의 문제, 토착적 소수자의 권리 그리고 커뮤니티 개발 간에 비슷한 관계를 만든다. 이러한 형태의 촌락성의 진보정치는, 제21장에서 논의되듯이, 저충격 주택개발과 같은 대안적 촌락 생활방식을 따라가려고 하는 단체들에 의해 개척되어 왔다.

전체적으로, 다양한 촌락 캠페인 단체는 현지 갈등에 초점을 둔 다수의 소규모, 비공식적 시위와 함께 촌락 아이덴티티 문제 주변으로 개인을 상당히 정치적으로 동원하고 있음을 나타낸다. 점차적으로 이러한 단체들은 새로운 사회운동의 형태를 취하고 있다(Woods, 2003a). 모든 사회운동처럼 신생 촌락 운동은 중심을 조직하는 것도 없고, 인정된 리더나 심지어 일관성 있는 이념도 없이 집단들로 이루어진 느슨하게 구조화된 집합체로, 오로지 촌락 아이덴티티를 구심점으로 연합되었다. 심지어 여전히 촌락성의 의미에 대한 적어도 인식 가능한 세 가지 불일치가 존재한다(Woods, 2003a).

- **반응적 촌락주의**(reactive ruralism)는 잘 알려진 역사적, 자연적 그리고 농업중심의 촌락적 '생활방식'을 옹호하기 위해 자기정의된 '전통적' 촌락인구를 동원한다.

- **진보적 촌락주의**(progressive ruralism)는 단순하고, 자연과 가까우며, 현지화되어 있으며, 자급자족하는 촌락 사회에 대한 담론과 갈등하는 활동 및 개발에 반대하는 것이다.
- **열망적 촌락주의**(aspirational ruralism)는 상상의 '촌락 전원성'을 실현하기 위한 계획을 추진하려는 노력과 상상의 이상적 촌락으로부터 주의를 딴 데로 돌리거나, 위협적인 개발에 대한 저항으로서 촌락 지역으로의 재정적·감정적 투자를 옹호하기 위해 이주자와 생각이 비슷한 행위자들을 동원하는 것을 포함한다.

촌락주의에 관한 각각의 생각들은 촌락성에 대한 인지된 외부 위협에 대항하기 위해 동원되는 캠페인 운동가들에게 있어서 동기를 제공할 수도 있다. 예를 들면, 경우에 따라서는 새로운 도로 건설에 반대하기 위해 서로 다른 생각을 가진 조직들 사이에서 연합과 동맹이 이루어진다. 그러나 촌락주의에 대한 이와 같은 다른 생각들은, 몰몬트의 '촌락성을 둘러싼 상징적 전투'의 양 측면을 제공하면서 촌락 내의 갈등을 둘러싼 불일치를 보여 준다.

더 읽을거리

촌락의 정치와 촌락 운동의 발생에 관한 읽을거리로는, Marc Mormont, 'The emergence of rural struggles and their ideological effects', *International Journal of Urban and Regional Research*, volume 7, pages 559-575 (1987), Michael Woods, 'Deconstructing rural protest: the emergence of a new social movement', *Journal of Rural Studies*, volume 19, pages 309-325 (2003)을 참조하라. 두 연구논문은 촌락의 정치화의 다른 단계에서 16년 정도의 차이로 발행되었다. 밀번이 쓴 두 편의 연구논문, 'The complexities of hunting in rural England and Wales', *Sociologia Ruralis*, volume 43, pages 289-308 (2003b)과 'Hunting ruralities: nature, society and culture in "hunt countries" of England and Wales', *Journal of Rural Studies*, volume 19, pages 157-171 (2003a) — 이 논문들은 모두 사냥을 조사하는 Burns Inquiry 때문에 시작된 연구를 보고하고 있다 — 을 비롯한 다수의 학회지 논문과 책이 영국의 사냥 논쟁에 관해 다양한 측면에서 많은 정보를 제공한다.

C. Philo and C. Wilbert (eds), *Animal Spaces, Beastly Places* (Routledge, 2000)에서 Woods, 'Fantastic Mr. Fox? Representing animals in the hunting debate'가 사냥 논쟁에서 언어와 사진의 사용을 분석하고 있을 때 Michael Woods, 'Researching rural conflicts: hunting, local politics and actor-networks', *Journal of Rural Studies*, volume 14, pages 321-340 (1998)은 잉글랜드 남부에서 수사슴 사냥을 금지하기 위한 시도를 검토하고 있다. 잉글랜드 촌락부의 주택건설의 정치에 관한 사례 연구에 대해서는 M. Woods, 'Advocating rurality?

The repositioning of rural local government', *Journal of Rural Studies*, volume 14, pages 13–26 (1998)을 참조. 클래머스 지역의 물 규제를 둘러싼 갈등에 대해서는 H. Doremus and A.D. Tarlock, 'Fish, farms, and the clash of cultures in the Klamath Basin', *Ecology Law Quarterly*, volume 30, pages 279–350 (2003) 참조.

웹사이트

많은 웹사이트에서 이 장에서 논의된 갈등과 관련한 정보를 다루고 있고, 이 중 대다수가 논쟁에서 어느 한쪽 편에 있는 캠페인 조직에 의해 유지되고 있다. 영국의 주택개발에 관해서는 농촌살리기운동본부의 웹사이트(www.cpre.org.uk)와 주택건설자연맹(www.hbf.co.uk)을 참조하라. 클래머스의 갈등에 대해서는 www.klamathbasinincrisis.org를 참조하고, 친농민 관점과 보호주의자 논쟁에 대해서는 클래머스유역연합(www.klamathbasin.info)을 참조하라. 영국에서 주요 반사냥 단체는 잔학스포츠반대동맹(the League Against Cruel Sports, www.league.uk.com)이고, 주요 친사냥 조직은 농촌연맹이다. 야생동물 네트워크(the Wildlife Network)는 사냥을 규제하는 '중도'를 지지한다. 촌락 경제 및 사회에서의 사냥개와의 사냥금지의 영향에 관한 정부 의뢰 조사 결과는 연구 보조자료와 함께 www.huntingiquiry.gov.uk의 웹사이트에서 볼 수 있다.

제 **4** 부

촌락의 재구조화에 대한 경험

제 15 장

변화하는 촌락의 생활방식

서론

이전 장들에서는 지난 20세기 촌락 지역에 영향을 미친 사회적·경제적 변화의 프로세스와 이에 대해 지역 공동체, 정부, 정책입안자들이 어떻게 대응했는지에 관해 논의하였다. 불가피하게도 이와 같은 논의의 많은 부분들은 구조적인 변화, 제도, 정책에 주안점을 두었다. 이 책의 마지막 부분에서는 촌락의 재구조화와 그 결과에 대한 촌락 사람들의 경험으로 관심을 돌린다. 제3장에서 지적한 바와 같이 호가트와 파니아구아(Hoggart and Paniagua, 2001)는 촌락의 재구조화가 양적인 변화뿐만 아니라 질적인 변화도 수반한다고 주장하였다. 촌락의 생활방식에서 나타난 변화의 특성을 살펴보고 이와 같은 변화에 대해 촌락 주민들이 이야기한 바에 귀를 기울임으로써 촌락 재구조화의 질적인 측면이 앞 장에서 언급된 질적인 증거를 보완한다는 사실을 확인할 수 있다.

오늘날의 촌락 주민들과 1세기 전의 촌락 주민들의 생활방식에는 극명한 차이가 있다. 20세기 초 촌락의 생활방식은 편협성, 기계 설비의 부족, 강한 사회적 계층성, 공동체 삶에 대한 도덕적 틀, 농작업에 대한 깊은 관여, 자연과의 연계가 특징적이었다. 험프리와 홉우드(Humphries and Hopwood, 2000)는 1920년대와 1930년대 고된 노동과 지리적인 고립이 특징적이었던 잉글랜드 촌락 주민들의 기억을 다음과 같이 서로 연관시켜 제시하였다.

> 저는 다른 아이들보다 훨씬 이른 나이에 농장에서 매일 저녁, 그리고 토요일에도 거의 모든 허드렛일을 도맡아 했어요. 제가 다섯 살 때에도 밭에 나가곤 했습니다. 아버지는 쇠스랑으로 흙 속에서 감자를 파고, 어머니가 그 감자를 뽑아내고, 저는 제 몸만큼 커다란 바구니를

들고 돼지들에게 줄 작은 감자를 캐내며 뒤에서 따라갔지요(촌락 소년 알버트 길레트, Humphries and Hopwood, 2000, pp. 34-35에서 인용).

우리는 완전히 고립되어 있었어요. 우리 집 주위 3~4마일 내에 농장이 하나도 없었어요. 가장 가까운 곳에 위치한 빅랜드 홀(Bigland Hall)은 1.5마일 정도 거리에 있었어요. 라디오도 없고, 신문도 보지 않아서 바깥 세상에 대한 뉴스를 듣지 못했지요. 신문은 2.5마일을 걸어가서 사 올 수 있었지만 신문을 구입할 여유가 없었어요. 매일매일을 남편이 해주는 말을 들으며 살았지요. 남편은 누가 돌아가셨는지, 누가 농장을 사고, 누가 이사를했는지와 같은 소식들을 전해 주었지요(매리언 앳킨슨, Humphries and Hopwood, 2000, p. 130에서 인용).

이와 같은 생활방식을 구성하는 요소들은 촌락의 목가적 성격에 대한 근거 없는 믿음의 일부로서 낭만적으로 묘사되었다(제1장 참조). 그러나 촌락에 거주했던 사람들에게 촌락의 삶은 빈곤, 허약한 건강 상태, 제한적인 기회일 뿐이었다. 촌락 사회의 현대화는 많은 촌락 사람들에게 해방과 같았다. 그러므로 촌락 재구조화의 스토리는 완전히 긍정적이거나 부정적인 것의 어느 한쪽으로 재현될 수 없는 복잡한 것이다. 그와 같은 복합적인경험과 감정은 최근에 일어난 촌락의 변화에 대한 이야기에서도 명백하게 나타난다. 다음의 사례 연구는 서로 다른 두 커뮤니티로부터 변화에 대한 개인적인 스토리를 상세하게 기술한다. 그 두 곳은 1980년대와 1990년대 농업의 자유화를 겪은 뉴질랜드의 촌락커뮤니티와 역도시화 및 젠트리피케이션을 겪은 잉글랜드 남부의 한 마을이다. 각각의사례에서 기술된 이야기는 촌락의 정체성과 깊은 연관성을 갖는 변화의 의미를 전달해주지만 이 이야기들도 역시 각 개인이 갖는 변화에 대한 태도와 그들이 취하는 행동을 드러내 준다.

뉴질랜드의 농업 재구조화에 대한 농민들의 이야기

뉴질랜드의 촌락 커뮤니티는 1980년대 중반 뉴질랜드 정부가 농업 분야의 보조금을 폐지하고, 농민들이 자유시장에서 경쟁하도록 각종 규제를 폐지하기 위해 도입한 개혁 정책 이후 가장 극심하고 혹독한 재구조화를 경험했다(상세한 내용은 제9장 참조). 사라 존슨(Sarah Johnsen, 2003)이 주목한 바와 같이 농업 분야의 규제 폐지와 후속으로 이루어진 재구조화에 대한 많은 설명들은 국가적 스케일 단위의 통계적 자료에 기초하여 매크로(macro) 수준의 경제적 관점에서 쓰인 것들이었다. 이와 대조적으로 존슨은 사우스 아일랜드 주 와이헤모(Waihemo)에 대한 사례 연구를 통해 농가들이 재구조화에 대한 경험을 직접 토로한 바에 대해 살펴보았다. 존슨은 농민들이 처음에는 규제 폐지를 뉴질랜드 농업을 강화시키는 '좋은 것'이라는, 일반적으로 받아들여진 수사법을 반복한다는 것을 알게 되었다. 그러나 자신들의 개인적인 경험을 묻자 농민들은 재구조화에 수반된 '고통'과 도전에 대응할 수 없는 농민들의 무능력함을 강조하며 앞에서와는 다른 이야기를 했다.

새로운 경제 환경 속에서 고군분투한 농민들의 고통스러운 경험에 포함된 중요한 요인들은 농업을 전통과 생활방식으로 받아들인다는 것과 촌락의 특정한 장소에 대한 애착을 포함하였다.

> 전통이 우리를 이곳에 있게 만들어요. 그리고 익숙함이죠. 촌락을 떠나는 것은 정말 힘들어요. 촌락을 떠난다는 것은 우리가 편안함을 느끼는 지역 밖으로 나가는 것이죠. 알고 있는 것과 단절하고 잘 모르는 일을 하는 것은 힘든 것이죠(남성 농민, Johnsen, 2003, p. 140에서 인용).

> 언젠가 가격이 폭락한 적이 있지요. 경제적으로 거의 가치가 없었죠. 양에 물을 뿌리고 털을 깎는 것이 양들이 건강하고 잘 지내게 하는 데에는 소용이 있었지만 경제적으로는 아무 가치도 없었습니다. 투자한 돈에 대한 수익이 없었어요. 임금을 줘야 하고 농장에 필요한 것들을 구입해야 하고, 정말 힘듭니다. 1년 내내 힘들게 일하고 손해를 보는 것은 슬프고, 고통스러워요(여성 농민, Johnsen, 2003, p. 141에서 인용).

많은 농민들은 특정 장소에서 헌신해서 일한 것에 대한 각자만의 고유한 이야기를 가지고 있는데, 대부분이 어떻게 고된 노동을 통해 농장을 세웠는지에 대한 이야기이다. 그러므로 생계, 생활방식, 삶의 여정, 지리적 위치가 모두 하나로 엉켜 있다.

> 우리는 대출을 받아 가축과 모든 것을 샀지요. 아주 많은 투자를 했어요. 우리는 다른 가족들처럼 아들이 물려받을 것이라고 가정하지 않았어요. 저축한 돈 전부가 들어갔고 결혼하기 전에 농장을 구입했지요. 그 당시 너무 몰입해서 모든 것을 투자했어요. 돈을 들여 울타리와 여러 가지를 새로 바꾸었습니다. 우리 딸들은 농장하고 같이 컸어요. 늘 우리와 같이 나갔지요. 농장에 대해 좋게 생각하리라 믿어요. 농장을 그만둬야 하는데… 언젠가 그만둬야 하겠지요. 그렇지만 그만두는 것이 정말 어려워요(여성 농민, Johnsen,

2003, p. 142에서 인용).

농민들에게 농장을 잃는 것, 혹은 농지에서 최대한 농사를 짓지 못하는 것은 실망감, 실패감, 죄책감을 갖게 한다.

> 개인적으로 농장을 잘 유지할 수 없다는 사실에 실망했습니다. 아시다시피 몇몇 농장들
> 은 훌륭해요. 그런 농장들은 전시품 같지요. 저도 우리 농장에 더 많이 투자하고 싶었어
> 요. 후손들을 위해 우리가 처음 농장을 얻었을 때보다 더 훌륭하게 만드는 것이 좋은 것이
> 지요. 최대한까지 농사를 지어야 해요. 그렇지만 우리는 그렇게 하지 못했지요(농민,
> Johnsen, 2003, p. 144에서 인용).

이와 같은 죄책감은 '훌륭한 농민들'의 경우 무역 장벽이 없어진 농업 시스템에서 성공했지만 '불량한 농민들'은 실패했다는 것을 암시하는 정부의 공식화된 이야기에 영향을 받은 것이다. 그러나 존슨은 농민들 자신이 이와 같은 단순한 의미 부여를 거부하고 있다는 것을 알게 되었다. 오히려 농민들의 경험과 변화에 대한 대응은 여러 가지 요인, 즉 농장의 부채 수준, 가구 내의 노동 분화, 라이프사이클에서 해당 농가가 속한 단계, 농장의 규모와 토지의 질과 같은 다양한 요인들에 의해 중재가 된 것이다. 뿐만 아니라 다양한 요인에는 젠더, 지식과 경험, 개별 농민들이 갖는 목표와 장소감, 그리고 지역의 생태·물리적인 환경, 지역 경제와 촌락의 문화가 갖는 특성들이 반영된 것이다.

잉글랜드 남부에서의 커뮤니티 변화에 대한 마을 주민들의 이야기

'칠더레이(Childerley)'(가명)는 잉글랜드 남부의 전형적인 마을이다. 1990년대 초 문화기술지 연구를 위해 이 마을에서 6개월을 보냈던 마이클 벨(Michael Bell)은 이곳에 특별하게 눈에 띄는 수려한 경치나 주목할 만한 건축물이 없고 신규 주택도 건설되지 않는다는 것을 알게 되었다(Bell, 1994). 제1장에서 논의한 바와 같이 칠더레이 마을은 주민들이 '촌락'이라고 충분히 생각할 정도로 규모가 작고 역사적이며, 많은 주민들에게 이 마을의 촌락적 성격은 과거의 삶의 방식을 그대로 접할 수 있다는 인식에 의해 강화되었다. 그러나 벨이 지적한 바와 같이 칠더레이는 런던의 통근권 가장자리에 위치한 다른 커뮤니티들과 마찬가지로 부유한 이주자들이 들어오면서 과거 40년간 상당한 사회적 변화를 겪었다(제6장 참조). 마을 주민들이 벨에게 들려준 촌락 생활에 대한 이야기는 물리적으

로, 그리고 사회적으로 표출된 마을 변화에 대한 감정을 드러내는 것이었다.

> 이곳은 불모지처럼 변했어요. 본질적인 것이 사라졌지요. 이제 모든 것이 보존되고 씻겨
> 지고 페인트로 칠해지고, 그렇지만 본질이 사라졌어요. 건물들이 보존되고 있지만 그 특
> 징은 없어졌어요.
>   큰 문제는 공동체 정신이 많이 사라진 것이에요. 더 이상 공통된 목적도 목표도 없어
> 요. 공동체 정신이 마을을 하나로 유지하는 데 필요합니다. 이 상황이 어떻게 진전될지
> 모르겠어요(칠더레이 주민, Bell, 1994, pp. 95-96에서 인용).

공동체 정신의 상실에 대한 생각은 주민들의 이야기에 나타난 중요한 특징으로 사회적 상호작용의 패턴이 내부를 지향한 집단적 활동으로부터 개인주의적인 생활방식으로 변화한 것을 묘사하는 데 적용된다. 벨이 언급한 바와 같이 연령이 높은 주민들에게 이와 같은 변화는 유감으로 표현된다.

> 저는 오래된 마을에서의 삶을 원했지요. 대가족처럼 친밀했어요. 우리는 늘 이웃집을 방
> 문하곤 했습니다. 텔레비전이 필요 없었어요. 우리는 나가서 사람들의 안부를 물었지요.
> 무슨 일이 일어나거나 누가 아프면, 모든 사람들이 금방 알 정도였지요. 어렸을 때 우리
> 는 재미있게 지냈습니다. 여자들은 바느질을 하고 우리는 카드놀이를 했어요. 그리고 라
> 디오를 들었지요. 자급자족을 했습니다. 모든 사람들이 서로를 잘 알았어요. 이제 우리
> 이웃들은 서로를 몰라요. 예전 같지 않습니다(주민, Bell, 1994, p. 98에서 인용).

심지어 새로 이주해 온 사람들도 공동체 정신의 상실을 언급했으며, 일부는 커뮤니티 내의 상호 교류의 감소가 전통적인 촌락의 생활방식과 상이한 생활방식의 결과라는 것을 인정하였다.

> 우리의 성격과 상관이 있다고 생각해요. 어떤 사람들은 바로 이웃집 사람들과 친구가 되
> 지요. 어쨌든 우리가 비슷한 사람들일 경우에만 친구가 되는 경향이 있어요(새로 이주해
> 온 경영 컨설턴트, Bell, 1994, p. 98에서 인용).

그러나 생활방식의 변화는 마을 내에서의 경제적 · 사회적 변화, 특히 농업에 있어서 수작업의 감소와 온정주의적인 계층 구조의 약화에 기인하였다. 과거에 대한 기억이 고된

삶의 여정을 강조하는 경향이 있지만 벨에 의해 인용된, 과거 농장에서 일을 했던 일부 고령의 주민들은 과거를 돌아보며 '그때가 좋았었다' 라고 주장했다(Bell, 1994, p. 116).

도외시된 촌락지리

존슨과 벨이 인용한 주민들의 이야기는 매우 개인적이며, 각자의 특성과 경험에 영향을 받았다. 이는 특정한 개인의 지위와 관점으로부터 구축된 '상황적 지식(situated knowledge)' 이다(Hanson, 1992). 학술서와 논문에서 촌락 연구자들이 하는 이야기에서도 똑같은 사실이 적용될 수 있다. 우리는 특정한 사회적·교육적 배경하에서 촌락을 다루고 있으며, 수행하고 있는 연구에 영향을 주는 특정한 관심, 편견, 선입견을 가지고 있다. 20세기 주류 촌락 연구에서 백인이며 중산층의 중년 남성이 대부분이었던 촌락 연구자들은 백인이며 중산층의 중년 남성과 연관된 촌락 활동의 여러 측면, 즉 농업, 산업, 자원 착취, 정책 입안과 계획에만 배타적으로 집중하였다.

1992년 『촌락연구지(Journal of Rural Studies)』에 게재된 크리스 필로(Chris Philo)의 논문에서 지적되었다. 필로의 논문 '도외시된 촌락지리(neglected rural geographies)' 는 그가 읽었던 환경 작가 콜린 워드(Colin Ward)가 저술한 『촌락의 어린이(The Child in the Country)』라는 책에서 영감을 얻은 것이었다(Ward, 1990). 필로가 기술한 바와 같이 워드는 영국 촌락에서 어린이들의 경험과 환경을 조사하였고, 당시 연구에서는 부재한, 촌락의 삶에 대한 통찰력을 제공하였다. 필로에게 촌락 연구에서 워드가 강조했던 어린이를 간과한 것은 주류 촌락 연구에서 광범위한 '또 다른' 촌락의 경험들이 간과되었고 결과적으로 촌락 경험에 대한 잘못된 재현으로 이끌었음을 알려 주었다.

> 영국의 촌락 사람들(적어도 로컬리티를 형성시키고, 느끼게 하는 데 중요한 사람들)을 평균적인 사람들로 묘사할 위험이 남아 있다. 즉 생계에 필요한 충분한 소득을 얻고, 백인이며, 아마도 영국인으로서 이성애자이고 심신이 건전하며 종교나 정치적 성향에 있어서 기이함이 없는 남성으로 묘사될 가능성이 크다(Philo, 1992, p. 200).

필로는 촌락지리학자들에게 촌락 공간을 점유하고 있는 '타자들' 을 심각하게 고려할 것을 제안하였다.

> 왜 촌락지리학자들이 건강과 질병, 혹은 장애와 비장애의 사회적 관계, 즉 촌락 환경에서

기인한 질병과 육체적·정신적 장애의 '타자성(otherness)'에 함축된 지리적 성격에 대해 보다 상세하게 연구하지 않는 것인가? 왜 촌락지리학자들은 섹슈얼리티의 사회적 관계, 즉 도시지리학자들이 연구한, 도시에서의 게이와 레즈비언 '게토'와 네트워크에 해당하는 것이 촌락에서는 사실상 부재한 이유가 서로 단단하게 엮인 촌락 공동체에서 대안적인 섹슈얼리티의 표현에 대해 용서하지 않기 때문일 가능성을 고려하지 않는 것인가? 마찬가지로 왜 촌락지리학자들은 서로 다른 '타자들,' 즉 실제 '촌락 공간'과 자신들의 상상의 공간에서 복잡한 지리적 성격의 흔적을 찾는 집시와 다양한 여행자들, '뉴 에이지 히피'와 '대안적 라이프스타일'을 추구하는 사람들, 그리고 노숙자와 방랑자들에 대해 고려하지 않는 것인가?(Philo, 1992, p. 202)

이와 같은 도전적인 질문들은 1990년대 촌락에서 다양한 경험을 인정하고자 했던 일련의 연구로 귀결되었는데, 이 가운데 많은 연구들은 밀번(Milbourne, 1997a)이 던컨과 레이(Duncan and Ley, 1993)의 연구를 인용하여 '특권적 지위의 장소들'(p. 2)이 갖고 있는 중심성을 약화시키고 촌락으로부터 '다양한 목소리들'(p. 8)이 나오도록 적용했던 것처럼 정성적인 방법론을 적용하였다(Cloke and Little, 1997 참조).

뒤에 나올 장에서 논의되는 이와 같은 연구들의 일부는 특히 어린이, 노인, 이주노동자, 토착민, 소수 민족, 게이와 레즈비언 커뮤니티, 여행자들에 대한 통찰력을 얻게 해 준다. 이러한 성격의 연구들은 현대적인 촌락의 삶을 보다 완전하고 민감하게 이해할 수 있게 해 준다. 일례로 리틀(Little, 1999)은 '타자(the other)'와 '동일한 사람(the same)'과 같은 용어들에 대한 이론적 논의가 미흡한 것에 우려를 나타내며, 다음과 같이 주장한다.

너무 많은 연구들이 권력 관계와 그와 같은 유형화에 포함된 침해의 과정을 거의 인지하지 못하고 그럴듯하게 이름 붙여진 집단이나 개인을 '타자'로 간주한다. 특정한 형태의 타자화를 기초로 하지 않으면 촌락의 타자에 대한 연구는 이루어질 수도, 이루어져서도 안 된다. 즉 왜 특정한 정체성은 타자화되었는가, 그와 같은 위치 설정으로 누가 혜택을 얻는가, '동일한 사람'은 누구인가와 같은 질문을 해야 한다(Little, 1999, p. 438).

이와 같은 연구를 하기 위해서 리틀은 촌락 연구가 인종차별주의, 가부장제, 동성애자 혐오증과 같은 권력 관계의 틀이 행하는 역할을 살펴볼 것을 주장하였다. 마찬가지로 리틀은 촌락의 타자에 대한 연구에서 정체성이 불확실하고 변화하기 쉽다는 것을 간과하며 집단과 개인의 정체성을 고정된 것으로 다루려 한다는 점을 비판하였다. 그러므로 무비판적으로 정의된 '타자화된' 집단의 목록에 대한 경험을 통해 '학문주의적 관광' 의 형태를 넘어서기 위해서는 '도외시된 촌락지리' 에 대한 더 많은 연구가 필요하다.

젠더와 촌락

주류 촌락 연구에서 주변화된, 가장 규모가 큰 '타자화된' 집단은 여성이었다. 실제로 전통적인 촌락 연구에서 여성에 대해 관심을 기울인 것은 농가에 대한 소수의 사회학적 연구였으며, 이와 같은 연구에서 여성의 삶은 가사 일이나 육아를 수행하는 것과 같은 선입견에 의해 정해진 보조적 역할이나 부차적인 경제활동을 통해서만 드러났다. 촌락의 여성들에 대한 수많은 미디어의 재현에서 이와 같은 젠더 역할에 대한 고정관념이 지속되었다(Morris and Evans, 2001 참조). 왓모어 등(Whatmore et al., 1994)이 확인한 바와 같이 촌락의 가족은 개인, 즉 '남성중심적으로 정의된 농민 또는 가장에 의해 대표되고 접근이 가능한 유기적 실재로 다루어져 왔으며' (p. 3) 이는 촌락의 삶에 대한 학문적 설명에서 여성들이 드러나지 않도록 만들었다.

인문지리학과 사회과학 분야에서 페미니즘 이론이 일반화되었음에도 불구하고 촌락 연구에서 이 이론을 적용시키는 것은 제한적이었다. 페미니즘 관점은 촌락 여성(Gasson, 1980, 1992; Sachs, 1983, 1991; Whatmore, 1990, 1991), 노동 시장(Little, 1991), 공동체의 삶(Middleton, 1986; Stebbing, 1984), 환경보호를 위한 행동주의(Sachs, 1994)에 적용되었지만 이는 프리드랜드(Friedland, 1991)가 언급한 바와 같이 일종의 '탈주자의 연구' (p. 315)로 유지되었다. 그러나 이와 같은 연구들은 왓모어 등의 연구에서처럼 젠더를 촌락의 변화에 대한 분석에 포함시킬 필요성을 보여 주었다.

> 촌락의 재구조화와 관련된 이해관계가 늘어 갔으며, 이는 젠더 관계를 재구성하였다. 그것은 특정 지역에서 서로 다른 방식으로 여성에게 권력을 부여하거나 빼앗는 것이었으며, 특히 계층 · 인종 · 민족성에 대한 사회적 권력 관계의 다른 축들과 상호작용함으로써 복잡해졌다(Whatmore et al., 1994, p. 2).

리틀과 오스틴(Little and Austin, 1996)은 이와 같은 상황의 한 측면을 연구하였는데 잉글랜드 남서부의 이스트 하프트리(East Harptree) 마을을 사례로 촌락의 목가적 성격이 여성들의 일상생활에 어떤 영향을 주는지 살펴보았다. 특히 이 연구자들은 촌락의 전원성에 있어서 '커뮤니티'와 '가족'에 대한 중요성에 초점을 맞추었다. 커뮤니티에 대한 느낌은 촌락에서 여성들에 의해 강하게 표현되었지만 커뮤니티를 유지하고 기능하는 것에서는 여성들에 대한 기대감을 나타내었다. 한 촌락 주민은 다음과 같이 표현하였다.

> 수많은 조직들을 여자들이 운영했지만 전적으로 여자들만 운영한 것은 아니에요. 남자들은 마을에서 축구를 했지요. 주중에 여자들이 마을 일을 했습니다(Little and Austin, 1996, p. 108에서 인용).

마찬가지로 가족을 돌보는 데 촌락이 '훨씬 더 좋은' 환경이라는 믿음은 아이들을 돌보고, 아이들을 이동(통학)시키는 일이 특히 전일제 취업여성들에게 어려움을 초래했음에도 불구하고 모든 여성들이 공통적으로 언급하는 것이었다. 따라서 리틀과 오스틴은 많은 여성들이 전업주부가 되며, 일부 여성들은 촌락에서 그들의 삶과 정체성이 어머니의 역할로 고정된다는 것에 주목하였다. 같은 방식으로 아이가 없는 여성들은 공동체 활동으로부터 배제되고 있다고 느낄 수 있음을 알게 되었다.

> 이곳에서는 아이가 없으면 좀 고립된 듯해요. 모든 것이 아이들을 중심으로 이루어지지요. 이 마을에서는 아이들이 정당한 존재감을 줍니다(아이를 둔 젊은 여성, Little and Austin, 1996, p. 106에서 인용).

그러므로 리틀과 오스틴은 촌락의 목가적인 측면들이 커뮤니티 내에서 모성애와 여성들의 중심성을 포함하여 전통적인 젠더 관계와 역할을 강화시키는 역할을 한다고 주장한다. 이 연구자들이 결론을 내린 바에 따르면, '여성들이 촌락의 생활방식에서 가장 가치 있다고 평가하는 것들은 전통적인 역할이 아닌 부분을 선택할 수 있는 기회가 거의 없는 측면들인 것 같다' (p. 110).

리틀과 오스틴의 연구는 촌락 사회에서 젠더 차이의 구조적 측면에 초점을 둔 연구로부터 젠더 정체성과 촌락적 특성이 어떻게 서로 상호작용하여 형성되는지에 대한 연구로 전환되었다는 것을 나타낸다는 점에서 중요하다. 이렇게 변화된 연구 주제는 젠더와 촌락에 대한 연구가 1990년대 중반 이후 증가하면서 훨씬 중요해졌다. 촌락 연구 분야에서 젠더를 다룬 연구들을 살펴보면 젠더 연구가 증가하고 있을 뿐만 아니라 촌락 자체가 젠더에 대한 새로운 관점을 갖도록 고무시키고 있다는 것을 알 수 있다. 이는 '성적 정체성에 대한 연구, 그리고 젠더 정체성과 신체의 관계에 대한 연구에 있어서 촌락의 장소 및 문화와 연관된 의미들이 새로운 통찰력을 제공하기 때문이다' (Little and Panelli, 2003, p. 286). 다양한 범위의 촌락 연구 주제 내에서 젠더의 측면을 고려하는 것이 유용하다는 것이 드러났다. 따라서 이 책에서는 젠더에 대한 장이 따로 없지만 젠더는 오히려 이와 같은 짧은 내용 소개에 덧붙여 이 책의 후반부에서 청년층의 생활방식과 섹슈얼리티, 고용, 대안적인 촌락의 삶의 방식의 맥락 속에서 논의된다.

요약

촌락의 성격과 역동성을 이해하기 위해서는 구조적인 변화와 관련된 통계치의 의미, 그리고 이에 대한 제도적 · 정책적인 대응에 대해 잘 알고 있어야 하며, 촌락에서 살아가고 있는 사람들이 어떻게 촌락의 재구조화를 경험하고, 촌락의 생활방식이 어떻게 변화했는지를 살펴보아야 한다. 이 책의 마지막 부분에서는 촌락의 재구조화에 대한 경험을 다루는데, 촌락 생활의 주요한 측면들에 초점을 둔다. 제16장에서는 촌락 지역의 주택과 건강, 그리고 범죄에 대한 두려움, 제17장에서는 촌락 커뮤니티에서 어린이, 청년, 노년층의 생활방식, 제18장에서는 고용과 노동의 삶, 제19장에서는 빈곤과 노숙자, 제20장에서는 촌락의 소수 민족과 토착민 커뮤니티, 제21장에서는 주류가 아닌 '대안적인' 촌락의 생활방식에 대한 시도를 다룬다. 이와 같은 맥락을 조성하기 위해 구조적인 변화를 설명하고, 필요한 부분에서는 통계치를 제시하며 정책에 대해 논하지만 자신의 경험을 이야기하는 촌락 사람들의 목소리에 더 큰 비중을 둔다.

더 읽을거리

뉴질랜드의 농민들과 영국 칠더레이 마을에 대한 사례 연구 내용은 논문, Sarah Johnsen, 'Contingency revealed: New Zealand farmers' experiences of agricultural restructuring,' *Sociologia Ruralis*, volume 43, pages 128-153 (2003), 그리고 Michael Bell, *Childerly: Nature and Morality in a Country Village* (University of Chicago Press, 1994)를 참고할 수 있다. Chris Philo, 'Neglected rural geographies: a review,' *Journal of Rural Studies*, volume 8, pages 193-207 (1992)는 촌락 연구자들에게는 필독 문헌이며, 반면에 촌락 연구에서 관심사를 넓혀 '타자화된' 집단을 포용하기 위한 논의에 대해서는 Paul Cloke and Jo Little, *Contested Countryside Cultures* (Routledge, 1997), Paul Milbourne, *Revealing Rural 'Others' : on gender and the rural* (Pinter, 1997)을 참고할 수 있다. 젠더와 촌락성에 관한 상세한 내용을 살펴보기 위해서는 *Gender and Rural Geography* (Prentice Hall, 2002), Little and Austin, 'Women and the rural idyll,' *Journal of Rural Studies*, volume 12, pages 101-111 (1996), 그리고 J. Little and R. Panelli, 'Gender research in rural geography,' *Gender, Place, and Culture*, volume 10, pages 281-289 (2003)를 참고할 수 있다.

제 16 장

촌락에 거주하기 : 주택, 건강, 범죄

서론

촌락에서의 삶이 더 좋은 것인가? 많은 사람들이 그렇다고 생각한다. 1990년대 말 영국에서 이루어진 여론 조사에 따르면 71%의 응답자들이 촌락에서 삶의 질이 높다고 대답하였으며, 66%의 응답자는 특별한 문제가 없으면 촌락에서 살겠다고 대답하였다(Cabinet Office, 2000). 마찬가지로 1989년 캐나다에서 이루어진 조사에서 59%의 캐나다인들이 '좀 더 촌락적인' 곳에서 살고 싶다고 했으며, 촌락 주민들의 85%는 현재의 거주지에 만족한다고 응답하였다(Bollman and Briggs, 1992). 촌락에서 거주하는 것을 선호하는 이유는 도시와 촌락에 대한 정형화된 이미지 때문이다. 여기에는 삶의 질을 나타내는 주요한 요인인 상대적인 주택의 질, 건강 상태, 범죄의 수준에 대한 인식이 포함된다. 대체로 쾌적하고 건강하며 범죄가 없는 환경 속에 위치한 아름답고 넓은 촌락주택의 이미지는 범죄가 만연하고 안전하지 않으며 오염되고 건강하지 못한 환경 속에 위치한, 수준 이하의 단조로운 도시주택의 이미지와 대조를 이룬다. 이 장에서는 실제 촌락의 주택의 질, 건강 상태, 범죄 수준을 살펴봄으로써 이와 같은 단순한 재현 방식을 비판한다.

촌락주택

촌락의 전원성에 대한 통념에 있어서 가장 강력한 요소는 이상적인 촌락의 자산으로 여겨지는, 장미로 뒤덮인 전원주택의 이미지이다. 그러나 그와 같은 주택에 살고 있는 촌락 주민은 거의 없으며, 촌락주택의 현실은 정형화된 이미지가 제시하는 것 보다 훨씬 복잡하다. 존스와 톤츠(Jones and Tonts, 2003)는 오스트레일리아 주택연구위원회(Australian Housing Research Council)의 초기 연구에서 묘사한 촌락주택의 다섯 가

표 16.1 캐나다의 촌락 지역에서 영구 거주자와 별장을 영구 거주 주택으로 전환한 사람들이 소유한 주택의 특징

	온타리오 주 리도 호수 지역		브리티시컬럼비아 주 컬터스 호수 지역	
	영구 거주자(%)	최근 이주자(%)	영구 거주자(%)	최근 이주자(%)
토지 면적 1만 제곱피트 초과	75.8	80.5	75.7	5.0
주택 규모 1,500제곱피트 미만	39.0	48.4	45.9	81.8
단층 주택	39.5	62.6	57.8	62.2
방 3개 이하	2.4	10.5	10.5	22.2
방 7개 이상	40.0	30.3	31.6	8.9
화장실 2개 이상	52.0	63.2	63.2	44.4

출처 : Halseth and Rosenberg, 1995

지 특징을 인용하였다. 첫째, 일반적으로 주택의 수준은 규모가 큰 취락에서보다 규모가 작은 읍에서 훨씬 낮다. 둘째, 촌락 지역에서 토지 가격은 낮지만 건축 비용은 도시에서보다 훨씬 높다. 셋째, 촌락의 값싸고 오래된 주택을 구입할 수 있지만 비슷한 가격대의 도시주택보다 건축물의 질이 떨어지고 접근성이 떨어진다. 넷째, 촌락에서 주택 유지비용은 훨씬 높다. 다섯째, 촌락에서 임대 주택은 제한적이다.

반면에 핼세스와 로젠버그(Halseth and Rosenberg, 1995)는 촌락주택의 성격을 일반화시키는 것의 문제점에 대해 경고했다. 이 연구자들은 캐나다의 촌락을 특별히 언급하며 주요한 주택 유형과 촌락주택 시장의 활력에 있어서 지역 간 상당한 차이가 있다고 주장하였다. 이들이 '목가적이며 휴양지적 성격의 촌락'이라고 칭한 지역들에서는 주변 촌락 지역의 훨씬 넓은 주택들과 쉽게 구분이 되는, 종종 규모가 작고 공간집약적인 개발이 특징적으로 나타난다. 더구나 이들의 사례 연구는 서로 다른 지역 간에, 그리고 같은 지역 내에서도 소유자 유형에 따라 주택의 시설과 규모에 있어서 차이가 있다는 점을 제시하였다. 예를 들어, 브리티시컬럼비아의 컬터스 호수 지역에서 최근에 계절 별장을 영구 주택으로 전환시킨 사람들이 소유한 가옥은 영구적으로 거주해 온 주민들이 소유한 가옥보다 훨씬 규모가 작았다(표 16.1).

촌락주택 시장의 활력을 형성시키는 데 있어서 지역적 요인의 중요성은 존스와 톤츠(Jones and Tonts, 2003)의 오스트레일리아 서부 나로진(Narrogin)에 대한 사례 연구에 잘 드러나 있다. 퍼스(Perth)에서 남동쪽으로 190킬로미터 떨어진 곳에 위치한 나로진은 인구 4,500명의 소도시로 철도 환승역으로 발달하였고, 현재는 지역의 서비스업과 행정의 중심지로 기능하고 있다. 지역의 주택 재고(housing stock)에는 소유자 거주 주

택(64%)이 많았지만 개인이 임대한 경우(22%)와 공공기관이 임대한 경우(10%)도 포함되어 있었다. 공공 임대의 경우는 1950년대와 1960년대에 주정부의 주택국과 주정부 소유 철도회사에 의해 건립된 주택이 포함된다. 일부 오래된 공공 주택이 임차인에게 매매되었지만 아직도 남아 있는 공공 주택들은 상태가 나빠지고 있다. 나로진의 인구는 매우 이동성이 크며, '스파이럴리스트(spiralist)'라고 불리는 사람들(지위가 계속 상승하는 사람들), 즉 승진하기 전 나로진에서 2~3년간을 보내는 젊은 공공 분야의 근무자들을 포함한다. 존스와 톤츠가 보고한 바와 같이 이 사람들은 주택을 구입하지 않고 개인적으로 주택을 임대하며, 그로 인해 주택 공급이 제한적인 상황에서 임대료를 상승시키고, 소득이 낮은 지역 주민들을 더 상태가 좋지 못한 주택으로 밀려나게 만든다. 동시에 규모가 작은 다른 읍들처럼 나로진은 주변 촌락 지역에서 고용, 서비스, 인구를 흡수하고 부동산 가치는 급격히 상승시킨다. 저소득층 가구가 개인 임대 주택 시장과 소유자 거주 주택 시장에서 이중으로 배척됨으로써 이 지역의 토착 누운가(Noongar) 커뮤니티의 주민들은 차별을 받고 있다. 누운가 커뮤니티는 지난 40년간 서서히 주류 주택 시장에 흡수되어 왔지만 질이 떨어지는 공공 주택에 거주하는 인구의 비율이 높다. 존스와 톤츠(Jones and Tonts, 2003)가 지적하기를 이 모든 경향은 전통적인 '0.25에이커 토지 위에 방 3개를 갖춘'(p. 57) 주택에 대한 수요를 감소시켰고, 전반적인 주택에 대한 수요를 증가시켰다. 따라서 이 연구자들은 나로진의 인구 특성과 주택 재고 유형 사이의 불균형이 지속되고 있다고 주장한다.

핼세스와 로젠버그의 논문과 존스와 톤츠의 논문이 사례 연구에 기반을 두었지만 이 연구자들이 촌락주택의 복잡성에 대해 주목한 바는 폭넓게 적용될 수 있다. 특히나 이들의 연구에서 촌락주택을 이해하는 데 중요한 세 가지 측면, 즉 주택의 질, 주택의 가격, 공공 임대 주택의 이용 가능성을 고려해야 한다.

주택의 질

부동산 중개업자들이 중산층 이주자들을 대상으로 규모가 크고 잘 유지된 값비싼 촌락의 부동산을 마케팅하는 것은 수많은 촌락 주민들이 경험한, 주택의 질 저하가 계속되고 있다는 사실을 위장시킨다. 촌락주택의 문제점은 수많은 요인들에 기인한다. 첫째, 많은 촌락주택들이 도시주택보다 오래되었으며, 시간이 흐르면서 더 쇠락하고 있다. 20세기 중반 도시 지역에서 슬럼이 철거된 것만큼 촌락에서의 슬럼은 철거되지 않았기 때문에 오래된 표준 이하의 주택들이 현재까지 그대로 남아 있다. 둘째, 수많은 오래된 촌락주택들은 농업과 기타 지배적인 산업 분야의 직종들과 연계되어 있었다. 이와 같은 산업 분야의 고용이 감소하고 촌락 지역이 인구 감소를 경험하면서 다수의 주택들은 오랫동안 비어 있게 되고 수리되지 않았다. 셋째, 수많은 촌락 공동체가 상대적으로 외지고 고립되어 있다는 점 때문에 촌락주택의 경우, 전기와 상하수도를 포함하여 도시에서는 당연한 것으로 여겨지는 기간시설의 공급이 제한되었다. 넷째, 오래된 촌락주택들은 미적 가치와 문화유산적 가치 때문에 높게 평가되었지만 그로 인해 주택의 외관과 양식의 통일성을 보존하기 위한 조치가 취해졌다. 따라서 영국과 같은 국가에서 계획에 대한 규제는 촌락, 특히 국립공원과 촌락 보존 지역에서 오래된 주택을 철거하거나 수선하고 개량하는 것을 어렵게 할 수 있다(제13장 참조).

그러나 촌락주택의 전반적인 질에 영향을 줄 정도로 상당한 주택 개량이 이루어졌다. 1940년대에 영국 촌락에서 9채 주택 가운데 1채는 주거에 부적합했으며, 3채 중 1채는 보수가 필요했다(Robinson, 1992). 그러나 일부 연구자들은 표준 이하 주택의 수가 1980년대에 다시 증가하였다고 주장하였다(Rogers, 1987). 이와 비슷하게 미국 촌락에서도 표준 이하 주택의 수가 1970년 300만 개 이상에서 1997년 180만 개로 감소하였다(Furuseth, 1998). 그러나 미국에서 표준 이하 주택은 완전한 배관 작업이 되어 있지 않거나 방 1개당 1.1명 이상이 거주하는 것으로 정의되며, 건축물의 실제 상태는 고려되지 않는다. 만일 건축물의 실제 상태가 고려된다면 그 수치는 훨씬 높을 것이다. 1990년대 4곳의 웨일즈 촌락 지역에 대한 연구에서 전체 가구의 12.4%가 습기가 차고, 지붕에서 누수가 있으며, 벽돌 축조와 미장 공사에 결함이 있고, 출입문과 창문에 문제가 있는 등 구조적인 결함을 갖고 있다고 제시하였다(Cloke et al., 1997).

촌락주택의 질에 있어서 주목할 만한 지리적 편차가 있다. 1990년 미국 내에서 모든 표준 이하 촌락주택의 1/4이 알래스카 주, 애리조나 주, 뉴멕시코 주에 집중되어 있었는데, 이 주들은 평균적인 촌락의 빈곤 수준 이상을 나타낸 주들이다(Furuseth, 1998). 이보다 더 국지적인 수준에서 클로크 등(Cloke et al., 1997)은 4곳의 웨일즈 촌락 지역에 대한 사례 연구에서 기본적인 생활 편의시설이 없는 가구의 비율에 있어서 편차가 있음을 보고하였다(표 16.2). 4개의 사례 연구는 표준 이하 주택이 평균 이상으로 분포하는 지역에 대해 이루어졌다. 주택의 상태가 좋지 않은 것은 특정한 사회 집단과 주택 유형에서 훨씬 두드러진다. 노년층과 저소득층 집단은 표준 이하 주택에서 거주하는 비율이 높고, 주택 임대는 소유자 거주 주택보다 질이 훨씬 낮다.

핏첸(Fitchen, 1991)은 지방정부가 도입할 수 있는 대안이 없어 표준 이하 주택을 문제

표 16.2 웨일즈의 4곳의 촌락에서 기본적인 생활 편의시설이 없는 가구 비율(%)

미비 시설	베터스-이-코에드	데블스 브릿지	타낫 밸리	테이피 밸리	총계
전기	0.0	1.8	3.2	0.8	1.4
가스	68.0	99.1	97.6	98.0	90.7
상수 공급	3.2	16.4	10.8	3.9	8.6
하수	9.2	59.5	22.0	14.7	26.3
수세식 화장실	2.0	3.1	2.1	1.2	2.1
싱크대와 수도 시설	0.4	0.9	1.7	1.2	1.0
온수	2.0	4.5	3.0	1.6	2.6
고정된 욕조나 샤워 시설	3.2	4.1	3.4	1.6	3.0
가스나 전기 조리대	1.6	1.4	3.4	2.3	2.2
중앙난방	27.6	26.2	30.7	13.7	24.4
구조적인 결함이 있는 주택	6.8	19.6	12.1	12.0	12.4

출처 : Cloke et al., 1997

시하는 것을 종종 꺼린다는 것을 알게 되었다. 주택의 질과 주택을 적당한 가격으로 구입할 수 있는 것이 이 문제와 매우 밀접하게 관련되어 있다. 질이 낮은 주택이 계속 이용되는 이유는 그와 같은 주택이 값싸지만 주민들은 주택을 개량할 경제적 여유가 거의 없기 때문이다. 그러나 값싼, 표준 이하의 주택은 주택을 구입해 개량하고자 하는, 새로 이주해 온 중산층 구매자에게도 매력적이다. 그러므로 촌락주택의 질은 부분적으로 젠트리피케이션을 통해 개선되어 왔지만(제6장 참조), 그 결과로 지역의 소득이 낮은 가구의 범위를 넘어 주택의 가치를 상승시켰으며, 이는 적정한 가격으로 구입 가능한 주택을 구입할 수 없게 만들었다.

촌락주택의 구입 가능성

20세기 후반에 나타난 역도시화의 경향에도 불구하고 신규 주택의 건설은 도시 지역보다 촌락 지역에서 느린 속도로 진행되었다. 그 결과 현존하고 있는 주택 재고에 압력을 증가시켰으며, 주택 매매와 임대 가격을 상승시켰다. 중산층 이주자들은 저임금으로 고용된 지역 주민들보다 촌락주택을 놓고 경쟁함에 있어서 훨씬 더 좋은 위치에 있고, 따라서 '적정 가격으로 구입 가능한' 주택의 부족이 촌락 정책의 주요 이슈 가운데 하나가 되었다. 캐나다 촌락 가구 가운데 60% 이상이 주택의 구입 가능성을 문제시하고 있다고 보고하였다(Furuseth, 1998). 반면에 미국에서 빈곤층 촌락 가구의 70%가 총 가구 수입의

30% 이상을 주택 구입비에 사용하는데, 이는 전체 촌락 가구가 총 가구 수입의 24%를 주택 구입비에 사용하는 것과 비교된다(Whitener, 1997). 주택 구입 비용을 감당하기 어려운 것이 불충분한 생활 편의시설과 공간의 부족 문제를 가져오며, 미국 촌락 가구의 1/4이 심각한 주택 문제를 갖고 있다고 판단된다.

영국은 촌락주택 가격이 가장 많이 상승한 국가이다. 상당한 인구가 도시에서 촌락으로 이주한 것에 덧붙여 신규 주택 건설과 장기 융자 제도의 규제 완화로 영국의 촌락 지역의 부동산 가격은 1980년대 이후로 계속해서 상승해 왔다. 1998~2003년 사이 대부분의 촌락 지역에서 평균적인 주거용 부동산의 가격이 적어도 70% 상승했다. 노포크의 브로드랜드(Broadland), 링컨셔의 사우스 홀랜드(South Holland), 사우스 슈롭셔(South Shropshire)와 같은 외곽 지역에서 상승률이 가장 높았다(그림 16.1). 부동산 가격의 상승률은 에일스배리 베일(Aylesbury Vale)과 뉴포리스트(New Forest)와 같이 장기간에 걸쳐 집중적인 이주가 이루어진 곳에서 훨씬 낮았지만 이들 지역에서 평균 주택 가격은 2003년에 20만 파운드에 달하였다. 그림 16.1에 나타난 바와 같이 촌락 지역의 아파트와 주택의 평균 가격은 지난 5년 동안 2배 이상 상승한 반면에 주택 시장에서 가장 낮은 가

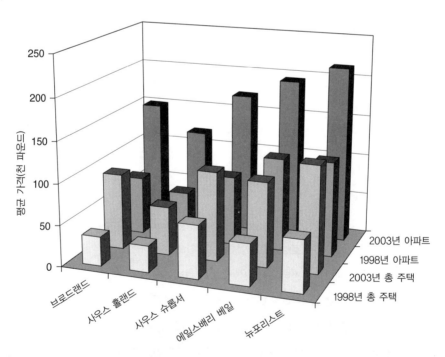

그림 16.1 1998년과 2003년 5곳의 잉글랜드 촌락 지역의 평균 부동산 가격

출처 : Land Registry

격대에 속한 부동산들이 가장 가파른 상승률을 보였다. 이와 같은 인플레이션 비율은 평균 소득의 증가율보다 높았으며, 그로 인해 주택의 구입 가능성을 더 낮추었다. 잉글랜드 남부 대부분의 지역에서 평균 부동산 가격은 가구의 연평균 소득보다 최소 4.5배를 넘으며, 엑스무어, 사우스 데본, 코츠월즈, 서식스의 일부, 그리고 레이크 디스트릭트의 일부를 포함하여 수요가 높은 지역에서는 무려 8배를 넘는다. 이와 같은 주택 구입 가능성에서 나타나는 차이는 저소득층의 젊은 연령층에게서 특히 심각하다. 윌콕스(Wilcox, 2003)의 연구에 의하면 잉글랜드 남부 촌락의 11개 지역에서 생애 처음으로 구입한 주택의 가격이 가구주 연령이 40세 이하인 가구의 연평균 소득보다 4.76배 높았다. 이는 런던의 가장 값비싼 지역에서보다 더 큰 편차를 보인 것이다.

미국에서 촌락의 부동산 가격이 상승한 이유는 엄격한 토지 이용에 관한 규제와 건축물에 관한 조례, 그리고 토지 공급이 제한된 것과 개발업자들이 값싼 주택을 건설하지 않으려 했던 것과 함께 역도시화에 의해 발생한 수요 증가 때문이었다. 그러나 핏첸(Fitchen, 1991)은 가격 상승이 임대 부동산에서 두드러졌고, 그로 인해 저소득층 가구에 가장 심각한 타격을 주었다는 사실을 주목하였다. 그녀는 1989년 뉴욕 주의 한 촌락에서 생활보호대상자의 2/3가 정부로부터 주거비로 지급 받은 것보다 매월 100달러 이상 초과하여 지급해야 한다고 보고하였다. 보다 저렴하게 거주하기 위한 방안으로서 이동 주택이 급속하게 증가하였다. 미국 촌락에서 이동 주택의 수는 1980년대에 61% 증가하여 1990년에는 촌락 인구의 16.5%가 이동 주택에 거주하였다(Furuseth, 1998). 이동 주택은 주로 남부와 서부에 위치한 17개 주에서 촌락주택 재고의 1/5 이상을 차지했다. 그러나 핏첸(Fitchen, 1991)은 이동 주택의 비용이 현저하게 상승했으며 전기료나 등유 비용과 같이 드러나지 않은 은폐 비용이 크다는 것을 확인하였다. 핏첸은 주택의 구입 가능성의 문제와 관련하여 다음과 같은 인터뷰 내용을 제시하였다.

> 큰 아들이 건축 관련 일자리를 얻었어요. 지금은 주택 건설이 많아 일자리가 많아요. 그런데 그 애가 살던 곳에서 이사를 가야만 하는데 적당한 가격의 집을 찾지 못하고 있어요. 도시에서 온 사람들로 주택 가격이 놀랄 정도로 올랐지요. 우리 부부는 큰애가 트레일러를 세울 땅을 매입하는 것을 도와주려 하는데 땅 값이 크게 올랐어요. 아주 최근까지도 트레일러를 세울 땅을 200달러나 300달러에 얻을 수 있었지요. 지금은 겨우 트레일러만 세울 수 있는 크기인데도 가격이 1,000달러까지 올랐어요(뉴욕 주의 촌락 주민, Fitchen, 1991, p. 106에서 인용).

영국에서 적정한 가격의 주택 공급에 관한 발의안은 새로 개발이 이루어지는 지역에서 주택 건설업체에게 저소득층을 위한 주택을 공급할 것을 요구하고 저소득층이나 특정 직업에 종사하는 가구에게 보조금을 지급하는 주택 구입 보조 계획도 포함하였다. 그러나 이와 같은 계획들은 주택 소유자가 해당 주택에 거주할 것을 요구하지만 저소득층 촌락 가구 가운데 상당수가 임대 주택에 의존하고 있으며, 공공 임대 주택 재고가 감소함으로써 촌락주택 부족 문제는 더욱 악화되고 있다.

촌락의 공공 주택

영국은 다른 국가들과 많은 공통점을 갖고 있는데, 촌락주택의 질이 낮고 20세기 중반에 촌락의 주택 수용률이 떨어지는 문제를 지방정부의 임대용 공공 주택 건립 프로그램을 통해 대응했다. 촌락의 지방정부가 도시의 지방정부보다 '공공 주택'을 공급하는 데 있어서 소극적이었으며, 이 프로그램은 외곽에 위치한 민간 개발업체에 의해 건설된 주택과 공공 주택을 물리적으로 구분하는 기준이라는 오명이 붙었지만 저소득층 촌락 가구에게는 적절한 가격대의 주택을 공급하였다. 그러나 1980년대와 1990년대에 공공 주택 임대자의 약 1/3이 보수당 정부에 의해 도입된 '주택 구입 보조' 법안에 의해 주택을 구입하였다(Hoggart, 1995). 새로운 건축물에 투자하는 것이 허용되지 않았으며, 지방정부의 재정에 대한 폭넓은 규제조치로 인해 매매된 주택을 대체할 주택이 추가적으로 건립되지 않았다는 것을 의미했다. 주택협회가 공공 주택 공급에 대한 1차적 책임을 지게 되었지만 주택협회에 의해 건립된 주택의 질과 촌락 지역에서 이 주택들이 가지는 효용성에 대해 우려가 제기되었다(Milbourne, 1998). 이와 같은 요인들이 복합적으로 작용하여 영국의 촌락에서 공공 임대 주택의 재고가 감소하였다. 1999년 잉글랜드 촌락에서 공공 주택의 수가 68만 4,000채였으며, 이는 1990년의 71만 1,000채에서 감소한 것이다(Cloke et al., 2002). 따라서 영국과 여타 국가에서 공공 주택의 민영화(오스트레일리아 사례에 대해서는 Jones and Tonts, 2003 참조)는 저소득층 촌락 주민의 선택권을 감소시켰고, 제19장에서 논의될 바와 같이 촌락에서 무주택자의 증가를 가져왔다.

촌락의 건강 상태

촌락의 전원에 대한 잘못된 인식 가운데 두 번째 요소는 촌락의 삶이 도시에서의 삶보다 훨씬 더 건강하다는 것이다. 이와 같은 주장을 뒷받침하는 통계적 증거는 복합적인 사실을 나타낸다. 영국과 캐나다의 통계치는 촌락에서 사망률이 낮고, 기대수명이 더 길다는 것을 보여 준다(Cabinet Office, 2000; Wilkins, 1992). 그러나 북아메리카, 영국, 오스트레일리아의 통계치에 의하면 촌락에서 사고발생률이 높고, 만성질환자의 비율이 높다(Gesler and Ricketts, 1992; Gray and Lawrence, 2001; Senior et al., 2000; Wilkins, 1992). 클로크 등(Cloke et al., 1997)의 연구에 의하면, 웨일즈의 촌락에서 44%의 주민들이 심각한 건강 문제가 있다는 사실이 보고되었는데 이는 웨일즈 전체 주민을 대상으로 집계된 17%보다 높은 수치였다. 촌락 주민들의 건강이 좋지 않은 것은 촌락 인구의 연령이 상대적으로 높고(이는 은퇴 인구의 유입에 일부 기인함), 오스트레일리아, 뉴질랜드, 북아메리카의 원주민 커뮤니티의 건강이 상대적으로 좋지 못한 것을 포함하여 다수의 요인들을 반영하는 것이다. 또한 건강 상태가 지리적으로 편차를 보이는 것은 빈곤이 중요한 요인임을 나타낸다(Senior et al., 2000). 그러나 이와 같은 요인들은 전적으로 도시와 촌락 간의 차이를 설명하지 못하고, 일부 효과는 건강과 의료에 있어서 촌락의 문제, 특히 의료 서비스의 공급과 촌락의 라이프스타일에서 나타나는 사회적 · 경제적 조건의 문제로부터 기인하고 있음에 틀림없다.

촌락의 의료 서비스 공급

촌락에 의료 서비스를 공급하는 데에는 여러 가지 어려움이 있는데, 대부분은 촌락 지역이 상대적으로 고립되어 있으며, 인구밀도가 희박하다는 점과 관련이 있다. 의료 시설을 촌락에 공급하는 것은 도시에서보다 비용이 더 많이 들고 의료 시설의 이용률과 병실 점유율은 도시 지역에서보다 촌락 지역에서 훨씬 낮으며 전문 병동도 거의 유지되지 않는다. 영국과 같이 포괄적인 공공 의료서비스를 제공하는 국가에서조차도 촌락 지역에서 의료 서비스의 지역적 차가 크다. 잉글랜드 촌락 주민의 1/3은 가장 가까운 곳에 위치한 외과의원과 2킬로미터 이상 떨어져 있으며, 가장 가까운 병원은 4킬로미터 이상 떨어져 있다(제7장 참조). 오스트레일리아, 캐나다, 미국과 같은 영토가 넓은 국가들에서 이와 같은 거리는 몇 배나 증가한다. 미국에서 촌락의 의료 서비스는 특화와 비용의 효용성 증대에 대한 압력이 크고 의료 보험에 가입한 촌락 인구가 1996년에 겨우 53.7%일 정도로 상대적으로 비중이 적은 이유로 촌락 병원이 폐쇄됨에 따라 더욱 악화되었다(Vistnes and Monheil, 1997). 계속 유지된 의료 시설들은 의료 장비가 부족했는데 뉴사우스웨일즈 촌락 병원의 1/2은 호흡기와 심장 질환을 치료할 진단 기구가 부족했다(Lawrence, 1990).

의료 전문가의 고용과 유지가 더 큰 문제로 작용한다. 개인적이고 직업적인 요인들이 복합적으로 작용하여 촌락 지역에서 일하고자 하는 의료 전문가들과 의사들에게 악영향을 미친다. 이와 같은 요인들은 의료 서비스를 특화할 기회가 제한된 점, 예비 지원 시설의 부재, 가족들에게 필요한 주택과 일자리를 찾아야 하는 문제, 읍에서 유일한 의료 전문가에 대한 주민들의 기대감이 높다는 점 등을 포함한다(Gordon et al., 1992). 그 결과로 수많은 촌락 지역에는 의료 전문가가 부족하다. 오스트레일리아의 뉴사우스웨일즈의 예를 들면 서부 촌락 지역의 의사 비율이 1 : 1,500명이지만 메트로폴리탄 지역에서는 1 : 30명이다(Lawrence, 1990).

건강과 촌락의 생활방식 : 스트레스와 마약

일반적으로 촌락은 평온함을 연상시키지만 많은 사람들에게 촌락의 삶은 고립, 촌락의 규범에 순응하라는 압력, 상호 긴밀하게 맺어진 커뮤니티에서 도피하거나 은신할 수 없는 상황, 엔터테인먼트의 부족, 경제적 재구조화, 특히 농업 분야의 재구조화의 압력에 의해 유발된 스트레스가 매우 강한 영향력을 미칠 수 있다. 2001년 영국 농민들을 대상으로 한 조사에서 40%가 촌락에서의 비즈니스를 운영하는 것이 '지속적으로 스트레스가 많다'고 응답했다(Lloyds TSB Agriculture, 2001). 그레이와 로렌스(Gray and Lawrence, 2001)는 오스트레일리아에서 농업의 재구조화와 연관된 스트레스가 이혼, 질병, 불면증, 그리고 공격적이며 폭력적인 행동으로 이어질 수 있다고 요약하였다. 더구나 2001년 영국에서 구제역의 확산으로 인한 촌락 스트레스의 문제점을 다루기 위한 발의안에서 농민들의 자살이 증가했음이 보고되었다. 자살을 포함한 이와 같은 반응은 다양한 촌락 인구층에서 나타난다는 것이 확인되었다. 오스트레일리아의 국립촌락보건연맹(National Rural Health Alliance)은 15~24세 사이의 남성들의 자살률이 도시 지역에서보다 2배 이상 높다는 것을 제시하였다(Gray and Lawrence, 2001). 일반적으로 정신 건강은 촌락 지역에서 중요한 이슈가 될 수 있는데 이는 부분적으로 적절한 의료적 지원을 받기 어렵다는 점과 규모가 작은 촌락 커뮤니티에서는 정신적 건강 문제를 겪고 있는 사람들이 확연하게 구분되기 때문이다(Philo and Parr, 2003 참조).

고도의 스트레스는 또한 약물 남용과 연관되기도 한다. 촌락 커뮤니티의 알코올 중독 문제는 오래전부터 다루어져 왔으며, 지난 10년 동안에는 마약 중독에 대한 우려가 확산되었다. 1998년 영국에서의 조사에 의하면, 촌락 가구의 14~15세 연령 청소년의 1/4 이상이 불법 마약을 복용하는 것으로 나타났으며, 이는 도시에서보다 훨씬 더 높은 비율이었다(School Health Education Unit, 1998). 마찬가지로 스코틀랜드의 촌락과 도시 커뮤니티에 대한 연구에 의하면, 촌락과 도시 모두에서 14~15세 청소년 10명 가운데 4명

표 16.3 스코틀랜드 도시와 촌락 지역에서 마약 복용을 보고한 14~15세 청소년 비율

	퍼스와 킨로스(Perth & Kinross)-촌락	던디(Dundee)-도시	전체 학교
모든 마약 종류	43.0	44.7	43.9
마리화나	42.4	43.0	42.7
암페타민	11.0	13.1	12.1
실로시빈	9.8	7.3	8.5
LSD	5.4	9.6	7.5
테마제팜	5.9	5.9	5.9
엑스터시	3.3	5.4	4.4
코카인	2.6	3.3	2.8
헤로인	2.6	1.4	2.0

출처 : Forsyth and Barnard, 1999

이 불법 마약을 복용하였는데, 가장 일반적인 것은 마리화나였다(표 16.3; Forsyth and Barnard, 1999). 그러나 이 연구에 의하면, 마약 사용 수준은 촌락 지역의 학교에서 훨씬 더 변이가 컸으며, 이와 같은 변이는 빈곤에 의해 설명되지 않는 것이었다. 오히려 포시스와 바나드(Forsyth and Barnard, 1999)는 촌락 커뮤니티에서 마약 복용이 특정한 마약의 입수 가능성과 지역 내 하부 문화의 영향을 받는다고 주장하였다. 이와 같은 결과는 『가디언(Guardian)』에서 인용한 촌락의 청소년 마약 복용자의 경험과 일치한다.

> 우리가 어떤 일을 할 수 있었을까요? 부모님이 가는 술집에 갈 수 없지요. 가게에서는 어른들이 카운터에 있고, 우리 나이를 알기 때문에 술을 살 수 없어요. 청소년들을 위한 클럽도 없고, 어린아이를 가진 부모들은 아이들이 놀고 있는 곳에 우리가 같이 있는 것을 좋아하지 않아요. 그래서 마을 외곽에 있는 유원지에 가서 마약을 해요. … 마리화나, 환각 버섯, LSD가 우리가 하는 것들이고, 우리 마을에 스피드(마약의 일종)가 들어오면 조금 하기도 해요(촌락 청소년, *Guardian*, 1998년 3월 11일 자).

촌락의 마약 남용은 청소년들에게만 한정된 것이 아니다. 웨스트버지니아 주에서 보건 당국은 모든 연령대의 촌락 주민들 사이에서 '시골 헤로인'으로 알려진 처방 진통제인 옥시콘틴(OxyContin)의 남용 수준에 대한 우려를 표명했다(Borger, 2001). 촌락에서 80%의 범죄가 옥시콘틴과 연관되어 있다고 추정된다. 코클린 등(Cocklin et al., 1999)은 뉴질랜드 노스랜드에서의 광범위한 마리화나 복용을 다음과 같은 지역 경찰과의 인터뷰를

인용하여 언급하였다.

> 마리화나 복용은 전체 커뮤니티에 만연한 문제입니다. 이 문제는 여러 세대에 걸쳐 있어
> 요. 마리화나가 젊은 사람들이 하는 마약처럼 생각되었지만 지금은 청소년들뿐만 아니라
> 노인들도 체포되고 있어요. 파케하(Pakeha, 유럽계 뉴질랜드인) 사람들보다 마오리
> (Maori, 뉴질랜드 원주민) 사람들이 마리화나를 덜 한다고 얘기하는 것은 잘못된 거예요.
> 마을 전체가 문제입니다(Cocklin et al., 1999, p. 249에서 인용).

코클린 등(Cocklin et al., 1999)이 마리화나를 일종의 '대응 기제(coping mecha-nism)'로 묘사하였지만, 노스랜드에서 마리화나가 확산된 것은 핵심적인 마리화나 생산지로서 마리화나를 손쉽게 얻을 수 있다는 점과도 연관성을 맺고 있다. 코클린이 보고한 바와 같이 노스랜드는 뉴질랜드 경찰이 압수한 모든 마리화나의 약 1/4을 차지한다. 그러나 사회적 파장에도 불구하고 마리화나 재배는 많은 지역 주민들에게 소득을 얻게 해 주고, 삶의 질을 개선시키며, '뉴질랜드에서 경제적으로 가장 궁핍한 지역 가운데 한 곳이면서도 빚 없이 살 수 있도록 도움을 주는 것'으로 여겨졌다(Cocklin et al., 1999, p. 248).

범죄와 촌락 커뮤니티

삶의 질과 관련하여 촌락의 전원성에 대한 잘못된 인식 가운데 세 번째는 촌락이 안전하고 범죄 없는 장소라는 것이며, 통계치는 이와 같은 인식을 뒷받침해 준다. 영국과 캐나다의 통계치가 제시한 것처럼 범죄를 경험한 사람들의 비율은 도시에서보다 촌락에서 상당히 낮다(표 16.4). 일반적으로 촌락 주민들이 절도나 차량 도난과 같은 재산 범죄(property crime)를 경험할 가능성은 도시 주민들보다 50% 정도 낮지만 개인에 대한 폭력 범죄의 경우 도시보다 발생률이 높지 않다. 스코틀랜드에서의 범죄 분석에 따르면, 도시에서의 범죄 발생률은 촌락보다 4배 높다(Anderson, 1999). 촌락에서 범죄, 특히 폭력 범죄와 절도가 증가하고 있어 도시와 촌락 간의 차이가 줄고 있는데 대부분의 지역에서 장기간에 걸쳐 나타난 경향은 맥컬래프(McCullagh, 1999)가 아일랜드 촌락에 대해 언급한 바와 같이 '무시해도 될 정도로 극히 낮은 비율에서 약간 낮은 비율'로 증가하였다는 것이다(p. 32).

앤더슨(Anderson, 1999)이 제시한 바와 같이 일부 차이점이 존재하지만 촌락의 범죄

표 16.4 범죄를 경험한 개인이나 가구의 비율

	잉글랜드와 웨일즈(1995년)			캐나다(1987)	
	촌락	도시	도시 내부	촌락	도시
차량 도난	15.7	20.1	26.0	3.6	5.9
공공 기물 파손	8.0	10.9	10.6	4.2	7.6
절도	3.9	6.3	10.3	3.2	6.4
개인 범죄	3.9	6.3	10.3	11.4	15.8

출처 : Cabinet Office, 2000; Norris and Johal, 1992

는 도시에서의 범죄와 다르지 않다. 그러나 일부 연구자들이 촌락 범죄에 대해 공통적으로 지적하는 세 가지 유형의 범죄가 있다. 첫 번째는 '무법적 행동' 이라고 불릴 수 있는 것으로 이는 오래된 촌락의 전통을 반영하는 것일 수 있다(Mingay, 1989). 일례로 오키호로(Okihoro, 1997)는 캐나다의 작은 어촌의 범죄에 대한 연구에서 불법 침입, 밀주 제조, 부패를 강조하였다. 마찬가지로 야우드(Yarwood, 2001)는 미국에서의 연구들이 촌락의 범죄로 불법 마약 제조, 민간 무장 단체 활동, 총기 사용 범죄(Weisheit and Well, 1996), 가솔린과 차량 절도(Meyer and Baker, 1982)를 들고 있으며, 가축의 도둑은 영국에서의 문제라는 것을 지적한다.

촌락 범죄와 연관된 두 번째 유형은 대인 폭력으로 도시에서보다 촌락에서 더 높다. 이는 소도시 사람들 간에 알코올이 수반된 폭력과 무질서(Gilling and Pierpoint, 1999), 그리고 신고율이 낮은 가정 폭력을 포함한다(McCullagh, 1999; Williams, 1999).

촌락 범죄의 세 번째 유형은 사회적 무질서이다. 공공 기물 파손죄는 촌락 범죄의 주요 요인이지만 영국의 농민들은 사유지 침입, 농장 시설의 훼손, 가축에 대한 학대에 대해 불만을 가진다(Yarwood, 2001). 그러나 많은 사람들은 사회적 무질서에 관한 범죄가 단순히 '부적절하다' 고 간주되는 행태(Cresswell, 1996)를 포함하며, 연령에 의한 집단 혹은 계층 간 갈등을 반영하는 것이다(Stenson and Watt, 1999). 범죄에 대한 실제 경험과 인식은 잉글랜드 우스터셔(Worcestershire)의 촌락 지역에 대한 야우드와 가드너(Yarwood and Gardner, 2000)의 사례 연구에 잘 나타나 있다. 촌락에서 범죄 신고율은 상대적으로 낮으며 일반적이지 않지만(표 16.5), 범죄에 대한 지식은 훨씬 폭넓은 편이다. 촌락 주민의 1/2 이상이 절도나 차량 도난을 경험한 사람에 대해 알고 있다고 주장하지만 사유지 무단침입과 같은 농민들에게 영향을 주는 특정 범죄에 대한 지식은 촌락 지역에 한정된 경향을 보였다. 이는 범죄로부터의 위험에 대한 인식을 왜곡시켰지만 대부

표 16.5 잉글랜드 촌락에서 범죄에 대한 경험

	거주하고 있는 지역에서 범죄를 경험한 응답자 비율(%)	거주하고 있는 지역에서 범죄를 경험한 사람을 알고 있는 응답자 비율(%)
절도	15	69
절도 시도	7	47
주거시설에 대한 피해	4	6
차량에 대한 피해	7	9
차량 도난	7	50
차량의 물품 도난	5	31
강도	0.3	2
소매치기	1	5
가축에 대한 학대	2	6
사유지 침입	13	13
폭력	0.3	8
폭력 행사의 협박	3	3
언어적 폭력	2	2
인종차별 행위	0.3	1
성폭력	0.3	2

출처 : Yarwood and Gardner, 2000

분의 주민들은 범죄에 대해 우려하지 않았다. 도난(32%의 주민들이 우려함), 차량 도난 (26%의 주민들이 우려함), 차량의 물품 도난(23%의 주민들이 우려함)이 심각한 우려를 불러일으켰다. 이와는 대조적으로 청년들이 배회하는 것을 포함하여 '반사회적 행태'는 훨씬 많은 주민들에 의해 문제로 인식되었다(표 16.6). 이와 같은 두 가지 종류의 우려는 '부적절한' 것으로 여겨지는 사람들에 대해 범죄의 원인을 돌리는 일부 주민들의 인식과 결합된 것이다.

> 절도의 90%가 이 지역에서 일자리에 대한 전단 광고지를 돌리는 외부인에 의해 일어나 고 있다고 생각해요. 공공 기물의 파손도 큰 문제예요. 12살에서 15살 청소년들이 그런 일 이외에 재미있게 할 수 있는 일이 없어요(촌락 주민, Yarwood and Gardner, 2000, p. 407 인용).

'부적절한' 행태에 대한 인식은 일부 지역에서 재구조화의 결과로 악화되었는데, 촌락

표 16.6 다양한 이슈를 문제로 인식하는 잉글랜드 주민의 비율

	문제 혹은 심각한 문제로 인식하는 응답자 비율(%)	문제가 아니라고 인식하는 응답자 비율(%)
청소년 배회	53	44
쓰레기 투기	39	55
교통체증	55	39
개	65	31
마약 거래	7	69
음주자	12	74
소란스러운 파티	11	73
낙서	14	75
외부자 배회	47	46

출처 : Yarwood and Gardner, 2000

에서의 범죄에 대한 두려움을 가중시켰다. 또한 2000년 영국 노퍽의 한 농장에서 침입자에 대해 총기를 발사하여 사망시켜 투옥된 토니 마틴(Tony Martin)의 경우와 같은 사건이 알려지고 도시로부터 사람들이 이주해 옴에 따라 도시에서 만연한 범죄에 대한 두려움이 촌락으로까지 확산되었다. 이와 같은 우려는 촌락 지역에서 경찰의 순찰 횟수를 증가시키고, '이웃 감시' 프로그램의 시행(Yarwood and Edwards, 1995), 폐쇄적 공동체의 조성(Philips, 2000), CC-TV를 이용한 감시(Williams et al., 2000), 경찰 충원에 대한 기업의 후원, 이동파출소와 민간 보안 회사를 이용하는 것과 같은 대안적인 보안 전략의 도입으로 이어졌다.

요약

촌락에서 사람들은 똑같은 경험을 하지 않는다. 일부 주민, 특히 부유한 사람들은 촌락에서의 전원적인 삶을 즐길 수 있지만 대부분의 촌락 주민들에게 삶의 질은 불량 주택, 허약한 건강 상태, 범죄와 사회적 무질서에 대한 두려움 등으로 저하되어 있다. 적정 가격대의 양질의 주택을 구입할 수 있는지의 여부도 수많은 촌락 공동체에서 심각한 문제이다. 역도시화가 촌락주택에 대한 수요를 증가시키면서, 저소득층 가구들은 주택을 구입할 가능성이 더 감소했으며, 값싸지만 표준 이하의 주택들에 거주할 수밖에 없다. 건강 상태가 좋지 못한 것도 많은 촌락 지역에서 일반적이며, 보건 서비스와 시설에 대한 접근

성이 좋지 못하여 만성질환자의 비율이 더욱 높아지고 있다. 고립 · 편협성 · 경제적 재구조화의 스트레스 역시 질병 · 알코올 중독 · 마약 중독의 원인이 되고 있다. 비록 범죄율이 도시에서보다 촌락에서 낮지만 촌락 주민 가운데 상당수가 범죄의 대상이 되며, 많은 주민들이 범죄에 대한 두려움이나 '부적절한' 행태에 대한 문화적 위협 속에서 살아가고 있다. 더구나 촌락의 주민들은 이와 같은 다양한 문제들을 모두 경험한다. 표준 이하의 주택에 거주하는 사람들은 건강 상태가 좋지 못할 가능성이 크고, 마약 중독과 범죄 사이에 연관성이 있으며, 그 결과 마약 문제를 안고 있는 지역 공동체는 주택의 질이 낮은 촌락에서처럼 범죄율이 훨씬 높을 가능성이 크다. 이와 같은 덫에 걸린 촌락 주민들은 필로(Philo, 1992)가 묘사한 바와 같이 촌락 연구에서 전통적으로 관심을 기울여 온 이른바 '평균적인 주민'에 포함되지 않을 가능성이 크다(제15장 참조). 이들은 사회 내에서 취약하며, 노년층, 빈곤층, 토착민 공동체 등을 포함하는 '도외시된 촌락의 타자들'이다. 이와 같은 집단들의 촌락에서의 생활방식은 다음 장에서 보다 상세하게 검토된다.

더 읽을거리

이 장에서 논의된 바는 여러 단행본 서적과 논문에서 광범위하게 다루어졌다. 다양한 주제를 하나로 엮어 낸 연구들 가운데 하나로 Janet Fitchen, *Endangered Spaces, Enduring Places: Change, Identity and Survival in Rural America* (Westview Press, 1991)는 뉴욕 주 촌락에서의 주택과 보건 문제에 대해 간략하게 언급하고 있다. Roy Jones and Matthew Tonts, 'Transition and diversity in rural housing provision: the case of Narrogin, Western Australia,' *Australian Geographer*, volume 34, pages 47–59 (2003)는 경험적 사례에 근거하여 촌락의 주택 문제를 다루었다. 영국의 공공주택 공급 변화에 대해서는 Paul Milbourne, 'Local responses to central state restructuring of social housing provision in rural areas,' *Journal of Rural Studies*, volume 14, pages 167–184 (1998)을 참고할 수 있다. 촌락에서의 건강 문제에 대해서는 전문학술지를 포함하여 여러 연구에서 다루어졌다. Wilbert Gesler and Thomas Ricketts (eds), *Health in Rural North America: The Geography of Health Care Services and Delivery* (Rutgers University Press, 1992)는 지리적 관점에서 주요 이슈들에 대한 포괄적인 설명을 제공한다. 촌락 범죄에 대한 연구를 살펴보기 위해서는 Richard Yarwood, 'Crime and policing in the British countryside: some agendas for contemporary geographical research,' *Sociologia Ruralis*, volume 41, pages 201–219 (2001)를 참고할 수 있다. Yarwood and Gardner, 'Fear of crime, cultural threat and the countryside,' *Area*, volume 32, pages 403–412 (2000)는 농촌 범죄와 문화적 위협에 대한 인식을 경험적으로 연구한 것이다.

웹사이트

주거지원위원회(Housing Assistance Council)의 웹사이트(www.ruralhome.org)는 미국의 촌락 주택에 대한 다양한 정보를 제공하며, 촌락에서의 정의 및 범죄예방센터(National Center on Rural Justice and Crime Prevention)의 웹사이트(www.virtual.clemson.edu/grous/ncrj)는 미국의 촌락 범죄에 대한 정보를 제공한다. 영국의 농촌과 도시에서의 주택 가격에 대한 데이터는 토지등기소(Land Registry)의 웹사이트(www.landreg.gov.uk)에서 확인할 수 있다. 또한 영국에서 서식스의 범죄와 무질서 예방을 위한 파트너십(Sussex Crime and Disorder Partnership)의 웹사이트(www.caddie.gov.uk)는 행정구역 단위인 워드(ward)별로 집계된 신고 범죄에 대한 지도를 제공한다. 촌락의 건강 문제에 대해서는 미국의 촌락건강정책분석센터(Center for Rural Health Policy Analysis)의 웹사이트(www.rupri.org/healthpolicy)와 영국의 촌락건강연구소(Institute of Rural Health)의 웹사이트(www.rural-health.ac.uk)를 참고할 수 있다.

제17장

촌락에서의 성장과 노화

서론

주류 촌락 연구들은 전통적으로 노동 연령 인구가 경험하는 촌락 활동의 요소들에 관심을 기울여 왔다. 몇 가지 예를 들면, 촌락의 경제활동, 고용, 농장 경영, 부동산 소유권, 이주 결정 과정과 같은 주제들이다. 촌락 공동체에 대한 연구들도 유사하게 성인 인구 내에서의 사회적인 상호작용에 초점을 두었다. 상대적으로 관심이 적었던 대상은 연령대의 양쪽 끝부분에 해당하는 청소년층과 노년층이다. 그러나 이들은 촌락이라는 맥락 속에서 가장 크게 영향을 받아 라이프스타일이 형성되는 연령층이다. 이 장에서는 연령대에 따라 유소년층, 성년기로 접어드는 청년층, 노년층의 세 집단으로 구분하여 촌락에서의 삶에 대한 경험을 검토한다. 또한 이들이 촌락의 성격과 촌락 공동체에 대해 지각하는 바와 이들이 촌락에서 경험한 바가 어떤 지리적 특징을 보이는지 살펴본다.

촌락의 유년층

촌락은 아동문학 작품에서 인기 있는 공간적 배경이다. 『곰돌이 푸(Winnie-the-Pooh)』, 『버드나무에 부는 바람(Wind in the Willows)』, 『제비호와 아마존호(Swallows and Amazons)』, 『페이머스 파이브(Famous Five)』와 같은 고전적 작품에서 『파딩 숲의 친구들(The Animals of Farthing Wood)』과 같은 현대 작품에 이르기까지 아동문학 작품은 촌락의 목가적인 성격을 묘사할 뿐만 아니라 촌락이 유년층으로 하여금 평화롭게 전원의 삶을 누릴 수 있는 곳으로 그려 왔다. 이 작품들에서 촌락은 흥미, 모험, 자유를 누릴 수 있는 장소일 뿐만 아니라 위험이 없는 안전한 곳으로 재현된다. 존스(Jones, 1997)가 주목한 바와 같이 이와 같은 문학적 재현은 촌락의 유년층에 대한 대중들의 생각에 영향을 주는 강력한 문화적 담론을 형성한다[이와 대조적으로 호튼(Horton, 2003)은 아동 문학이 촌락을 다양하게 재현했다고 주장한다]. 촌락이 아이들을 키우기에 '안전한 장소 (safe place)'라는 생각은 촌락으로 이주하게 되는 주된 이유로 제시되며, '안전함'이 촌락에서 유년기를 보낸 성인들의 내러티브에서 반복적으로 등장하는 요소이다.

> 자유롭게 다니며 친구를 사귈 수 있는 곳, 무엇보다도 안전하지 않다고 걱정할 필요가 없는 곳으로 이사를 간 것은 아주 의식적으로 결정한 것이었지요(잉글랜드로 이주한, 자녀를 둔 여성, Valentine, 1997a, p. 140에서 인용).

> 글쎄요. 저는 교통이나 그 외의 것들을 생각하면 상대적으로 조용하고 안전한 환경이라고 생각해요. 마을 사람들도 유쾌하죠. 아이들에게 필요한 목가적인 풍경도 좋아요. 사물이 자라는 것을 관찰할 수 있고 개울에서 놀 수도 있어요(잉글랜드의 자녀를 둔 남성, Jones, 2000, p. 33에서 인용).

아동들이 촌락에서의 삶에 대해 직접 기술한 바에서도 이와 같은 믿음이 반영되는 경향이 있다. 글렌디닝 등(Glendinning et al., 2003)이 스코틀랜드 북부를 사례로 연구한 바에 의하면, 사례 연구 지역에서 11~16세 청소년의 80% 이상이 (스코틀랜드 북부의) 촌락이 성장하기에 안전한 장소라는 데 동의했다. 마찬가지로 15~16세 청소년의 80%는 촌락이 젊은 사람들이 거주하기에 안전한 장소라는 데 동의했다(p. 137). 다음은 이 연구자들이 두 명의 10대 여학생들과 인터뷰한 것이다.

> 이곳이 어린아이들에게 좋다고 생각해요. 훨씬 안전하죠.

> 출입문을 항상 잠그지 않아도 돼요.

> 아주 안전해요. 엄마와 아빠도 제가 밖에 나가도록 해요. 어디든지 가고 싶은 곳에 갈 수 있어요.

> 혼자서, 아니면 친구와 같이 공원에 가도 돼요. 같이 가 줄 어른들이 없어도 돼요.

> (스코틀랜드의 15세와 16세 여학생, Glendinning et al., 2003, p. 138에서 인용)

'안전함'이란 여러 가지 서로 다른 의미를 갖는다. 그 의미는 자동차로부터의 안전, 도시 공간과 관련이 있는 환경적 위험으로부터의 안전, 그리고 범죄의 위험으로부터의 안전을 포함한다. 또한 바람직하지 않은 문화적 영향력으로부터의 안전도 포함하는데 이는 발렌타인(Valentine, 1997a)이 언급한 바와 같이 '아디다스 운동복을 입어야 한다는 압력도 없고, 최신 비디오 게임을 해야 할 필요도 없다'(p. 140). 촌락이 아이들에게 '안전한 장소'로 지각되는 것은 부모들이 자녀가 가고 싶은 곳에 가도록 허락할 수 있는 자율성의 정도를 지리적으로 표현한 것이다(Jones, 2000).

따라서 촌락 아동들에 관한 지리적 특성은 다수의 모순적인 주장을 담고 있는 이중성을 보인다. 한편으로 촌락은 아동들의 자유와 독립성을 보장하는 공간이지만 이는 성인들의 규제가 이루어지는 틀 속에서만 가능한 것이다. 또 다른 한편으로 촌락은 의존성의 공간으로 아동들이 이동하기 위해서는 부모에게 의존해야만 하지만 통학과 같은 공간에서의 이동은 교류와 정체성 형성을 위한 독립적인 장소를 형성시킨다. 다음 절에서 이 두 가지 측면을 살펴본다.

자유와 규제의 공간

문학 작품 속에서 목가적인 전원과 함께 한 유년기를 묘사한 것과 대중들이 촌락에 대해 상상한 바에는 촌락 공간을 마음대로 다닐 수 있는 자유가 내포되어 있다. 20세기 초에서 중반까지 촌락에서 보낸 유년기에 대한 자서전적인 이야기들은 종종 상당한 거리를 걷거나 자전거로 이동하고 경작지와 숲, 하천을 놀이터로 삼는 것에 대한 기억들을 포함한다(Jones, 1997; Valentine, 1997a). 존스는 아동들이 공간적 범위가 좁은 곳에서도 촌락 경관의 자연적, 인공적 특징들을 자신들의 놀이에 이용한다는 것을 관찰하였다.

> 일부 어린이들은 특정 공간을 이용할 수 있는 자율성에 제한을 받는다. 마을 변두리에서 시냇물을 따라 길이 놓여 있고, 한 곳에는 계곡이 깊은 곳에 나뭇가지가 아래로 길게 늘어뜨려져 있어 매우 사적이며 비밀스러운 공간처럼 느껴지게 만드는 곳이 있었다. 다양한 연령층의 아이들은 자신들의 '아지트'라고 알려진 이곳을 서로 만나 활동할 수 있는 공간으로 이용했다. 이곳은 아이들이 그린 여러 지도에 표시되어 있었고 언제든지 가서 앉아 있을 수 있는 곳이었으며 집이 비좁아서 '아지트'로 간다고 이야기했다. 마을 아이들이 이용하는 또 다른 공간은 헛간이 2개인 농장 안마당이었는데 이곳 역시 아이들이 그린 지도에 표시되어 있었다(Jones, 2000, p. 35).

촌락 아이들은 어른들의 감시를 받지 않는 공간을 찾아 정원의 울타리에서부터 사유지에 함부로 들어가서는 안 된다는 원칙에 이르기까지, 물리적·은유적 경계를 잘 알게 된다. 이따금 어른들이 촌락에 만들어 놓은 공간적인 질서를 어기는 것도 포함한다. 워드(Ward, 1990)는 경작지와 숲에 울타리를 치는 것과 주거지와 공업단지가 증가하는 것을 비롯하여 촌락 공간에서 아동들의 이동성을 제한하는 과도한 질서와 규칙을 만드는 것에 대해 애석해한다. 그는 모든 곳을 말끔하게 정돈해야 하며, 모든 잡초를 제거하고, 모든 곳을 상업적으로 이용 가능한 곳으로 바꾸어야 한다는 행정 기관의 생각에 촌락 어린이들이 희생당하고 있다고 주장한다(Ward, 1990, p. 94; Philo, 1992 참조). 그러므로 어린이들이 자신들에 대해 이야기한 내용에는 어른들, 즉 어린이들이 돌아다니는 것을 성가신 것이나 문화적 위협으로 여기는 토지 소유주와 주민들에게 대항한 것도 종종 포함되어 있다.

> 저는 일곱 살이었고, 친구 홀리와 걷고 있었어요. 홀리는 여덟 살이었습니다. 우리는 모튼 핑크니의 정원으로 올라갔고 웨스틀리 언덕으로 넘어가는 다리를 건넜지요. 그리고 언덕 위에 앉아 시냇물에 사과를 던지고 있었어요. 그런데 아저씨가 집에서 나와 화가 난 상태로 "다리 밖으로 나가!"라고 땅이 흔들릴 정도로 크게 외쳤어요. 그래서 우리는 빨리 도망을 갔는데 그 아저씨가 '다시 너희들을 이곳에서 보면 경찰을 부를 것'이라고 말했어요(잉글랜드의 10세 여학생, Matthews et al., 2000, pp. 144-145에서 인용).

> 저는 잔디밭에 있었어요. 제 생일이었기 때문에 친구들이 모두 같이 있었지요. 우리 모두는 잔디밭에서 돌아다녔고, 그곳에 있는 집 근처에 갔어요. 그런데 그 집 아줌마가 "여기서 놀면 안 된다. 잔디밭을 밟고 돌아다니면 잔디가 상해."라고 얘기했어요. 잔디밭이 그 아줌마 것도 아니었는데 말이에요(잉글랜드의 9세 여학생, Matthews et al., 2000, p. 146에서 인용).

아이들이 촌락에서 공간을 이용하는 것은 부모들이 갈 수 있는 곳을 정한 규칙에 영향을 받는다. 매튜 등(Matthews et al., 2000)은 '부모들이 좋은 삶이라고 생각하는 바가 실제 마을의 물리적인 실체를 넘어선 것'(p. 145)으로서 촌락 어린이들이 동반자 없이 다닐 수 있는 실제 거리는 도시 어린이들보다 상당히 짧을 가능성이 있다고 언급하였다. 실제로 다른 마을에서 통학하는 아이들의 경우 통학에 소요되는 오랜 시간 때문에, 그리고 저녁, 주말, 휴일에 운영되는 공동육아협동조합에 의해 더 많은 규제가 만들어진 것이다(글상자 17.1 참조).

글상자 17.1   촌락에서의 보육

촌락에서의 전통적인 젠더에 대한 담론은 가정에서 여성의 역할과 가족의 중요성을 육아의 틀로 제한하였다. 그러나 여성들이 촌락의 노동 시장에서 일자리를 얻고(제18장 참조), 촌락 인구가 재구조화되면서 확대 가족과 이웃에 의존하여 이루어진 육아 네트워크가 분절화되었다. 그로 인해 더 많은 공동육아협동조합에 대한 수요가 창출되었다. 일례로, 잉글랜드 남서부의 데본 시에 대한 연구에 의하면 조사 대상자 가운데 28%의 부모(전일제로 근무하는 부모의 경우는 50%)가 유아원이나 등록된 가정보육교사를 이용하고 있었다. 그리고 47%는 놀이학교나 탁아소를 이용했다(Halliday and Little, 2001). 그러나 촌락의 공공 보육시설은 도시에서보다 규모가 크지 않다.

영국과 미국에 대한 연구에서 촌락의 부모들은 도시 부모들보다 비공식적인 공동육아모임에 의존하는 경향이 높은 것으로 나타났다(Casper, 1996; Halliday and Little, 2001). 또한 촌락에서는 적절한 보육 서비스를 얻기 위해 상당한 거리를 이동해야 한다(Halliday and Little, 2001). 보육의 유형은 아동들이 놀이를 하는 방식에도 영향을 준다. 스미스와 바커(Smith and Barker, 2001)는 교외의 클럽들이 다른 아이들을 만나 놀고, 촌락 공동체가 아닌 곳에서는 제공 받을 수 없는 놀이 기회를 제공해 주는 장소라고 보고하였다. 일부 사례에서는 목초지에 들어가 볼 수 있고 농장을 방문할 수 있는 것과 같이 촌락 환경을 접할 수 있는 명백한 활동들도 포함하였다. 그러므로 어린이들이 '목가적인 촌락의 보육'을 경험할 수 있는 것은 자신들의 비구조화된 놀이에 의해서라기보다는 이와 같이 통제되고 감독된 활동을 통해서이다.

더 자세한 내용은 Joyce Halliday and Jo Little (2001) Amongst women: exploring the reality of rural childcare. Sociologia Ruralis, 41, 423-437; Fiona Smith and John Barker (2001) Commodifying the countryside: the impact of out-of-school care on rural landscapes of children's play. Area, 33, 169-176 참조.

의존의 장소

목가적인 촌락에서 유년기를 보낸다는 믿음은 촌락 어린이들의 거주지가 공간적으로 집중되어 있다는 것을 가정하는 것이다. 그러나 촌락 학교가 폐교되고, 촌락의 서비스가 감소하며 쇼핑과 레저를 즐기는 패턴이 변화되면서(제7장 참조) 촌락 아동들의 사회적 공간은 확대되어 왔다. 촌락 아동들이 학교에서 사귀는 친구들은 서로 다른 마을에 살고 있다. 자녀가 장거리를 걷거나 자전거로 이동하는 것을 부모들이 꺼리는 것과 동시에 촌락 아동들은 친구들을 만나고 싶어 하고, 상점, 유스클럽, 영화관과 같은 곳을 가고 싶어 하므로 부모들과 자동차로 이동하는 경우가 점차 증가하고 있다. 매트슨(Tillberg Mattson, 2002)이 스웨덴의 촌락과 도시에 대한 비교 연구를 수행하면서 아동들의 이동 거리를 살펴본 결과, 촌락 아동들이 매일 평균적으로 도시 아동들보다 4배 더 긴 통학 거리를, 여가 활동을 위해서는 2배나 더 긴 거리를 이동하고 있음에도 불구하고 도시 아동들이 자전거나 도보로 1일 평균 2킬로미터를 이동하는 반면에 촌락 아동들은 0.3킬로미터를 이동하는 것으로 나타났다. 그리고 촌락 아동들이 여가 활동을 위해 이동하는 횟수의 1/2, 친구 집을 방문하기 위해 이동하는 횟수의 1/3이 부모와 자동차로 이동한 것이었다. 글렌디닝 등(Glendinning et al., 2003)은 다음과 같이 촌락 아동들이 부모에게 의존하여 이동하는 것에 대해 기록하였다.

> 어렸을 때 저는 사람들로부터 동떨어져 있다고 느꼈어요. 모든 일에서 여러 가지 신경 쓸 부분이 많았지요. 아주 사소한 것을 하기 위해서도 다른 사람들이 차로 데려다 주어야 했어요. 언제든 원하는 시간에 나가 돌아올 수 없었어요. 집에 돌아오기 위해 시간을 정해 나가 있어야 했고, 그렇지 않으면 문제가 생겼지요(스코틀랜드의 17세 여학생, Glendinning et al., 2003, p. 140에서 인용).

부모에게 의존하여 이동하는 것은 촌락 지역에서 대중교통 서비스가 제한되어 있다는 것을 반영하는 것이다. 아동들과 청소년들이 독립적으로 대중교통 수단을 독립적으로 이용할 수 있는 곳에서는 버스와 기차가 사회적인 교류의 중요한 장소가 될 수 있다. 워드(Ward, 1990)는 '스쿨버스 문화,' 즉 버스에서 자리를 정해 앉는 것을 포함하여 버스에서 형성되는 사회성과 미시적 공간 조직의 형태에 대해 조사하였다. 촌락의 청소년들이 주변의 읍으로 가고 싶어 하는 것은 부분적으로는 부모와 이웃의 시선으로부터 벗어나 시간을 보낼 공간을 찾기 위한 것이다. 사실 인접한 읍들이 교육과 여가 활동의 장소이기 때문에 매트슨(Mattson, 2002)은 촌락에서 청소년들이 진정 얼마나 **성장**하는지 의문스럽다고 언급하였다(p. 446).

성장하면서 독립적으로 이동하려는 욕구로 인해 청소년들은 운전면허를 취득할 수 있는 연령에 이르자마자 운전을 배우고 자신의 차를 마련하게 될 것이라고 기대한다. 운전면허 취득과 자동차 구입은 모두 비용이 많이 드는 일이다(Storey and Brannen, 2000). 일반적으로 교통비는 촌락에서 아이를 키우는 데 도움이 되는 요소의 하나이며, 그로 인해 촌락 공동체에서 사회적 양극화가 발생한다. 데이비스와 리지(Davis and Ridge, 1997)는 잉글랜드의 서머싯에서 조사된 저소득 가구 자녀의 1/2 정도가 차를 가지고 있지 않았으며, 그로 인해 이들이 사회적 활동에 참여할 기회가 더욱 제한된다고 언급하였다.

> 때때로 참석을 하지 못해 빠뜨리는 것이 있어요. 어떤 곳에 정말 가고 싶은데 하루에 버스가 한 번만 다니기 때문이에요. 그럴 경우 낮에 가서 저녁 때까지 있어요. 그렇지만 어떤 날에는 아예 버스가 다니지도 않아요(잉글랜드의 13세 여학생, Davis and Ridge, 1997, p. 51에서 인용).

　클럽이나 단체에 가입하고 방과 후 활동을 위해 지불하는 비용 역시 이동을 제한하는
요인이 되며, 저소득 가구의 자녀들은 다른 소득 계층의 촌락 아동들과는 매우 다른 유년
기를 경험한다. 더구나 이와 같은 차이는 도시에서 더 가시적이고 현저할 수 있는데 그
이유는 촌락에서는 사회적 집단에 대한 공간적 분리의 정도가 낮기 때문이며, 그로 인해
촌락 아동들은 다양한 사회적 배경을 가진 친구들을 사귈 수 있기 때문이다.

촌락 공동체의 청소년층

청소년층에게 촌락에서의 삶의 경험은 폭넓은 문화적 기준에 의해 영향을 받는다. 도시
에 거주하는 젊은이들의 라이프스타일과 비교하여 촌락 지역의 청년들은 문화적 박탈감
을 얘기한다. 예를 들어, 글렌디닝 등(Glendinning et al., 2003)은 스코틀랜드 북부 촌
락에서 인터뷰한 15~16세 여학생들의 87%, 남학생들의 75%가 '나와 같은 청소년들이
할 수 있는 것이 없다' 라는 데에 동의했으며, 67%의 여학생, 53%의 남학생이 자신들이
'원하는 물건을 구입할 수 있는 상점이 너무 적다' 라고 응답하였다. 그러므로 청소년들
이 촌락의 삶에 대해 느끼는 만족도는 연령이 증가하면서 감소한다(그림 17.1).

　상점과 위락 시설의 부족뿐만 아니라 촌락 공동체에서는 청소년들에게 필요한 문화적
시설이 부족하다. 가령 잉글랜드 촌락 지역의 1/2만이 유스 클럽이나 젊은이들을 위한 공
식적인 단체를 가지고 있다(Countryside Agency, 2001). 청소년들을 위한 시설의 부족
은 촌락에서 미성년자의 음주, 마약 복용, 공공기물 파손 등의 원인으로 지적된다(제16장
참조). 추가적으로 공공장소에서 청소년들의 모임이 지역 주민들에게 위협적인 것으로
지각될 수 있으므로 공동체 내에 긴장이 형성된다. '지역민' 과 '이주자' 간의 갈등으로
사회적 재구조화가 이루어지면서 경쟁이 발생하므로 청소년들은 보다 더 공격적인 행태
를 보인다(Jones, 2002).

　따라서 촌락 청소년들의 라이프스타일은 고유한 공간적 · 정치적 역학을 가지고 있으
며, 이는 퍼넬리 등(Panelli et al., 2002)이 뉴질랜드에서 인구 4,600명의 읍인 알렉산
드라(Alexandra)를 연구한 것에서도 나타난다. 퍼넬리 등은 청소년들이 스케이트보드
장, 고등학교, 공원, KFC, 메인 스트리트를 포함하여 자신들의 공동체 공간을 구조화하
는 여러 방식을 확인하였다. 그러나 이 장소들은 청소년들이 다른 공간들로부터 배제되
었다고 느끼거나 쇼핑몰과 같은 시설을 가지고 있지 않기 때문에 청소년들이 자신들의
선택을 통해 모인 장소는 아니다.

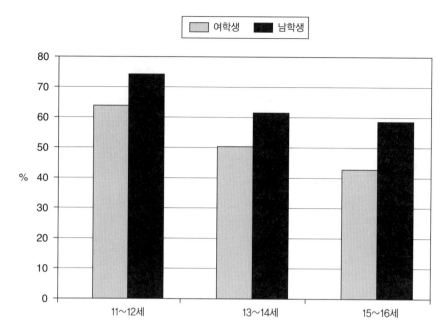

그림 17.1 스코틀랜드 북부 촌락에서 '촌락 공동체가 나와 같은 젊은이들이 거주하기에 좋은 장소'라는 문장에 동의한 비율

출처 : Glendinning et al., 2003

타운의 도서관은 좀 피하는 곳이에요. 사서가 마치 우리가 책을 훔칠 것처럼 바라봐요. 우리가 책을 함부로 가져갈 경우를 대비해서 재킷을 입고 들어가지도 못하게 해요. 학교 도서관은 괜찮아요(뉴질랜드의 15세 여학생, Panelli et al., 2002, p. 116에서 인용).

일부 가게들은 10대들이 들어가는 것을 좋아하지 않아요. 우리가 물건을 훔칠 거라고 생각해요(뉴질랜드의 17세 남학생, Panelli et al., 2002, p. 116에서 인용).

청소년들이 경험한 주변화의 사례는 개인의 관심사와 지역과의 연계에 따라 다양했다. 일부 지역에서는 대부분의 청소년들을 위한 단체 활동이 스포츠를 중심으로 이루어졌으나 스포츠를 즐기지 않는 경우에는 할 수 있는 것이 거의 없었다. 더구나 일부 청소년들은 공동체 내의 사람들을 알고 있기 때문에 자신들을 공동체의 일원이라고 느낀다고 응답했지만 또 다른 청소년들은 인종과 기타 기준에 의해 차별을 받고 있다고 대답하였다.

이와 같은 맥락 속에서 퍼넬리 등(Panelli et al., 2002)은 청소년들이 일련의 협상을 통해 '젊은이들의 정치'를 전개한다고 제시한다. 첫째, 청소년들은 공동체 내에서 미묘한 공간 점유 형태를 통해 공동체 내에서 자신들의 장소를 협상한다. 이는 중심가의 공공

공간을 다른 이용자들과 공유하는 것과 같은 암묵적인 활동을 하는 것과 거리에서 스케이트보드를 타는 것을 놓고 보다 명백하게 투쟁을 하는 것과 같은 활동을 포함한다. 둘째, 직접적인 도전은 공간에 대한 규제로 전개되는데 스케이트보드는 다시 논쟁의 초점이 된다. 스케이트보드를 즐기는 한 청소년은 스케이트보드를 '탈것'으로 지정하는 것(보도에서 탈 수 없게 되는 것)에 반대한다는 것을 패스트푸드점의 '드라이브 스루(drive-through)'에서 스케이트보드를 타고 이용하는 행위로 보여 주었다. 셋째, 담배 피우기와 버려진 헛간에서 폭죽을 터트리는 것과 같이 청소년들의 행위는 주변화되었지만 주체감을 주는 행동들을 통해 '창의적인 참여감'을 형성하였다. 그러나 이와 같은 행위의 주변적 성격은 그와 같은 행위가 종종 일시적으로 성인들의 관심을 끌 때까지만 지속되는 것을 의미한다.

촌락의 섹슈얼리티

촌락 공동체의 편협성은 청소년들이 자신들의 섹슈얼리티를 발견하고 실험하고자 할 때 특히나 냉엄한 태도를 보이는 것으로 표현된다. 전통적인 촌락의 담론은 청소년들이 따라야만 하는, 매우 엄격히 정형화시켜 표현된 젠더 역할을 제시한다. 이와 같은 젠더 역할에 대한 재현은 지리적으로 그리고 역사적으로 형성된 것이며, 농업을 위한 노동력을 재생산할 수 없을 것이라는 우려에 뿌리를 두고 있다. 그러므로 여성성은 모성애를 포함하여 가정 내에서 성취한 것에 의해서, 또한 촌락의 젊은 여성들을 수줍어하고 예절 바르며 건강하다는 것으로 묘사하는 것을 통해 만들어진다(Little, 2002). 반면에 남성성은 촌락의 성격을 통해서, 특히 카우보이나 개척자의 이미지를 통해서 그려진 바와 같이 거친 남성성과 촌락을 연관시킴으로써 형성된다(Campbell and Bell, 2000). 그러므로 촌락의 남성성을 보여 주는 것은 농작업을 하는 것과 동일시된다(Liepins, 2000c; Saugeres, 2002). 그러나 농업 자체가 쇠퇴하면서 오늘날에는 남자다움을 과시하며 술을 마시는 문화로 표현되고 있다(Campbell, 2000).

리틀(Little, 2002)은 이와 같은 촌락에서의 젠더에 대한 인위적인 정형화가 이성애에 대한 가정에 기반한 것이라고 주장한다(p. 160). 벨과 발렌타인(Bell and Valentine, 1995)이 주장한 바와 같이 촌락 사회에서 젠더와 섹슈얼리티에 대한 재현은 강한 도덕적 코드를 따르는데 그로 인해 '촌락성은 "단순한 삶," 다시 말해 지배적인 섹슈얼리티(교회에서의 결혼, 일부일처제, 이성애)와 결합된다'(p. 115). 이와 같이 촌락 경제에서 도덕적 코드에 대한 역사적 기원은 촌락 사회 내에서 파트너를 찾는 의식을 구조화시키며, 가족

그림 17.2 아일랜드 리스둔바르나의 촌락 공동체에서 결혼 상대를 찾기 위한 연례 축제가 개최되는 곳의 모습
출처 : Woods, 개인 소장

농장의 핵심적인 요소를 영속화시켜야 한다는 사고를 수반한다. 이를 용이하게 하기 위해, 그리고 촌락 생활의 고립성을 극복하기 위해 일부 촌락 지역에서는 주민들을 위한 이벤트를 발전시켰는데 아일랜드 서부의 리스둔바르나(Lisdoonvarna)의 결혼 상대를 찾기 위한 축제(그림 17.2)와 뉴질랜드 미들마치(Middlemarch)의 주민들을 위한 무도회가 그 예이다(Little, 2003).

촌락 사회에서 이성애적 가치가 갖는 절대적인 힘은 동성애에 대한 강한 편견을 가져왔다. 펠로우즈(Fellows, 1996)가 미국 중서부의 촌락에 대해 묘사한 바와 같이 동성애는 촌락의 삶과는 관련성이 없는, 도시의 비정상적인 현상으로 여겨졌다(p. 18; Bell, 2000 참조). 크래이머(Kramer, 1995)는 노스다코타 주의 외떨어진 곳에 위치한 촌락인 미노트(Minot, 인구 3만 4,000명)의 게이와 레즈비언에 대한 연구에서 유사한 내용을 언급한다. 크래이머는 고소도로 휴게소, 공원, 고가 철교와 같은 동성애자 파트너를 만날 수 있는 은밀한 장소들을 포함하여, 동성애자 정체성을 드러내 파트너를 만나기 위해 동원된 비밀스러운 전략들에 대해 상세하게 기술한다. 위에서 언급한 장소들을 이용하는 것은 위험을 수반하는 것이므로 게이와 레즈비언에게 선호되는 전략은 주기적으로 대도시를 방문하는 것이다. 1979년에는 동성애자 단체와 성인용 서점을 설립하여 읍 내에서 게이 공동체가 훨씬 공적인 대상으로 생활할 수 있는 환경을 조성하기 위한 시도가 이루어졌다. 이 동성애자 단체는 대중의 반대와 협박으로 1년도 되지 못해 해체되었다. 성인용 서점은 오랫동안 운영되어 게이에 관한 문헌과 미디어 상품을 제공했다. 그러나 미노트의 전체 주민들에게 동성애에 대한 잘못된 정보가 계속 제공되었는데 이에 대해 크래이머는 다음과 같이 기술한다.

> 미노트에서 만난 많은 남성들은 게이를 정확하게 인식하고 있지 못했다. 게이 남성을 여성적인 것으로, 혹은 대도시에 거주하는, 이성의 복장을 하는 복장 도착자로서(지역의 언론 매체가 게이 축제에 대해 보도하면서 만들어진 이미지), 혹은 미성년 남학생들을 파트너로 삼거나 비도덕적이고, 일탈적인 것으로 잘못 이해하고 있었다(Kramer, 1995, p. 210).

크래이머는 동성애적인 행동과 동성애 정체성을 구분 짓는 것이 촌락의 동성애 섹슈얼리티의 두드러진 특징이라고 언급한다. 물론 주류 사회가 동성애를 받아들이는 것에 대해 반대하고 있다. 그러나 이는 또한 촌락의 전통적인 섹슈얼리티 관습에 대해 청년들이 동성애와 이성애의 행태를 통해 이의를 제기하도록 허용하는 실험적인 문화를 형성하도록 만든다. 여기에는 명백한 게이와 레즈비언 행위뿐만 아니라 패션을 통한 생각의 표출과 난잡한 이성애적 행동까지도 포함된다.

도시로 이주하는 사람들과 촌락에 남아 있는 사람들

촌락 청년들은 촌락의 생활 편의시설 부족과 촌락 공동체의 편협성을 비판하지만 실제로는 자신들의 고향에 계속 거주하기를 원한다. 그러나 실제 이들이 지속적으로 거주할 수 있는 기회는 제한적이다. 고등교육을 받기 위해서는 촌락 공동체를 떠나 도시에서 대학을 다녀야 하며, 촌락에서 대학을 졸업하고 얻을 수 있는 일자리가 부족하므로 대학교육을 받기 위해 고향을 떠난 사람들은 다시 돌아올 수 있는 기회를 얻기 어렵다. 고등교육을 받을 경우에는 전국적인 노동 시장에 진입할 수 있지만 촌락에 계속해서 거주하는 청년들이 지역 노동 시장에서 얻는 일자리는 경력을 개발할 전망이 거의 없이 낮은 임금에 안정적이지 않은 경우로 제한된다(Rugg and Jones, 1999). 적당한 가격대의 주택을 얻는 것 역시 촌락의 청년들에게는 어려운 일이며, 청년층으로 하여금 역외로 이주하는 것을 촉진하는 '배출' 요인이 된다.

나이 라오아르(Ni Laoire, 2001)는 아일랜드의 촌락에 대한 연구에서 청년들이 타지로 이주하는 것과 촌락에 그대로 거주하는 것에 대해 각각 긍정적인 생각과 부정적인 생각을 가지고 있다고 언급하였다. 역외로 이주하는 것은 영웅주의 및 자유와 연관되지만 '뒤에 남는 사람들'에게는 오명이 붙는다. 여성들이 남성들보다 촌락으로부터 도시로 이주하는 경향이 크지만 촌락에 남는 것에 대한 평가 절하는 촌락의 남성성을 재생산하고, 잠재적으로는 우울증, 정신병, 자살의 가능성을 높인다(Ni Laoire, 2001). 하제즈와 다우(Hajesz and Dawe, 1997)는 뉴펀들랜드와 래브라도에 대한 연구에서 촌락을 벗어나 도시로 이주하는 사람들은 영리하고 촌락에 남는 사람들은 '패배자'라고 인식하는 경향이 있으며, 이것이 청년들의 이주 결정에 영향을 준다는 사실을 제시하였다. 그러나 하제즈와 다우는 청년들 가운데 2/3 이상이 촌락을 떠날 것을 고려하지만 대부분의 청년들이 특별한 제한이 없으면 촌락에 머무르는 것을 선호한다는 것과 촌락을 떠난 사람들도 고향에 주택을 갖고 후에 다시 촌락으로 돌아온다는 사실도 언급하였다.

촌락의 노년층

촌락 인구는 고령화되고 있다. 미국에서 1980년 대도시권에 속하지 않는 카운티 인구의 13%가 65세 이상이었으나 2001년에는 20%로 증가하였다(Laws and Harper, 1992; ERS, 2002). 선진국에서 유사한 경향이 뚜렷하게 나타나고 있다(제6장 참조). 촌락 인구의 고령화는 다수의 독립적이지만 유사한 프로세스의 산물이다. 첫째, 촌락 인구의 가족 구조가 변화하였다. 농업이 한때 대가족 제도와 연관성이 있었지만 촌락 인구의 감소와 가족 노동에 덜 의존하게 만든 농업의 현대화로 가족 규모가 축소되고 촌락 공동체 내에서 노년층이 증가하였다(Laws and Harper, 1992). 둘째, 청년층의 역외 이주로 촌락에서의 노년층은 국가 전체의 중위 연령과 비교할 때 더 고령화된 것으로 나타난다(Laws and Harper, 1992). 셋째, 촌락의 노년층은 일부 지역의 경우 은퇴 후 다시 촌락으로 이주해 오면서 증가하였다. 이와 같은 과정은 촌락의 노년층이 공간적으로 불균등하게 분포하도록 만들었는데, 특히 노년층은 특정 촌락 지역에 집중되어 있다. 이들 지역은 강한 농업적 전통이 남아 있고 역외로의 이주가 심각하며 경제적으로 낙후된 곳으로 외진 곳에 입지해 있지만 해안가와 같이 은퇴 후의 거주지로는 매력적인 곳이다(Laws and Harper, 1992).

　　로우즈와 하퍼(Laws and Harper, 1992)는 보건, 소득, 서비스에 대한 접근성과 같은 지표에 대해 촌락의 노년층이 혜택을 받지 못해 왔다고 언급한다(p. 102). 그러나 이와 같은 일반화는 촌락의 노년 인구 내에서 계층화의 정도를 과소평가하는 것이다. 빈곤은 촌락 지역에서 많은 노령자들, 특히 소액의 연금에 의존하는 경우에 큰 문제가 된다. 노령자들은 촌락의 다른 연령대 인구보다도 빈곤층에 속하는 비율이 높고, 도시 노령자보다도 촌락의 노령자들이 더 빈곤을 겪을 가능성이 크다. 그러나 촌락 공동체에서도 상대적으로 부유한 은퇴자가 많으며, 이들은 젠트리피케이션과 계층의 재구조화를 발생시킨다(제6장 참조). 또한 촌락의 노년층이 활용할 수 있는 자산에 따라 라이프스타일도 달라진다. 노령자로 촌락에서 살아가는 것은 자동차를 운전할 수 있고, 의료 보험료, 가사 도우미 비용, 정원 관리 비용, 물건 운반 비용 등을 지불할 여유가 있다면 상당히 쉽다. 그러나 대다수의 노령자들은 나이가 들어 가면서 독립적인 상태로부터 타인에게 의존적인 상태로 변화한다.

촌락 지역의 물리적 환경도 독립성의 상실을 문제로 만들지만 찰머스와 조셉(Chalmers and Joseph, 1998)이 뉴질랜드에 대한 연구에서 논의한 바와 같이 촌락의 재구조화가 이루어지면서 어려움이 더욱 가중되었다. 이는 두 가지 면에서 매우 뚜렷하다. 첫째, 노령자들의 제한적인 이동성으로 인해 촌락에서의 서비스 합리화 정책은 긴장을 불러일으킨다. 갠트와 스미스(Gant and Smith, 1991)는 잉글랜드의 코츠월즈에 대한 연구에서 건강 상태가 좋은 '독립적인' 노령자의 월간 지리적 이동성과 심각한 장애를 가진 가족이 1명 이상인 가구 사이에 상당한 차이가 있다는 것을 발견하였다. '독립적인' 노령자들은 식료품점, 약국, 우체국, 병원 등을 가기 위해 인근의 여러 읍들로 상당히 멀리 그리고 자주 이동하였다. 반면에 타인에 '의존적인' 노령자들은 거주하는 마을 내로 이동성이 제한되었고 가끔씩 주변 읍들에 위치한 편의시설을 방문하였다. 규모가 작은 마을과 읍에서 상점, 우체국, 은행, 그리고 기타 기본적인 서비스의 공급이 감소(제7장 참고)하면서 촌락에서 가장 독립적이지 못한 노령자들의 경우 어려움이 가중된다. 찰머스와 조셉(Chalmers and Joseph, 1998)이 인터뷰한 뉴질랜드 촌락의 노령자들은 경영 합리화 전략에 따라 지역의 상점을 폐쇄한 기업들과 정부 기관들에 대해 분노를 나타냈다.

> 뉴질랜드 은행에 대해서는 아주 화가 나요. 은행이 이곳에서 문을 닫아 우리 가족은 가지고 있던 5개의 은행계좌를 모두 없앴지요. 우체국이 문을 닫았을 때, 그리고 마타마타 카운티 위원회가 사라졌을 때도 기분이 좋지 않았습니다.

> 티라우에서 서비스 업체들이 사라지면서 이곳에서 사는 것은 노인들에게 더 이상 매력적이지 않아요.

(뉴질랜드의 촌락 주민, Chalmers and Joseph, 1998, p. 162에서 인용)

둘째, 사회적 재구조화가 발생하면서 노령자들과 공동체와의 연계가 끊어진다. 로울스(Rowles, 1983, 1988)는 애팔래치아의 촌락에서 조사한 노령자들이 점차 의존적으로 변하면서 이웃으로부터의 도움을 얻기 위해 공동체 내에서 자신들의 과거 삶의 여정에서 쌓아 온 '사회적 신용'에 기댈 수 있다고 주장하였다. 그러나 다수의 노령자들이 사회적 신용을 쌓은 공동체는 실질적으로 쇠퇴해 왔다. 인구의 재구조화, 촌락에서의 서비스 중단, 가족의 분절화, 증가된 이동성, 친구와 이웃의 불가피한 사망으로 이들이 참여한 공동체 네트워크가 현재는 더 이상 존재하지 않는다. 노령자들은 공동체 내에서 사람들을 거의 알지 못하고, 새로운 촌락에서의 삶의 패턴을 이해하기 어렵다고 느낄 수 있다. 이와 같은 이탈감은 존스(Jones, 1993)가 웨일즈 중부의 촌락에서 노령자들에 대해 기술한 것에 포함되어 있다.

> 오랫동안 집들이 비어 있었는데 사람들이 이곳에 들어와 사는 것을 보니 좋아요. 사람들이 일자리를 얻으려고 타지로 이주해 나가면서 많은 집들이 버려져 있었지요. 창문에 불이 켜져 있고 굴뚝에서 다시 연기가 피어오르는 것을 보는 것도 좋아요. 모든 사람들이 자동차를 가지고 있어서 교통은 문제가 아닙니다. 하지만 버스가 금요일에만 다녀 차가 없으면 문제가 돼요. 모든 사람들이 차를 소유하기 전까지 매일 버스가 다녔지요. 버스는 일주일에 세 번, 다음에는 일주일에 한 번 운행했어요. 이제 읍을 오고 가는 버스는 없습니다. 매주 월요일에는 장이 서는 날이어서 디스카운트된 '마켓 데이(Market Day)' 기차표가 있었어요. 그래서 많은 사람들이 같이 가서 물건을 팔고 샀지요. 이제 모든 사람들이 차를 가지고 있기 때문에 금요일 버스는 저와 다니엘 부인밖에 타지 않아요(웨일즈 노년 여성, Jones, 1993, p. 24에서 인용).

이와 같이 촌락에 거주하는 노령자들의 경험은 공간적이며 동시에 시간적인 차원을 가지고 있다. 이들의 라이프스타일과 제약은 부분적으로는 촌락이 가지고 있는 성격과 함께 규모가 큰 취락들과의 비교를 통해 기술되고 이해될 수 있다. 그러나 촌락에서 일정 기간 동안 혹은 전 생애에 걸쳐 거주한 사람들에게는 현재 촌락에서의 삶에 대한 경험이 장기간에 걸쳐 발생한 촌락의 변화와 과거의 삶에 대한 기억을 통해서도 이해된다.

요약

촌락에 거주하는 아동, 청년, 노령자의 경험은 모두 촌락이 가지고 있는 조건들에 의해 형성되는 것이다. 서비스에 대한 접근성, 형편없는 대중교통 서비스, 타인에 대한 의존성 등은 연령과 관계없이 똑같이 공유되는 것이다. 이와 대조적으로 변화에 대항하여 노령자들이 가지고 있는 촌락 공동체의 가치들은 젊은이들이 억압적이고 질식할 것 같다고 여겨지는 가치들이다. 청년층과 노년층 모두는 촌락 생활의 압박, 특히 촌락 재구조화의 압력을 견뎌 내기 위한 전략을 동원한다. 이를 통해 청년층과 노년층 모두 촌락에서 자신들만의 고유한 경험을 만들어 내는데, 이는 촌락 연구의 두드러진 관심사가 되었던 노동 연령 인구의 경험과는 매우 다른 것이다.

더 읽을거리

최근 몇 년간 농촌 지역의 아동과 청년들에 대한 다수의 논문과 학술서가 발표되었다. 2002년 'Young Rural Lives'라는 주제하에 *Journal of Rural Studies*, volume 18, number 2에 특집호로 관련 논문들이 게재되었다. 이 외의 주요 문헌은 다음과 같다. Glendinning et al., 'Rural communities and well-being: a good place to grow up?,' *Sociological Review*, volume 51, pages 129-156 (2003), Sarah Holloway and Gill Valentine (eds), *Children's Geographies: Playing, Living, Learning* (Routledge, 2000)에 실린 Owain Jones, 'Melting geography: purity, disorder, childhood and space,' Hugh Matthews et al., 'Growing up in the countryside: children and the rural idyll,' *Journal of Rural Studies*, volume 16, pages 141-153 (2000), Ruth Panelli et al., '"We make our own fun": reading the politics of youth with(in) "community",' *Sociologia Ruralis*, volume 42, pages, 106-130 (2002), Gill Valentine, 'A safe place to grow up? Parenting, perceptions of children's safety and the rural idyll,' *Journal of Rural Studies*, volume 13, pages, 137-148 (1997) 등이 포함된다. 촌락에서의 젠더 정체성 및 섹슈얼리티와 관련된 이슈들은 Joe Little, *Gender and Rural Geography*, 그리고 2000년 촌락의 남성성에 대한 *Journal of Rural Sociology*의 특집호 (volume 65, number 4)에 상세하게 기술되어 있다. 촌락의 노년층에 관해서는 많은 연구가 이루어지지 않았지만 뉴질랜드 티라우(Tirau) 촌락의 노인들에 대한 연구를 통해 이루어진 경험적 논의가 Lex Chalmers and Alan Joseph, 'Rural change and the elderly in rural places: commentaries from New Zealand', *Journal of Rural Studies*, volume 14, pages 155-166 (1998)에 제시되어 있다.

웹사이트

촌락의 젊은이들에게 자신들의 경험을 얘기할 수 있는 기회를 제공할 뿐만 아니라 이들을 지원하는 단체들과 관련된 다수의 웹사이트를 찾아볼 수 있다. 촌락 기업에서 근무하는 청년들의 단체인 오스트레일리아 촌락청년네트워크(Young Australians Rural Network)의 웹사이트(www.yarn.gov.au), 오스트레일리아의 촌락 청년을 대상으로 하는 라디오 프로그램 헤이와이어(Heywire)의 웹사이트(www.abc.net.au/heywire/default.htm), 잉글랜드 서부 촌락에서 13~19세 청소년들을 돕자는 운동인 농촌청년들의 목소리(Rural Youth Voice) 웹사이트(www.ruralyouthvoice.org.uk), 캐나다의 전국촌락청년네트워크위원회(National Rural Youth Network Council)의 웹사이트(realm.net/rural)를 참고할 수 있다. 미국 농촌에서 게이, 레즈비언, 양성애자 청년들이 직접 토로한 내용들은 유스 리소스(Youth Resource)의 웹사이트(www.youthresource.com/our_lives/rural.index.cfm)를 통해 확인할 수 있다.

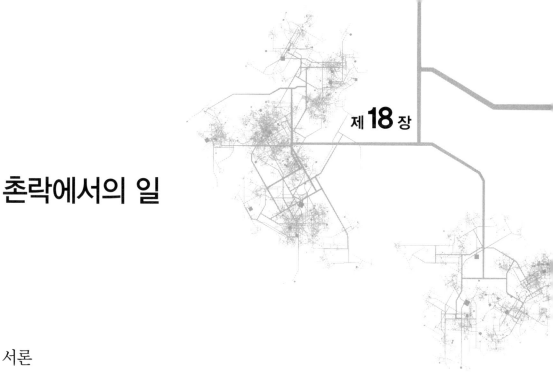

제 18 장

촌락에서의 일

서론

촌락 경제의 재구조화는 촌락 주민들이 종사하는 경제 부문을 변화시켰을 뿐만 아니라, 촌락에서의 일 그 자체의 성격을 바꾸어 놓았다. 농업, 임업, 광업 등 전통적인 촌락 산업에서의 고용이 감소하고 서비스 부문에서의 고용이 증가함에 따라, 촌락 노동력의 필요 조건 또한 새롭게 정의되어 왔다. 이 장에서는 지난 1세기 동안 촌락 고용의 변동과 그에 따른 노동 경험의 변화에 대해 살펴본다. 우선 촌락 노동력의 재구조화 과정을 살펴본 후, 촌락 지역에서의 취업 경험, 촌락 노동 시장에서의 젠더 관계의 역동성, 이주노동자의 경험, 통근의 중요성과 경험에 대해 차례로 살펴본다.

전통적인 촌락 고용 모델은 하워드 뉴비(Howard Newby)의 동부 잉글랜드 농장 노동자들에 관한 연구서인 『순종적 노동자(The Deferential Worker, 1977)』에 잘 나타나 있다. 이 책에서 뉴비는 고용주와 노동자 사이의 온정주의적이고 특수주의적인 관계에 의해 구조화된 고용 형태를 세밀하게 기술하였다. 대부분의 농장 노동자들은 하나의 직업을 일생 동안 유지하는 경향이 있었고, 고용주의 집에 기숙하는 경우가 많았으며, 상당수가 자신이 태어난 또는 인접한 커뮤니티에서 일하는 경향을 보였다. 일은 매우 고된 육체노동이었고, 대부분 날씨에 상관없이 밖에서 이루어지는 작업들이었다. 그런 일은 어떤 공식적 자격증이나 훈련을 필요로 하지 않았으며, 단지 일을 하면서 습득하게 되는 요령이나 촌락 커뮤니티에서 세대를 거쳐 전승되는 특수한 지식과 관계된 것들이었다. 현대 기준으로 본다면 촌락에서의 일은 고숙련 노동은 아니었으며, 안정적이고 반복적인 일이되 농업 기반의 사회에서 가치롭다고 여겨지는 것들이었다.

20세기 들어 농업의 현대화는 농장 노동자의 역할을 변화시켰다(제4장 참조). 영국의 경우 1940년대에 80만 명에 달하던 농장 노동자들이 1990년대에는 30만 명으로 줄어들었다(Clark, 1991). 1931년에는 농장 노동자들이 농부 1인당 3명 정도였지만, 1987년에 그 비율은 1.1 : 1이 되었다. 또한 기계화의 영향으로 현재의 농장 노동자들이 담당하는 일의 성격도 보다 높은 숙련도를 필요로 하는 것들로 변하였다. 이러한 일은 공식적인 훈련 과정을 거치게 되어 있고, 같은 업무를 담당하고 있을지라도 숙련도가 높은 노동자는 보다 많은 임금을 받는다(Clark, 1991). 또한 보다 많은 농업 노동자들이 일시적 고용 상태로 일하고 있는데, 이들은 수많은 개별 농장에서 임시적 또는 계절별 활동에 맞게 일하고 있다. 한편 기업적 농장의 확대도 촌락 고용에 영향을 미치는데, 1972~1977년 사이 잉글랜드와 웨일즈의 경우에는 기업적 농장 노동자들이 전체 촌락 임금 노동자들의 61% 가량을 차지하기도 했다(Clark, 1991).

농업 이외에 촌락에서 가장 큰 고용을 차지하고 있는 서비스 부문의 성장은 촌락 노동에 양극화를 야기했다. 한편으로는, 촌락으로의 서비스 업체의 본사와 첨단 기업의 이전이나 촌락에서의 공공부문의 확대로 인해 관리직, 전문직, 고숙련 기술직의 고용이 증가했다. 그러나 이러한 일자리에 대한 고용은 지역적 또는 국가적 수준의 노동 시장에서 이루어질 뿐만 아니라, 촌락 인구에 대해 고용을 창출하기보다는 도시로부터의 중산층의 이주와 관련되어 있는 경우가 많다. 또 다른 한편으로는 관광업, 요식업, 소매업, 콜센터 부문의 고용과 공공 서비스 부문의 최하위 직원들은 숙련도와 임금 수준이 낮거나, 안정적이지 못하거나, 일시적 · 계절적 노동인 경우가 많다. 2000년 미국의 경우 전체 고용 인구의 36%가 저숙련 노동에 종사했던 것에 비해 농촌에서는 저숙련 노동의 비율이 42%로 훨씬 높았지만, 고숙련 노동과 저숙련 노동의 비율 격차는 최근 들어 상당히 낮아지는 경향을 띤다. 연구자들에 따르면 이러한 추세는 촌락 고용이 제조업 중심에서 서비스업 중심으로 이행했기 때문이지만, 서비스 부문 내에서 저숙련 직종 일자리가 보다 많이 창출되기 때문에 이러한 격차는 약간 상쇄된다(Gibbs and Kusmin, 2003).

현대 촌락 노동의 또 다른 특징은 고용이 소기업에 집중되어 있다는 점이다. 국가적으로 차이는 있지만, 일반적으로 촌락 지역의 경우 50%가량의 노동자들이 20명 미만 사업장에서 일하고 있는데, 도시 지역에서는 이러한 고용 비중이 1/3 정도에 지나지 않는다(표 18.1). 통계 자료를 보면 스칸디나비아의 경우에도 1980년대 중반부터 1990년대 중반 동안 소규모 사업장으로의 고용 집중 현상이 뚜렷이 나타난다(Foss, 1997). 이와 유사하게, 촌락 지역은 도시 지역에 비해 자영업자의 비중이 보다 높고, 자영업과 임금 노동이 혼합된 형태와 같이 한 명이 두 군데 이상의 시간제 및 저임금 직종에 종사하는 경우도

표 18.1 기업(조직) 규모별 고용자 비중(%)

	규모별 고용자 비중				
	1~9	10~19	20~49	50~99	100+
노르웨이					
촌락 지역	40	13	15	11	21
도시 지역	27	12	15	12	34
핀란드					
촌락 지역	39	14	17	8	22
도시 지역	18	11	16	12	43
스위스					
촌락 지역	34	16	19	12	18
도시 지역	22	12	16	12	38
영국					
촌락 지역	25	20	17	12	27
도시 지역	17	14	13	13	44

출처: Foss, 1997

도시 지역에 비해 많은 편이다.

촌락 지역에서의 취업

촌락 지역에서의 고용 기회는 촌락 상황의 영향을 받을 뿐만 아니라, 경제 구조, 산업화의 역사, 인구학적 특징 등 지역적·국지적 요인에 의해서도 영향을 받는다. 따라서 도시 지역과 비교할 때 촌락 지역에서의 고용과 실업에는 어떤 일관된 패턴이 나타나지 않는다. 영국, 벨기에, 일본과 같은 많은 국가들의 경우 촌락 지역에서의 실업률은 도시 지역에 비해 훨씬 낮지만, 캐나다, 이탈리아, 뉴질랜드와 같은 국가의 경우 촌락 실업률은 도시에 비해 더 높다(von Meyer, 1997). 그러나 두 경우 모두 촌락에서 일자리를 구하는 데에는 많은 공통적 어려움에 직면하는데, 이는 대체로 촌락 환경과 사회의 구조적 특징에서 기인한다.

잉글랜드와 웨일스의 3개의 촌락 지역—잉글랜드 서퍽(Suffolk)에 위치한 도시 주변부의 한 촌락과 링컨셔(Lincolnshire)에 위치한 한 고립적 촌락(Hodge et al., 2002; Monk et al., 1999) 그리고 중부 웨일스에 위치한 4개의 외딴 촌락 마을(Cloke et al., 1997) 등—에 대한 연구에서는 주민들이 임금 노동에 참여하기 위해 경험하는 많은 장벽들을 조사한 바 있다. 첫째, 촌락 지역에서는 전통적으로 커뮤니티가 조밀한 인간관계로 구성되어 있고 작업장 규모도 작기 때문에 고용주들은 대체로 비공식적 네트워크를 통해서 직원을 구하는 경향을 보였다. 중부 웨일즈 촌락의 경우 1/5가량의 노동자들이 친구의 추천이나 개인의 직접적인 탐문에 의해 일자리를 구했으며, 이는 링컨셔의 경우에도 유사하게 나타났다.

> 링컨셔에서는 입소문으로 도는 이야기들이 정말 많아요. 많은 업체들이 구인 광고를 내지 않죠. 저의 경우에 그 업체의 일자리를 구할 때 광고를 보고 간 기억은 없어요. 그냥 주변에서 전해 들은 업체를 직접 찾아가서 일자리를 구한다고 말을 하고 신청서를 넣고 기다렸던 것이죠. 제가 지금 일하고 있는 이곳도 입소문으로 구한 경우였어요(남성, 잉글랜드, Monk et al., 1999, p. 25에서 재인용).

> 음, 글쎄요, 뭐랄까 일자리는 그냥 툭 생겨나는 것 같아요. 술집에서나 아니면 주변에 누군가가 일자리가 있다고 말해 줍니다. 제가 일자리를 구하는 유일한 방법이죠(남성, 잉글랜드, Monk et al., 1999, p. 25에서 재인용).

이러한 비공식적 고용 성립은 '이미 알고 있는' 지역 주민들 사이에서만 가능하기 때문에 새로운 전입자들이 일자리를 구하는 것이 훨씬 어려울 수밖에 없다.

둘째, 교통 접근성 또한 구직의 주요 장벽이다. 많은 촌락 지역의 경우 고용 기회가 지극히 제한되어 있기 때문에 주민들은 일자리를 구하기 위해 주변의 다른 마을이나 도시 인근 지역을 찾아갈 수밖에 없다. 이런 까닭에 대중교통을 이용하는 주민들은 고용 선택의 기회가 지극히 제한되어 있다. 이러한 문제는 개인에 따라 지속적으로 재생산되는 경우가 많은데, 일자리를 구하지 못했기 때문에 자가용을 구입할 수 없는 사람들은 자가용이 없기 때문에 일자리를 구하지 못하는 경우가 많다.

> 몇 군데 면접을 보기는 했죠. 한 곳이 식품가공 공장이었는데, 업체 쪽에서는 제가 자가용 없이 버스로 출근하는 것이 공장 일과표와 잘 맞지 않는다고 문제 삼았어요. 버스가 제 유일한 교통수단이었는데 말이죠. 다른 공장에서도 마찬가지였어요. 업체 쪽에서는 제가 버스가 아니라 좀 더 안정적으로 출퇴근할 수 있는 교통수단을 마련하기를 바라는 것 같아요(여성, 잉글랜드, Monk et al., 1999, pp. 26-27에서 재인용).

> 결국 저는 일종의 '캐치-22(catch-22)[1]'와 비슷한 진퇴양난에 놓이게 된 것이죠. 저는

---

1) 편집자 주 : 조지프 헬러의 소설 제목으로, 부조리한 유머를 통해 음울한 현실을 이야기한다. 소설 속에서의

일자리를 구하지 못했기 때문에 자가용이 없는데, 자가용을 구하기 전까지는 일자리를 구
할 수 없는 상황에 놓인 것 같아요(남성, 잉글랜드, Monk et al., 1999, p. 27에서 재인용).

셋째, 결과적으로 많은 촌락 지역의 일자리의 임금 수준이 낮기 때문에 촌락 주민들이
노동 시장에 참여하는 데 소요되는 비용은 지극히 제한되어 있다. 링컨셔, 서퍽, 중부 웨
일즈 3개 지역에 대한 연구의 경우, 남성 노동자들의 임금은 전체 국가 평균의 77~84%
에 지나지 않았다(Cloke et al., 1997; Monk et al., 1999). 링컨셔의 정규직 노동자들의
경우 소득세를 제하면 집에 가져가는 급료가 1주일에 150파운드에도 미치지 못했다. 이
금액에는 이들의 출퇴근 비용, (도시 지역에 비해 훨씬 적은) 주거 비용, 그리고 많은 경우
육아 비용까지도 모두 포함된 것이었다. 몽크 등(Monk et al., 1999)에 따르면, 이처럼
원거리에 위치한 고숙련 직종의 일자리가 좀 더 많은 임금을 제공하더라도 노동자들에게
는 그만큼 교통 비용이 늘어나기 때문에 결과적으로 촌락 주민들은 자신의 거주지 인근
에서 저숙련, 저임금 일자리를 구할 수밖에 없었다.

넷째, 이러한 다양한 제한 요인들을 고려할 때 많은 촌락 주민들은 자신의 능력이나 자
격에 부합하는 일자리를 거의 찾을 수가 없다. 이는 이른바 자격과잉(over-qualifi-
cation)의 문제인데, 가령 촌락 지역의 경우 대졸자들에게 적합한 일자리가 없거나 도시
에서 배운 사무직 기술을 활용할 수 있는 일자리가 적은 경우가 이에 해당된다. 또한 농
업과 같이 전통적인 촌락에서 습득한 기술을 다른 경제 부문에 이전시켜 사용할 수 있는
기회도 마찬가지로 제한되어 있다.

저는 여기에서 제가 할 수 있는 게 지극히 제한적인 것 같아요. 예전에는 주로 농장이나
정원에서 일을 했는데, 지금은 어떤 일자리를 찾으려고 하면 그에 맞는 자격을 갖추어야
만 해요. 다른 일자리를 찾아보았지만 제가 할 수 있는 것이라곤 정원사가 고작입니다(남
성, 잉글랜드, Monk et al., 1999, p. 24에서 재인용).

따라서 실업 문제가 크게 대두되지 않은 촌락 지역에서도 많은 촌락 주민들은 자신의
기능이나 역량에 부합하는 일자리를 구하는 것이 지극히 제한되어 있다. 이 결과 촌락에
서의 고용은 크게 두 가지로 이원화되어 왔다. 첫째는 일정한 실업 기간을 동반할 수밖
에 없는 단기적, 일시적, 계절적 고용이다. 가령 루커(Looker, 1997)의 연구에 따르면,

사용으로 인해 영어에서 진퇴양난의 상황을 가리키는 표현으로 자리 잡았다.

표 18.2 캐나다에서 촌락 및 도시 청년층의 노동 경험(%)

	촌락 거주 응답자	도시 거주 응답자
실업보험 지급을 받은 적이 있음	50	23
계절에 따른 일시적 노동과 실업 보험 지급을 선호함	18	5
정부 지원을 받은 적이 있음	20	15
정규직에 종사한 적이 있음	68	74
직장을 그만둔 적이 있음	32	46
창업을 시작한 적이 있음	3	3

출처 : Looker, 1997

캐나다 촌락 지역을 대상으로 조사된 많은 청년층들은 도시 지역에 비해 실업보험 수당을 청구한 경험이 훨씬 많았다(표 18.2). 둘째는 같은 직종의 일자리에 장기 고용되는 경우인데, 이는 개인의 선택에 의해서라기보다는 다른 대안이 없기 때문에 나타나는 고용이다. 농장 노동과 같은 전통적인 직종의 노동자들은 고용주의 농장에 기숙하는 경우가 많기 때문에 대안적인 고용 기회를 찾을 수 있는 능력은 훨씬 더 제한되어 있다(Monk et al., 1999).

젠더와 촌락 고용

촌락에서의 고용에서 나타난 가장 뚜렷한 변화 중 하나는 노동력에 있어서 성비의 변동이다. 도시에 비해 촌락에서 여성 노동력의 경제 참가율은 여전히 낮지만, 20세기 후반 이후 임금 노동에서 차지하는 촌락 여성의 비중은 엄청나게 증가했다(Little, 1997; von Meyer, 1997). 부분적으로 이러한 변화는 농업 커뮤니티 내에서 젠더와 고용에 대한 태도가 변화했음을 반영한다. 역사적으로 여성들은 농업에 직접적으로 종사해 왔지만, 19세기 말과 20세기 초반에 들어 젠더 역할이 새롭게 구성되면서 농업은 남성의 일로 구별되는 반면, 촌락 여성은 가사 노동을 책임지는 것으로 변화했다(Hunter and Riney-Kehrberg, 2002). 이러한 젠더 역할의 변화로 인해 여성이 촌락 경제에서 담당해 온 역할과 기능을 평가절하하였다. 리틀은 다음과 같이 지적한다.

> 농부의 아내는 거의 언제나 농가의 모든 (아니면 거의 대부분의) 가사 노동을 책임져 왔다. 이들은 요리, 세탁, 장 보기, 육아 등 가사 관련 일을 책임져 왔고, 이러한 노동은 이들이 일상적으로 또는 필요에 따라 농업에서 어떤 일을 담당하는가와 관계없이 반드시 수행해야 하는 임무로 부여 받았다(Little, 2002, p. 105).

가구 내외에서의 노역이나 수작업이 많이 필요한 일은 이 외에 촌락 여성들이 농가에서 담당했던 '기타' 노동이었다. 남부 잉글랜드에 대한 한 연구에 따르면, 농가 여성의 85%가 잔심부름이나 잡일을 담당하고 있었고, 70%가 농가가 필요로 하는 수작업을 하였으며, 6%가 가계부 쓰기나 장부 정리 등을 책임지고 있었다(Whatmore, 1991). 이 연구에서 조사된 여성의 1/3 이상이 농가가 필요로 하는 수작업을 전담하고 있었다. 한편 최근 스칸디나비아에 대한 사례 연구에 따르면, 이 지역의 많은 촌락 여성들은 농업 전반에 깊숙이 개입하면서 자신들 스스로 독립적인 농부로 자리매김함으로써 기존의 젠더적 편견에 도전하고 있다(Silvasti, 2003).

또한 여성들은 농가 내부와 외부 노동 모두에 다양하게 관여하면서 농업 재구조화에 대한 적응 전략의 최전선에 위치하고 있다. 농가 내부에서 많은 여성들은 농장 상점, 농장 펜션, 수공예품 제작, 교육 활동 등과 같은 새로운 돌파구 모색을 책임져 왔다(Gasson and Winter, 1992; Little, 2002). 한편 재구조화의 결과 농업 생산에 의한 가구 소득이 크게 감소했기 때문에 농가 외부에서 여성들이 다양한 직종에서 전일제 또는 시간제 노동으로 벌어들인 소득은 촌락 가구의 재정에 큰 보탬이 되었다(Kelly and Shortall, 2002). 캐나다의 경우 이미 1970년대 초반에 농업 인구 중 여성의 임금 노동 참가율은 국가 평균을 상회하였고, 현재는 60%에 달하고 있다(Dion and Welsh, 1992). 매니토바 주에 대한 또 다른 사례 연구에서는, 1992년 당시 농부 아내의 55%가 농업 이외의 일자리에 고용되어 있었다. 여성들의 농가 외 소득은 재정적인 도움을 주었을 뿐만 아니라, 여성들에게 농가일로부터 독립된 정체성과 역할을 갖게 함으로써 전통적인 젠더 관계에 도전할 수 있게 했다(Kelly and Shortall, 2002). 그러나 농가에서 일하는 많은 여성은 여전히 가사 노동을 책임질 것을 요구 받고 있기 때문에, 이러한 변화가 농가 내부 및 외부 고용 모두에 있어서 여성들이 해야 할 일을 가중시킨다는 점을 부인할 수는 없다.

이와 동시에, 촌락의 경제 부문 확대에 따라 등장한 새로운 일자리는 상당 부분 여성들에 의해 채워지게 되었다. 예를 들어, 관광 부문의 여성 고용은 도시 지역보다 촌락 지역에서 훨씬 더 높으며, 1990년 당시 영국·캐나다·독일의 경우 촌락 관광 일자리의 50% 이상에서 여성들이 고용되었다(Bontron and Lasnier, 1997). 전반적으로 볼 때 여성들이 고용된 직종은 다양한 범위에 걸쳐 있는데, 교육 및 보건 부문과 같은 전문직에서부터 경리직, 제조업 조립 라인, 청소, 보육 등에 이른다(Little, 1997). 어떤 지역의 경우, 농촌 개발 당국은 여성들을 위한 고용 기회 창출을 위한 특별한 전략들을 내놓기도 했지만(Little, 1991), 리틀(Little, 2002)이 지적하는 바와 같이 대부분의 농촌 개발 전략은 노동 시장에 있어서 여성의 참여라는 문제에 거의 주의를 기울이지 않는다. 이에 따라, 촌락 지역에서 여성 고용의 신장은 공급에 의해서라기보다는 수요에 의해 추동된 바가 많다. 촌락 여성들은 젠더적 편견을 깨고 독립적인 소득을 확보하려는 강한 욕구를 가지고 있다. 특히 새롭게 촌락으로 전입한 여성들의 경우에는 자신들의 커리어를 계속 유지하려는 경향을 띤다. 이와 아울러 여성 고용은 맞벌이를 통해 촌락의 높은 생활 유지비를 감당하려는 일종의 대응 전략의 일환이기도 하다.

고용을 통한 혜택은 비용이나 제약에 의해 상쇄되는데, 이는 특히 가족적 책임이라는 부분에 기인한다. 가령 리틀(Little, 1997)의 연구에 소개된 두 명의 잉글랜드 촌락 여성의 면담 결과에 따르면, 자신들은 농가 외에서 취업하기를 희망함에도 불구하고 어머니로서의 완전한 역할에 대한 가족적 기대감이나 적절한 보육 시설을 찾는 것의 어려움으로 인해 실제로 취업 선택이 제한당한다고 느끼고 있었다(제17장 참조).

> 어린 자녀들을 돌봐야 할 책임은 언제나 엄마 쪽에 있어요. 현재 경리직을 맡고 있지만,
> 그 이전에는 아이들이 학교에 있는 동안에만 일해야 했기 때문에 청소부도 했었고 생선
> 운반차를 운전하기도 했었죠(주부, 잉글랜드, Little, 1997, p. 150에서 재인용).

촌락 커뮤니티에서는 자녀들의 등하교 시간에 딱 맞는 일자리가 여성들에게 높은 평가를 받는다. 따라서 잉글랜드와 캐나다에 대한 사례 연구는 촌락 여성들의 시간제 직종 고용 비율이 매우 높다는 점을 지적하고 있다(Little and Austin, 1996; Leach, 1999). 이 결과 촌락 여성들이 경험하는 고용 조건이 상대적으로 열악할 수밖에 없다. 여성 고용에 대한 시간적 제약으로 인해 상당한 불완전고용이 나타난다. 리틀과 오스틴(Little and Austin, 1996)이 1993년 잉글랜드 촌락 지역을 대상으로 한 연구에 따르면, 조사된 여성들의 절반 이상이 자신들이 가진 역량이나 자격을 활용하지 못하고 있었다.

결과적으로, 촌락 여성들의 노동 생활은 대체로 공식적 노동과 비공식적 노동, 임금 노동과 무임금 노동이 혼합되어 있기 때문에 매우 복잡할 수밖에 없다. 넬슨(Nelson, 1999)이 연구한 버몬트 주의 한 촌락의 사례를 들면, 이 지역은 여성과 남성 모두 자신들의 주요 소득원 외에 별도의 소득을 얻을 수 있는 일자리를 갖고 있었는데, 대부분의 가구들이 자동차 수리, 야채 재배, 가축 돌보기, 벌목 등의 노동을 겸하고 있었다. 그러나 넬슨에 따르면, 이러한 추가적인 경제활동에 대한 접근방식에는 남성과 여성 사이에 큰 차이가 있었다. 남성들은 공식적인 부업이나 좀 더 형식을 갖춘 자영업 또는 보다 자율적인 경제

활동에 종사하는 경향이 강했다. 특히 남성들의 부업은 거주지에서 멀리 떨어진 곳에서 이루어지는 경우가 많았고 좀 더 깊은 몰입을 요하는 것들이었다. 반면 여성들의 부차적 경제활동은 보다 임시적이거나 가구 내에서 수행하는 일이 많았는데, 이는 뜨개질, 바느질, 수작업품 만들기, 육아 보조, 노인 간병, 실내 장식, 채소 재배 등의 노동을 포함했다. 또한 이러한 일은 여성들의 가사 노동과 혼합되어 있는 경우가 대부분이었다. 남성들은 아이 돌보는 일을 경제적으로 생산적인 활동 이외의 일이라고 간주한 반면, 여성들은 대체로 육아를 다른 부업과 병행하며 수행하는 경우가 많았다.

> 남편은 애를 돌보는 시간에 아무 다른 일도 하지 못해요. … 저는 요리도 하고, 빨래도 하고, 집 청소도 하고, 책상 위에서 다른 일도 하면서 애를 돌보거든요. 그렇지만 그 '남자'는 하지 못해요(주부, 버몬트 주, Nelson, 1999, p. 528에서 재인용).

넬슨의 주장에 따르면, 부업 활동에 대한 위와 같은 젠더의 차이는 촌락 가구에서 남성의 특권을 더욱 강화할 뿐만 아니라 촌락 환경에서 여성들의 일을 평가절하한다.

촌락 경제에서의 이주노동자

농업의 현대화로 인해 농업 노동력이 감소하기는 했지만, 채소와 과일 재배와 같이 몇몇 농업 분야는 (계절적 차이를 고려한다고 해도) 여전히 매우 노동집약적이다. 그러나 이러한 농업 부문은 점차 이주노동자들에 의해 채워지고 있다. 제3장에서 지적한 바와 같이, 개발도상국으로부터 선진국으로 이주노동자들이 이동하는 경향은, 고용주들이 초국적 네트워크를 통해 보다 저임금의 주변적이고 일시적인 노동력을 활용하는 과정에서 형성된 일종의 글로벌 이동성 증대의 결과이다. 미국의 경우 전체 계절적 농업 노동자의 69%가 외국 태생인 것으로 추정되고 있으며, 캘리포니아 주의 경우에는 90% 이상이 그러하다(Bruinsma, 2003). 유럽에서는 이주노동자에 대한 의존율이 이보다는 덜하지만 그 중요성은 마찬가지로 높다. 호가트와 멘도자(Hoggart and Mendoza, 1999)의 연구에 따르면, 1995년 스페인의 경우 무르시아(Murcia), 알메리아(Almeria), 카세레스(Cáceres) 등 3개 지역에서 전체 농업 노동자에서 아프리카계 이주노동자들이 차지하는 비중은 5% 이상이었고, 스페인 내 모든 아프리카계 이주노동자들 중 농업 종사자 비율은 32%에 달했다. 마찬가지로, 영국의 경우 2만 명 이상의 이주노동자들이 이스트앵글리아 지방의 농가에서 일하고 있으며, 이들 대부분은 리투아니아, 러시아, 포르투갈, 마케도니아, 라트비아, 폴란드, 우크라이나, 불가리아, 중국에서 이주한 것으로 추정된다.

캘리포니아의 농업은 20세기 중반 이후 멕시코계 이주노동자들에 크게 의존하고 있다. 20세기 들어 캘리포니아 주에서 나타난 집약적인 자본주의적 농업의 발전으로 인해 미국 전역에서 엄청난 수의 농업 이주자들이 모여들었다(제4장 참조). 이들이 경험했던 혹독한 노동, 착취, 궁핍 등은 존 스타인벡(John Steinbeck)의 유명한 소설인 『분노의 포도(The Grapes of Wrath, 1939)』에 상세하게 기록되어 있다. 그러나 농업 노동자들이 보다 나은 노동 조건을 쟁취하기 위해 노동조합을 결성하고 급진적으로 변모하게 되면서 고용주들과 갈등을 빚기 시작하였고, 이에 따라 캘리포니아의 농산업계는 '어떠한 정치적 야망도 없는', '유순한' 노동력으로서 외국의 이주노동자들을 도입하기 시작했다(Mitchell, 1996). 1924~1930년 사이에 매년 5만 8,000명의 멕시코계 및 히스패닉계 노동자들이 샌와킨(San Joaquin) 계곡에 도착했고, 이들의 상당수가 로스앤젤레스 분지에 위치한 농장들에 고용되었다. 한편 비록 짧은 기간이기는 하지만 이보다 앞서 중국, 인도, 필리핀 등 동아시아계 이주노동자들도 도입된 바 있다. 미첼(Mitchell, 1996)의 기술에 따르면, 이주노동자의 고용은 그 시작 단계에서부터 인종주의적 태도와 실천에 의해 짜여졌다. 잔혹한 노동 조건과 열악한 임금은 당연했고, 이주노동자들은 인종적으로 구분되어 있는 노동 캠프에서 궁핍하게 생활했다. 해외에서 이주노동자를 모집하기 위해 '촌락 전원성'이라는 재현을 활용하였고, 이를 통해 이주민 가족들은 '여름 한 철의 수확기에만 일을 해 주는 대가로 시골에서 건강하고 자족적인 생활을 할 수 있다'는 기대를 갖게 되었다(Mitchell, 1996, p. 83). 그러나 미첼이 결론에서 말하는 것처럼, 고용주들이 기약한 '촌락 전원성'은 '노동에 대한 항구적이고 지속적인 대상화(objectification)와 인종화(racialization)'라는 토대 위에 구축된 것이었다(p. 107).

1975년 캘리포니아의 노동자들은 재배업자들로부터 공식적으로 자신들의 노동조합을 인정받을 수 있게 되었지만, 2002년만 하더라도 60만 명의 농업 노동자 중에서 단지 2만 7,000명만이 노동조합에 가입되어 상대적으로 덜 착취적인 조건에서 일하고 있다. 이주노동자의 3/4 이상이 연간 1만 달러 미만의 임금을 받고 일하고 있고, 90% 이상이 의료보험 혜택을 받지 못하는 상태이다(Campbell, 2002). 주거에 대한 접근 또한 제약되어 있기 때문에, 많은 이주노동자들은 기숙사나 단체 숙박 시설에 밀집하여 거주하며 심지어 야외에서 생활하는 경우도 있다. 어떤 노동자가 『로스앤젤레스 타임스(Los Angels Times)』지에 말하는 것처럼, '잠잘 곳을 마련해 달라고 말만 꺼내면, 고용주들은 딴 곳으로 눈길을 돌린다. 고용주들은 "그 건 내 문제가 아니잖아."라고 말한다. 그들은 노동자가 이튿날 새벽에 일터에 나오기만 하면, 밤새 무슨 일이 있었는지에 대해서는 전혀 신경 쓰지 않는다'(Glionna, 2002, p. B1). 이 문제는 2002년에 나파밸리(Napa Valley)의 포도 농장주와 주민들이 카운티 내 이주노동자들의 주거 비용을 3배 이상 지급하기로 조례를 통과시키면서 일부 해결된 적이 있다. 또한 마찬가지로 2002년에 농장 노동자들은 노동조합 결성과 보다 나은 노동 환경을 쟁취하기 위해 미국 전역에 걸친 정치적 조직화 운동을 벌이기도 했다.

　유럽의 경우 농업에 이주노동자들이 도입되기 시작한 것은 보다 최근의 일이며, 이는 촌락 주민들의 고용 기회 확대 과정과 연관되어 있다. 호가트와 멘도자(Hoggart and Mendoza, 1999)는 스페인 내에서 아프리카계 이주노동자들이 증가한 이유를 스페인 노동자들이 관광과 같은 보다 나은 취업 기회를 찾기 위해 계절적 농업 노동을 기피했다는 점에서 찾고 있다. 따라서 스페인의 경우 농업 부문은 아프리카계 이주노동자들이 다른 취업 분야로 진출하기 위한 전초 단계에서 중요한 진입 포인트라고 할 수 있다. 스페인에서 대체로 노동 조건이 착취적이지는 않지만, 이주노동자들이 담당하는 고용은 '대체로 숙련도가 낮고, 임금이 적고, 고용 기간이 짧고, 대개 사회적으로 열등한 지위와 관련되어 있으며, 승진 기회도 거의 없는 직종들을 중심으로 이루어지고 있다'(Hoggart and Mendoza, 1999, p. 554).

　이주노동자의 고용은 농업을 중심으로 하다가 점차 촌락 경제 내의 다른 부문들로 확대되는 경향을 띠고 있다. 그러나 이주노동자들은 농업 부문에서는 노동력 부족 문제를 해소하지만, 다른 부문의 경우에는 기존의 노동력을 대체하기도 한다. 가령 셀비 등(Selby et al., 2001)은 노스캐롤라이나 주의 대게 가공 공장에 고용된 멕시코계 여성들에 대해 연구한 바 있다. 이들의 고용은 외국과의 경쟁 격화에 대한 대응 전략의 일환이자, 주로 흑인들로 이루어졌던 노동력의 인건비를 더 이상 줄일 수 없기 때문에 이루어진 것이었다. 셀비 등의 연구가 조사했던 여성들은 '대게 따개(crab pickers)'로 불리면서, 어떤 소규모 대게 가공 공장에서 대게 살을 발라내는 작업을 담당하고 있었다. 대게 산업의 젠더화를 반영하듯 이 공장에서 일하던 모든 대게 따개들은 12명의 멕시코계 여성 노동자들과 3명의 나이 많은 백인 여성 등 모두 여성들이었다. 백인 여성들은 공장 경영주와 밀접한 관계를 맺고 있었기 때문에 이주노동자들에 의해 대체되지 않고 계속 남아서 일을 하고 있었다. 멕시코계 이주노동자들은 비자의 규정으로 인해 그 업종에서만 일을 할 수 있었지만, 노동 조건은 괜찮은 편이었고 보수는 성과에 연동하여 지급되기 때문에 이론적으로라면 충분히 최저임금 이상을 받을 수 있었다. 그러나 노동 환경의 공간적, 사회적 조직으로 인해 이주노동자들은 직장 내에서 상대적으로 열등한 지위에 처해 있었다. 셀비 등의 지적에 따르면, 멕시코계 이주노동자들과 백인 여성들은 상당한 공통점을 갖고 있었음에도 불구하고 그들 사이의 상호작용은 거의 발견할 수 없었다.

> 가공 공장 내에서 중심이 되는 공간에는 3명의 백인 여성들이 작업대 위에 앉아서 게살을 발라내고 있었다. 이들은 다 같이 콧노래를 흥얼거리거나 잡담을 하거나 웃기도 하면서 일하고 있었다. 반면 이곳의 반대쪽 공간에는 12명의 히스패닉 여성들이 작업대에 앉아 아무런 말도 없는 침묵 속에서 일하고 있었다. … 하루 종일 이 두 집단 간에는 어떤 접촉도 찾아볼 수 없었다(Selby et al., 2001, p. 239).

멕시코계 여성들은 자신들의 임금을 본국에 있는 가족들에게 자녀 교육비나 주택 건축비를 위해 송금하면서 성취감을 맛보고 있었지만, 노동자로서 이들의 존재는 일시적인 것이었을 뿐만 아니라 지역 내 백인 커뮤니티로부터 뚜렷이 분리되어 있었다.

통근

촌락 재구조화는 대부분의 촌락 주민들에게 일터와 거주지의 분리를 가져왔다. 전통적인 농업 지배적 경제하에서는 일터와 거주지가 뚜렷하고 응집력 있는 커뮤니티 내에서 밀접하게 얽혀 있었지만, 오늘날에는 촌락 커뮤니티에서 고용 기회가 매우 제한적이기 때문에 자신의 거주지를 벗어나 외부에 있는 일터로 통근하는 것이 보편적인 현상이 되었다. 미국의 경우, 비대도시권(non-metropolitan) 카운티 중에서 촌락 주민들이 주업을 위해 커뮤니티 외부로 통근하는 비율이 35% 이상인 비율은 75%에 이른다. 오스트레일리아의 경우에는 촌락 지역 거주자들의 30% 정도가 통근자인 것으로 파악되고 있으며, 이는 캐나다의 경우에도 15%를 상회하며 영국과 독일의 촌락 지역에서도 10%에 이른다(Schindegger and Krajasits, 1997). 한편 외부로의 통근 비율은 도시 중심부에 인접할수록 그리고 지역 주민의 인구 규모가 작은 곳일수록 높다(그림 18. 1 참조). 전체적으로 볼 때 통근은 더욱 보편화되고 있다. 캐나다의 경우 촌락 지역의 통근자 비율은 1980~1990년 사이에 50% 이상 증가했으며, 영국의 경우에도 같은 기간 동안 25% 정도 증가했다(Schindegger and Krajasits, 1997).

한편 이러한 총량적 지표는 촌락 지역 내부에서 나타나는 통근의 역동성을 드러내지는 못한다. 가령 캐나다에 대한 사례 분석에 따르면, 총통근량의 20% 이상은 촌락 지역 내

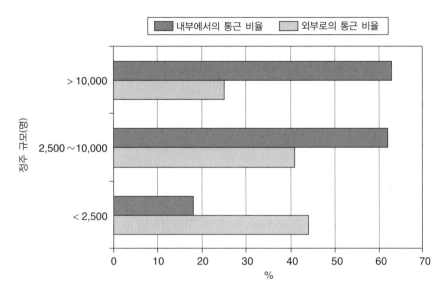

그림 18.1 미국의 주민 규모에 따른 통근자 비율
출처 : Fuguitt, 1991

에서 또는 촌락 지역들 간에 나타난 것이었다. 또한 촌락 지역에서 도시 중심부로의 통근은 총통근량의 11% 정도였는데, 이는 도시에서 촌락으로 통근하는 경우의 3배에 육박하는 것이었다(Green and Meyer, 1997a). 캐나다 온타리오 주의 키치너-워털루(Kitchener/Waterloo)의 통근권 내에 위치한 윌모트 군구(Wilmot Township)에 대한 사례 연구는 이러한 복잡성을 좀 더 상세하게 보여 준다(Thomson and Mitchell, 1998). 윌모트 내 가구의 대략 절반이 워털루, 키치너 또는 캠브리지의 도시 중심부의 직장으로 통근하고 있었다. 나머지 가구의 대부분은 자신의 집 안에서 일하거나 아니면 윌모트 내의 직장에서 일하고 있었다. 한편 통근자 비율은 장기간 거주한 주민들보다는 새롭게 전입한 주민들이 보다 높게 나타났지만, 톰슨과 미첼(Thomson and Mitchell, 1998)은 새로운 전입자 가구의 1/4 정도는 부부 모두 집 안에서 일하고 있었다는 점도 지적했다. 결국 연구자들은 결론적으로 통근이 지배적이기는 하지만, '새로운 전입자들은 촌락 내부에서 어느 정도 타산이 맞는 일자리를 찾거나 창출한다는 사실을 무시해서는 안 된다'고 지적한다(pp. 196-197).

　또한 캐나다의 또 다른 사례 연구는 촌락으로의 중산층 전입이 통근과 관련되어 있다는 대중적 인식에도 문제를 제기한다. 곧 다른 직업에 비해 전문직이나 관리직에 종사하는 사람들이 좀 더 높은 통근자 비율을 보이는 것이 사실이기는 하지만, 촌락 주민들의 통근의 경우에는 육체 노동이나 저숙련 노동에 종사하는 사람들의 통근도 이에 못지않게 중요하다(Green and Meyer, 1997b). 마찬가지로 영국에 대한 몽크 등(Monk et al., 1999)의 연구는 일부 저숙련 노동 종사자들이 출퇴근 시간이 오래 걸리는 장거리 통근도 감수하려 한다는 점을 지적한 바 있다. 이 연구의 면담 조사에 응한 한 남성은, 매일매일의 장거리 통근은 자신의 건강과 가족 관계에 치명적인 영향을 끼친다고 말한다.

> 피터버러가 여기에서 얼마나 멀리 떨어져 있는지 생각해 보세요. 거의 50마일에 달합니다. … 새벽 4시에 일어나서 5시에 집을 나서서 6시에 직장에 도착해야 해요. … 그리고 직장에서 12시간 일을 하고 나면, 저녁 8시가 되어야 집에 돌아올 수 있어요. 아내와는 단 2시간이나마 함께 시간을 보낼 수 있지만, … 이미 제 아이들은 잠자리에 들고 난 다음이죠. 아이들을 볼 수조차 없어요. … 뿐만 아니라 그 때문에 저는 병이 나기도 했어요. 치료하는 데에 거의 3개월이 걸렸죠(남성, 잉글랜드, Monk et al., 1999, pp. 27-28에서 재인용).

또한 통근은 커뮤니티 전체에도 악영향을 끼칠 수 있다. 런던의 통근 벨트 내에 위치한 버크셔(Berkshire)의 한 마을에 대한 에링턴(Errington, 1997)의 연구에 따르면, 마을 밖의 직장에서 일하는 주민들은 마을 내에서 일하는 주민들에 비해 마을 내 시설이나 상점을 이용하는 비율이 현격하게 낮았다(표 18.3). 이는 통근자의 비율이 다수를 차지하는 커뮤니티의 경우, 마을 내의 시설이나 서비스가 기능 유지를 위한 최소요구치를 충족하

표 18.3 버크셔 마을 내의 시설에 대한 연간 방문 건수 비율(조사대상 주민 n=55명)

	마을 안에 직장이 있는 주민(%)	마을 밖에 직장이 있는 주민(%)
은행	88	12
우체국	64	36
신문판매점	58	42
제과점	63	37
약국	67	33
식료품점	64	36
옷가게	66	34
술집	53	47
교회	46	54
병원	46	54

출처 : Errington, 1997

지 못하게 되어 결과적으로 폐업을 야기한다는 점을 함의한다. 또한 이는 결과적으로 관련된 커뮤니티 내의 고용 기회를 감소시키게 되어, 마을을 '침상' 거주지로 전락시키는 과정으로 이어지게 만든다.

요약

경제 재구조화는 촌락 노동 시장의 재편을 가져왔다. 농업 등 자원 재취에 기반을 둔 산업에 대한 의존도는 점차 감소되어 왔고, 촌락 지역에서 취업 기회의 범위는 매우 넓어지게 되었다. 또한 촌락 노동력의 성격 또한 변화하게 되어, 여성들의 노동 시장 참여가 증가되어 왔고 이주노동자들도 유입되기에 이르렀다. 이들의 대부분은 농업 부문 내의 기초적인 저숙련 노동 시장에서 부족해진 노동력을 대체해 왔다. 그러나 이러한 큰 흐름에도 불구하고 촌락 지역에서 개인이 취업 기회를 찾는 것은 여전히 어려운 상태이며, 교통 접근성의 문제, 육아 시설의 이용 가능성, 노동 조건이 양호한 숙련 고용의 부족 등과 같은 요인으로 이들의 취업이 제약 받고 있다. 이에 따라 많은 촌락 주민들은 자신의 기능, 역량, 기술 등을 완전하게 발휘할 수 없는 직장에 고용된 경우가 많다. 또한 이로 인해 많은 촌락 주민들이 이론적으로 받을 수 있는 잠재적 임금 수준에 훨씬 미치지 못하는 임금을 받고 일하면서 이른바 저임금 고용이라는 '덫'에 갇혀 있다. 결과적으로 이는 촌락 지역에서의 빈곤과 박탈이란 문제를 야기하고 있으며, 이에 대해서는 다음 장에서 살펴볼 것이다.

더 읽을거리

통계 분석에 기반을 둔 많은 연구들이 촌락에서의 고용 패턴과 관련된 다양한 이슈를 다루고 있는데, 그 예로 유럽과 북아메리카를 대상으로 연구한 Ray Bollman and John Bryden, *Rural Employment: An International Perspective* (CAB International, 1997)를 참고하라. 그러나 이런 연구는 경제적 부문에만 초점을 두기 때문에 촌락에서 주민들의 구체적인 노동 경험을 제시하지는 못하는데, 이를 보완할 수 있는 연구로서 Ian Hodge et al., 'Barriers to participation in residual rural labour markets', *Work, Employment and Society*, volume 16, pages 457–476 (2002)를 참고하라. 젠더와 촌락 고용에 대한 연구로서는 Jo Little, 'Employment marginality and women's self-identity', in P. Cloke and J. Little (eds), *Contested Countryside Cultures* (Routledge, 1997)와 그녀의 책인 *Gender and Rural Geography* (Prentice Hall, 2002)의 5장을 참고하라.

Don Mitchell, *The Lie of the Land: Migrant Workers and the California Landscape* (University of Minnesota Press, 1996)은 캘리포니아 주의 농업에서 이주노동자들의 역사를 논의한다. 이주노동자에 대한 보다 현대적인 연구 사례로는 Keith Hoggart and Cristobal Mendoza, 'African immigrant workers in Spanish agriculture', *Sociologia Ruralis*, volume 39, pages 538 – 562 (1999), Emily Selby, Deborah Dixon and Holly Hapke, 'A woman's place in the crab processing industry of Eastern Carolina', *Gender, Place and Culture*, volume 8, pages 229 – 253 (2001)을 참고하라.

웹사이트

미국 내 농업 이주노동자들에 대한 보다 상세한 정보와 이들이 보다 나은 노동 조건을 위해 벌여 온 운동에 대한 정보는 농장노동자(Farmworkers)의 웹사이트(www.farmworkers.org)와 농촌연맹(Rural Coalition)의 웹사이트(www.ruralco.org)에서 찾아볼 수 있다.

제19장

숨겨진 촌락 생활 : 빈곤과 사회적 배제

서론

앞의 세 장에서는 촌락 지역에 있어서의 박탈과 빈곤에 기여해 온 많은 과정과 경험에 대해 살펴보았다. 제16장에서 양질의 저렴한 주택으로의 접근 문제와 재산 때문에 촌락가정이 지고 있는 빚을, 제17장에서는 고령자들의 합리화되어 가고 있는 지역서비스 의존 문제, 제18장에서는 불완전 고용과 저임금 고용의 만연으로 이어지는 적절한 방법 찾기의 문제점을 다루었다. 푸르셋(Furuseth, 1998)이 주시하듯이, '도시와 교외지역과 같은 산업화된 세계에 사는 대부분의 거주자들에게 있어서 **촌락**이라는 말은 액자 속 작은 마을과 부유한 농부들과 그 외의 중산층이나 그와 비슷한 사람들이 사는 열린 시골 지역의 편안한 이미지를 전달한다' (p. 233).

촌락 빈곤 문제의 주변화(혹은 그에 가까운 동의어 '박탈'과 '사회적 배제', 글상자 19.1 참조)는 세 가지 양상을 띤다. 첫째, 촌락 지역에서 빈곤의 경험은 파편화되어 있다. 가난한 세대는 인식 가능한 영역적 단위로 모이지 않는 경향을 보이지만 촌락 커뮤니티에는 흔히 소득과 부의 현저한 차가 존재한다. 예를 들면, 밀번은 다음과 같이 기술한다.

> 작고 흩어져 있는 촌락 거주지에서 빈곤하게 지내는 가정은 도시 특히 도심부에서 가시적으로 집중되어 있는 빈곤가정과는 대조적으로, 물리적으로 가려진 채로 있는 경향이 있다. 실제로 시골마을의 대부분의 경우에 '부유한' 가정과 '가난한' 가정 간의 뚜렷한 물리적 분리는 없는 경우가 많고, '촌락의 빈곤가정'이 보다 부유한 거주자들과 가까이서 지내는 게 보통이다(Milbourne, 1997b, pp. 94-95).

> ### 글상자 19.1　핵심 개념
>
> **빈곤, 박탈 그리고 사회적 배제** : 이 용어들은 호환적으로 사용되고 있지만, 사실은 그 의미가 미묘하게 다르다. **빈곤**은 경제적 지위와 가정 혹은 개인의 힘에 관련된 절대적 조건이다. 가정들은 (미국에서처럼) 공식적 정의나 (영국에서처럼) 학계 정의에 반하여 '빈곤하게' 생활한다거나 '빈곤선 이하' 로 생활하는 것으로서 정의될 수 있다. **박탈**은 다른 이들보다 자원이 적은 커뮤니티, 세대 또는 개인을 제시하는 상대적 용어이다. 박탈은 흔히 경제적 조건을 나타내기 위해 사용되고 있지만, 건강, 교육, 교통, 서비스로의 접근과 연관 지을 수도 있다. 그러나 촌락의 맥락에서 '박탈' 이라는 용어의 사용은 많은 촌락 거주자들이 촌락의 가정들이 박탈될 수 있다는 것을 받아들이지 않기 때문에 비판 받아 왔다(Woodward, 1996 참조). **사회적 배제**는 학계에서와 마찬가지로 정책결정자들 사이에서 최근 몇 년간 인기를 얻고 있다. 이것은 빈곤이라는 용어보다 더 광범위한 용어로 가정과 개인들이 주류사회로부터 소외 받는 방법에 초점을 두고 있다. 그러나 사회적 배제는 부의 재분배보다는 빈곤의 근본적인 원인과 관련되어 있지 않는다는 이유로, 사회적 통합을 위한 교육과 훈련, 프로그램에 깔린 해결책을 암시함으로써 비판 받아 왔다. 촌락 연구에 있어서 이와 같은 용어의 적절한 사용에 관한 논의는 계속되고 있다. 이 장에서는 '빈곤' 이라는 용어는 자주 사용되고, '박탈' 이라는 용어는 상대적인 불이익을 나타낼 때 가끔 사용되며, '사회적 배제' 라는 용어는 촌락 사회에서의 소외를 나타낼 때 사용되고 있다.

둘째, '촌락 전원' 에 대한 담론은 촌락 빈곤의 존재를 만들어 낸다. 촌락 전원의 이상적인 모습은 시골 지역 내에서의 빈곤의 가능성을 고려하는 것으로 보이지는 않는다. 따라서 이 담론이 보여 주는 시골 지역의 안과 밖 양쪽의 의견은 박탈이 존재할 수 없다고 상정한다(Cloke, 1997b; Woodward, 1996). 게다가 촌락 전원 담론은, 사회적 배제의 원인이 되는 고립, 주택 부족, 산업의 부재와 같은 촌락생활의 측면을 찬양하기 때문에 촌락 박탈을 악화시킬 수 있다. 평화와 평온과 관련된 심미적으로 가치 있는 자연경관에서 모든 사회적 지위의 촌락 거주자들이 공유하고 있는 상황 또한 물질적 박탈에 대한 보상으로 그려지고, 그러한 이유로 촌락 가정들이 도시 가정과 같은 동일 수준의 물질적 박탈을 겪고 있는 동안에도 빈곤의 경험은 덜 심각한 것으로 평가된다.

> 따라서 빈곤한 사람들은 그들의 (힘들지 않은) 촌락생활에 만족하는 것으로 무시될 수 있고, 그리고 그렇게 가난하지 않은 사람들은 빈곤의 개념과 촌락마을의 전원화된 상상의 지리를 조화시킬 수 없을 것이며, 그래서 빈곤에 대한 어떤 물질적 증거라도 문화적으로 걸러질 것이다(Cloke, Goodwin et al., 1995, p. 354).

셋째, 촌락 전원 담론은 또한 촌락 지역에 있어서의 빈곤 인식을 차별하는 일련의 도덕적 가치관에 영향을 끼친다. 그런 가치관에서 촌락생활은 회복력, 인내 그리고 자조와 연관되어 있다. 따라서 빈곤에 빠진 개인과 가정은 '촌락 전원'에 대한 모욕뿐만 아니라 '실패자' 그리고 '가치 없는 가난뱅이'로 인식될 수 있다. 그런 까닭에 물질적 박탈을 경험하고 있는 가정은 그들의 환경을 받아들이려 하지 않을 수 있고, 촌락 빈곤이 존재하지 않는다는 이념의 재현에 공모하게 된다.

> 이 점에 있어서, 가난한 사람들은 자신들의 빈곤을 숨기기 위해 그 존재를 부인함으로써 부지불식간에 부유한 사람들과 공모하게 된다. 촌락 전원의 중심에 있는 이러한 가치들은 우선순위를 가족, 직업의식, 좋은 건강과 같은 촌락 전원의 상징에 두기 때문에 가난한 사람들이 그들의 물질적 박탈을 용인해 버리게 되는 결과를 낳는다. 그리고 물질적 박탈이 가난한 사람들 자신이 인식하는 지역 수준에 의해 만성화될 때, 수치심은 가장 작은 가능한 구조 속에서 가난에 대한 비밀 엄수와 관리를 강요한다(Fabes et al., 1983, pp. 55-56).

촌락 지역에 있어서 박탈의 개념에 관한 교착상태에 빠진 논의와 용어의 적절한 사용을 넘어서려고 하려는 데 있어서, 우드워드(Woodward, 1996)는 학계와 일반인들의 이해간의 차이가 연결될 필요가 있다고 제안하고, 촌락 지역에 살고 있는 다양한 집단의 사람들에 대한 태도와 믿음이 촌락생활에 관한 연구에서 고려될 것을 요청한다. 이 장에서는 촌락 빈곤의 증거와 박탈 속에서 혹은 박탈과 함께 살고 있는 촌락 사람들의 경험 모두를 논의함으로써 이 요청을 들어주도록 노력하겠다. 특정 사례 연구와 촌락 빈곤의 서술을 논의하기에 앞서, 먼저 미국, 캐나다 그리고 영국의 촌락 빈곤의 증거를 다루겠다. 촌락 지역 노숙자들의 특정한 환경조건에 초점을 두고, 촌락 빈곤 문제에 대한 대응책을 고려하면서 결론지을 것이다.

촌락 빈곤의 증거

촌락 지역의 빈곤 측정이 문제가 많다는 것은 주지의 사실이다. 촌락성의 문화적 인식과 위에서 논의된 빈곤 외에도, 도시의 맥락에서 개발된 결핍의 지수는 매끄럽게 촌락 상황으로 번역되지 않는다. 비록 촌락과 도시 간에는 상호연관성이 존재하지만, 강조되는 핵심문제에서 상당한 차이를 보인다. 예를 들면, 한정된 접근성, 높은 1인당 서비스 비용, 약한 서비스 공급, 주택 공급의 문제점들 모두 도시 지역에선 그리 문제 되지 않는 촌락 박탈의 주요 구성요소이다(Furuseth, 1998). 반대로, 과밀 문제, 높은 범죄 그리고 훼손된 물리적 환경은 일반적으로 도시 박탈보다 촌락 박탈에서 덜 중요하다. 마찬가지로, 제18장에서 언급하였듯이, 기술자의 불완전고용은 실질적 불완전고용이라기보다는 촌락 지역의 문제에 가깝고, 실질적 불완전고용은 도시 박탈의 핵심 요소이다. 밀번(Milbourne, 1997b)은 또한 촌락 빈곤이 '도시 지역보다 취직하고 있는 세대, 기혼자 가족 그리고 고령자들, 편부모 가정의 낮은 발생률로 특징지어지는 경향이 있음'을 관찰한다(p. 98).

더 많은 문제가 박탈의 지수가 만들어지는 공간적 스케일에서 발생한다. 촌락 지역의 지방정부 부서들은 도시 지역보다 더 광범위하고 다양한 영역을 담당하는 경향이 있고, 결과적으로 집계된 통계자료에 대한 조절효과가 있다. 더욱이 앞에서 언급하였듯이, 촌락 커뮤니티에는 도시 인근에서보다 다양한 소득수준의 가정들이 상당히 산재해 있고, 그런 연유로 심지어 작은 지역의 수준에서도 소수의 박탈가정의 존재는 부유한 다수의 가정에 의해 가려질 수도 있다.

이에 대응하여 보다 공간적으로 민감한 지수를 개발하려는 시도가 이루어졌지만, 이 작업의 상당부가 아직 시작단계에 있다. 이러한 자격에도 불구하고 박탈에 관한 기존의 지수들은 촌락 빈곤이 사람들이 인식하고 있는 것보다 한층 더 만연해 있다는 증거를 제공한다. 미국에는 소득, 식료품비, 필수가정용품에 관해 정의된 공식적인 빈곤선이 있는데, 1997년 도시 지역의 인구의 13.2%가 빈곤하게 살고 있는 데 비해, 비도시 카운티 지역의 인구 중 15.9%가 빈곤하게 살고 있는 것으로 추정되었다(Nord, 1999). 마찬가지로 캐나다에서는 식료품, 의복 그리고 주택에 들어가는 가정소득의 62% 정도에서 '최저소득'으로 정해 놓고 있고, 1986년 촌락 지역의 가정 중 16%가 이 문턱을 넘어섰다(Reimer et al., 1992). 이 수치는 도시 중심지보다 낮은 비율을 보이지만, 부분적으로는 촌락 지역 내에서의 차이에 기인한 것이다. 농가를 포함하여 거주자 5,000 미만의 촌락 거주지에서 최저소득 이하 가정의 비율은 대략 인구 5만 이상의 도시 지역의 최저소득 가정의 수에 맞먹는다. 그리고 라이머 등(Reimer et al., 1992)은, 생활비의 차이는 촌락 가정들이 도시 가정들보다 저소득 수준에서 최저소득 수준에 있음을 의미한다고 한다.

영국에는 이와 동일한 공식적인 빈곤의 개념이 존재하지 않는다. 그러나 1990년대의 연구에서는, 빈곤의 가장자리에 있는 가정을 정부의 소득보조혜택의 140% 미만인 소득수준의 가정으로 정의하는 타운센드 지수(Townsend indicator)를 적용하였다. 이 측정법을 사용하여 12곳의 촌락 지역의 가정 중 23.4%가 빈곤의 가장자리에 있음을 알아낼 수 있었다. 각각의 사례 지역의 비율은 그 범위가 체셔의 12.8%에서 노섬벌랜드의 39.2%에 이른다(Cloke, 1997b; Cloke et al., 1994; Milbourne, 1997b). 가정소득을 평균소득과 중간소득 각각으로 비교하는 두 가지 대안적 지수는 심지어 더 높은 수준의 빈곤을 시사한다(Cloke, 1997b).

북미와 영국 이 두 곳의 수치는 시골 지역의 다양한 사회적 집단 간, 그리고 다양한 촌락 지역 간 빈곤 정도의 의미 있는 차이를 시사한다. 예를 들면, 캐나다에서는 촌락 지역의 혼자인 사람 중 13%가 최저소득 이하로 살고 있는 것에 비해, 1986년 촌락 가정의 28%가 최저소득 이하로 살고 있다고 추정되었다(Reimer et al., 1992). 이러한 성향은 미국에서 되풀이된다. 이곳에서는 촌락 빈곤의 61%가 두 명의 성인이 있는 가정이라고 보고되었고(Porter, 1989), 도시 지역의 아이들 중 22%가 빈곤한 생활을 하는 데 비해 1996년 촌락 아이들의 24%가 빈곤 속에서 살고 있다고 추정되었다(Dagata, 1999). 포터(Porter, 1989)는 도시 빈곤자들에 비해 미국의 촌락 빈곤자들은 불균형적으로 백인이고, 고령자임을 제시한다. 잉글랜드를 대상으로 한 클로크 등(Cloke et al., 1994)의 연구에서는, 빈곤의 정도가 특정 사회적 집단, 특히 고령자 가정, 장기거주 가정, 그리고 근처에 가까운 친척이 있는 가정, 공공지원주택에 거주하는 가정, 그리고 자가용이 없는 가정에 더 널리 퍼져 있다고 지적한다(표 19.1). 이와 같은 발견은 이주자들 사이에서보다도 '지역' 주민들 사이에서 빈곤이 보다 폭넓게 나타나기에 역도시화와 함께 발생하는 계층 재구성의 개념을 뒷받침하는 것으로 보인다(제6장 참조). 그러나 이와 같은 빈곤 지역들에서도 소득이 낮은 상당수의 이주자들이 있다는 점에 유의해야 할 필요가 있다. 촌락 빈곤의 지리적 패턴은 지역 경제와 노동 시장의 구조와 연관된 요인들과 결합된 위험한 환경에 있는 이런 집단의 공간적 분포를 반영한다. 1990년 미국에는 756곳의 비도시 카운티 지역에서 인구의 20%가 빈곤선 이하의 생활을 하였고, 1960년에는 2,083곳 이하의

표 19.1 잉글랜드 12곳 촌락 지역에서 빈곤의 가장자리에 있는 20% 가정의 속성

	빈곤 가장자리에 속한 %
독거노인 가정	41.8
노부부 가정	27.4
비노인부부 가정	20.5
5년 이하 거주 가정	24.1
5~15년 거주 가정	31.8
15년 이상 거주 가정	42.4
친인척이 근처에 있는 가정	60.0
자기소유주택 가정	34.1
임대주택 가정	47.1
자가용이 없는 가정	42.4

출처 : Milbourne, 1997b

카운티가 동일한 비율이었다. 그러나 1960, 1970, 1980, 1990년 해마다 535곳의 카운티에서 빈곤률이 인구의 20%를 넘어섰다.

표 19.1에서 보이듯이, '지속되는 빈곤 카운티'의 대부분이 남부지역의 주와 애팔래치아에 위치해 있고, 미국의 촌락 빈곤의 지역지리에 기여하고 있다. 빈곤선 이하에서 생활하는 '지속되는 빈곤 카운티' 주민의 29%의 평균으로 거의 1/3 정도의 촌락 빈곤자들이 1990년 이러한 카운티에 집중되어 있었다. 이런 카운티의 실업률은 촌락 평균보다 상당히 높고, 평균 소득수준도 매우 낮다. 이들 지역에서의 빈곤의 지속성은 희박한 거주지 패턴, 주요 산업의 쇠퇴, 오래된 저임금 경제와 노동시장 참여에 영향을 주는 높은 수준의 장애인으로 보통 특징지어지는 카운티와 물리적·사회적·경제적 요소들과의 결합에서 초래된다(Lapping et al., 1989).

촌락 빈곤의 가장 두드러진 특징 중 하나는 '워킹 푸어(working poor)'의 존재로, 주로 서비스 부문에 취직은 되어 있지만 소득이 낮고, 건강보험과 같은 사원특전은 제한되어 있다(Lapping et al., 1998). 포터(Porter, 1989)는 미국의 도시 빈곤 가정 중 51%가 한 명의 가족구성원이 급여를 받고 있고, 16%는 두 명의 가족구성원이 급여를 받고 있는데 반해, 빈곤한 촌락 가정 중 거의 2/3가 가족구성원 중 한 명만이 급여를 받고 있고, 약 1/4 가정에서는 가족구성원 중 두 명이 급여를 받는다는 것을 찾아내었다. 그렇기 때문에 촌락 빈곤을 설명하는 데 있어서 핵심요인은 저임금에 있고, 특히 연료나 교통과 같은 촌락 가정의 필수적 항목에서의 높은 지출과 결부될 때 그러하다. 2002년 도시 노동자의 1/6이 연간 18,390달러의 빈곤선 이하의 소득을 벌어들이고 있는 것에 반해, 촌락 지역에서는 25세 이상의 촌락 노동자 중 1/4가량이 빈곤선 이하의 소득을 벌고 있었다(ERS, 2003a). 저소득자들은 특히 미국의 촌락 고용의 71%를 구성하고 있는 농업, 제조업, 소매업과 서비스업에 집중되어 있다. 실제로 전반에 걸쳐 2002년 비도시 카운티 지역의 평균 주급은 도시 지역의 주급보다 20% 낮다(ERS, 2003b).

비슷한 양상이 영국에서도 발견된다. 변두리 촌락 지역의 평균 급료는 국가평균보다 25%가량 낮다(Cabinet Office, 2000). 비율이 상당히 높았던 지역 내에서 웨일즈 촌락부 가정 중 1/4 이상이 1990년대 중반에 처음 두 명의 성인 소득자의 총연봉은 5,000파운드 이하였다(Cloke et al., 1997). 더욱이 잉글랜드와 웨일즈를 대상으로 한 사례 연구에서 촌락 지역 가정의 1/3~1/2 정도가 첫 두 명의 성인 소득자의 연봉을 8,000파운드 이하로 받았다(표 19.2).

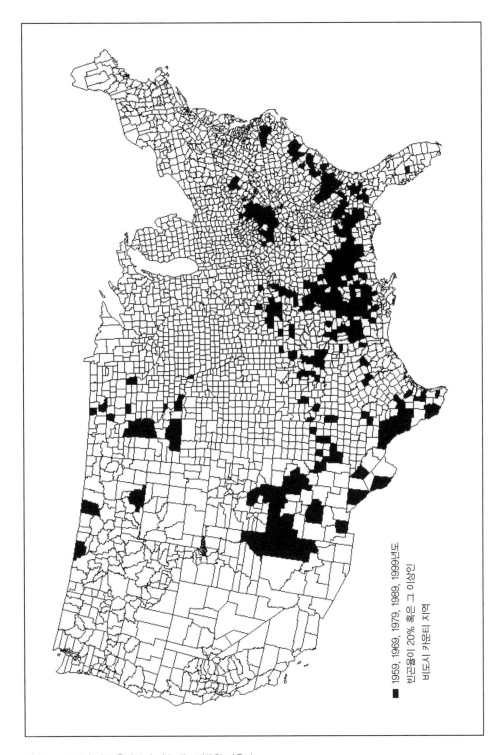

그림 19.1 1990년 미국 촌락부의 지속되는 빈곤한 카운티

출처 : Based on information from the Rural Policy Research Institute

표 19.2 1990년대 중반 잉글랜드와 웨일즈 8개의 사례 지역에서 첫 두 명의 성인 소득자의 총연봉이 8,000파운드 이하인 가정

잉글랜드	%	웨일즈	%
노섬벌랜드	53.4	베터스 이 코에드	43.6
노스요크셔	50.5	데블스 브릿지	41.1
데번	46.9	타낫 밸리	37.0
슈롭셔	33.0	테이퍼 밸리	36.3

출처 : Cloke et al., 1997

촌락 빈곤의 경험

촌락 빈곤에 대한 개인의 경험은 그들의 지리적 맥락에 의해 강하게 형성된다. 예를 들면, 보통 부유한 촌락 커뮤니티에서 빈곤한 가정은 국가 평균에 반하는 박탈된 상태뿐만 아니라 평균 이상 소득수준에 바탕을 둔 기대되는 생활방식의 형태에 대한 지역의 '동료들로부터의 압력(peer-pressure)'에서 '이중 박탈'을 겪게 된다. 그러나 적어도 이런 처지에 있는 개개인들이 공공연하게 자신들의 빈곤상태를 인정하지는 않을 것이다. 이 장 첫 부분에서 논의되었듯이, 촌락 박탈에 대한 부인은 영국 시골 지역의 빈곤에 대한 설명에 있어서 핵심적인 요소이다. 우드워드(Woodward, 1996)는 흔히 촌락 빈곤이 역사적 시대착오로서 인식되고, 그래서 마을 자선단체 운영에 책임이 있는 사람들은 단체들의 기능이 사라지고 있다고 말한다는 것을 주시한다. 이러한 인식 뒤에는 누추함과 분명하고 물질적인 표출로 되어 있어야만 한다는 가정 간의 상관관계가 있다. 이것에는 이중적 암시가 존재한다. 예를 들면, 촌락 빈곤에 관한 조사에서 사람들이 허름한 작은 집을 들먹이고, 마찬가지로 그곳 거주자들 스스로가 박탈되었다고 확실히 생각하지 않을지도 모르는 사이에 꽤 만족스럽고 잘 관리된 재산의 외관 뒤에 가려진 빈곤은 무시된다.

빈곤이 물질적으로 표출되는 것이라는 기대는, 클로크 등(Cloke et al., 1997)과 밀번(Milbourne, 1997b)에 의해 보고되듯이, 잉글랜드와 웨일즈 촌락 거주자들이 그들의 지역에서 존재하는 것으로 여기는 박탈에 대한 그들의 설명에서도 분명하게 드러난다. 이것은 흔히 낮은 소득, 한정된 고용기회, 환경적 조건 그리고 공공교통과 서비스 부족을 반영한다.

> 지역 고용의 부족과 낮은 임금 그리고 농업정책과 관련된 박탈이 존재한다(웨일즈의 퇴직 남성, Milbourne, 1997b, p. 110에서 인용).

> 고용이 불가능하고, 제대로 된 일자리가 없다. 우리는 더 높은 소득과 더 나은 고용이 필요하다. 잡다한 일들이 너무 많고, 제대로 된 일자리는 턱없이 부족하다(웨일즈의 36세 남성. Milbourne, 1997b, p. 110에서 인용).

> 저렴하게 거처할 수 있는 곳이 부족하고, 돈이 부족하며, 일자리를 선택할 기회도 부족하다(웨일즈의 50세 여성, Milbourne, 1997b, p. 111에서 인용).

> 우리는 개선된 상수도 공급과 개선된 전화선, 지역 내의 강물 오염 개선, 경찰서비스 개선이 필요하다(웨일즈의 거주자, Cloke et al., 1997, p. 131에서 인용).

그러나 이 진술들은 오히려 촌락 빈곤과는 연결되지 않고 거리가 있는 경험을 전해 준다. 그들은 어떻게 물질적 박탈이 실제로 생활방식의 선택과 결정에 영향을 주는지, 또는 어떻게 개개인들이 다양한 형태의 박탈을 경험할 수 있는지에 대해서는 아무것도 밝히고 있지 않다. 이에 대한 더 많은 증거가 미국 동부의 애팔래치아와 뉴욕 주의 북쪽 지역과 같이 빈곤이 만연하고, 보다 더 폭넓게 인식되는 촌락 지역에서 보인다. 비록 클로크(Cloke, 1997b)가 애팔래치아의 많은 지역 사람들이 '"가난" 또는 "박탈"의 불명예스러운 낙인'을 받아들이려 하지 않는다고 언급하지만, 그 지역은 지속되는 빈곤 카운티 군집에 속해 있다. 핏첸(Fitchen, 1991)은 그 지역의 빈곤이 주거경관의 세 가지 형태에서 전형적으로 분명히 나타난다고 주장한다. 그리고 이들 장소에 관한 설명은 촌락 빈곤의 역동성에 대한 시사점을 제시한다.

첫째, 핏첸은 탁 트인 시골 지역에 장기간에 걸친 세대 간 빈곤집단이 존재한다고 주장한다. 이 지역들은 거주가정이 타운이나 도시에서 제공되는 고용 기회에 적응하지 못한 곳으로 보통 농업을 하기에는 열악한 환경의 지역이다. 핏첸이 설명하듯이, 그러한 가정의 사회적 배제는 경제적 지위에 기반하고는 있지만 공간적 고립과 문화적 정형화로 강화된다.

> 보다 큰 규모의 도시 기반 커뮤니티로부터의 사회적 분리는 구두로써 규명된다. 그들은 그것을 '바깥세상'이라 부른다. 상반되게, 빈곤한 촌락 집단의 사람들은 보다 큰 규모의 커뮤니티에 의해 경멸스러운 말로 '가난한 백인 쓰레기', '판잣집 사람들', 혹은 '동물처럼 사는 사람들'로 불린다. 그들의 사회적 생활은 거의 바로 근처의 이웃으로 국한되거나 지리적 인접성, 친인척, 결혼, 차량거래 그리고 공유된 빈곤과 낙인으로 연결된 비슷한 유형의 가난한 사람들의 무리로 국한된다(Fitchen, 1991, p. 119).

둘째, 빈곤은 작은 타운이나 마을에서 임대주택에서 사는 저소득층 사람들과 연관되어 있다. 관련된 타운과 마을들은 주요 고용 시장으로부터 멀리 떨어져 있는 변두리 촌락 지역인 경우가 많다. 고용 기회의 부족은 보다 큰 타운에서 주택을 살 만한 여유가 없는 임차인들로 채워진 잉여 주택, 결과적으로는 값이 싸진 그런 주택을 남기고 타 지역으로의 이주를 부추겼다. 대부분의 주택이 수준 이하임에도 불구하고 청구되는 임대료는 세입자들의 지출비용에 있어선 여전히 부담스러운 것이고, 세입자들 중 대다수는 복지급여에 의존하고 있는 실정이다. 많은 마을에서 대중교통 서비스를 이용할 수 없고, 그래서 실업 문제는 지역 일자리 부족뿐만 아니라 일하기 위해 다른 곳으로 이동하는 데 있어서의 어려움에 의해 악화된다.

셋째, 핏첸은 빈곤을 지역의 이동식주택 주차장 수와 이동식주택의 비공식적 집단 수의 증가에 둔다. 비록 이동식주택 구매 가격은 수요와 함께 증가해 왔고, 이동식주택의 유지는 저소득 거주자들에게 있어서 중요한 상당히 숨은 비용을 포함할 수 있지만, 이동식주택은 비교적 저렴한 주택 옵션으로서 증가하고 있다. 이동식주택은 가족들을 위해서 공간이 불충분하고, 조악한 단열재로 난방을 하는 데도 많은 비용이 든다. 점점 이동식주택 주차장은 빈곤의 장소로서 낙인찍히고 있다. 다수의 빈곤한 촌락 주민들이 경험한 누적 박탈은 핏첸이 묘사한 이동식주택 주차장의 거주자에 의해 그려진다.

> 샌디는 20살이다. 그녀는 어느 한 작은 마을의 이동식주택 주차장에 살고 있고, 자신과 그녀의 아이 한 명의 유일한 부양자이다. 복지부에서는 그녀가 직장을 얻기 바랐지만, 그녀 자신은 필사적으로 생활보호에서 벗어나고 싶어 했다. 그녀가 얻을 수 있었던 유일한 일자리는 시내에 있는 슈퍼마켓에서 시간당 4.05달러를 받는 주당 30시간짜리 일거리였다. 이 일자리도 그녀를 빈곤상태에서 벗어나게 해 주지는 못했다. 계속해서 식료품 할인 구매권과 저소득층 의료보장제도 혜택을 받고 있어도 그녀의 소득은 불충분하다. 샌디는 두 번째 파트타임 직을 구하려고 패스트푸드 레스토랑 면접을 보았지만, 레스토랑에서 그녀의 다음 주 스케줄이 어떤지 매 금요일까지 알려 줄 수 없기 때문에, 사실상 두 일을 교대로 한다는 것은 불가능하다는 것을 알았다. 게다가 그녀는 여전히 보건혜택을 받고 있지 않고 있다. 그녀는 일자리를 구하지 않기로 결심하였다. 결국 그녀가 임대료를 내지 못할 지경에 이르자 샌디는 친구의 집으로 이사해 왔다(Fitchen, 1991, p. 132).

촌락 빈곤의 누적된 경험은 단지 개인에게만 적용되는 것이 아니라 세대 간에도 적용될 수 있다. 예를 들면, 클로크(Cloke, 1997b)는 『뉴스위크(Newsweek magazine)』지에 얘기되었듯이, 작은 타운의 한 거주자의 이야기를 언급한다.

> 가난은 한 세대에서 다른 세대로 전달된다. 이것은 빈곤의 유일한 유산이다. 이다 스윌리
> 는 폭주를 일삼는 계부에게서 도망치기 위해 15살에 결혼하였다. 그녀에게는 시장성 있는
> 기술이 하나도 없다. 지금은 43세가 된 그녀는 네 번째 남편과 별거 중이고, 도시부의 악
> 덕 집주인이 소유하고 있는 월 200달러짜리 지저분한 아파트에 살고 있다. 스윌리는 17살
> 난 그녀의 아들과 벌레와 쥐 같은 야생동물들과 함께 가축우리 같은 방을 쓰고 있다. 파리

글상자 19.2   촌락 노숙

촌락 빈곤의 상대적 비가시성은 특히 노숙 문제로 나타난다. 노숙이 촌락 전원 담론에 의해 숨겨질 뿐만 아니라(Cloke et al., 2001a, 2002), 촌락의 노숙은 보통 문자 그대로 도시의 노숙보다 덜 가시적이기 때문이다. 촌락의 노숙은 불편한 노숙보다는 일시적인 거처, 호텔, 폐건물에서의 일시적 거주나 친구 혹은 가족과의 뜻하지 않은 거주와 밀접하게 관련되어 있다. 촌락 노숙자 인구는 도시 지역에서보다 더 분산되는 경향이 있고, 공식 조사에서는 조직적으로 실제보다 적게 측정된다(Cloke et al., 2001b; Lawrence, 1995). 그렇기 때문에 촌락 노숙 문제의 스케일은 책임 있는 지방정부 기관과 대중에 의해 공인되지 않을 수 있다.

공식적 집계의 결점에도 불구하고 통계적 증거는 촌락 노숙의 증대되는 중요한 문제를 지적한다. 예를 들면, 1996년에 잉글랜드 촌락부에서 거의 1만 6,000명 정도의 등록된 노숙자 가정이 있었고 이것은 국가 전체의 14.4%(Cloke et al., 2002)에 해당했다. 이 수치가 전국 평균보다 낮고, 1992년의 그것보다 밑에 있던 동안에 '깊은 촌락' 지구에서의 노숙자는 1992년 이래 12% 이상으로 증가하였고, 그리고 촌락 지방자치단체의 1/4 이상이 25% 어상의 노숙자 증가를 보고하였다. 미국에서는 로렌스(Lawrence, 1995)가 뉴욕, 로스앤젤레스, 또는 워싱턴의 비율보다 높은 1,000명당 20명꼴의 평균수치와 함께, 1,000명당 70명꼴로 높게 측정된 아이오와의 촌락 카운티의 노숙자 비율을 보고한다.

촌락 지역의 노숙자는 도시 지역의 노숙자와는 다른 원인이 있을 수 있다. 단기임차기간의 종료, 담보대출 체납금, 그리고 다른 이유들로 인한 임대주택 또는 사택의 상실을 비롯한 주택요인들은 모두 도시에서보다 촌락의 노숙자에게 더 중요하다(Cloke et al., 2002). 클로크 등(Cloke et al., 2002)에 의해 수집된 촌락 노숙에 관한 개인들의 이야기는 실직, 관계악화, 가족 문제와 병을 비롯하여 노숙자가 되어 가는 과정에 포함되는 다양한 사건을 강조한다. 그러나 공공지원주택으로의 접근성 문제를 비롯한 저렴한 주택의 부족은 취약층의 사람들을 노숙자로 전향하게 하는 공통적인 요소이다. 그들은 또한 노숙을 경험하는 촌락 지역의 경제적 이주자와 안전하고, 값싸고 보다 쾌적한 환경이 있다고 여겨지는 촌락으로 이동하는 도시의 노숙자들을 통하여 촌락과 도시 간 상호관련성에 대해 언급한다. 실제로 클로크 등(Cloke et al., 2002)에서 인용된 이야기는, 도시와 촌락 지역 간 노숙자 개개인의 주기적 이동은 드문 일이 아님을 지적한다.

더 상세히는, Paul Cloke, Paul Milbourne, Rebekah Widdowfield (2002) Rural Homelessness (Policy Press), Paul Cloke, Paul Milbourne, Rebekah Widdowfield (2001) Homelessness and rurality: exploring connection in local spaces of rural England. Sociologia Ruralis, 41, 438-453, Mark Lawrence (1995) Rural homelessness: a geography without a geography. Journal of Rural Studies, 11, 297-307 참조.

채가 한쪽 벽면에 걸려 있는 유일한 장식이다. 캔자스의 더위는 냄새나는 공기를 100도로 밀어 가고, 스윌리의 열 문제를 악화시킨다. 그녀는 그녀의 새로운 남자친구가 감옥에서만 나오면 상황이 나아질지도 모른다고 한다. 그녀의 소중한 소망은 26살 난 딸 캐롤 수와 2살 난 손녀 재클린 루스의 생활이 어떻게든 나아지는 것이다. 그러나 그 꿈은 어쩌면 환상에 불과할지도 모른다. 캐롤 수 스티븐스는 양로원 보조로 시간당 3.85달러를 번다. 그녀의 인생은 그녀 어머니의 인생처럼, 작은 타운에서 술과 폭력을 일삼는 남자와의 로맨스의 연속이었다. 어린 재클린 루스에게는 캐롤 수의 현 남자친구가 아버지가 되어 주었다. 그러나 이 갓난아기는 어느 부모의 성도 따르지 않고 있지 않다… '만약 우리가 양육권 분쟁에 처하게 된다면, 나는 우리 아이가 이미 아버지의 성을 쓰기에 법정에 서는 걸 바라지 않는다'(McCormick, 1988, p. 22).

촌락 빈곤의 경험은 재구조화의 지배적 과정에 의해 형성되지만, 각 개인의 경우에 실업이나 저소득과 같은 처음 상태가 나쁜 건강, 범죄, 약물 남용, 알코올 중독, 가족 붕괴 그리고 노숙과 같은 문제를 증폭시킬 가능성이 있다(글상자 19.2 참조). 이러한 경험들의 대부분이 도시의 빈곤층 사람들과 함께 공유되지만, 촌락 지역의 독특함은 개인이 가난으로부터 도망칠 수 있는 능력에 영향을 주고, 사회적으로 혜택을 받지 못하는 사람들에 대한 보다 넓은 사회의 태도에 영향을 준다.

요약

빈곤은 촌락 지역에서 널리 퍼져 있고 지속된다. 그러나 그 존재는 촌락 전원에 대한 막강한 담론과 그 확산에 의해 보통 가장된다. 촌락 빈곤의 본질은 문제와 싸우기 위한 정책과 계획의 개발을 좌절시킬 수 있다는 점이다. 보통 촌락 빈곤에 대처하려는 시도들은 두 형태 중 하나를 취한다. 첫째는, 빈곤 경감은 촌락 개발 전략의 목표가 될 수 있다(제10장 참조). 그러나 이 접근법은 오직 부분적으로만 성공했다는 평을 받고 있다. 경제개발계획은 좀 더 많은 일자리를 만들어 낼 수 있겠지만, 일반적으로 새로운 일자리가 빈곤을 겪고 있는 지역 주민들에게 갈 것이고, 교통과 같은 고용의 장애가 극복될 것이며, 급여가 소득수준을 향상시키기에 충분하다거나, 변화가 박탈의 비경제적 요인을 가져온다는 보장이 없다. 둘째는, 빈곤을 겪고 있는 개인과 가정은 정부로부터 복지급여를 지원받고 있다. 그러나 다시 복지급여는 보통 수령자를 빈곤에서 벗어나게 하기에는 불충분하고, 국가 복지시스템의 일환으로서 실시되는 프로그램들은 촌락 빈곤의 특정 조건에 적절히 대응하지 못할 수도 있다. 클로크는 1980년대와 1990대의 신우익 사상에 따른 복지개혁이 많은 가정을 위한 사회적 안전망을 제거함으로써 촌락 빈곤 문제의 원인이 되었음을 시사한다. 실제로 새로운 '근로복지제도'와 '복지에서 노동으로의 정책' 프로그램이 촌락 빈곤, 촌락 경제, 노동 시장의 다른 특성 때문에 촌락 지역에서 비효과적이라고 비판을 받고 있다.

그런 까닭에 촌락 빈곤을 해결하기 위한 전략으로서 자조와 봉사활동이 강조되고 있다. 이러한 것들은 무료급식소, 푸드뱅크, 그리고 신용협동조합과 비공식적 네트워크, 그리고 박탈된 가정 스스로가 고안해 낸 대처법과 같은 커뮤니티 기반의 상호관계를 포함하고 있다. 덧붙여서, 촌락 빈곤에 대한 역사적 대처법─이주─은 아직 유효하다. 캘리포니아의 공무원들은 전 농업 노동자들을 고기 포장과 같은 산업에서 미숙련 노동자들을 위한 일거리가 있는 캔자스, 아이오와, 그리고 네브라스카와 같은 주로 이주할 것을 장려함으로써 그들의 실업 문제에 대처하고자 노력해 왔다. 그러나 이주 자체는 복잡한 박탈 상태에 갇힌 많은 촌락 가정들의 방법을 넘어설 수 있는 값비싼 과정이다.

더 읽을거리

촌락 빈곤의 성격, 역동성, 그리고 상대적인 방치는 Paul Cloke, 'Poor country: maginalization, poverty and rurality', 그리고 P. Cloke and J. Little (eds), *Contested Countryside Cultures* (Routledge, 1997), Paul Mibourne, 'Hidden from view: poverty and marginalization in rural Britain', P. Milbourne (eds), *Revealing Rural 'Others' : Representation, Power and Identity in the British Countryside* (Pinter, 1997)에서 잉글랜드와 웨일즈의 증거와 함께 논의된다. 박탈과 촌락 전원에 관한 담론 간의 양립 불가성은 Rachel Woodward, '"Deprivation" and "the rural" : an investigation into contradictory discourses', *Journal of Rural Studies*, volume 12, 55-67 (1996)에서 상세히 다뤄지고 있다. 핏첸의 뉴욕 주 촌락 커뮤니티에 관한 연구는 다양한 요인이 박탈의 원인이 되는 방법을 강조하면서 촌락 빈곤 문제에 대한 상세한 논의를 다룬다. *Endangered Spaces, Enduring Places: Change, Identity and Survial in Rural America* (Westview Press, 1991)를 참조하라.

웹사이트

미국의 촌락 빈곤에 관한 더 많은 정보는 촌락빈곤연구센터(Rural Poverty Research Center)의 웹사이트(www.rprconline.org)에서 찾아볼 수 있다. 잉글랜드 촌락청(Countryside Agency)은 웹사이트에서 설명되듯이 촌락 지역의 사회적 배제를 다룬다(www.countryside.gov.uk).

제20장

촌락성, 국가 정체성과 민족집단[1)

서론

촌락은 오랫동안 국가 정체성의 토대로 기능해 왔다. 도시는 문명화의 상징으로 찬미되어 국가적 역량을 뽐내기 위해 기념비적인 권력 경관이 들어서는 무대로 기능해 왔지만, 한편으로 도시는 다양한 사람과 사상이 모이는 '용광로'라는 점에서 국가적 가치와 원칙이 외국인 또는 외국의 영향과 타협되는 장소로 기능해 왔기 때문이다. 쇼트(Short, 1991)에 따르면, 기원전 1세기 로마의 작가 키케로(Cicero)가 일찍이 이러한 윤리의 지리(moral geog- raphy)를 설명하였는데, 이러한 지리는 오늘날에도 쉽게 발견된다. 그런데 도시와 대조적으로 시골마을은 순수하고 순진한 공간, 그래서 국민의 가치와 국가 정체성에 딱 들어맞는 공간으로 재현된다.

그런데 촌락을 **국가적**(national)으로 순수한 장소로 재현하는 데서 한발 나아가 **민족**(ethnicity) 혹은 **인종**(racial)적으로도 순수한 장소로 재현하는 것은 상당히 위험하다. 선진국의 경우 이러한 발상으로 촌락이 '백인의 공간'으로 재현되면서, 백인이 아닌 민족을 은연중에 혹은 명시적으로 배제하게 되기 때문이다. 이러한 편견은 사실 역사적·사회적·경제적으로 강화되어 왔는데, 그동안 비백인 인구는 도시부에 집중하는 경향이 있었고, 그래서 촌락 지역에는 비백인 인구가 적었기 때문에 이들은 고립과 차별을 경험하곤 했다. 동시에 촌락에 이미 정착하고 있었던 비백인 주민, 특히 미국 남부의 흑인이나 북미와 오스트레일리아, 뉴질랜드의 선주민은 백인 엘리트의 개척 과정 속에서 차별

---

1) 역자 주 : 이 글에서는 문맥에 따라 nation은 국가 또는 국민으로, ethnicity는 민족 또는 민족집단으로 번역하였다.

받고 주변부화되었다.

이 주제를 고찰하기 위해서, 이 장은 먼저 촌락성과 국가 정체성을 연결하는 담론을 자세히 고찰하여, 촌락이 백인의 공간으로 구성되는 과정을 검토해 본다. 또한 다양한 민족적 배경을 지닌 사람들이 촌락에서 거주하면서 혹은 여가를 즐기는 동안 경험한 배제와 인종주의를 검토하여, 촌락성에 대한 비백인의 경험을 조사하고자 한다. 다음으로는 백인 시골마을 모델의 예외 지역으로, 흑인이 다수를 차지하는 미국 남부의 촌락 지역을 소개하고, 그러나 그러한 지역에서도 체계적으로 집합적 배제 및 주변부화가 경험되고 있음을 설명하고자 한다. 마지막으로 백인 시골마을 모델의 두 번째 예외로, 북미와 오스트레일리아, 뉴질랜드 선주민의 촌락성을 살펴보면서, 어떻게 이들 공동체가 주류 촌락 사회에서 체계적으로 배제되었고 주변부화되었는지를 살펴보고자 한다.

촌락성과 국가 정체성

촌락성은 촌락 경관 그리고 촌락 생활이라는 관념에서 국가 정체성과 연계된다. 다니엘(Daniels, 1993)이 이야기했듯이, 국가는 경관을 통해 묘사된다. 경관은 국가 정체성을 구성하기 위한 가시적인 형상을 제공하며, '특정 경관은 도덕적 질서와 미적 조화의 전형으로서, 국가적 아이콘이라는 위상을 획득한다' (p. 5). 독특한 촌락 경관은 국가 정체성의 상징으로서 숭배된다. 미국의 대초원, 오스트레일리아의 오지, 스코틀랜드의 산악지대, 잉글랜드의 경사진 언덕과 계곡이 그 대표적 사례다. 이러한 경관은 영감과 평안을 줄 수 있고, 다니엘(Daniels, 1993)의 말을 빌리면, '경관 보호는 외부공격에 대한 문화적 저항처럼 기능해왔다' (p. 7).

한편 촌락 생활은 도시에서의 삶보다 순수하고 고결하다는 국가주의적 담론 속에서 구성되었다. 18세기 프랑스 철학자 장 자크 루소(Jean-Jacques Rousseau)는 '나라를 만드는 것은 촌락 사람이다'라고 주장했는데(Lehning, 1995, p. 12에서 인용), 농민은 국가적 특성을 보여 주는 기본 사례로 자주 꼽히고 있다. 농민은 국가를 먹여 살린다는 이유에서뿐 아니라, 외부 사상과 영향에 덜 '오염'되었고, 국가의 뿌리를 회상시키는 전통적인 생활양식에 가깝게 생활한다는 점에서도 칭송되었다. 라메트(Ramet, 1996)가 1990년 세르비아 민족주의와 촌락 주민 간의 연계를 추적한 논문에서 묘사했듯이, '촌락은 도시보다 순수하다고 주장되었다. 도시에서는 훼손되고만 오래된 가치를 보전하고 있기 때문이다' (p. 71). 촌락 생활에 대한 이러한 재현은 농업 사회의 지속성을 전제로 하는 것이지만, 이때 전통과 안정에서 강조되는 것은 현대적인 촌락의 전원성 담론이다.

촌락 공간은 국가의 **심장부**인 동시에 **프런티어**(frontier)이다. 프런티어로서 촌락은 특히 미국, 캐나다, 오스트레일리아에서 국가 정체성을 구성하는 핵심 요인이다.

> 신세계의 4개국에서, 국가 건설은 황무지 정복과 밀접한 관계를 맺고 있다. 미국과 오스트레일리아에서 국가의 역사는 산림과 초원을 해치고 나라를 창조하는 이야기다. 황야의 변화는 이들 국가 정체성에서 특별한 의미를 지닌다(Short, 1991, p. 19).

미국의 서부개발은 유럽에서 벗어나서 진보를 이뤘음을 보여 주는 상징이었을 뿐 아니라 신생국가가 자연을 정복함으로써 스스로를 증명하는 과정이었다. 이 '프런티어 가설'에서 핵심적 인물은 농부가 아닌 **개척자**였다. 이들은 용기와 투지, 지혜를 갖춘 완벽한 국가 캐릭터였고, 그들의 정신적 후손은 미국의 현대적 촌락에서 가족 농장을 경영하는 농부와 목장 주인이라고 주장되었다. 게다가 제13장에서 논했듯이, 신생국가인 미국에게 황무지는 경쟁국인 유럽국가가 지닌 문화유산과 맞설 수 있는 문화적 · 자연적으로 중요한 장소였고, 이는 국립공원 제도 창립의 근거가 되었다.

국가의 심장부로서 촌락을 재현한 사례는 잉글랜드에서도 잘 나타난다. 잉글랜드는 1861년 이후 급격한 산업화와 도시화를 경험했지만, 호킨스(Howkins, 1986)가 관찰한 것처럼 잉글랜드다움이라는 이데올로기는 '놀라울 정도로 촌락적이다. 특히 잉글랜드인의 **이상**(ideal)은 대부분 촌락적인 것이다'(p. 62). 호킨스는 잉글랜드다움이 촌락성으로 정의된 계보를 추적하였는데, 이는 19세기 후반과 20세기 초반의 제국 팽창 시기로 거슬러 올라갔다. 식민지화 과정은 군 장교와 관료에 의해 추진되었는데, 이들 대부분은 시골에서 자라난 소지주들이었다.

> 영국 제국주의에 의해 전 세계의 낯선 토지에 도착하면서, 아늑한 고향의 풍경 ― 목가적 시골마을에 있는 초가지붕의 오두막과 정원 ― 에 대한 그리움도 강해지게 되었다. 그레이트브리튼 안에는 리틀 잉글랜드가 잠복해 있었다(Daniels, 1993, p. 6).

이 담론은 제1차 세계대전 동안 잉글랜드 이미지를 재생산한 작품의 영향을 받아 대중적 상상 속에서 고착되었는데, 예를 들면 존 컨스터블(John Constable)의 상징적 그림 "건초마차(The Haywain)"에서 시골은 전쟁 속에서 군대가 싸우며 지켜야 하는 고향으로 묘사되었다. 그런데 이와 동시에 전쟁과 급격한 도시화로 촌락 경관은 영국다움의 전형으로 재생산되기 어려워졌다. 그 결과 영국 촌락의 비전은 영원함을 재현하는 동시에, 모순적으로 연약함 및 위태로움도 재현하게 되었다. 이러한 해석은 제1차 대전과 제2차 대전 사이에 영국의 총리로 역임했던 스탠리 볼드윈(Stanley Baldwin)에 의해 대중적으로 호소되었는데, 그는 연설에서 촌락 시골마을을 영국인의 국가 정체성의 정수라고 칭송하였다.

> 나에게 영국은 시골이고, 시골은 곧 영국이다. …영국의 소리는 시골 대장간 모루의 망치 소리, 이슬 맺힌 아침의 뜸부기 소리, 숫돌에 낫 가는 소리이다. 영국에서는 언덕을 오가며 쟁기질하는 농부들을 볼 수 있는데, 이는 영국이 육지가 되었을 때부터 그러했고, 제국이 사라지고 영국에 있는 노동자들이 일을 멈춘 이후에도 오랫동안 그러할 것이다. 몇 세기 동안 이는 영국의 영원한 광경이 될 것이다(1924년 스탠리 볼드윈의 연설, Paxman, 1998, p. 143에서 인용).

그런데 팍스만이 지적했듯이, 볼드윈이 묘사한 촌락 광경은 이미 그가 연설했던 1924년 당시에도 시대착오적인 것이었다. 영국의 국가 정체성의 핵심으로 재생산된 촌락의 전원성은 실재하는 현실이라기보다는 역사적 허구에 가까웠다. 또한 촌락의 전원성은 '완만하고, 헐벗고, 산림이 구불구불한 언덕에 흩어져 있는 획일적인 경관'으로 유명한 영국 남동부의 '남부 시골'이라는 특정 지역의 경관에 근거한 것이었다(Brace, 1999, p. 92). 서부의 황무지나 북부의 고지대, 동부의 저지대 등 변방에 있는 촌락 경관이나 중부지방의 산업화된 시골은 모두 이상적인 영국의 비전에서 제외되었다.

시골과 국가 정체성이 동일시되면서 시골사람의 순수성이 칭송되고, 외부와 접촉이 적다는 이유로 촌락 공간은 국가적 가치의 역사적 보고로 자리매김되는데, 이러한 유형의 재현은 암묵적으로 혹은 명백하게 촌락이 단일한 민족집단으로 구성되어 있다고 가정한다. 결과적으로 소수민족은 촌락의 전원성에서 배제되게 되고, 촌락에서 거주하거나 촌락공간을 이용할 때 인종차별을 경험하게 된다. 다음에서는 비백인 민족이 촌락성을 어떻게 경험하는지 고찰하고자 한다. 먼저 촌락이 백인의 공간으로 구성되면서 소수민족이 경험하게 되는 배제와 차별을 살펴보자.

백인의 공간으로서 촌락에 대한 도전

촌락의 전원성이 국가 정체성과 동일시되면서, 시골은 '백인'의 공간으로 인종차별적으로 구성되는 그럴싸한 근거가 마련되는데, 이는 이민의 공간적 역학관계에 의해 강화된다. 도시는 공항이나 주요 항만과의 근접성, 이미 정착해 있는 소수민족 공동체의 존재, 신규 진입에 대한 제도적 지원 등의 측면에서 초기 목적지로 선호된다. 예를 들면 1990~1999년 사이 미국 이민자 중 5%만이 촌락 카운티로 직접 이동하였다(Isserman, 2000). 혹은 국내에서 태어난 소수민족도 역시 도시에 공간적으로 집중되는 경향이 있다. 1991년 소수민족은 영국 총인구의 6.2%를 차지했는데, 단 1.6%만이 촌락 지구에 정착하고 있었다. 촌락 인구의 주류가 백인집단인 유럽, 오스트레일리아, 뉴질랜드, 캐나다, 북미에서도 유사한 패턴이 나타난다. 이 패턴의 유일한 예외 지역은 흑인 및 히스패닉이 많이 거주하는 미국 남부의 카운티인데, 이에 대해서는 뒤에서 다시 살펴본다.

인구통계와 문화적 편견을 함께 고찰하면, 시골이 '백인'의 공간으로 자가증식되고 있음을 알 수 있다. 역도시화에 있어서 인종차별주의적 태도는 작지만 중요한 요소로(제6장 참조), 백인의 편견을 강화한다. 즉

> 유색민족의 타자성을 생각하면 '민족집단'은 시골에는 어울리지 않는다. 백인의 상상 속에서 유색민족은 '이국적' 환경으로 재현되는 도시에 국한되어 있다. 촌락성에서 백인은 '토박이'를 의미하며, 악과 위험의 부재를 의미한다. 시골마을은 유색민족의 침범이 없는 곳으로 순화되었다(Agyeman and Spooner, 1997, p. 199).

이러한 유형의 배제 담론은 유색민족에게 시골은 환영 받지 못하고 위협 받는 장소로 인식되고 있음을 의미한다. 이 두려움과 배제의 지리는 흑인 영국 사진작가인 인그리드 폴라드(Ingrid Pollard)의 촌락 경관 속 자화상이 포함된 '목가 간주곡' 모음집에서 잘 묘사되어 있다. 폴라드는 한 사진 설명에서 '나는 잉글랜드 북서부의 레이크 디스트릭트를 좋아한다고 생각했지만, 그곳 백인의 바다를 헤매면서 외로움을 느꼈다. 시골마을을 방문하는 것은 언제나 불안하고 무섭다', '나는 여기에 속해 있지 않다는 느낌. 잎이 무성한 빈터에서 야구 방망이를 들고 내 옆을 지나간다'고 적고 있다(Kinsman, 1995, p. 310, p. 302에서 인용).

이러한 인종과 촌락성에 대한 재현은 촌락에서 살고 있는 유색민족의 일상 경험에 영향을 준다. 비록 단일하고 일반적인 경험이라는 것은 존재하지 않고, 많은 유색민족이 환영받고 촌락 공동체에 통합되었지만, 애즈먼과 스푸너(Agyeman and Spooner, 1997)가 강조했듯이 영국 촌락에서 '무지함, 고정관념에 대한 무비판적 수용, 그리고 전입자에 대한 저항감으로 인해 인종차별적인 폭력, 괴롭힘, 무시, 편협성을 휘두른 사례'

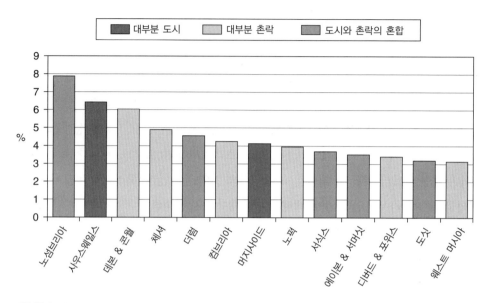

그림 20.1 잉글랜드와 웨일즈의 경찰관할 구역에서 소수민족 인구수 대비 인종차별 범죄사건 비율의 순위, 1999~2000년
출처 : Observer, 18, February 2001

를 발견한 수많은 보고서가 존재한다(p. 203). 이들은 제도적 인종차별주의도 촌락 지역
에서 자주 눈에 띈다고 지적하면서, 공공서비스 공급자와 고용주는 입에 발린 말로 동등
한 기회를 이야기 할 뿐이라고 비판하였다. 잉글랜드와 웨일즈에서 소수민족에 대한 폭
력적인 공격과 학대 등 인종차별 범죄사건의 비율은 도시부보다 촌락부에서 더 높게 나
타난다(그림 20.1).

유색민족은 시골을 위협적이고 환영 받지 못하는 환경으로 인식하게 되었고 이에 여가
활동을 위해 촌락 지역을 방문하는 것을 단념하고 있다. 영국에서 실시된 조사는 대부분
의 소수민족이 촌락 여가활동에 참여할 가능성이 낮은 그룹에 속해 있음을 보여 준다. 애
즈먼과 스푸너(Agyeman and Spooner, 1997)가 지적했듯이 이는 경제적·시간적 요소
때문이기도 하지만 두려움도 중요한 요소이다. 말릭이 말했듯이,

> 사람들은 실제 경험보다 훨씬 더 시골마을에서 학대 혹은 거부될 것이라고 생각하고 있
> 었다. 그 때문에 많은 사람들이 그 곳을 가기를 꺼렸고, 그곳에서 머물 때는 안전함이나
> 편안함을 느낄 수 없었다(Malik, 1992, p. 32).

그런데 영국 촌락에서 인종차별주의는 비록 소수에 불과하지만 이미 촌락 지역에 거주
하고 있는 유색민족이 존재한다는 것을 근거로 존재하지 않는 것처럼 감춰지곤 한다. 그

래서 인종적 이유에서 촌락 지역으로 이주하는 현상은 '삶의 질'을 찾아서 이주하는 것
으로 위장되고, 인종적 편견은 모든 배경의 전입자를 향한 지역 주민의 반감인 것처럼 가
장된다(Agyeman and Spooner, 1997). 이러한 태도를 극복하여 더 많은 유색민족이 촌
락 지역을 방문하도록 격려하는 시도가 시작되었는데, 흑인 환경 네트워크(Black
Environmental Network)와 국립공원의 사업이 그것이다. 이러한 시도에 대해 특히 젊
은 흑인 및 아시아계 영국인 사이에서 긍정적인 호응이 나타나고 있어서, 그들은 다른 도
시민처럼 그들도 시골을 향유할 권리가 있다고 주장하고 있다.

미국 촌락에서 흑인의 경험

촌락은 '백인의 공간'으로 구성되었지만 몇몇 예외적인 사례가 있는데, 그중 대표적인
지역이 바로 미국 남부에 있는 메트로폴리탄을 제외한 77개의 카운티이다. 아프리카계
미국인이 다수를 점하는 이 지역은 미시시피 강 유역의 옛 목화지대 또는 앨라배마·조
지아·사우스캐롤라이나의 담배 생산지대로 상당히 독특한 사회적·경제적·정치적 역
사를 지니고 있다. 아프리카계 미국인이 이 지역에 집중하게 된 것은 과거 노예제 때문인
데, 노예제가 폐지된 이후에도 뿌리 깊은 인종차별주의와 억압이 이어져서 아프리카계
미국인 공동체에 대한 사회적·경제적·지리적 주변부화는 지속되었다. 19세기 후반 흑
인과 백인을 분리하기 위해 소위 '짐 크로우(Jim Crow)' 법이 도입되었는데, 그 결과 남
부에 있는 많은 주(state)에서는 학교·병원·공원·교통·주택·레스토랑·극장을 인
종별로 구분하여 제공하였다. 흑인 공동체에게 제공된 시설은 여전히 질이 낮았고, 분리
정책은 남부 촌락 지역에 거주하는 아프리카계 미국인의 사회적·지리적 고립을 고착화
시켰다(Snipp, 1996). 게다가 촌락의 흑인 공동체는 낮은 학력과 제한된 기회, 이에 더해
고용차별주의와 소작제도로 인해 경제적으로도 빈곤했다. 노예제도가 폐지되면서 자유
의 몸이 되었으나, 자신의 토지가 없었기 때문에 백인이 소유한 땅에서 일할 수밖에 없었
기 때문이다. 백인 토지 소유자들은 소작제도를 악랄히 이용했기 때문에 때로 흑인 농부
들은 토지 소유자에게 '빚'을 지게 되는 상황에 몰렸고, 거의 돈을 벌 수 없었기에 육체
적·정신적으로 힘든 노동에서 벗어날 수 없었다(Harris, 1995).

 1920~1950년간 진행된 인구이동으로 남부 촌락에서 거주하는 아프리카계 미국인의
비율은 20%까지 감소하였다. 최근에는 인구이동이 안정되어 1990년 통계로는 아프리카
계 미국인의 15%가량이 남부 촌락에 살고 있는 것으로 나타났다(Snipp, 1996). 장기간
진행된 이촌향도로 아프리카계 미국인 내에서도 사회적 양극화가 나타나기 시작했다. 도

시에서는 흑인 중산층이 출현한 반면, 남부 촌락 지역의 흑인은 여전히 경제적으로 주변부화되어 남아 있었다.

> 오랫동안 유지되어 왔음에도 불구하고 촌락 흑인 커뮤니티는 '뒤에 남겨지는 장소'가 되었다. 비록 1970년대와 1980년대 남부의 경제 붐에 힘입어 남부로 유턴한 아프리카계 미국인의 사례가 많이 보고되었지만, 남부의 경제 발전은 지역 격차를 동반한 것이어서 아프리카계 미국인이 다수 거주하는 촌락부가 아닌 도시부에 집중되었다(Snipp, 1996, p. 131).

아프리카계 미국인이 다수 거주하는 카운티는 대부분 지속적으로 빈곤한 지역에 속했는데(제19장 참조), 1989년 조사에서는 이들 카운티에 거주하는 흑인 가구 중 약 절반(47.8%)이 빈곤가구에 속한 것으로 조사되었다(Cromartie, 1999). 아프리카계 미국인은 경제적으로 주변부화되었을 뿐 아니라, 역사적으로도 정치적으로도 주변부화되어 왔다. 백인 엘리트는 비록 소수였지만 분리정책으로 기득권을 지니고 있었는데, 이들은 아프리카계 미국인을 정치권력에서 배제시켜 왔다. 20세기 후반이 되어서야 겨우 정치적 주변부화에 도전할 수 있을 만큼 상당수의 흑인이 지역 정치인으로 선출되게 되었다.

미국의 흑인 농부들은 잔혹한 인종차별에 부딪혔다. 1920년 미국 흑인 농부의 수는 92만 5,000명 이상으로, 미국 전체 농부 7명 중 1명이 흑인이었다. 그러나 그 후 흑인 농부 수는 감소하여 1982년에는 67명의 농부 중 1명만이 흑인이었고, 1992년 여전히 농업에 종사하는 흑인 농부 수는 1만 9,000명 이하였다. 사실상 흑인 농업 커뮤니티는 전멸된 것인데, 이는 경제적 재구조화와 제도적 인종주의가 결합된 결과이다. 흑인이 운영하는 농장은 대체로 소규모였고, 그래서 장비가 불충분했기에 20세기 동안 격화된 농업의 상품화 및 글로벌화에 따른 경쟁에서 살아남기 힘들었다(제4장 참조). 정부는 백인 농부에게는 두터운 지원과 보조금을 제공했지만, 흑인 농부에게는 까다로운 조건을 내걸었다. 흑인 농부는 은행에서 돈을 빌리기도 어려웠기 때문에 '최종대출자'로 알려진 USDA(미 농무부)에 의존하여 자금을 차용할 수밖에 없었다. 그런데 흑인일 경우 USDA의 자금대출 승인과정은 더디게 진행되었고, 더 높은 이율이 부과되었다(Sheppard, 1999). 남부에서 흑인 농부는 USDA 공무원으로부터 상당한 인종차별과 학대를 경험하기도 했다. 법정에서 이러한 제도적인 인종차별주의 혐의가 입증된 것은 1999년으로, USDA는 시민권을 침범당했던 흑인 농부에게 총 3억 달러에 이르는 보상금을 지불하는 데 동의하였다.

선주민의 촌락성

'백인의 공간'이 아닌 예외적인 촌락의 또 다른 사례는 북미, 오스트레일리아, 뉴질랜드에 있는 선주민(first nation)이 거주하는 촌락이다. 유럽 식민지화 이전 선주민은 촌락사회의 기본적인 구성원이었다. 그러나 식민지화 과정에서 선주민은 그들의 땅을 빼앗겼고 보호구역으로 이주할 것을 강요 받았는데, 이주지는 대부분 촌락 환경에 입지해 있었다. 그런데 이와 동시에 새로운 국가—오스트레일리아, 뉴질랜드, 캐나다, 미국—를 건설하기 위해 촌락의 재창조가 도모되면서, 선주민이 부여한 의미를 대신하여 선주민 공동체의 지속적인 존재를 무시하는 새로운 의미가 강요되었다(글상자 20.1 참조). 선주민 집단의 촌락 지리는 탄압되었고 종속되었다. 스닙(Snipp, 1996)은 미국의 아메리칸 원주민 보호구역에 대해 다음과 같이 논하고 있다.

> 19세기 보호구역을 창설하고자 한 동기는 원래 아메리칸 인디언을 고립시키고, 미국 사회의 주류에서 멀리 떨어진 곳에 머물게 하려는 의도에서였다. 궁극적으로는 교육을 통해 기독교인으로 개종하고, 다른 방법을 통해 아메리칸 인디언을 '개화'하면 더 이상 보호구역이 필요치 않을 것이라고 기대되었다(Snipp, 1996, p. 127).

글상자 20.1　캐나다 북부 촌락의 신화

촌락성과 국가 정체성의 연계, 그리고 그러한 상상의 지리에서 선주민의 담론적 배제는 캐나다 북부 촌락의 재현에서도 잘 나타난다. 쉴즈(Shields, 1991)는 캐나다인의 국가 정체성 담론의 핵심요소로 '강하고 자유로운 진북(眞北)' 신화가 재생산되고 있음을 묘사하였다. 이는 캐나다의 북부를 영적인 국가의 심장부이자 인구밀집 지역인 캐나다 남부도시의 평행추로 여기는 신화이다. 쉴즈가 관찰했듯이 '대부분의 영어권 캐나다인에게 "북부"는 단순히 사실에 입각한 지리적 지역일 뿐 아니라 또한 상상의 지대이다. 북부는 캐나다 남부에서 보면 프런티어, 황야, 백지의 빈 "공간"이다'(p. 165). 쉴즈는 계속해서 '빈 페이지는 "캐나다인다움"의 정수라는 이미지로 그림이 채워질 수 있고, 도시의 실재에 반하는 이미지로 채워질 수 있다'(p. 165)라고 설명한다. '빈 공간'으로서의 북의 재현은 그러나 이 지역 이뉴잇 공동체의 존재와 문화유산을 무시한다. 이뉴잇의 존재가 인정되더라도 이뉴잇 민족의 생활양식은 역설적으로 인식되어, 험난하고 어려운 것, 그러므로 캐나다의 국가적 특성인 회복력(resilience)을 상징하는 동시에 도시화된 남부의 문명보다 열등한 것으로 여겨진다. 쉴즈는 그 사례로 북부에 대한 영화를 언급하는데, '이글루의 지붕을 제거해서, 영하의 기온에 집에서도 옷을 완전히 갖춰 입을 필요가 있음을 보여 줌으로써 이글루가 불편하고 추운 환경이라는 생각을 유발한다'(p. 176).

　　게다가 북부에 대한 재현 간에 갈등도 존재한다. 북부는 자원이 풍부한 배후지로 재현되기도 하며 반면 보호가 필요한 문화적 심장부로 재현되어, '북부 개발 혹은 이뉴잇의 "문명화"라는 온정주의적 정책을 위한 근거로 사용된다.' 캐나다 헌법에서 노스웨스트 준주(Northwest Territories)와 유콘 준주(Yukon Territory)의 자치권은 거부되었는데, 이는 그들이 '국가적 이해' 속에서 남부의 지배를 받아야 한다는 것을 의미했다. 1980년대 이후, 자치권은 캐나다에서 선주민 권리 캠페인의 핵심 목표가 되었고, 결과적으로 1999년 누나부트(Nunavut)라는 새로운 영토가 설립되었는데, 이는 이뉴잇어로 '우리의 땅'을 의미했다. 노스웨스트 준주에서 허드슨 만(Hudson Bay) 북서부에 이르는 200만 제곱킬로미터의 영토에는 2만 9,000명의 주민이 거주하는데, 그중 85%가 이뉴잇이다.

더 자세한 내용은 Rob Shields (1991) Places on the Margin (Routledge) 참조.

19세기 보호구역으로 이주하면서 아메리칸 선주민의 자급자족도 불가능해졌다. 보호 구역 밖에서는 사냥이 금지되었고 화기 소유도 금지되었기에, 결과적으로 아메리칸 선주 민은 군대가 제공하는 보급품에 의존할 수밖에 없었다. 20세기에 들어서면서 선주민은 도시 중심부로 이주하였고, 촌락부는 인구가 희박해졌다. 1990년 미국에서 여전히 촌락 에 거주하고 있는 선주민 인구는 절반 이하로 감소했는데, 이들 대부분은 보호구역에서 살았지만 지역적으로 다소간 차이는 있었다(Snipp, 1996). 캘리포니아 아메리칸 선주민 은 주로 도시에 거주한 반면, 로키 산맥 주와 알래스카에서는 27개 촌락 카운티에 주로 거주했다(Brewer and Suchan, 2001; Snipp and Sandefur, 1988).

아메리카 선주민이 보호구역을 떠나 도시로 이주한 것은 경제적 요인 때문이었다. 아메 리카 선주민의 노동 참여율은 촌락보다 도시에서 훨씬 높았으며, 평균 연수입도 도시가 20~25% 더 높았다(Snipp & Sandefur, 1988). 보호구역의 경제력은 제한적이었는데, 토지의 주변성, 환경 착취에 대한 문화적 태도, 산업화의 부재, 자본 부족 등의 이유 때문 이었다. 비록 많은 보호구역이 광물을 비롯한 자연자원이 풍부한 곳이었지만, 이를 개발 하기 위해서 외부자본에 의존해야 했고, 창출된 부는 선주민 공동체에게 이르지 못했다. 결국 아메리카 선주민 보호구역은 종종 높은 빈곤율을 보였다. 1989년 아메리카 선주민 이 다수 거주하는 촌락 카운티에서는 절반가량의 선주민이 빈곤선 이하로 살고 있었다. 1997년 다수의 보호구역에서 실업률이 높게 나타났는데, 사우스다코타에 있는 샤이엔강 수민족 보호구역(Cheyenne River Sioux Reservation)에서 선주민의 실업률은 80%에 달했고, 몬태나에 있는 로키 보이 보호구역(Rocky Boy's Reservation)에서는 77%, 미네 소타에 있는 레드 호 치페와 민족 보호구역(Red Lake Chippewa Reservation)에서는 62%를 기록하였다(Cornell, 2000).

그런데 코넬(Cornell, 2000)은 이와 반대로 실업률이 매우 낮은 보호구역도 존재한다 고 지적하면서, 아메리카 선주민 집단 내부에서 양극화가 발생하고 있다고 주장하였는 데, 이는 1980년대 보호구역의 빈곤 수준 변화에 대한 그림 20.2에서도 볼 수 있다. 보호

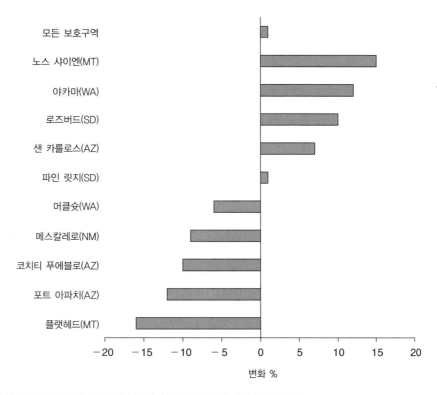

그림 20.2 보호구역별 공식적인 빈곤수준 이하의 수입으로 생활하는 성인인구의 변화
출처 : Cornell, 2000

구역의 상대적 풍요로움 혹은 상대적 박탈 정도는 지리적 고립 정도, 즉 도시 노동 시장으로 진입할 수 있는 가능성에 따라 결정되는데, 이와 동시에 자치권의 정도, 즉 틈새시장(담배 면세품 판매, 그리고 더 중요한 것으로 카지노 관련 관광)을 발달시킬 수 있는 권한도 중요한 요인으로 지적된다(Snipp, 1996).

스닙(Snipp, 1996)이 관찰했듯이 선주민 보호구역은 마지막으로 남은 최후의 보루로서 오늘날 선주민 문화와 사회생활의 중심지가 되었다. 일련의 조약과 합법적 협정으로 부족집단은 보호구역 안에서 일정한 자치권을 지니게 되었고, 그들 자신의 전통에 따라 토지를 관리할 수 있게 되었다. 그런데 선주민의 권리는 보호구역 안에서만 인정되었다. 더 급진적인 과정은 오스트레일리아에서 제기되었는데, 오스트레일리아에서는 1993년 '원주권법(Native Title Act)'이 제정되었다(뉴질랜드에서도 토지권이 정치적 의제로 제기되었다). 이 법률로 선주민(오스트레일리아의 원주민) 공동체는 전통적 법 및 관습 체제 아래에서 관련성을 입증할 경우 촌락 영토에 대한 소유권을 주장할 수 있게 되었다. 소유권의 인정으로 선주민 공동체는 영토 통치에 관여할 권리를 얻게 되었고, 기존 토지 소유자 및 정부당국에게 변화를 요구할 수 있게 되었다. 선주민 공동체는 또한 협상을 통해 광산채굴이나 탐사활동에서 경제적 이득을 얻을 수 있게 되었고, 과거 정부의 행위에 대한 보상을 받을 수도 있게 되었다(Davies, 2003). 2001년 6월, 1,000건 이상의 청구권이 신청되었고, 이는 오스트레일리아 서부의 대부분을 포함하여 상당수의 촌락에 걸쳐 있었다. 다만 인정 절차는 더디게 진행되고 있어서 인정받은 청구권은 극히 소수에 불과하다. 데이비스의 논평처럼 이 프로그램이 오스트레일리아 촌락, 그리고 선주민 공동체의 장소에 주는 함의는 광범위하다.

> 원주권의 인정은 선주민이 협력자로서 그들의 전통적인 마을을 운영하는 데 참여할 수있는 문을 열었다. 청구권은 선주민법과 거버넌스 구조에 기반하여 전통적인 소유권을 만들어 냈고 점차 가시화되고 있다. 그러나 원주권의 청구가 비선주민의 부동산 권리와이해에 위협이 될 것이라는 보수적 인식으로 청구권 인정에 대한 법률적 제한이 마련되었고, 청구권을 인정받는 것은 점점 더 어려워지고 있다(Davies, 2003, p. 41).

그런데 원주권의 인정은 아직은 선주민에게 토지를 돌려주거나 선주민 그룹에게 완전한 권한을 부여하는 데까지 이르지는 못하고 있다. ILC(Indigenous Land Corporation)산하에 있는 ATSIO(Aboriginal and Torres Strait Islanders Organization)가 소유하거나 위탁 관리하는 토지의 대부분에서 원주권 청구서가 제출되지 않았는데, 왜냐하면 청구를 한다 하더라도 부가적인 혜택이 거의 없다고 인식되었기 때문이다. 게다가 데이비스가 인정했듯이, 원주권이 청구될 수 있는 지리와 오스트레일리아의 선주민이 실제로 거주하는 지리 사이에는 간극이 있었다. 비록 선주민은 '오지(outback)' 인구에서 다섯 번째로 많은 집단이지만 선주민의 3/4가량은 이미 도시부에서 거주하고 있다. 선주권 공동체가 청구할 수 있는 영토는 현재 그들이 거주하는 땅이 아니다. 그 결과 원주권 청구가 오스트레일리아 촌락의 선주민 공동체의 사회적 경제적 박탈감을 감소시키지는 못하고 있다.

요약

촌락성이 국가 정체성과 담론적으로 연상되면서 국민을 구성하는 다수민족에 해당되지 않는 소수민족은 주변부화되고 배제되었다. 백인이 인구의 다수를 점하고 있는 유럽, 북미, 오스트레일리아, 뉴질랜드의 촌락에서 비백인 거주자 및 방문자는 이러한 재생산된 담론에 의해 위협을 느끼거나 배제를 경험한다. 흑인이 다수인 미국 남부의 촌락 공동체에서 또는 역사적으로 비백인 인구가 다수 존재했던 북미·오스트레일리아·뉴질랜드 지역에서 이들 집단은 탄압의 역사와 경제적·문화적·정치적 주변부를 경험하며, 사회적·경제적으로 상대적 박탈에 더욱 시달리고 있다. 비록 역사적 부당성을 인식하고 이를 바로잡고 보상하기 위해 경제개발을 지원하거나 원주권을 인정하거나 더 많은 자치권을 도입하는 등의 노력이 최근 몇 년간 이루어졌지만, 촌락부의 비백인 민족이 처한 환경은 여전히 빈곤과 고립으로 특징된다. 게다가 여전히 촌락성이 국가 정체성과 연계되면서, 촌락은 국수주의적 그리고 인종주의적 활동을 위한 무대가 되고 있다. 그중 가장 온건한 형태는 촌락의 이해를 옹호하는 캠페인을 펼치면서 국가 상징을 차용하는 것이다. 예를 들면 농촌연맹(Countryside Alliance)은 사냥개를 동반한 동물 사냥을 옹호하기 위해 런던에서 행진을 조직하면서 국기와 같은 국수주의적 도상을 채용했는데, 그들의 촌락적 생활양식에 대한 위협을 '영국적 가치'에 대한 위협과 동일시하였다. 더 극단적인 사례로 21세기 전환기에 오스트레일리아에서 촌락의 지지를 얻기 위해 이민 반대를 선거 공약으로 내걸며 등장했지만 곧 단명했던 한민족당(One Nation party), 그리고 미국 촌락에서 설립된 극우주의를 표방하며 설립된 인종차별주의적 '의용군(militia)' 그룹을 들 수 있다. 의용군 그룹은 다음 장에서 '대안적인 촌락 생활양식'의 한 형태로 다뤄질 것이다.

더 읽을거리

존락성과 국가 정체성의 연계를 논한 작가는 광범위하다. Stephen Daniels, *Fields of Vision: Landscape Imagery and National Identity in England and the United States* (Polity Press, 1993)는 잉글랜드와 미국에서 국가 정체성의 형성에 경관이 중요한 역할을 했음을 잘 보여 준다. Jeremy Paxman, *The English: A Portrait of a people* (Michael Josept, 1998)의 제8장도 영국의 국가정체성에서 촌락성이 어떠한 역할을 하였는지를 잘 논의하고 있다. P. Cloke and J. Little (eds), *Contested Countryside Cultures* (Routledge, 1997)에 실린 애즈맨과 스푸너의 원고는 특히 미국을 중심으로 촌락에 거주하는 소수민족의 경험에 대해 잘 토론하고 있다. 한편 Matthew Snipp, 'Understanding race and ethnicity in rural America', *Rural Sociology*, volume. 61, pages 125-142 (1996)은 미국에서 인종과 촌락 사회에 대한 연구를 포괄적으로 개관하고 있다. 오스트레일리아에서 토지에 대한 원주권 청구 과정은 Jocelyn Davies, 'Contemporary geographies of indigenous rights and interestes in rural Australia', *Australian Geographer*, volume 34, pages 19-45 (2003)에서 자세히 다루고 있다.

웹사이트

이 장에서 논의한 여러 주제와 관련된 정보는 다양한 웹사이트에서 발견되는데, 특히 각 주제에 관여하고 있는 압력단체와 정부당국의 웹사이트를 참고할 수 있다. 예를 들면, 소수민족이 여가를 위해 시골을 방문하는 것을 장려하는 영국의 단체인 Black Environmental Network(www.ben-network.org.uk), 그리고 미국에서 흑인 농부의 이해를 대변하는 이익집단인 National Black Farmers Association(www.blackfarmers.org), Black Farmers and Agriculturalist Association(www.coax.net/people/lwf/bfaa.htm), 오스트레일리아에서 원주권 청구 행정을 담당하는 기관인 National Native Title Tribunal(www.nntt.gov.au)이 있다.

대안적인 촌락의 생활방식

서론

'전원으로 은퇴(탈주)하는 것'은 촌락에 대한 담론에 있어서 중요한 수사학적인 표현이다. 도시를 벗어나고자 하는 욕망은 중산층의 역도시화에 있어서 중요한 요소이며(제6장 참조), 이것은 도시 생활의 스트레스와 긴장감에서 벗어나 느리고 평화로운 환경으로 도피하는 것과 관련하여 공통적으로 구축된 이미지이다. 그러나 발렌타인(Valentine, 1997b)이 주장한 바와 같이 촌락지리 연구에서 백인 중산층이 갖는 촌락의 전원성에 대해 초점을 두는 것은 '타자 집단(other groups)'이 촌락을 평화롭고, 안전한 곳으로 이상화하고 도시로부터 벗어나 자신들만의 공동체 삶을 이루려고 한다는 사실을 은폐시킨다(p. 119). 종종 이와 같은 타자 집단에 의해 추구되는 촌락의 목가적 성격은 생활방식의 변화가 아니라 도시 지역에서의 편견과 사회적·경제적 압력에 의해 금지되었다고 여겨지는 생활방식을 추구할 물리적·심리적 공간을 찾기 위해 촌락으로 탈주하는 것을 포함한다. 그러나 그와 같은 '대안적인 촌락의 생활방식'에 대한 열망은 중산층이 촌락의 목가성에 대해 가지는 열망에 대해 항상 상보적인 것은 아닌데, 특히나 재산권에 대한 관습적인 이해에 도전하거나 일반적이지 않은 섹슈얼리티를 조장할 경우에 그러하다. 이 장에서는 대안적인 촌락의 생활방식의 세 가지 사례, 즉 영국의 뉴에이지주의자(영국에서 현대사회의 가치를 거부하고 이동 주택을 타고 이동해 다니며 사는 사람들), 생태적 원칙혹은 섹슈얼리티에 기반을 둔 실험적인 유토피아적 공동체, 그리고 미국에서의 무장 단체 운동에 대해 살펴본다.

뉴에이지주의자와 촌락성

촌락 공동체의 특성으로서 일반적으로 안정성과 편협성을 들지만 촌락에는 오래전부터 한 곳에 정착하지 않고 이동하는 인구 집단에 대한 특성들이 포함되어 있었다. 유럽에서는 집시들이 수 세기 동안 마시장과 같은 이벤트를 통해 주류 촌락 문화와 교차하며 촌락 경험의 일부가 된 독특한 생활방식과 문화를 추구해 왔다. 마찬가지로 크레스웰(Cresswell, 2001)은 미국에서의 방랑자에 대해 묘사하였는데, 방랑자는 도시와 촌락 모두에 존재하며, 일부의 경우에서는 중서부 지역 혹은 서해안을 따라 내려가며 촌락에서의 농작물 수확 사이클에 의존하며, 또 다른 경우에는 도시와 도시를 여행하기 위해 촌락 공간을 이동해 나간다. 집시와 방랑자의 삶은 개방된 촌락의 자유를 만끽하며 살아가는 낭만적인 것으로 그려졌는데, 예를 들어 케네스 그레이엄(Kenneth Grahame)의 책『버드나무에 부는 바람(Wind in the Willows)』에 묘사된 집시 마차를 떠올려 보라. 집시와 방랑자 집단은 상당한 차별과 억압을 받았고, 이동성과 '외부자'로서의 위치성에 의해 만들어진 편견으로 인해 촌락에서 정주해 살아가는 사람들에게 위협적인 것으로 묘사되었다(MacLaughlin, 1999).

현대의 대안적 생활방식으로서 새로운 유목 문화의 출현은 떠돌아다니는 촌락 여행자에 대한 낭만적인 이미지에 의해 고무되었으나 촌락 주민들에게는 의심과 적대감의 대상이 되었다. 새로운 유목민 가운데 가장 두드러진 사람들은 영국의 '뉴에지주의자들(new age travellers)'로서 이들은 1970년대 축제를 돌며 형성시킨 대항문화(counterculture)를 나타낸다(McKay, 1996). 현대의 소비주의 사회를 거부하면서 뉴에이지주의 문화는 낭만적 촌락성과 동일시되었으며, 주로 촌락 공간에서 반유목적 생활방식을 취했다. 1980년대 후반까지 영국의 뉴에이지주의자 공동체는 8,000명 정도가 2,000여대의 차량에 거주하는 것으로 추정되었다(McKay, 1996). 다수의 뉴에이지주의자 그룹들은 1980년대와 1990년대 후반에 신규 도로 건설에 대한 항의 운동에 연루되었으며, 그로 인해 이들 공동체에는 친환경운동가들로부터 새로운 멤버들이 유입되었다.

뉴에이지주의자들에 의해 분명하게 표현된 촌락의 성격에 대한 담론들은 촌락의 목가적 성격에 의지하였으며, 종종 중산층 이주자들의 공감을 불러일으키는 언어와 이미지를 채용하였다.

> 아주 매력적이에요. 영국 사람들의 꿈 아니겠어요? 대부분의 영국 사람들이 가지는 환상이죠. 나무, 밭, 그리고 토마스 하디의 소설『더버빌가의 테스(Tess of the d'

Urberville)」에 나오는 모든 이미지가 포함되지요(뉴에이지주의자 제레미, McKay, 1996, pp. 47-48에서 인용).

로우와 쇼우(Lowe and Shaw, 1993)가 인터뷰한 한 뉴에이지주의자는 자신의 생활방식에 대해 언급하면서 촌락을 배경으로 하여 한 때 촌락 사람들의 일상 이야기라고 선전되었던 BBC 방송의 라디오 드라마 "아처스(The Archers)"에 묘사된 바와 자신의 삶을 동일시하였다.

"아처스"가 가장 인기가 있어요. 여행자들에게 유행입니다. 제가 좋아하는 드라마지요. 우리 같은 사람들이 등장하니까요(잉글랜드의 뉴에이지주의자 제이, Lowe and Shaw, 1993, p. 59에서 인용).

이와 같은 담론에서 촌락을 자유와 동일시하는 것이 가장 근본적인 내용이지만 뉴에이지주의자들은 자신의 목가적인 촌락의 생활방식을 추구할 자유가 토지 소유자와 지역 주민들로부터의 적대감에 의해 위태로워진다는 사실을 알게 된다. 따라서 이들은 사적 소유의 원리와 촌락 사회의 전통적인 편협성에 대해 도전한다.

그렇게 사는 것, 즉 대도시에서보다 촌락 지역에서 살기를 원하는 것이 범죄라고 생각하지 않아요. 시골집이나 농장 가옥을 임대하거나 구입하는 것은 불가능하지요. 촌락에서 태어난 사람을 제외하고 영국의 촌락은 부자들을 위한 곳이에요. 주말 별장을 구입할 경제적 여유가 있거나 은퇴하고 전원에서 살고자 하는 사람들을 위한 곳이지요. 제가 나무, 언덕, 숲과 함께 살면서 야외에서 숙식하지 않는 유일한 방법은 자동차에서 살아가는 방법밖에 없어요(뉴에이지주의자 섀넌, Lowe and Shaw, 1993, p. 240에서 인용).

뻔하지요. 양들은 모든 것을 갖고 있지만 우리는 아무것도 가지고 있지 않아요. 창밖을 내다보세요. 모든 들판에 양이 있지요. 양들은 들에서 "나는 양이니까. 이것들은 우리 것이야. 여기에 아무도 들어올 수 없어."라고 말하지요. 강아지를 저 들판에 데리고 나갈 수도 없고, 심지어 양들이 있는 들판에는 사람들이 접근할 수도 없지요. 양들이 얼마나 많은 토지를 가지고 있는 것인지 명백합니다. 양이 한 마리당 얼마나 많은 땅을 가지고 있는지, 그에 비해 우리는 얼마나 가진 것이 없는지 보세요(뉴에이지주의자 데커 존, Lowe and Shaw, 1993, p. 104에서 인용).

뉴에이지주의자와 토지를 소유한 촌락의 기득권층 간의 긴장감은 스톤헨지 고대 거석 유적지에 대한 접근을 놓고 갈등으로 비화되었다. 1970년대 초부터 뉴에이지주의자들은 한여름에 연례 축제를 위해 스톤헨지에 모여들었는데 스톤헨지는 신비주의에 싸여 있는 대표적 상징물이다. 그러나 1980년대에 축제에 참가하려는 사람들의 수가 증가하면서 지역의 토지 소유자들과 뉴에이지주의자들은 유적지의 관리 책임을 맡고 있는 유산관리처로부터 스톤헨지에 접근을 막는 법적 조치를 취하도록 만들었다. 스톤헨지 주변에 출입금지 구역이 만들어지자 경찰과 유적지에 접근하려는 관광객들 사이에 수년 동안 지속된 대치가 1985년 물리적 충돌로 발전하였다. 이는 후에 '빈 필드에서의 전투(Battle of the Bean Field)'로 불렸으며, 시블리(Sibley, 1997)는 촌락에서 여행자들의 태도 변화의 전환점이 되었다고 주장하였다.

스톤헨지에서의 대립은 촌락에서 이동성을 통제하고 조절하기 위한 법안, 특히 1994년의 형사사법과 공공질서법(Criminal Justice and Public Order Act)을 도입하는 데 중요한 요인이 되었다(Sibley, 1997). 핼파크리(Halfacree, 1996)가 언급한 바와 같이 이 법률에 대한 의회의 논쟁은 뉴에이지주의자들에 의해 촌락의 전원성에 가해진 위협에 대한 영국 촌락의 중산층이 갖는 우려를 표하였으며, 이는 다수의 요인들을 포함하였다. 뉴에이지주의자들은 촌락의 삶에서 평온함을 해치는 것으로 묘사되었는데, 영국 의회의 한 의원은 다음과 같이 묘사하였다.

> 뉴에이지주의자들은 공포심을 불러일으키는 기괴한 행동을 보여 주었습니다. 이 사람들은 평화로운 마을을 공격하고, 파괴하였으며, 난동을 부렸고, 2~3일간 지속된 광란의 파티를 벌이며 이 지역 전체를 무시했습니다(의회 의원의 발언, Halfacree, 1996, p. 62에서 인용).

뉴에이지주의자들은 촌락 경관을 어지럽히는 '시각적 위협' 혹은 '도시 생활의 단정하지 못한 측면'으로 묘사되었으며, 이들은 사유 재산에 대한 통념을 거부하고 촌락의 공간적·사회적 질서를 무너뜨린다는 비난을 받았다(Halfacree, 1996, p. 63).

> 뉴에이지주의자들은 합법적인 장소에 정착해서 살아가고자 하는 의지가 전혀 없고 시골을 배회하고만 싶어 하는 것 같습니다(의회 의원의 발언, Halfacree, 1996, p. 58에서 인용).

중요한 것은 뉴에이지주의자들이 집시와 동일하지 않은 것으로 묘사되는 것인데, 뉴에이지주의자들은 촌락의 노동 윤리에 순응하지 않는다는 점 때문에 촌락 공동체에 속하지 않는 외부자로 여겨진다.

> 진정한 집시는 우리와 수 세기 동안 같이하였습니다. 집시들은 촌락 공동체에서 묵인되었고 사실상 환영을 받았던 것입니다. 촌락에서 집시들은 수확을 도왔고, 농장에서 비정규직 일을 도맡아 했습니다. 그러나 오늘날 기생충과 같은 사람들, 즉 히피나 낙오자, 다시 말해 일반적으로 뉴에이지주의자라고 불리는 사람들이 생겨났습니다. 이 사람들은 일을 하지 않고, 하고 싶어 하지도 않지만 집시들이 시골에서 마음대로 돌아다닐 수 있는 권리를 가지고 있기 때문에 자신들도 지역 납세자들에게 피해를 주면서 마음껏 돌아다닐 수 있다고 생각하고 있습니다(상원의원의 발언, Halfacree, 1996, p. 59에서 인용).

대안적 촌락 공동체

뉴에이지주의자들이 시골에서 반유목주의(semi-nomadism)의 전략을 구사하지만 대안적인 촌락의 생활방식은 비록 촌락 공동체의 전통적인 인식과는 매우 다른 원칙에 기반을 두고 있으며 새로운 형태의 정주 공동체가 형성되면서 나타나고 있다. 이와 같은 공동체의 일부는 위에서 기술한 뉴에이지주의자의 대항문화로부터 분화된 것이다. 가장 유명한 것은 웨일즈 서부의 티피 계곡(Tipi Valley)의 사례이다. 외진 곳에 위치한 티피 계곡의 공동체는 1976년 50~60여 텐트에 200여 명이 거주하면서 시작되었다. 아메리카 원주민 문화를 연관시키면서 티피 계곡 공동체는 실험적인 친환경적 촌락의 거주 형태임을 내세웠다. 그러나 맥케이(McKay, 1996)가 주목한 바와 같이 이 공동체는 주류 문화, 사실상 모든 문화를 거부함으로써 그 자체로 주변적인 유형으로서 여러 문제에 연루된 이상주의자들에 의해 점유된 공간으로 발전하였다(p. 57). 티피 계곡의 공동체는 자족 능력이 부족하고 정부의 연금과 외부의 지원에 의존한다는 비난을 받았으며, 공동체가 농업용 토지를 주거용으로 허가를 얻지 않은 채 용도 변경하여 사용했다는 이유로 지방정부로부터의 퇴거 명령에 직면해야 했다(McKay, 1996, p. 52).

티피 계곡의 개척자들은 새로운 생활방식을 영위할 수 있는 공동체를 설립하기 위해 촌락에 위치함으로써 얻어지는 은둔, 공간, 고립을 전유한, 오랜 전통을 가진 유토피아를 꿈꾸는 사람들이었다. 이들은 다양한 종교 단체와 특정한 농업 형태를 유지하는 사람들, 혹은 환경보호주의로 알려진 공동체를 포함하였다. 또한 인종차별주의, 장애인차별주의, 동성애자 혐오증 등의 억압적 구조로부터 해방된 공동체를 설립하기 위한 구상을 가지고 있었다. 발렌타인(Valentine, 1997b)은 1970년대에 중요한 사회운동으로 발전한 미국 촌락에서의 분리주의 레즈비언 공동체의 형성에 대해 논하였다. 촌락 사회를 동성애 혐오증과 동일시하는 일반적인 경향(제17장 참조)에도 불구하고 촌락은 레즈비언 분리주의자들에 의해 선택되었는데, 그 이유는 광범위한 영역을 통제하고, 급진적 형태의 사회적·경제적 조직을 발전시킬 수 있는 잠재력 때문이었다.

> 우리 자신은 이곳을 레즈비언 공간으로 유지하고, 남성으로부터 보호하는 것을 적극적인 정치적 저항의 행위라고 생각합니다. 우리는 가부장적 상황을 견뎌 내기 위해 애쓰고 있고, 이곳의 구성원들, 그리고 자연과 조화롭게 일하고 살아가고자 노력하고 있어요[위스콘신 주 여성 토지 협동조합(Women's Land Cooperative)의 주민, Cheney, 1985, p. 132에서 인용].

이 분리주의 공동체 내에서 계층적이지 않으며 자족적인 레즈비언 페미니스트 사회를 건설하고자 하는 시도가 이루어졌다. 불을 피우고 약초로 치료약을 만드는 기술을 익혔으며, 언어, 음악, 문학, 역사를 통해 표현되는 독특한 여성의 문화를 적극적으로 조성했다. 발렌타인(Valentine, 1997b)이 지적한 바와 같이 '이들은 "촌락의 전원성"에 대해 매우 정치화된 비전을 형성하였다'(p. 112).

그러나 발렌타인은 공동체 내에서 발생한 긴장과 차이점에 대해서도 언급하였는데, 토지 관리, 레즈비언 커플들 내에서 일부일처제 대 일부다처제의 문제, 공동체 내에서 남자 아이들을 키우는 문제 등을 포함하여 여러 가지 갈등이 빚어졌다. 발렌타인(Valentine, 1997b)은 '레즈비언 분리주의자들이 시골에서 목가적 생활방식을 확립하려는 시도는 현실화되지 못하였는데, 그 이유는 촌락 공동체에 대한 전통적인 백인 중산층의 비전과 마찬가지로 하나의 공통된 생활방식과 통일성을 형성시키려는 시도가 경계와 배제를 발생시켰기 때문이다'라고 결론지었다(pp. 118-119).

무장 단체의 보수적 촌락성

위에서 논의한 사례들 모두는 촌락에서 진보적인 대안적 생활방식을 발전시키려는 시도를 나타내며, 언급된 갈등들은 새로운 공동체의 진보적인 가치가 전통적인 촌락 사회의 보수주의와 충돌했을 때 발생한 것이었다. 그러나 대안적인 촌락 공동체가 보다 보수적

제21장 대안적인 촌락의 생활방식 **365**

인 우익 단체에 의해 형성될 수 있는데, 그 이유는 이들에게 시골은 '순수한' 촌락 공간과 상대적으로 단일한 문화가 나타나는 곳으로 인식되며, 지리적 고립이 정부의 감시를 벗어나 활동할 수 있는 잠재력을 제공하기 때문이다. 이 가운데 가장 두드러진 경우는 미국 내에서의 민간 무장 단체 운동이다. 키멜과 퍼버(Kimmel and Ferber, 2000)가 기술한 바와 같이 민간 무장 단체는 정부에 대한 불신과 엘리트층의 음모에 의해 국제 정치가 조종된다는 편집증적 사고를 공유하고 전투를 벌이기 위해 무장한 준군사적인 집단들을 말한다. 이들의 세계관은 인종차별적이고, 반유대주의적이며, 특히 남성주의적 성향과 기독교에 대한 근본주의적 해석에 근거하고 있다. 민간 무장 단체 구성원 가운데 많은 사람들이 납세를 거부하는 것과 같이 연방정부의 영향력으로부터 벗어나기 위한 행동을 취함으로써 독립적인 지위를 얻게 된다고 생각한다. 이들은 자신을 미국 연방 헌법 수정조항 제14조[1]에 의해 인정된 시민, 즉 헌법 앞에 충성을 맹세한 이민자들을 포함하여 세금을 납부하고 사회보장카드를 받고 운전면허증과 출생증명서 등을 취득함으로써 연방정부의 권위를 인정하여 법적으로 인정을 받은 시민이 아닌, 미국에서 태어나고 자란 '선천적인 시민'이라고 생각한다(Dyer, 1998).

민간 무장 단체의 구성원들은 대부분이 남성으로 미국 전역에 분포하며, 농민, 상인, 장인, 숙련 노동자와 같이 중하층 출신인데, 이와 같은 직업군은 세금 납부에 대해 불만이 크고, 정부로부터 경제적 보조를 받지 못하며, 노동 시장에서 유색인들과의 경쟁에 의해 위협을 받는 사람들로 구성되어 있다(Kimmel and Ferber, 2000). 그러나 민간 무장 단체들은 외진 촌락 지역, 특히 몬태나 주와 아이다호 주에 집중되어 있다. 키멜과 퍼버는 다음과 같은 이유로 무장 단체들이 촌락으로 이주했다고 주장한다.

> 이들은 수많은 유색인과 유대인으로부터 상대적으로 멀리 떨어진 지역에서 조직을 만들고, 훈련하고, 방어 요새를 세울 수 있고 비슷한 생각을 가진 사람들과 같이 지내기를 원한다. 많은 단체들이 촌락에 은신처를 세우고 싶어 하며, 이곳에서 아마겟돈, Y2K, 마지막 인종 전쟁을 포함하여 이들이 그려 내는 대격변에 대한 준비로 군사 전략을 세우고, 식량과 무기를 저장하며, 생존 기술을 연마한다(Kimmel and Ferber, 2000, p. 590).

일부 무장 단체들은 2000년(Y2K)을 앞두고 컴퓨터 시스템이 와해되고 복지 연금의

---

1) 역자 주 : 모든 미국인의 동등한 권리를 보장하고 노예였던 사람들의 시민권을 인정한 1866년에 이루어진 헌법 수정조항

지급이 중단되면서 도시를 떠나 촌락으로 이주할 것이라고 생각되는 유색인 난민의 도래에 대비하여 '계약 공동체(covenant communities)'를 조성하였다. 식량 공급을 놓고 벌어질 싸움에 대비하여 '계약 공동체'는 무장을 하였으며, 모든 백인 구성원들의 자원을 지키기 위해 군사 훈련을 하였다(Kimmel and Ferber, 2000).

추가적으로 극단주의자 단체들은 촌락 지역을 새로운 사람들을 포섭할 수 있는 곳으로 간주하였다. 무장 단체의 역사는 촌락의 지방주의(localism)와 자경주의(vigilantism) 이데올로기(Stock, 1996)에 근거한 미국 내에서의 촌락 급진주의의 전통과 연관성을 갖고 있으며, 그로 인해 자신들이 미국 촌락을 보호하고 있다고 주장한다.

이와 같은 메시지는 농업의 위기, 인구 감소, 서비스와 기간 시설의 부족, 환경의 질적 저하를 겪고 있는 촌락 공동체에 매력적으로 전달된다(Dyer, 1998; Kimmel and Ferber, 2000; Stock, 1996). 다이어(Dyer, 1998)가 언급한 바와 같이 납세를 하지 않음으로써 독립적인 지위를 얻는다는 생각은 생계를 유지하기 위해 애쓰며 정부의 지출은 유색인종이 많은 도시 공동체에 편향적으로 집중되어 있다고 인식하는 사람들로부터 호의적인 반응을 얻었다. 그러므로 다이어는 민간 무장 공동체의 담론이 미국의 촌락과 정부 사이의 관계를 위협하는 요소라고 보며, '이는 연방정부가 촌락 사람들을 돕지 않는다면 촌락 사람들은 연방정부의 권위를 무시함으로써 자치권을 얻을 것이라는 의미'라고 기술하였다(p. 174).

요약

그 어느 누구도 촌락의 목가적 성격에 대한 배타적 소유권을 갖지 않는다. 상이한 배경과 상이한 이데올로기적, 문화적, 철학적 영향력을 가진 다양한 범위의 사람들에게 시골은 도시 생활의 압박과 요구로부터 도피처를 제공하며 새롭고 이상주의적인 생활방식을 유지할 수 있는 공간을 제공한다. 그러므로 촌락 지역에서는 점차 촌락의 삶과 촌락 공동체에 대한 일반적인 이해에 순응하지 않는 다양한 대안적 생활방식과 커뮤니티가 나타났다. 그와 같은 공동체에 합류하는 사람들, 즉 티피 계곡과 같이 특정 장소에 고정된 정주 취락과 분리주의 레즈비언 공동체이든지, 뉴에이지주의자들과 같이 이동하는 집단의 느슨한 네트워크이든지, 혹은 민간 무장 단체와 같이 특정 이데올로기와 생활방식에 근거하여 특정 지역에 집중된 집단이든지 간에 시골의 오픈 스페이스는 이들에게 개입 없이 자신들이 선택한 생활방식을 추구할 수 있는 충분한 자치 능력과 격리를 허용한다. 그러나 그와 같은 대안적 촌락의 생활방식을 실행하는 것은 기존의 촌락 공동체가 가지고 있는 수많은 가치·원칙·편견과 공존할 수 없으며, 결과적으로 갈등을 발생시킨다. 따라서 촌락은 목가적 성격을 찾는 서로 다른 생활방식을 추구하는 단체들 사이에서 권력 투쟁이 벌어지는 갈등의 장소라기보다는 도피의 장소라고 할 수 있다.

더 읽을거리

티피 계곡의 뉴에이지주의자들과 실험적인 대안 공동체의 서로 경합하는 촌락의 생활방식은 George McKay, *Senseless Acts of Beauty* (Verso, 1996)에 상세하게 기술되어 있다. 반면에 영국 의회 의원들이 뉴에이지주의자들을 촌락의 목가적 성격을 해치는 위협적인 요소로 묘사한 것에 대해서는 Keith Halfacree, 'Out of place in the countryside: travellers and the "rural idyll"' (Antipode, volume 29, pages 42-71)을 참고할 수 있다. 미국 촌락의 레즈비언 분리주의 공동체에 대해서는 P. Cloke and J. Little (eds), *Contested Countryside Culture* (Routledge, 1997)에 실린 발렌타인의 글을 살펴보라. 한편 미국 촌락에서의 우익 극단주의 무장 단체에 대해서는 다수의 연구에서 상세하게 논의되었는데, Joel Dyer, *Harvest of Rage* (Westview, 1998)와 Michael Kimmel and Abbey Ferber, '"White men are this nation": right-wing militias and the restoration of rural American masculinity,' *Rural Sociology*, volume 65, pages 582-604 (2000)을 참고할 수 있다. Carol McNichol Stock, *Rural Radicals: Righteous Rage in the American Grain* (Cornell University Press, 1996)은 상세한 역사적 맥락을 제공한다.

제 5 부

결론

제22장

촌락에 대해 다시 생각해 보기

차별화된 촌락

촌락 간에는 수많은 차이가 있다. 경관과 자연 환경도 다르고, 역사, 정주 패턴, 인구밀도도 다르고, 상대적으로 고립적인 곳도 있고 대도시에 인접한 곳도 있고, 경제 구조, 농업 형태, 경제적 발전과 변화도 다르며, 이주와 인구의 재구성 패턴도 다르다. 심지어 하나의 촌락 영역 내부에서도 사람들은 촌락이란 무엇을 의미하는가에 대해 매우 상이한 생각들을 가지고 있다. 어떤 사람들은 시골에서 태어나고 전통적인 촌락의 토착 지식이 배어 있으며 수렵과 같은 전통적인 촌락 활동을 할 수 있어야 촌락 주민이라고 생각한다. 어떤 사람들은 시골에서 부동산을 구입하거나 레크리에이션을 즐길 수 있는 권리를 강조하는데, 이들은 대체로 대중매체에서의 재현이 강조하는 촌락 생활의 이상향을 추구하는 경향이 있다. 촌락 생활에 대한 경험과 기대는 개인의 사회경제적 지위, 젠더, 연령, 민족성, 섹슈얼리티 등과 같은 개인적 특성의 영향을 받는다.

이러한 다양성을 고려한다면, 도시와 촌락의 경계를 설정하거나 촌락의 사회와 경제를 도시와 구별하기 위하여 '촌락'을 단일하고 객관적으로 정의하는 것은 사실상 불가능하다. 그렇다고 해서 '촌락'이라는 관념을 지리학자나 다른 사회과학자들이 가치절하하는 것은 결코 아니다. 여전히 '촌락'은 현대 사회의 가장 강력한 개념 중 하나로 남아 있다. 왜냐하면 사람들이나 제도가 '촌락성'을 사회적으로 구성하는 방식은 촌락이라고 간주되는 지역에 대한 재구조화, 이에 대한 사람들의 대응 방식, 그리고 촌락에서의 변화에 대한 개인적 경험 등에 매우 실질적인 영향을 끼치고 있기 때문이다.

촌락의 다양성은 새롭지 않다. 앞서 지적했던 촌락에서의 여러 차이들은 (비록 지리학자들을 비롯한 많은 사회과학자들이 '촌락성'을 엄격하게 정의하려고 시도해 왔고, 정책 제안자들이 농업과 같은 개념을 통해 촌락의 다양성을 등질화하고자 했음에도 불구하고) 오랜 역사적 과정을 거쳐서 형성된 것이다. 그러나 최근 수십 년간의 경제적 · 사회적 재구조화는 촌락 간의 차이를 확대해 온 반면, 촌락과 도시 간의 차이는 감소시켜 왔다고 할 수 있다.

과정, 반응, 경험

이 책은 현대 촌락에서의 재구조화를 분석하기 위하여 주요 재구조화의 과정, 커뮤니티와 정부의 대응, 그리고 그 내부에서 촌락 공간을 소비하고 일하면서 살아가는 촌락 주민들의 경험을 검토했다. 20세기부터 지금의 21세기까지 진행되고 있는 촌락 재구조화는 **변화의 속도와 지속성** 그리고 **변화의 전체성과 상호관련성**이란 측면에서 이전과는 사뭇 다르다. 촌락과 도시 모두에 영향을 끼치고 있는 근대화와 글로벌화는 최근 촌락 지역의 성격 변화를 일으키고 있는 두 가지 핵심적인 과정이다.

대개의 촌락 재구조화의 과정은 근대화와 관련되어 있다. 가령 농경 방식의 변화는 '농업 근대화'라는 기치하에 진전되어 왔으며, 이는 기계화, 전문화, 공장 규모의 확대, 농화학품의 사용 등 생산성을 증대하려는 일련의 기술을 포함하고 있다(제4장). 이러한 상황에서 농업 종사자 수는 급감하였고, 결과적으로 농업은 촌락 경제에서의 핵심적인 지위를 점차 상실해 가고 있으며, 과잉 생산과 환경 악화와 같은 문제에 직면하고 있다. 많은 촌락 지역에서는 다른 산업 부문의 '근대화'로 인해 공장이나 사무실이 촌락 지역으로 이전함에 따라 새로운 고용 기회가 창출되어 왔다(제5장). '근대화'는 교통, 식량 보관, 정보통신 부문 등에서의 기술혁신이라는 형태로 나타나면서 촌락의 일상생활 패턴을 변화시켜 왔다. 한편으로 이러한 발전은 촌락을 거주에 바람직한 곳으로 만들어 역도시화를 야기함으로써, 일정 정도 촌락 지역의 삶의 질을 향상시켜 왔다(제6장). 그러나 또 다른 한편 기술혁신은 사람들의 이동성을 증대시켜 지역 내 신선 식품에 대한 의존율을 감소시켰고, 그 결과 많은 촌락 지역의 상점들과 서비스에 대한 합리화 정책이나 폐업에도 영향을 끼쳤다(제7장).

글로벌화는 근대화와 밀접하게 관련된 현상으로서 특히 근대화에 의한 시공간 압축의 효과라고 할 수 있다. 제3장에서 논의한 바와 같이, 글로벌화에는 많은 상이한 흐름들이 있는데, 이 중 특히 세 가지가 촌락 지역에 큰 영향을 끼쳤다. 첫째, 경제의 글로벌화로서 식량 등의 농산품이나 목재와 같은 산물이 점차 글로벌 시장에서 교역되는 비중이 점차 높아짐에 따라, 이에 따라 농부들과 촌락의 생산업자들의 경제 상태는 글로벌 시장 상황에 크게 영향을 받게 되었다(제3, 4장). 또한 이러한 글로벌 시장은 소수의 초국적 기업들과 '상품 사슬 클러스터'에 의해 주도되는 경향을 띤다. 둘째는 이동성의 글로벌화로서 지역적, 국가적, 국제적 스케일에서 촌락 공간의 전출과 전입이 크게 증가하였다. 많은 촌락 지역들이 외부로부터의 관광객 유입에 의존하게 되었고(제12장), 몇몇 촌락 지역에서는 외국인들이 영구적 거주지나 세컨드 홈으로서 상당한 규모의 부동산을 구입하고 있다. 이와 정반대의 경제적 측면에서는 과수나 포도 재배 등 노동집약적인 농업 부문의 계절적, 일시적 노동력으로서 해외의 이주노동자들이 도입되고 있다(제18장). 셋째는 가치의 세계화로서 역사적으로 중요한 촌락 문화가 점차 침식당하고 있다. 전통 촌락 사회를 지키고 그에 따르려는 태도는 점차 다원성과 관용을 보다 중시하는 태도에 의해 대체되고 있으며, 이는 특히 촌락의 젠더 관계나 섹슈얼리티와 인종에 대한 태도의 변화로 나타나고 있다(제15, 17, 20장). 마찬가지로, 자연에 대한 촌락의 일상 담론에서도 보전이나 동물권이 글로벌 가치로서 급부상함에 따라 촌락 환경을 보호하기 위한 보다 엄격한 조치들이 정책적으로 채택되고 있고 농경, 자원 관리, 사냥 등을 둘러싼 다양한 갈등도 촉발되고 있다(제13, 14장).

재구조화의 영향으로 국가와 촌락 커뮤니티 및 주민들로부터 다양한 반응들이 나타나고 있다. 국가는 (중앙정부나 지방정부와 아울러 촌락 경제에 대해 책임을 지고 있는 여러 공적 기구를 통틀어) 촌락 재구조화를 복지 관점에서뿐만 아니라 자본 축적에 대한 지원이라는 관점에서 접근하고 있고, 보다 실제적으로는 지역적 불평등을 완화하고 인구 이동이 통제 불능의 수준에 이르는 것을 막기 위해 노력하고 있다. 이 결과 국가는 농업 정책에 대한 다양한 개혁을 정책적으로 채택하고 있는데, 이는 생산주의의 탈피(제4장), 농산물의 국제 교역에 대한 통제(제9장), 촌락 발전 프로그램에의 투자(제10장), 토지 이용 및 개발에 대한 통제를 통한 촌락 환경의 보전 정책(제13장) 등을 포함한다. 뿐만 아니라 국가는 재구조화에 대한 반응으로서 촌락 공간에 대한 거버넌스를 조정하고(제11장), 정책 구성 과정에 다양한 행위자를 끌어들이기도 한다(제9장). 한편 촌락 커뮤니티와 주민들은 지역에 뿌리를 둔 자립적 활동과 기업가적 활동도 전개한다. 가령 촌락의 상품화를 이용한 모험적 사업을 추진하거나(제12장), (주민들 스스로 위협에 직면해 있다고 생각하는) 촌락의 삶, 문화, 환경을 보호하기 위해 정치적 조직화 운동을 전개하기도 한다(제14장).

촌락 재구조화의 과정과 이에 대한 반응은 촌락에서의 삶의 경험을 근본적으로 흔들어 놓고 있다. 호가트와 파니아과(Hoggart and Paniagua, 2001, p. 42)가 지적하는 것처럼, **재구조화**는 (단순한 변화와는 달리) '여러 질적, 양적 변화 과정들이 서로 인과적으로 연결되어 있는 삶의 영역에 대한 근본적인 재조정'을 요구하고 있다. 촌락 변화에 대한 삶의 경험을 탐구하는 것이 중요한 이유가 바로 여기에 있다. 이 책의 마지막 부에서 밝힌 바와 같이, 촌락에서의 삶의 경험에는 뚜렷한 질적 변화가 나타나고 있으며 이러한 변화가 복잡한 상호교차의 과정을 거치고 있는 것이 사실이다. 나아가 촌락의 변화에는 어떠한 공통적인 경험이란 없으며, 많은 상이하고 상황적인 경험들만이 있을 따름이다.

촌락 전원성이라는 신화는 촌락의 삶이 안전하고 평화롭고 순조롭다고 주장하지만, 많은 촌락 주민들은 빈곤, 불량한 주거 환경, 건강 악화, 편견, 기회의 제약 등으로 제한된 삶을 살고 있다(제16~20장). 어떤 경우에는 촌락 재구조화가 촌락 커뮤니티 내에서 인종적, 성적 다양성에 대한 보다 넓은 관용적 태도를 창출하기도 하고 촌락 여성들에게 보다 많은 고용 기회를 제공하기도 한다. 그러나 또 다른 경우에는 촌락 재구조화가 실업, 숙련 노동과 같은 좋은 일자리의 부족, 서비스와 직장으로의 접근성 제약, 적절한 주거 환경 부족 등의 문제를 야기하기도 한다(제16, 18장).

촌락성에 대한 재고

촌락 재구조화와 그 결과를 추적함으로써, 학생과 연구자로서 우리는 이른바 '촌락'에 대해 어떻게 접근할지에 대해 새롭게 사고할 필요가 있다. 촌락이라는 개념을 일종의 사회적 구성물로 파악하는 것은 (제1장에서 다룬 바와 같이) 촌락 내부에서의 차이와 갈등을 드러내는 데에 매우 유용한 관점이다. 그러나 보다 최근의 촌락 연구자들은 촌락성의 **인지**와 **재현**의 문제를 넘어 촌락성이 어떻게 **수행**되고 **구성**되는지를 포착하는 데에 초점을 두고 있다.

우리는 촌락성에 대한 수행(performance)을 검토함으로써 촌락을 공간적으로 고정된 실체로 파악하려는 사고를 넘어설 수 있고, 나아가 촌락성이 (그리고 특히 촌락적인 방식들이) 어떻게 사회적 실천 속에 뿌리를 내리고 있는지에 주목할 수 있다. 따라서 우리는 사냥이나 수렵과 같은 '전통적인 촌락 스포츠'에의 참여뿐만 아니라 전통적인 가족 기반의 농업도 궁극적으로 촌락적인 생활양식을 수행하는 특수한 방식이라고 생각할 수 있다. 이러한 활동을 촌락성의 수행으로 파악할 때, 우리는 비로소 왜 이러한 실천에 대한 인지된 위협이 깊은 분노와 정치적 운동을 야기하는지를 이해할 수 있다(Woods, 2003a). 좀 더 집단적인 수준에서 볼 때, 제7장에서 살펴본 리핀(Liepin, 2000a)의 커뮤니티 모델은 촌락 커뮤니티에서 이루어지는 일상적 실천뿐만 아니라 축제나 공연 등 마을 이벤트와 같은 '수행'을 분석하기 위한 좋은 출발점이 될 수 있다. 마지막으로, 촌락성의 상품화와 이의 소비는 '촌락 전원성'을 상상하고 재현하는 관광객의 시선과 관련되어 있을 뿐만 아니라, 다양한 체험 관광의 형태를 수행하고 체현하는 보다 적극적인 참여와도 관련되어 있다(Cater and Smith, 2003).

한편 우리는 촌락성의 구성에 대한 재검토를 통해 촌락을 일종의 '혼성적 공간(hybrid space)'으로, 곧 다양한 사회적·자연적 실체들 간의 복잡한 상호관계의 총체로 파악할 수 있다. 촌락은 인간뿐만 아니라 다양한 비인간 행위자를 통해 함께 구성되어 있다. (가령 촌락에서 동물이 어디에서 살고 있는지, 또는 광우병이나 구제역이나 극단적 기상 현상이 일으키는 예기치 못한 결과를 생각해 보라.) 다시 한 번 강조하건대, 촌락을 혼성성이라는 관점에서 파악함으로써 우리는 촌락 내부의 다양성과 역동성을 드러낼 수 있다. 이런 측면에서 조나단 머독은 다음과 같이 주장한다.

> 촌락은 혼성적이다. 촌락이 혼성적이라고 말하는 것은, 촌락은 이질적인 실체들이 다양한 방식으로 연결된 네트워크에 의해 정의된다는 것을 강조하기 위함이다. 또한 이는 이러한 네트워크가 조금씩 다른 촌락들을 만들어 낸다는 점을 주장하기 위함이다. 촌락이나 시골을 한꺼번에 조망할 수 있는 단일한 시점이란 존재하지 않는다. 따라서 '지역화된' 관점은, 네트워크와 유동적 공간이 지역화된 범위를 벗어나 있을 것이라는 한계 내에서만 채택되어야 한다. 우리는 네트워크와 유동적 공간에 초점을 둠으로써 구획되고 고정된 촌락 공간이라는 관념을 넘어설 수 있을 뿐만 아니라, 촌락에서 일어나는 여러 과정들에 대한 대립적이고 모순적인 설명들을 드러낼 수 있다(Murdoch and Lowe, 2003, p. 274).

혼성성, 네트워크, '유동적 공간(fluid space)' 등의 개념은, 최근 촌락 연구 분야에서 나타난 다른 진전들과 맥락을 같이한다. 첫째, 자연과 촌락성의 상호관계에 대한 관심이 새롭게 부상하고 있는데, 이는 자연에 대한 문화를 분석하는 데에 초점을 두고 있다(Mibourne, 2003c 참조). 또한 인문지리학자들과 자연지리학자들 간에 (보다 일반적으로는 사회과학과 자연과학 간에) 상당한 연구 협력이 이루어지고 있는데, 특히 2003년 영국의 경우 이 분야는 핵심 연구 과제이기도 했다.

둘째, 도시와 촌락의 상호작용과 도시-촌락 혼성성에 대한 구체적인 사례를 검토하려는 시도가 증가하고 있다. 이의 사례로서 촌락 공간의 형성 과정이 어떻게 도시 공간을 통해 이루어지고 있는지에 대한 연구나 정책적 문제 해결 방식이 어떻게 촌락과 도시 모두를 아우르는지에 대한 연구를 들 수 있다. 분명 역도시화는 촌락으로의 전입뿐만 아니라 도시로부터의 전출과도 관련된 현상이다. 마찬가지로, 특정 제조업이나 서비스업 부문 고용의 촌락으로의 입지 이동은 본질적으로 도시의 경제 재구조화 과정과 연결되어 있다. 나아가 도시 주민들이 촌락 공간을 여가 등의 목적으로 이용하는 것은 도시와 촌락의 이익 모두에 중첩되어 있다. 일부 촌락 연구들은 이러한 연계를 집중적으로 조사하고 있는데, 그 대표적 사례로서 생산에서부터 소비에 이르기까지 식품 사슬의 다양한 구성 요소들을 파악하려는 연구를 들 수 있다. 물론 이러한 분야는 보다 많은 후속 연구들에 의해 보다 진전되어야 할 여지가 많다.

셋째, 촌락 재구조화에 있어서 글로벌 스케일과 로컬 스케일의 상호작용에 대한 관심이 증폭되고 있고, 아울러 선진국 이외의 촌락 지역에서 나타나는 변화도 중요한 연구 문제로 대두되고 있다. 이 책은 주로 북아메리카, 유럽, 오스트레일리아, 뉴질랜드와 같은 선진국의 촌락 지역에 초점을 두고 있기 때문에 개발도상국의 사례는 거의 배제되어 있다. 선진국 간의 차이가 있기는 하지만 이들 국가의 촌락 지역은 상당히 공통적인 구조적 특징을 띠고 있다. 우선 농업 생산을 포함한 촌락의 경제활동은 자급자족적 목적을 벗어나 거의 전적으로 상업적 목적을 위해 이루어지고 있다. 둘째, 촌락 자원의 상업적 이용은 자유시장 자본주의 경제 내에서 수행되고 있다. 셋째, 고립적 촌락 지역을 제외한 거의 대부분의 촌락에서는 전기와 상수도 공급 등 기본적 하부구조가 구축되어 있다. 넷째, 국가는 영토 내에서 공공 서비스에 대한 보편 공급의 원리에 기초하고 있다. 다섯째, 국가의 인구는 촌락의 경관, 생활양식, 가공품, 경험 등에 대한 상업화를 일으킬 정도로 충분한 부를 소유하고 있다. 다섯째, 영화, 텔레비전 프로그램, 문학 작품, 음악 등에 대한 소비를 공유함으로써 촌락에 대해 유사한 인식을 갖고 있다.

개발도상국의 경우에는 위의 다섯 가지 특징 중 어느 하나도 보편적으로 나타나지 않는다. 그러나 일부 개발도상국은 위와 같은 특징 중 일부를 적용할 만한 상황에 있으며, 그렇기 때문에 이 책에서 논의했던 촌락 재구조화의 모습들이 개발도상국의 특수한 맥락 내에서도 발견될 수 있을 것이다. 게다가 오늘날 선진국 내의 촌락 지역들이 직면하고 있는 많은 문제들은 개발도상국의 촌락과도 밀접하게 연관되어 있다. 가령 농업 부문의 국제 교역에 대한 협정은 선진국의 촌락과 개발도상국의 촌락 모두에 중대한 영향을 끼친다(제9장). 마찬가지로 선진국 내에서 일하고 있는 농업 부문의 이주노동자들은 선진국과 개발도상국 간의 가교 역할을 한다(제18장). 개발도상국과 선진국의 농부들은 농업 부문에 대한 조직화 운동을 함께 추진하고 있으며, 촌락지리학은 촌락에서의 경험들이 서로 밀접하게 연결되어 있음에 주목하여 실질적 참여를 확대해 나가야 할 것이다.

아마 이 책의 독자들은 촌락지리학을 수강하는 학생일 수도 있고 촌락 관련 연구자일 수도 있지만, 중요한 점은 독자들이 이러한 발전에 대한 수동적인 관찰자로 남아 있어서는 안 된다는 것이다. 오히려 독자들도 자기 나름대로 기여할 바를 찾아야 할 것이다. 이 책은 현대 촌락지리학의 핵심적인 주제와 문제에 대해 개론적으로 소개할 따름이다. 나는 독자들이 각 장의 말미에 실린 문헌들을 더 읽어 본다면 촌락지리학을 보다 심도 있게 이해할 수 있으리라 믿는다. 그러나 어떠한 확실성 있는 결론은 찾지 못할 것이다. 왜냐하면 현행의 재구조화 과정이 상황을 지속적으로 바꾸고 있을 것이며, 위 문헌들이 출간된 후에도 새로운 정책이 수립·실행되었을 것이기 때문이다. 어떤 촌락의 맥락 속에서 관찰한 결과가 다른 촌락에 그대로 적용될 수는 없다. 어떤 주제를 새롭게 바라보거나 어떤 문제를 새롭게 사고할 수 있는 관점은 잠재적으로 언제나 있기 마련이다. 모쪼록 이 책이 여러분으로 하여금 오늘날의 촌락에 대해 그리고 촌락이 변화하는 방식에 관심을 가지도록 영감을 받았기를 희망한다. 각 장 말미에는 최신 통계와 자료, 현장의 생생한 이야기, 보고서, 정책 자료, 촌락 운동 단체 등에 대해 더 알아볼 수 있도록 웹사이트 주소를 수록해 놓았다. 이를 통해서 독자 여러분이 학부생 또는 대학원생으로서 촌락 연구를 독립적으로 수행할 수 있기를 바란다. 그리고 여러분의 연구가 다양하고 역동적이며 복잡한 장소로서의 21세기 촌락을 좀 더 폭넓게 이해하는 데에 기여할 수 있기를 희망한다.

참고문헌

Agyeman, J. and Spooner, R. (1997) Ethnicity and the rural environment, in P. Cloke and J. Little (eds), *Contested Countryside Cultures*. London and New York: Routledge. pp. 197–217.

Aigner, S.M., Flora, C.B. and Herandez, J.M. (2001) The premise and promise of citizenship and civil society for renewing democracies and empowering sustainable communities, *Sociological Inquiry*, 71, 493–507.

Albrow, M. (1990) Introduction, in M. Albrow and E. King (eds), *Globalisation, Knowledge and Society*. London: Sage.

Anderson, S. (1999) Crime and social change in rural Scotland, in G. Dingwall and S.R. Moody (eds), *Crime and Conflict in the Countryside*. Cardiff, UK: University of Wales Press. pp. 45–59.

Arensberg, C.M. (1937) *The Irish Countryman*. New York, NY: Macmillan.

Arensberg, C.M. and Kimball, S.T. (1948) *Family and Community in Ireland*. London: Peter Smith.

Argent, N. (2002) From pillar to post? In search of the post-productivist countryside in Australia, *Australian Geographer*, 33, 97–114.

Banks, J. and Marsden, T. (2000) Integrating agri-environment policy, farming systems and rural development: Tir Cymen in Wales, *Sociologia Ruralis*, 40, 466–481.

Barnes, T. and Hayter, R. (1992) The little town that did: flexible accumulation and community response in Chemainus, British Columbia, *Regional Studies*, 26, 617–663.

Beesley, K.B. (1999) Agricultural land preservation in North America: a review and survey of expert opinion, in O.J. Furuseth and M.B. Lapping (eds), *Contested Countryside: The Rural Urban Fringe in North America*. Aldershot, UK and Brookfield, VT: Ashgate. pp. 57–92.

Beeson, E. and Strange, M. (2003) *Why Rural Matters 2003: The Continuing Need for Every State to Take Action on Rural Education*. Washington, DC: Rural Schools and Community Trust.

Bell, D. (2000) Farm boys and wild men: rurality, masculinity and homosexuality, *Rural Sociology*, 65, 547–561.

Bell, D. and Valentine, G. (1995) Queer country: rural lesbian and gay lives, *Journal of Rural Studies*, 11, 113–122.

Bell, M.M. (1994) *Childerley: Nature and Morality in a Country Village*. Chicago: University of Chicago Press.

Berry, B. (ed.) (1976) *Urbanisation and Counter-urbanisation*. Beverly Hills, CA: Sage.

Bessière, J. (1998) Local development and heritage: traditional food and cuisine as tourist attractions in rural areas, *Sociologia Ruralis*, 38, 21–34.

Biers, J.M. (2003) Bittersweet future, *The Times-Picayune*, 9 March, pp. F1–2.

Bollman, R.D. and Briggs, B. (1992) Rural and small town Canada: an overview, in R.D. Bollman (ed.), *Rural and Small Town Canada*. Toronto: Thompson Educational Publishing.

Bollman, R.D. and Bryden, J.M. (eds) (1997) *Rural Employment: An International Perspective*. Wallingford, UK: CAB International.

Bonnen, J.T. (1992) Why is there no coherent US rural policy?, *Policy Studies Journal*, 20, 190–201.

Bontron, J-C. and Lasnier, N. (1997) Tourism: a potential source of rural employment, in R.D. Bollman and J.M. Bryden (eds), *Rural Employment: An International Perspective*. Wallingford, UK: CAB International. pp. 427–446.

Borger, J. (2001) Hillbilly heroin: the painkiller abuse wrecking lives in West Virginia, *Guardian*, 25 June, p. 3.

Bourne, L. and Logan, M. (1976) Changing urbanization patterns at the margin: the examples of Australia and Canada, in B. Berry (ed.), *Urbanisation and Counterurbanisation*. Beverly Hills, CA: Sage. pp. 111–143.

Bové, J. and Dufour, F. (2001) *The World Is Not For Sale: Farmers against Junk Food*. London and New York: Verso.

Bowler, I. (1985) Some consequences of the industrialization of agriculture in the European Community, in M.J. Healey and B.W. Ilbery (eds), *The Industrialisation of the Countryside*. Norwich, UK: GeoBooks. pp. 75–98.

Boyle, P. and Halfacree, K. (1998) *Migration Into Rural Areas*. Chichester: Wiley.

Brace, C. (1999) Finding England everywhere: regional identity and the construction of national identity, 1890–1940, *Ecumene*, 6, 90–109.

Brewer, C.A. and Suchan, T.A. (2001) *Mapping Census 2000: The Geography of US Diversity*. Redlands, CA: ESRI Press.

Brittan, G.G. (2001) Wind, energy, landscape: reconciling nature and technology, *Philosophy and Geography*, 4, 169–184.

Browne, W.P. (2001a) *The Failure of National Rural Policy: Institutions and Interests*. Washington, DC: Georgetown University Press.

Browne, W.P. (2001b) Rural failure: the linkage between policy and lobbies, *Policy Studies Journal*, 29, 108–117.

Brownlow, A. (2000) A wolf in the garden: ideology and change in the Adirondack landscape, in C. Philo and C. Wilbert (eds), *Animal Spaces, Beastly Places*. London and New York: Routledge. pp. 141–158.

Bruckmeier, K. (2000) LEADER in Germany and the discourse of autonomous regional development, *Sociologia Ruralis*, 40, 219–227.

Bruinsma, J. (ed.) (2003) *World Agriculture: towards 2015/2030 – an FAO Perspective*. London: Earthscan.

Buller, H. and Morris, C. (2003) Farm animal welfare: a new repertoire of nature–society relations or modernism re-embedded?, *Sociologia Ruralis*, 43, 216–237.

Bunce, M. (1994) *The Countryside Ideal*. London: Routledge.

Bunce, M. (2003) Reproducing rural idylls, in P. Cloke (ed.), *Country Visions*. Harlow, UK: Pearson. pp. 14–30.

Butler, R. (1998) Rural recreation and tourism, in B. Ilbery (ed.), *The Geography of Rural Change*. Harlow, UK: Addison Wesley Longman. pp. 211–232.

Butler, R. and Clark, G. (1992) Tourism in rural areas: Canada and the United Kingdom, in I.R. Bowler, C.R. Bryant and M.D. Nellis (eds), *Contemporary Rural Systems in Transition, volume 2: Economy and Society*. Wallingford, UK: CAB International. pp. 166–183.

Buttel, F. and Newby, H. (eds) (1980) *The Rural Sociology of Advanced Societies: Critical Perspectives*. Montclair, NJ: Allanheld and London: Croom Held.

Cabinet Office (2000) *Sharing the Nation's Prosperity: Economic, Social and Environmental Conditions in the Countryside. A Report to the Prime Minister by the Cabinet Office*. London: Cabinet Office.

CACI (2000) *Who's Buying Online?* London: CACI.

Campagne, P., Carrère, G. and Valceschini, E. (1990) Three agricultural regions of France: three types of pluriactivity, *Journal of Rural Studies*, 4, 415–422.

Campbell, D. (2001) Greenhouse melts Alaska's tribal ways, *Guardian*, 16 July, p. 11.

Campbell, D. (2002) Farmworkers set out to harvest rights, *Guardian*, 17 August, p. 17.

Campbell, H. (2000) The glass phallus: pub(lic) masculinity and drinking in rural New Zealand, *Rural Sociology*, 65, pp. 562–581.

Campbell, H. and Bell, M.M. (2000) The question of rural masculinities, *Rural Sociology*, 65, 532–546.

Campbell, H. and Liepins, R. (2001) Naming organics: understanding organic standards in New Zealand as a discursive field, *Sociologia Ruralis*, 41, 21–39.

Carson, R. (1962) *Silent Spring*. Cambridge, MA: Riverside Press; (1963) London: Hamilton.

Casper, L.M. (1996) Who's Minding Our Preschoolers?, *Current Population Reports, Household Economic Studies P70–53*. Washington, DC: US Bureau of the Census.

Cater, C. and Smith, L. (2003) New country visions: adventurous bodies in rural tourism, in P. Cloke (ed.), *Country Visions*. Harlow, UK: Pearson. pp. 195–217.

Chalmers, A.I. and Joseph, A.E. (1998) Rural change and the elderly in rural places: commentaries from New Zealand, *Journal of Rural Studies*, 14, 155–166.

Champion, A. (ed.) (1989) *Counterurbanization*. London: Edward Arnold.

Cheney, J. (1985) *Lesbian Land*. Minneapolis, MN: Word Weavers.

Clark, G. (1979) Current research in rural geography, *Area*, 11, 51–52.

Clark, G. (1991) People working in farming: the changing nature of farmwork, in T. Champion and C. Watkins (eds), *People in the Countryside*. London: Paul Chapman. pp. 67–83.

Clark, M.A. (2000) *Teleworking in the Countryside*. Aldershot, UK: Ashgate.

Clemenson, H. (1992) Are single industry towns diversifying? An examination of fishing, forestry and mining towns, in R.D. Bollman (ed.), *Rural and Small Town Canada*. Toronto: Thompson Educational Publishing. pp. 151–166.

Cloke, P. (1977) An index of rurality for England and Wales, *Regional Studies*, 11, 31–46.

Cloke, P. (1983) *An Introduction to Rural Settlement Planning*. London and New York: Methuen.

Cloke, P. (ed.) (1988) *Policies and Plans for Rural People: An International Perspective*. London: Unwin Hyman.

Cloke, P. (1989a) Rural geography and political economy, in R. Peet and N. Thrift (eds), *New Models in Geography: The Political Economy Perspective, Volume 1*. London: Unwin Hyman. pp. 164–197.

Cloke, P. (1989b) State deregulation and New Zealand's agricultural sector, *Sociologia Ruralis*, 29, 34–48.

Cloke, P. (1992) The countryside: development, conservation and an increasingly marketable commodity, in P. Cloke (ed.), *Policy and Change in Thatcher's Britain*. Oxford, UK: Pergamon Press.

Cloke, P. (1993) The countryside as commodity: new rural spaces for leisure, in S. Glyptis (ed.), *Leisure and the Environment: Essays in Honour of Professor J.A. Patmore*. London: Belhaven Press. pp. 53–67.

Cloke, P. (1994) (En)culturing political economy: a life in the day of a 'rural geographer', in P. Cloke, M. Doel, D. Matless, M. Phillips and N. Thrift, *Writing the Rural*. London: Paul Chapman. pp. 149–190.

Cloke, P. (1997a) Country backwater to virtual village? Rural studies and 'the cultural turn', *Journal of Rural Studies*, 13, 367–375.

Cloke, P. (1997b) Poor country: marginalization, poverty and rurality, in P. Cloke and J. Little (eds), *Contested Countryside Cultures*. London and New York: Routledge. pp. 252–271.

Cloke, P. and Edwards, G. (1986) Rurality in England and Wales 1981: a replication of the 1971 index, *Journal of Rural Studies*, 20, 289–306.

Cloke, P. and Goodwin, M. (1992) Conceptualizing countryside change: from post-Fordism to rural structured coherence, *Transactions of the Institute of British Geographers*, 17, 321–336.

Cloke, P. and Le Heron, R. (1994) Agricultural deregulation: the case of New Zealand, in P. Lowe, T. Marsden and S. Whatmore (eds), *Regulating Agriculture*. London: David Fulton. pp. 104–126.

Cloke, P. and Little, J. (1990) *The Rural State?* Oxford, UK: Oxford University Press.

Cloke, P. and Little, J. (eds) (1997) *Contested Countryside Cultures*. London and New York: Routledge.

Cloke, P. and Milbourne, P. (1992) Deprivation and lifestyles in rural Wales: II Rurality and the cultural dimension, *Journal of Rural Studies*, 8, 359–371.

Cloke, P. and Perkins, H.C. (1998) 'Cracking the canyon with the awesome foursome': representations of adventure tourism in New Zealand, *Environment and Planning D: Society and Space*, 16, 185–218.

Cloke, P. and Thrift, N. (1987) Intra-class conflict in rural areas, *Journal of Rural Studies*, 3, 321–333.

Cloke, P., Goodwin, M. and Milbourne, P. (1997) *Rural Wales: Community and Marginalization*. Cardiff, UK: University of Wales Press.

Cloke, P., Goodwin, M., Milbourne, P. and Thomas, C. (1995) Deprivation, poverty and marginalisation in rural lifestyles in England and Wales, *Journal of Rural Studies*, 11, 351–366.

Cloke, P., Milbourne, P. and Thomas, C. (1994) *Lifestyles in Rural England*. London: Rural Development Commission.

Cloke, P., Milbourne, P. and Thomas, C. (1996) The English National Forest: local reactions to plans for renegotiated nature–society relations in the countryside, *Transactions of the Institute of British Geographers*, 21, 552–571.

Cloke, P., Milbourne, P. and Widdowfield, R. (2000) Partnership and policy networks in rural local governance: homelessness in Taunton, *Public Administration*, 78, 111–133.

Cloke, P., Milbourne, P. and Widdowfield, R. (2001a) Homelessness and rurality: exploring connections in local spaces of rural England, *Sociologia Ruralis*, 41, 438–453.

Cloke, P., Milbourne, P. and Widdowfield, R. (2001b) Making the homeless count? Enumerating rough sleepers and the distortion of homelessness, *Policy and Politics*, 29, 259–279.

Cloke, P., Milbourne, P. and Widdowfield, R. (2002) *Rural Homelessness: Issues, Experiences and Policy Responses*. Bristol, UK: Policy Press.

Cloke, P., Phillips, M. and Thrift, N. (1995) The new middle classes and the social constructs of rural living, in T. Butler and M. Savage (eds), *Social Change and the Middle Classes*. London: UCL Press. pp. 220–238.

Cloke, P., Phillips, M. and Thrift, N. (1998) Class, colonization and lifestyle strategies in Gower, in P. Boyle and K. Halfacree (eds), *Migration Into Rural Areas*. Chichester, UK: Wiley. pp. 166–185.

Clout, H.D. (1972) *Rural Geography: An Introductory Survey*. Oxford: Pergamon Press.

Cocklin, C., Walker, L. and Blunden, G. (1999) Cannabis highs and lows: sustaining and dislocating rural communities in Northland, New Zealand, *Journal of Rural Studies*, 15, 241–255.

Coppock, T. (1984) *Agriculture in Developed Countries*. London: Macmillan.

Cornell, S. (2000) Enhancing rural leadership and institutions, in Center for the Study of Rural America (eds), *Beyond Agriculture: New Policies for Rural America*. Kansas City: The Federal Reserve Bank of Kansas City. pp. 103–120.

Countryside Agency (2001) *Rural Services in 2000*. London: Countryside Agency.

Countryside Agency (2003) *State of the Countryside 2003*. London: Countryside Agency.

Cox, G. and Winter, M. (1997) The beleaguered 'other': hunt followers in the countryside, in P. Milbourne (ed.), *Revealing Rural Others: Representation, Power and Identity in the British Countryside*. London: Pinter. pp. 75–88.

Cox, G., Hallett, J. and Winter, M. (1994) Hunting the wild red deer: the social organisation and ritual of a 'rural' institution, *Sociologia Ruralis*, 34, 190–205.

Crang, M. (1999) Nation, region and homeland: history and tradition in Darlana, Sweden, *Ecumene*, 6, 447–470.

Cresswell, T. (1996) *In Place/Out of Place: Geography, Ideology and Transgression*. Minneapolis, MN: University of Minnesota Press.

Cresswell, T. (2001) *The Tramp in America*. London: Reaktion Books.

Cromartie, J.B. (1999) Minority counties are geographically clustered, *Rural Conditions and Trends*, 9, 14–19.

Cross, M. and Nutley, S. (1999) Insularity and accessibility: the small island communities of Western Ireland, *Journal of Rural Studies*, 15, 317–330.

Crump, J. (2003) Finding a place in the country: exurban and suburban development in Sonoma County, California, *Environment and Behavior*, 35, 187–202.

Dagata, E. (1999) The socioeconomic well-being of rural children lags behind that of urban children, *Rural Conditions and Trends*, 9, 85–90.

Daniels, S. (1993) *Fields of Vision: Landscape Imagery and National Identity in England and the United States*. Cambridge, UK: Polity Press.

Davies, J. (2003) Contemporary geographies of indigenous rights and interests in rural Australia, *Australian Geographer*, 34, 19–45.

Davis, J. and Ridge, T. (1997) *Same Scenery, Different Lifestyle: Rural Children on a Low Income*. London: The Children's Society.

Decker, P.R. (1998) *Old Fences, New Neigbors*. Tucson, AZ: University of Arizona Press.

DEFRA (Department for the Environment, Food and Rural Affairs) (2002) *England Rural Development Plan*. London: The Stationery Office.

DEFRA (2003) *Agriculture in the United Kingdom 2002*. London: The Stationery Office.

Dennis, N., Henriques, F.M. and Slaughter, C. (1957) *Coal is our Life*. London: Eyre and Spottiswoode.

Dion, M. and Welsh, S. (1992) Participation of women in the labour force: a comparison of farm women and all women in Canada, in R.D. Bollman (ed.), *Rural and Small Town Canada*. Toronto: Thompson Educational Publishing. pp. 225–244.

Diry, J-P. (2000) *Campagnes d'Europe: des espaces en mutation*. Documentation photographique no. 8018. Paris: La Documentation Française.

Dixon, D.P. and Hapke, H.M. (2003) Cultivating discourse: the social construction of agricultural legislation, *Annals of the Association of American Geographers*, 93, 142–164.

DoE/MAFF (Department of the Environment and the Ministry for Agriculture, Fisheries and Food) (1995) *Rural England: The Rural White Paper*. London: The Stationery Office.

Doremus, H. and Tarlock, A.D. (2003) Fish, farms, and the clash of cultures in the Klamath basin, *Ecology Law Quarterly*, 30, 279–350.

Dudley, K.M. (2000) *Debt and Dispossession: Farm Loss in America's Heartland*. Chicago: University of Chicago Press.

Duncan, J. and Ley, D. (eds) (1993) *Writing Worlds*. London: Routledge.

Dyer, J. (1998) *Harvest of Rage*. Boulder, CO: Westview Press.

Edwards, B. (1998) Charting the discourse of community action: perspectives from practice in rural Wales, *Journal of Rural Studies*, 14, 63–78.

Edwards, B., Goodwin, M. and Woods, M. (2003) Citizenship, community and participation in small towns: a case study of regeneration partnerships, in R. Imrie and M. Raco (eds), *Urban Renaissance: New Labour, Community and Urban Policy*. Bristol, UK: Policy Press. pp. 181–204.

Edwards, B., Goodwin, M., Pemberton, S. and Woods, M. (2000) *Partnership Working in Rural Regeneration*. Bristol, UK: Policy Press.

Edwards, B., Goodwin, M., Pemberton, S. and Woods, M. (2001) Partnership, power and scale in rural governance, *Environment and Planning C: Government and Policy*, 19, 289–310.

Errington, A. (1997) Rural employment issues in the periurban fringe, in R.D. Bollman and J.M. Bryden, *Rural Employment: An International Perspective*. Wallingford, UK: CAB International. pp. 205–224.

ERS (2002) Rural population and migration: rural elderly. USDA Economic Research Service, Briefing Room [Online]. Available at www.ers.usda.gov/Briefing/Population/elderly/

ERS (2003a) Rural labour and education: rural low-wage employment. USDA Economic Research Service, Briefing Room [Online]. Available at www.ers.usda.gov/Briefing/laborandeducation/lwemployment/

ERS (2003b) Rural labour and education: rural earnings. USDA Economic Research Service, Briefing Room [Online]. Available at www.ers.usda. gov/Briefing/laborandeducation/earnings/

Estall, R.C. (1983) The decentralization of manufacturing industry: recent American experience in perspective, *Geoforum*, 14, 133–147.

European Union (2003) *Europa: European Union Information On-line*, available at europa.eu.int

Evans, N. and Yarwood, R. (2000) The politicization of livestock: rare breeds and countryside conservation, *Sociologia Ruralis*, 40, 228–248.

Evans, N., Morris, C. and Winter, M. (2002) Conceptualizing agriculture: a critique of post-productivism as the new orthodoxy, *Progress in Human Geography*, 26, 313–332.

Fabes, R., Worsley, L. and Howard, M. (1983) *The Myth of the Rural Idyll*. Leicester, UK: Child Poverty Action Group.

Farley, G. (2003) The Wal-Martization of rural America and other things, *OzarksWatch, The Magazine of the Ozarks*, 2 (2), 12–13.

Fellows, W. (1996) *Farm Boys: Lives of Gay Men in the Rural Midwest*. Madison, WI: University of Wisconsin Press.

Fitchen, J.M. (1991) *Endangered Spaces, Enduring Places: Change, Identity and Survival in Rural America*. Boulder, CO: Westview Press.

Forsyth, A.J.M. and Barnard, M. (1999) Contrasting levels of adolescent drug use between adjacent urban and rural communities in Scotland, *Addiction*, 94, 1707–1718.

Foss, O. (1997) Establishment structure, job flows and rural employment, in R.D. Bollman and J.M. Bryden (eds), *Rural Employment: An International Perspective*. Wallingford, UK: CAB International. pp. 239–254.

Fothergill, S. and Gudgin, G. (1982) *Unequal Growth: Urban and Regional Employment Change in the UK*. London: Heinemann.

Fox, W.F. and Porca, S. (2000) Investing in rural infrastructure, in Center for the Study of Rural America (eds), *Beyond Agriculture: New Policies for Rural America*. Kansas City: The Federal Reserve Bank of Kansas City. pp. 63–90.

Frankenberg, R. (1957) *Village on the Border*. London: Cohen and West.

Frankenberg, R. (1966) *Communities in Britain*. Harmondsworth, UK: Penguin.

Friedland, W. (1991) Women and agriculture in the United States: a state of the art assessment, in W. Friedland, L. Busch, F. Buttel and A. Rudy (eds), *Towards a New Political Economy of Agriculture*. Boulder, CO: Westview. pp. 315–338.

Frouws, J. (1998) The contested redefinition of the countryside: an analysis of rural discourses in the Netherlands, *Sociologia Ruralis*, 38, 54–68.

Fuguitt, G.V. (1991) Commuting and the rural–urban hierarchy, *Journal of Rural Studies*, 7, 459–466.

Fuller, A.J. (1990) From part-time farming to pluri-activity: a decade of change in rural Europe, *Journal of Rural Studies*, 6, 361–373.

Fulton, J.A., Fuguitt, G. and Gibson, R.M. (1997) Recent changes in metropolitan to non-metropolitan migration streams, *Rural Sociology*, 62, 363–384.

Furuseth, O. (1998) Service provision and social deprivation, in B. Ilbery (ed.), *The Geography of Rural Change*. Harlow, UK: Longman. pp. 233–256.

Furuseth, O. and Lapping, M. (eds) (1999) *Contested Countryside: The Rural Urban Fringe in North America*. Aldershot, UK: Ashgate.

Gallent, N. and Tewdwr-Jones, M. (2000) *Rural Second Homes in Europe*. Aldershot, UK: Ashgate.

Gallent, N., Mace, A. and Tewdwr-Jones, M. (2003) Dispelling a myth? Second homes in rural Wales, *Area*, 35, 271–284.

Gant, R. and Smith, J. (1991) The elderly and disabled in rural areas: travel patterns in the north Cotswolds, in T. Champion and C. Watkins (eds), *People in the Countryside*. London: Paul Chapman. pp. 108–124.

Gasson, R. (1980) Roles of farm women in England, *Sociologia Ruralis*, 20, 165–180.

Gasson, R. (1992) Farmers' wives and their contribution to farm business, *Journal of Agricultural Economics*, 43, 74–87.

Gasson, R. and Winter, M. (1992) Gender relations and farm household pluriactivity, *Journal of Rural Studies*, 8, 573–584.

Gearing, A. and Beh, M. (2000) Let tiny towns die says expert, *Brisbane Courier Mail*, 5 July, p. 3.

Gesler, W.M. and Ricketts, T.C. (eds) (1992) *Health in Rural North America: The Geography of Health Care Services and Delivery*. New Brunswick, NJ: Rutgers University Press.

Gibbs, R. and Kusmin, L. (2003) Low-skill workers are a declining share of all rural workers, *Amber Waves*, June 2003 available online at www. ers.usda.gov/AmberWaves/June03/findings/Low skillWork.htm

Gilg, A. (1985) *An Introduction to Rural Geography*. London: Edward Arnold.

Gillette, J.M. (1913) *Constructive Rural Sociology*. New York, NY: Sturgis and Walton.

Gilling, D. and Pierpoint, H. (1999) Crime prevention in rural areas, in G. Dingwall and S.R. Moody (eds), *Crime and Conflict in the Countryside*. Cardiff, UK: University of Wales Press. pp. 114–129.

Gipe, P. (1995) *Wind Energy Comes of Age*. New York: Wiley.

Glendinning, A., Nuttall, M., Hendry, L., Kloep, M. and Wood, S. (2003) Rural communities and well-being: a good place to grow up?, *The Sociological Review*, 51, 129–156.

Glionna, J.M. (2002) Napa growers to build housing for harvesters, *Los Angeles Times*, 19 March, pp. B1 & B4.

Goffman, E. (1959) *The Presentation of Self in Everyday Life*. New York: Doubleday.

Goodman, D., Sorj, B. and Wilkinson, J. (1987) *From Farming to Biotechnology*. Oxford, UK and New York: Basil Blackwell.

Goodman, D. (2001) Ontology matters: the relational materiality of nature and agro-food studies, *Sociologia Ruralis*, 41, 182–200.

Goodwin, M. (1998) The governance of rural areas: some emerging research issues and agendas, *Journal of Rural Studies*, 14, 5–12.

Gordon, R.J., Meister, J.S. and Hughes, R.G. (1992) Accounting for shortages of rural physicians: push and pull factors, in W.M. Gesler and T.C. Ricketts (eds), *Health in Rural North America: The Geography of Health Care Services and Delivery*. New Brunswick, NJ: Rutgers University Press. pp. 153–178.

Gorelick, S. (2000) Facing the farm crisis, *The Ecologist*, 30 (4), 28–31.

Gould, A. and Keeble, D. (1984) New firms and rural industrialisation in East Anglia, *Regional Studies*, 18, 189–202.

Grant, W. (1983) The National Farmers Union: the classic case of incorporation?, in D. Marsh (ed.), *Pressure Politics*. London: Junction Books. pp. 129–143.

Grant, W. (2000) *Pressure Groups and British Politics*. Basingstoke, UK: Macmillan.

Gray, I. and Lawrence, G. (2001) *A Future for Regional Australia*. Cambridge, UK and Oakleigh, Australia: Cambridge University Press.

Green, B. (1996) *Countryside Conservation*. London: E & FN Spon.

Green, M.B. and Meyer, S.P. (1997a) An overview of commuting in Canada with special emphasis on rural commuting and employment, *Journal of Rural Studies*, 13, 163–175.

Green, M.B. and Meyer, S.P. (1997b) Occupational stratification of rural commuting, in R.D. Bollman and J.M. Bryden, *Rural Employment: An International Perspective*. Wallingford, UK: CAB International. pp. 225–238.

Gregory, D. (1994) Discourse, in R.J. Johnston, D. Gregory and D.M. Smith (eds), *The Dictionary of Human Geography*, Third Edition. Oxford, UK and Cambridge, MA: Blackwell. p. 136.

Hajesz, D. and Dawe, S.P. (1997) De-mythologizing rural youth exodus, in R.D. Bollman and J.M. Bryden (eds), *Rural Employment: An International Perspective*. Wallingford, UK: CAB International. pp. 114–135.

Halfacree, K. (1992) The Importance of Spatial Representations in Residential Migration to Rural England in the 1980s. Unpublished PhD thesis, Lancaster University.

Halfacree, K. (1993) Locality and social representation: space, discourse and alternative definitions of the rural, *Journal of Rural Studies*, 9, 23–37.

Halfacree, K. (1994) The importance of 'the rural' in the constitution of counterurbanization: evidence from England in the 1980s, *Sociologia Ruralis*, 34, 164–189.

Halfacree, K. (1995) Talking about rurality: social representations of the rural as expressed by residents of six English parishes, *Journal of Rural Studies*, 11, 1–20.

Halfacree, K. (1996) Out of place in the countryside: travellers and the 'rural idyll', *Antipode*, 29, 42–71.

Hall, A. and Mogyorody, V. (2001) Organic farmers in Ontario: an examination of the conventionalization argument, *Sociologia Ruralis*, 41, 399–422.

Hall, P. (2002) *Urban and Regional Planning*, 2nd edn. London and New York: Routledge.

Hall, R.J. (1987) Impact of pesticides on bird populations, in G.J. Marco, R.M. Hollingworth and W. Durham (eds), *Silent Spring Revisited*. Washington, DC: American Chemical Society. pp. 85–111.

Halliday, J. and Little, J. (2001) Amongst women: exploring the reality of rural childcare, *Sociologia Ruralis*, 41, 423–437.

Halseth, G. and Rosenberg, M. (1995) Complexity in the rural Canadian housing landscape, *The Canadian Geographer*, 39, 336–352.

Hanbury-Tenison, R. (1997) Life in the Countryside, *Geographical Magazine*, November, pp. 88–95 (sponsored feature).

Hannan, D.F. (1970) *Rural Exodus*. London: Chapman.

Hanson, S. (1992) Geography and feminism: worlds in collision?, *Annals of the Association of American Geographers*, 82, 569–586.

Harper, S. (1989) The British rural community: an overview of perspectives, *Journal of Rural Studies*, 5, 161–184.

Harper, S. (1991) People moving to the countryside, in T. Champion and C. Watkins (eds), *People in the Countryside*. London: Paul Chapman. pp. 22–37.

Harris, T. (1995) Sharecropping, in Davidson, C.N. and Wagner-Martin, L. (eds), *The Oxford Companion to Women's Writing in the United States*. New York: Oxford University Press.

Harrison, A. (2001) *Climate Change and Agriculture in NSW: The Challenge for Rural Communities*. Sydney, NSW: Nature Conservation Council of New South Wales.

Hart, J.F. (1975) *The Look of the Land*. Englewood Cliffs, CA: Prentice Hall.

Hart, J.F. (1998) *The Rural Landscape*. Baltimore, MD and London: Johns Hopkins University Press.

Harvey, G. (1998) *The Killing of the Countryside*. London: Vintage.

Heimlich, R.E. and Anderson, W.D. (2001) *Development at the Urban Fringe and Beyond*. ERS Agricultural Economic Report No. 803. Washington, DC: USDA Economic Research Service.

Held, D., McGrew, A., Goldblatt, D. and Perraton, J. (1999) *Global Transformations: Politics, Economics and Culture*. Cambridge, UK: Polity Press.

Henderson, G. (1998) *California and the Fictions of Capital*. New York: Oxford University Press.

Hendrickson, M. and Heffernan, W.D. (2002) Opening spaces through relocalization: locating potential resistance in the weaknesses of the global food system, *Sociologia Ruralis*, 42, 347–369.

Herbert-Cheshire, L. (2000) Contemporary strategies for rural community development in Australia: a governmentality perspective, *Journal of Rural Studies*, 16, 203–215.

Herbert-Cheshire, L. (2003) Translating policy: power and action in Australia's country towns, *Sociologia Ruralis*, 43, 454–473.

Hilchey, D. (1993) *Agritourism in New York State: Opportunities and Challenges in Farm-based Recreation and Hospitality*. Ithaca, NY: Department of Rural Sociology, Cornell University.

Hinrichs, C.C. (1996) Consuming images: making and marketing Vermont as a distinctive rural place, in E.M. DuPuis and P. Vandergeest (eds), *Creating the Countryside*. Philadelphia: Temple University Press. pp. 259–278.

Hodge, I. (1996) On penguins on icebergs: The Rural White Paper and the assumption of rural policy, *Journal of Rural Studies*, 12, 331–337.

Hodge, I., Dunn, J., Monk, S. and Fitzgerald, M. (2002) Barriers to participation in residual rural labour markets, *Work, Employment and Society*, 16, 457–476.

Hoggart, K. (1990) Let's do away with rural, *Journal of Rural Studies*, 6, 245–257.

Hoggart, K. (1995) The changing geography of council house sales in England and Wales, 1978–1990, *Tijdschrift voor Economische en Sociale Geografie*, 86, 137–149.

Hoggart, K. and Buller, H. (1995) Geographical differences in British property acquisitions in rural France, *Geographical Journal*, 161, 69–78.

Hoggart, K. and Mendoza, C. (1999) African immigrant workers in Spanish agriculture, *Sociologia Ruralis*, 39, 538–562.

Hoggart, K. and Paniagua, A. (2001) What rural restructuring?, *Journal of Rural Studies*, 17, 41–62.

Holloway, L. and Ilbery, B. (1997) Global warming and navy beans: decision making by farmers and food companies in the UK, *Journal of Rural Studies*, 13, 343–355.

Holloway, L. and Kneafsey, M. (2000) Reading the spaces of the farmer's market: a case study from the United Kingdom, *Sociologia Ruralis*, 40, 285–299.

Hopkins, J. (1998) Signs of the post-rural: marketing myths of a symbolic countryside, *Geografiska Annaler*, 80B, 65–81.

Horton, J. (2003) Different genres, different visions? The changing countryside in postwar British children's literature, in P. Cloke (ed.), *Country Visions*. Harlow, UK: Pearson. pp. 73–92.

Howkins, A. (1986) The discovery of rural England, in R. Colls and P. Dodd (eds), *Englishness: Politics and Culture, 1880–1920*. London: Croom Helm. pp. 62–88.

Hugo, G. (1994) The turnaround in Australia: some first observations from the 1991 Census, *Australian Geographer*, 25, 1–17.

Hugo, G. and Bell, M. (1998) The hypothesis of welfare-led migration to rural areas: the Australian case, in P. Boyle and K. Halfacree (eds), *Migration into Rural Areas*. Chichester, UK: Wiley.

Humphries, S. and Hopwood, B. (2000) *Green and Pleasant Land*. London: Channel 4 Books/ Macmillan.

Hunter, K. and Riney-Kehrberg, P. (2002) Rural daughters in Australia, New Zealand and the United States: an historical perspective, *Journal of Rural Studies*, 18, 135–144.

Huws, U., Korte, W.B. and Robinson, S. (1990) *Telework: Towards the Elusive Office*. Chichester, UK: Wiley.

Ilbery, B. (1985) *Agricultural Geography*. Oxford: Oxford University Press.

Ilbery, B. (1992) State-assisted farm diversification in the United Kingdom, in R. Bowler, C.R. Bryant and M.D. Nellis (eds), *Contemporary Rural Systems in Transition, Volume 1: Agriculture and Environment*. Wallingford, UK: CAB International. pp. 100–116.

Ilbery, B. and Bowler, I. (1998) From agricultural productivism to post-productivism, in B. Ilbery (ed.), *The Geography of Rural Change*. Harlow: Addison Wesley Longman. pp. 57–84.

INSEE (1993) *Les Agriculteurs*. Paris: INSEE.

INSEE (1995) *La Population de la France*. Paris: INSEE.

INSEE (1998) *Les Campagnes et leurs villes*. Paris: INSEE.

IPCC (Intergovernmental Panel on Climate Change) (2001) *Climate Change 2001: Impacts, Adaption and Vulnerability*. Contribution of Working Group II to the Third Assessment

Report of the Intergovernmental Panel on Climate Change. Cambridge, UK, and New York: Cambridge University Press.

Isserman, A.M. (2000) Creating new economic opportunities: the competitive advantages of rural America in the next century, in Center for the Study of Rural America (eds), *Beyond Agriculture: New Policies for Rural America*. Kansas City: The Federal Reserve Bank of Kansas City. pp. 123–142.

Jessop, B. (1995) The regulation approach, governance and post-Fordism: alternative perspectives on economic and political change?, *Economy and Society*, 24, 307–333.

Johnsen, S. (2003) Contingency revealed: New Zealand farmers' experiences of agricultural restructuring, *Sociologia Ruralis*, 43, 128–153.

Johnson, T.G. (2000) The rural economy in a new century, in Center for the Study of Rural America (eds), *Beyond Agriculture: New Policies for Rural America*. Kansas City: The Federal Reserve Bank of Kansas City. pp. 7–20.

Jones, G.E. (1973) *Rural Life*. London: Longman.

Jones, J. (2002) The cultural symbolism of disordered and deviant behaviour: young people's experiences in a Welsh rural market town, *Journal of Rural Studies*, 18, 213–218.

Jones, N. (1993) *Living in Rural Wales*. Llandysul, UK: Gomer.

Jones, O. (1995) Lay discourses of the rural: development and implications for rural studies, *Journal of Rural Studies*, 11, 35–49.

Jones, O. (1997) Little figures, big shadows: country childhood stories, in P. Cloke and J. Little (eds), *Contested Countryside Cultures*. London and New York: Routledge. pp. 158–179.

Jones, O. (2000) Melting geography: purity, disorder, childhood and space, in S.L. Holloway and G. Valentine (eds), *Children's Geographies: Playing, Living, Learning*. London and New York: Routledge. pp. 29–47.

Jones, O. and Little, J. (2000) Rural challenge(s): partnership and new rural governance, *Journal of Rural Studies*, 16, 171–183.

Jones, R. and Tonts, M. (2003) Transition and diversity in rural housing provision: the case of Narrogin, Western Australia, *Australian Geographer*, 34, 47–59.

Jones, R.E., Fly, J.M., Talley, J. and Cordell, H.K. (2003) Green migration into rural America: the new frontier of environmentalism?, *Society and Natural Resources*, 16, 221–238.

Juntti, M. and Potter, C. (2002) Interpreting and reinterpreting agri-environmental policy: communication, goals and knowledge in the implementation process, *Sociologia Ruralis*, 42, 215–232.

Kelly, R. and Shortall, S. (2002) 'Farmer's wives': women who are off-farm breadwinners and the implications for on-farm gender relations, *Journal of Sociology*, 38, 327–343.

Kennedy, J.C. (1997) At the crossroads: Newfoundland and Labrador communities in a changing international context, *Canadian Review of Sociology and Anthropology*, 34, 297–317.

Kenyon, P. and Black, A. (eds) (2001) *Small Town Renewal: Overview and Case studies*. Barton, Australia: Rural Industries Research and Development Corporation.

Kimmel, M. and Ferber, A.L. (2000) 'White men are this nation': right-wing militias and the restoration of rural American masculinity, *Rural Sociology*, 65, 582–604.

Kinsman, P. (1995) Landscape, race and national identity: the photography of Ingrid Pollard, *Area*, 27, 300–310.

Kneafsey, M., Ilbery, B. and Jenkins, T. (2001) Exploring the dimensions of culture economies in rural West Wales, *Sociologia Ruralis*, 41, 296–310.

Kontuly, T. (1998) Contrasting the counter-urbanisation experience in European nations, in P. Boyle and K. Halfacree (eds), *Migration Into Rural Areas*. Chichester, UK: Wiley. pp. 61–78.

Kramer, J.L. (1995) Bachelor farmers and spinsters: gay and lesbian identities and communities in rural North Dakota, in D. Bell and G. Valentine (eds), *Mapping Desire: Geographies of Sexualities*. London and New York: Routledge. pp. 200–213.

LaDuke, W. (2002) Klamath water, Klamath life, *Earth Island Journal*, 17.

Lapping, M.B., Daniels, T.L. and Keller, J.W. (1989) *Rural Planning and Development in the United States*. New York: Guilford.

Lash, S. and Urry, J. (1987) *The End of Organized Capitalism*. Cambridge, UK: Polity Press.

Lawrence, G. (1990) Agricultural restructuring and rural social change in Australia, in T. Marsden, P. Lowe and S. Whatmore (eds), *Rural Restructuring, Global Processes and their Responses*. London: David Fulton. pp. 101–128.

Lawrence, M. (1995) Rural homelessness: a geography without a geography, *Journal of Rural Studies*, 11, 297–307.

Laws, G. and Harper, S. (1992) Rural ageing: perspectives from the US and UK, in I.R. Bowler, C.R. Bryant and M.D. Nellis (eds), *Contemporary Rural Systems in Transition: Volume 2, Economy and Society*. Wallingford, UK: CAB International. pp. 96–109.

Leach, B. (1999) Transforming rural livelihoods: gender, work and restructuring in three Ontario communities, in S. Neysmith (ed.), *Restructuring Caring Labour.* New York: Oxford University Press.

Le Heron, R. (1993) *Globalized Agriculture.* London: Pergamon Press.

Le Heron, R. and Roche, M. (1999) Rapid reregulation, agricultural restructuring and the reimaging of agriculture in New Zealand, *Rural Sociology,* 64, 203–218.

Lehning, J. (1995) *Peasant and French: Cultural Contact in Rural France during the Nineteenth Century.* Cambridge: Cambridge University Press.

Lewis, G. (1998) Rural migration and demographic change, in B. Ilbery (ed.), *The Geography of Rural Change.* Harlow: Addison Wesley Longman. pp. 131–160.

Lichfield, J. (1998) The death of the French countryside, *Independent on Sunday Review,* 8 March, 12–15.

Liepins, R. (2000a) New energies for an old idea: reworking approaches to 'community' in contemporary rural studies, *Journal of Rural Studies,* 16, 23–35.

Liepins, R. (2000b) Exploring rurality through 'community': discourses, practices and spaces shaping Australian and New Zealand rural 'communities', *Journal of Rural Studies,* 16, 325–341.

Liepins, R. (2000c) Making men: the construction and representation of agriculture-based masculinities in Australia and New Zealand, *Rural Sociology,* 65, 605–620.

Little, J. (1991) Women in the rural labour market: a policy evaluation, in T. Champion and C. Watkins (eds), *People in the Countryside.* London: Paul Chapman. pp. 96–107.

Little, J. (1997) Employment marginality and women's self-identity, in P. Cloke and J. Little (eds), *Contested Countryside Cultures.* London and New York: Routledge. pp. 138–157.

Little, J. (1999) Otherness, representation and the cultural construction of rurality, *Progress in Human Geography,* 23, 437–442.

Little, J. (2002) *Gender and Rural Geography.* Harlow, UK: Prentice Hall.

Little, J. (2003) Riding the rural love train: heterosexuality and the rural community, *Sociologia Ruralis,* 43, 401–417.

Little, J. and Austin, P. (1996) Women and the rural idyll, *Journal of Rural Studies,* 12, 101–111.

Little, J. and Jones, O. (2000) Masculinity, gender and rural policy, *Rural Sociology,* 65, 621–639.

Little, J. and Leyshon, M. (2003) Embodied rural geographies: developing research agendas, *Progress in Human Geography,* 27, 257–272.

Little, J. and Panelli, R. (2003) Gender research in rural geography, *Gender, Place and Culture,* 10, 281–289.

Littlejohn, J. (1964) *Westrigg: The Sociology of a Cheviot Parish.* London: Routledge and Kegan Paul.

Lloyds TSB Agriculture (2001) *Focus on Farming: Survey Results 2001.* London: Lloyds TSB.

Lockie, S. (1999a) The state, rural environments and globalisation: 'action at a distance' via the Australian Landcare program, *Environment and Planning A,* 31, 597–611.

Lockie, S. (1999b) Community movements and corporate images: Landcare in Australia, *Rural Sociology,* 64, 219–233.

Looker, E.D. (1997) Rural–urban differences in youth transition to adulthood, in R.D. Bollman and J.M. Bryden, *Rural Employment: An International Perspective.* Wallingford, UK: CAB International. pp. 85–98.

Lowe, P., Buller, H. and Ward, N. (2002) Setting the next agenda? British and French approaches to the second pillar of the Common Agricultural Policy, *Journal of Rural Studies,* 18, 1–17.

Lowe, P., Clark, J., Seymour, S. and Ward, N. (1997) *Moralizing the Environment: Countryside Change, Farming and Pollution.* London: UCL Press.

Lowe, P., Cox, G., MacEwen, M., O'Riordan, T. and Winter, M. (1986) *Countryside Conflicts: The Politics of Farming, Forestry and Conservation.* London: Gower.

Lowe, R. and Shaw, W. (1993) *Travellers: Voices of the New Age Nomads.* London: Fourth Estate.

MacEwen, A. and MacEwen, M. (1982) *National Parks: Conservation or Cosmetics?* London: Allen & Unwin.

MacLaughlin, J. (1999) Nation-building, social closure and anti-traveller racism in Ireland, *Sociology,* 33, 129–151.

Macnaghten, P. and Urry, J. (1998) *Contested Natures.* London and Thousand Oaks, CA: Sage.

MAFF/DETR (2000) *Our Countryside: the future. A fair deal for rural England.* London: The Stationery Office.

Malik, S. (1992) Colours of the countryside – a whiter shade of pale, *Ecos,* 13, 33–40.

Manning, R. (1997) *Grassland: The History, Biology, Politics and Promise of the American Prairie.* New York: Penguin Books.

Markusen, A. (1985) *Profit Cycles, Oligopoly and Regional Development.* Cambridge, MA: MIT Press.

Marsden, T., Milbourne, P., Kitchen, L. and Bishop, K. (2003) Communities in nature: the construction and understanding of forest natures, *Sociologia Ruralis,* 43, 238–256.

Marsden, T., Murdoch, J., Lowe, P., Munton, R. and Flynn, A. (1993) *Constructing the Countryside.* London: UCL Press.

Marsh, D. and Rhodes, R. (eds) (1992) *Policy Networks in British Governance*. Oxford, UK: Oxford University Press.

Marshall, R. (2000) Rural policy in a new century, in Center for the Study of Rural America (eds), *Beyond Agriculture: New Policies for Rural America*. Kansas City: The Federal Reserve Bank of Kansas City. pp. 25–46.

Martin, R.C. (1956) *TVA: The First Twenty Years*. Tuscaloosa, AL: University of Alabama Press and Knoxville, TN: University of Tennessee Press.

Massey, D. (1984) *Spatial Divisions of Labour*. London: Macmillan.

Massey, D. (1994) *Space, Place and Gender*. Cambridge, UK: Polity Press.

Mather, A. (1998) The changing role of forests, in B. Ilbery (ed.), *The Geography of Rural Change*. Harlow, UK: Longman. pp. 106–127.

Matless, D. (1994) Doing the English village, 1945–90: an essay in imaginative geography, in P. Cloke, M. Doel, D. Matless, M. Phillips and N. Thrift, *Writing the Rural*. London: Paul Chapman. pp. 7–88.

Matthews, H., Taylor, M., Sherwood, K., Tucker, F. and Limb, M. (2000) Growing up in the country-side: children and the rural idyll, *Journal of Rural Studies*, 16, 141–153.

Mattson, G.A. (1997) Redefining the American small town: community governance, *Journal of Rural Studies*, 13, 121–130.

McCormick, J. (1988) America's third world, *Newsweek*, 8 August, pp. 20–24.

McCullagh, C. (1999) Rural crime in the Republic of Ireland, in G. Dingwall and S.R. Moody (eds), *Crime and Conflict in the Countryside*. Cardiff, UK: University of Wales Press. pp. 29–44.

McDonagh, J. (2001) *Renegotiating Rural Development in Ireland*. Aldershot, UK: Ashgate.

McKay, G. (1996) *Senseless Acts of Beauty*. London and New York: Verso.

McManus, P. (2002) The potential and limits of pro-gressive neopluralism: a comparative study of forest politics in Coastal British Columbia and South East New South Wales during the 1990s, *Environment and Planning A*, 34, 845–865.

Meyer, F. and Baker, R. (1982) Problems of develop-ing crime policy for rural areas, in W. Browne and D. Hadwinger (eds), *Rural Policy Problems: Changing Dimensions*. Lexington, KY: Lexington Books. pp. 171–179.

Michelsen, J. (2001) Organic farming in a regula-tory perspective: the Danish case, *Sociologia Ruralis*, 41, 62–84.

Middleton, A. (1986) Marking boundaries: men's space and women's space in a Yorkshire village, in T. Bradley, P. Lowe and S. Wright (eds), *Deprivation and Welfare in Rural Areas*. Norwich, UK: Geo Books.

Miele, M. and Murdoch, J. (2002) The practical aesthetics of traditional cuisines: slow food in Tuscany, *Sociologia Ruralis*, 42, 312–328.

Milbourne, P. (1997a) Introduction: challenging the rural: representation, power and identity in the British countryside, in P. Milbourne (ed.), *Revealing Rural 'Others': Representation, Power and Identity in the British Countryside*. London: Pinter. pp. 1–12.

Milbourne, P. (1997b) Hidden from view: poverty and marginalization in rural Britain, in P. Milbourne (ed.), *Revealing Rural 'Others': Representation, Power and Identity in the British Countryside*. London: Pinter. pp. 89–116.

Milbourne, P. (1998) Local responses to central state restructuring of social housing provision in rural areas, *Journal of Rural Studies*, 14, 167–184.

Milbourne, P. (2003a) The complexities of hunting in rural England and Wales, *Sociologia Ruralis*, 43, 289–308.

Milbourne, P. (2003b) Hunting ruralities: nature, soci-ety and culture in 'hunt countries' of England and Wales, *Journal of Rural Studies*, 19, 157–171.

Milbourne, P. (2003c) Nature-Society-Rurality: Making Critical Connections, *Sociologia Ruralis*, 43, 193–195.

Mingay, G. (ed.) (1989) *The Unquiet Countryside*. London: Routledge.

Mitchell, C.J.A. (2004) Making sense of counter-urbanization, *Journal of Rural Studies*, 20, 15–34.

Mitchell, D. (1996) *The Lie of the Land: Migrant Workers and the California Landscape*. Minneapolis, MN: University of Minnesota Press.

Monk, S., Dunn, J., Fitzgerald, M. and Hodge, I. (1999) *Finding Work in Rural Areas*. York, UK: York Publishing Services.

Mordue, T. (1999) Heartbeat country: conflicting values, coinciding visions, *Environment and Planning A*, 31, 629–646.

Mormont, M. (1987) The emergence of rural strug-gles and their ideological effects, *International Journal of Urban and Regional Research*, 7, 559–575.

Mormont, M. (1990) Who is rural? Or, How to be rural: Towards a sociology of the rural, in T. Marsden, P. Lowe and S. Whatmore (eds), *Rural Restructuring: Global Processes and Their Responses*. London: David Fulton. pp. 21–44.

Morris, C. and Potter, C. (1995) Recruiting the new conservationists: farmers' adoption of agri-environmental schemes in the UK, *Journal of Rural Studies*, 11, 51–63.

Morris, C. and Evans, N. (2001) Cheesemakers are always women: gendered representations of farm life in the agricultural press, *Gender, Place and Culture*, 8, 375–390.

Morris, C. and Evans, N. (2004) Agricultural turns, geographical turns: retrospect and prospect, *Journal of Rural Studies*, 20, 95–111.

Moseley, M. (1995) Policy and practice: the environmental component of LEADER, *Journal of Environmental Planning and Management*, 38, 245–252.

Moseley, M. (2003) *Rural Development*. London: Sage.

Murdoch, J. (1997) The shifting territory of government: some insights from the Rural White Paper, *Area*, 29, 109–118.

Murdoch, J. (2003) Co-constructing the countryside: hybrid networks and the extensive self, in P. Cloke (ed.), *Country Visions*. London: Pearson. pp. 263–282.

Murdoch, J. and Abram, S. (2002) *Rationalities of Planning*. Aldershot: Ashgate.

Murdoch, J. and Lowe, P. (2003) The preservation paradox: modernism, environmentalism and the politics of spatial division, *Transactions of the Institute of British Geographers*, 28, 318–332.

Murdoch, J. and Marsden, T. (1994) *Reconstituting Rurality*. London: UCL Press.

Murdoch, J. and Marsden, T. (1995) The spatialization of politics: local and national actor-spaces in environmental conflict, *Transactions of the Institute of British Geographers*, 20, 368–380.

Nash, R. (1980) *Schooling in Rural Societies*. London and New York: Methuen.

Naylor, E.L. (1994) Unionism, peasant protest and the reform of French agriculture, *Journal of Rural Studies*, 10, 263–273.

NCES (National Center for Education Statistics) (1997) *Statistical Analysis Report: Characteristics of Small and Rural School Districts*. Washington, DC: NCES.

Nelson, M.K. (1999) Between paid and unpaid work: gender patterns in supplemental economic activities among white, rural families, *Gender and Society*, 13, 518–539.

Newby, H. (1977) *The Deferential Worker*. London: Allen Lane.

Newby, H., Bell, C., Rose, D. and Saunders, P. (1978) *Property, Paternalism and Power: Class and Control in Rural England*. London: Hutchinson.

NFU (National Farmers' Union) (2002) *Farmers' Markets: A Business Survey*. London: NFU.

Ni Laoire, C. (2001) A matter of life and death? Men, masculinities and staying 'behind' in rural Ireland, *Sociologia Ruralis*, 41, 220–236.

Nord, M. (1999) Rural poverty remains unobserved, *Rural Conditions and Trends*, 8, 18–21.

Norris, D.A. and Johal, K. (1992) Social indicators from the General Social Survey: some

urban–rural differences, in R.D. Bollman (ed.), *Rural and Small Town Canada*. Toronto: Thompson Educational Publishing. pp. 357–368.

North, D. (1998) Rural industrialization, in B. Ilbery (ed.), *The Geography of Rural Change*. Harlow: Addison Wesley Longman. pp. 161–188.

ODPM (2002) *A Review of Urban and Rural Area Definitions: Project Report*. London: Office of the Deputy Prime Minister.

O'Hagan, A. (2001) *The End of British Farming*. London: Profile Books.

Okihoro, N.P. (1997) *Mounties, Moose and Moonshine*. Toronto: University of Toronto Press.

Oliveira Baptista, F. (1995) Agriculture, rural society and the land question in Portugal, *Sociologia Ruralis*, 35, 309–325.

Pahl, R.E. (1968) The rural–urban continuum, in R.E. Pahl (ed.), *Readings in Urban Sociology*. Oxford, UK: Pergamon Press.

Panelli, R., Nairn, K. and McCormack, J. (2002) 'We make our own fun': reading the politics of youth with(in) community, *Sociologia Ruralis*, 42, 106–130.

Parker, G. (1999) Rights, symbolic violence and the micro-politics of the rural: the case of the Parish Paths Partnership Scheme, *Environment and Planning A*, 31, 1207–1222.

Parker, G. (2002) *Citizenships, Contingency and the Countryside: Rights, Culture, Land and the Environment*. London: Routledge.

Paxman, J. (1998) *The English: A Portrait of a People*. London: Michael Joseph.

Petersen, D. (2000) *Heartsblood: Hunting, Spirituality and Wildness in America*. Washington, DC: Island Press.

Phillips, D. and Williams, A. (1984) *Rural Britain: A Social Geography*. Oxford, UK: Blackwell.

Phillips, M. (1993) Rural gentrification and the process of class colonisation, *Journal of Rural Studies*, 9, 123–140.

Phillips, M. (2002) The production, symbolization and socialization of gentrification: impressions from two Berkshire villages, *Transactions of the Institute of British Geographers*, 27, 282–308.

Philo, C. (1992) Neglected rural geographies: a review, *Journal of Rural Studies*, 8, 193–207.

Philo, C. and Parr, H. (2003) Rural madness: a geographical reading and critique of the rural mental health literature, *Journal of Rural Studies*, 19, 259–281.

Pieterse, J. (1996) Globalisation as hybridization, in M. Featherstone, S. Lash, and R. Robertson (eds), *Global Modernities*. London: Sage. pp. 45–68.

Pirog, R., Van Pelt, T., Enshayan, K. and Cook, E. (2001) *Food, Fuel and Freeways: An Iowa Perspective on How Far Food Travels, Fuel*

Usage and Greenhouse Gas Emissions. Ames, IA: Leopold Center for Sustainable Agriculture.

Popper, D.E. and Popper, F. (1987) The Great Plains: from dust to dust, *Planning*, 53, 12–18.

Popper, D.E. and Popper, F. (1999) The Buffalo Commons: metaphor as method, *The Geographical Review*, 89, 491–510.

Porter, K. (1989) *Poverty in Rural America: A National Overview*. Washington, DC: Center on Budget and Policy Priorities.

Potter, C. (1998) Conserving nature: agri-environmental policy development and change, in B. Ilbery (ed.), *The Geography of Rural Change*. Harlow: Addison Wesley Longman. pp. 85–106.

Price, C.C. and Harris, J.M. (2000) *Increasing Food Recovery From Farmers' Markets: A Preliminary Analysis*. Report FANRR-4. Washington, DC: USDA Economic Research Service.

Radin, B., Agranoff, R., Bowman, A., Buntz, G., Ott, J.S., Romzek, B. and Wilson, R. (1996) *New Governance for Rural America*. Lawrence, KS: University of Kansas Press.

Ramet, S. (1996) Nationalism and the 'idiocy' of the countryside: the case of Serbia, *Ethnic and Racial Studies*, 19, 70–86.

Ray, C. (1997) Towards a theory of the dialectic of rural development, *Sociologia Ruralis*, 37, 345–362.

Ray, C. (2000) The EU LEADER programme: rural development laboratory, *Sociologia Ruralis*, 40, 163–171.

Rees, A.D. (1950) *Life in a Welsh Countryside*. Cardiff: University of Wales Press.

Reimer, B., Ricard, I. and Shaver, F.M. (1992) Rural deprivation: a preliminary analysis of census and tax family data, in R.D. Bollman (ed.), *Rural and Small Town Canada*. Toronto: Thompson Educational Publishing. pp. 319–336.

Reissman, L. (1964) *The Urban Process*. New York: Free Press.

Rhodes, R.A.W. (1996) The new governance: governing without government, *Political Studies*, 44, 652–667.

Ribchester, C. and Edwards, B. (1999) The centre and the local: policy and practice in rural education provision, *Journal of Rural Studies*, 15, 49–63.

Richardson, J. (2000) *Partnerships in Communities: Reweaving the Fabric of Rural America*. Washington, DC: Island Press.

Robinson, G. (1990) *Conflict and Change in the Countryside*. Chichester, UK: Wiley.

Robinson, G. (1992) The provision of rural housing: policies in the United Kingdom, in I.R. Bowler, C.R. Bryant and M.D. Nellis (eds), *Contemporary Rural Systems in Transition. Volume 2: Economy*

and Society. Wallingford, UK: CAB International. pp. 110–126.

Rogers, A. (1987) Issues in English rural housing: an assessment and prospect, in D. MacGregor, D. Robertson and M. Shucksmith (eds), *Rural Housing in Scotland: Recent Research and Policy*. Aberdeen: Aberdeen University Press.

Rome, A. (2001) *The Bulldozer in the Countryside*. Cambridge, UK and New York: Cambridge University Press.

Rosenzweig, C. and Hillel, D. (1998) *Climate Change and the Global Harvest*. Oxford, UK and New York: Oxford University Press.

Rowles, G. (1983) Place and personal identity in old age: observations from Appalachia. *Journal of Environmental Psychology*, 3, 299–313.

Rowles, G. (1988) What's rural about rural aging? An Appalachian perspective, *Journal of Rural Studies*, 4, 115–124.

Rugg, J. and Jones, A. (1999) *Getting a Job, Finding a Home: Rural Youth Transitions*. Bristol, UK: Policy Press.

Runte, A. (1997) *National Parks: The American Experience*. Lincoln, NE: University of Nebraska Press.

Rural Policy Research Institute (2003) The rural in numbers, available at: www.rupri.org.

Sachs, C. (1983) *Invisible Farmers: Women's Work in Agricultural Production*. Totowa, NJ: Rhinehart Allenheld.

Sachs, C. (1991) Women's work and food: a comparative perspective, *Journal of Rural Studies*, 7, 49–56.

Sachs, C. (1994) Rural women's environmental activism in the USA, in S. Whatmore, T. Marsden and P. Lowe (eds), *Gender and Rurality*. London: David Fulton. pp. 117–135.

Saugeres, L. (2002) Of tractors and men: masculinity, technology and power in a French farming community, *Sociologia Ruralis*, 42, 143–159.

Saville, J. (1957) *Rural Depopulation in England and Wales, 1851–1951*. London: Routledge & Kegan Paul.

Schindegger, F. and Krajasits, C. (1997) Commuting: its importance for rural employment analysis, in R.D. Bollman and J.M. Bryden, *Rural Employment: An International Perspective*. Wallingford, UK: CAB International. pp. 164–176.

Schools Health Education Unit (1998) *Young People and Illegal Drugs in 1998*. Exeter, UK: Schools Health Education Unit.

Selby, E.F., Dixon, D.P. and Hapke, H.P. (2001) A woman's place in the crab processing industry of Eastern Carolina, *Gender, Place and Culture*, 8, 229–253.

Sellars, R.W. (1997) *Preserving Nature in the National Parks*. New Haven, CT: Yale University Press.

Senior, M., Williams, H. and Higgs, G. (2000) Urban–rural mortality differentials: controlling for material deprivation, *Social Science and Medicine*, 51, 289–305.

Serow, W. (1991) Recent trends and future prospects for urban–rural migration in Europe, *Sociologia Ruralis*, 31, 269–280.

Sharpe, T. (1946) *The Anatomy of a Village*. Harmondsworth, UK: Penguin.

Shaw, G. and Williams, A.M. (2002) *Critical Issues in Tourism: A Geographical Perspective*. Oxford, UK: Blackwell.

Sheppard, B.O. (1999) Black farmers and institutionalized racism, *The Black Business Journal*, available online at www.bbjonline.com

Shields, R. (1991) *Places on the Margin: Alternative Geographies of Modernity*. London: Routledge.

Short, J.R. (1991) *Imagined Country*. London: Routledge.

Sibley, D. (1997) Endangering the sacred: nomads, youth cultures and the English countryside, in P. Cloke and J. Little (eds), *Contested Countryside Cultures*. London and New York: Routledge. pp. 218–231.

Silvasti, T. (2003) Bending borders of gendered labour division on farms: the case of Finland, *Sociologia Ruralis*, 43, 154–166.

Simon, S. (2002) Iowa's tough stand against runoff is gaining support, *Los Angeles Times*, 19 March, p. A8.

Smith, A. (1998) The politics of economic development in a French rural area, in N. Walzer and B.D. Jacobs (eds), *Public– Private Partnership for Local Economic Development*. Westport, CT and London: Praeger. pp. 227–241.

Smith, F. and Barker, J. (2001) Commodifying the countryside: the impact of out-of-school care on rural landscapes of children's play, *Area*, 33, 169–176.

Smith, M.J. (1989) Changing policy agendas and policy communities: agricultural issues in the 1930s and 1980s, *Public Administration*, 67, 149–165.

Smith, M.J. (1992) The agricultural policy community: maintaining a closed relationship, in D. Marsh and R. Rhodes (eds), *Policy Networks in British Governance*. Oxford, UK: Oxford University Press. pp. 27–50.

Smith, M.J. (1993) *Pressure, Power and Policy*. Hemel Hempstead, UK: Harvester Wheatsheaf.

Snipp, C.M. (1996) Understanding race and ethnicity in rural America, *Rural Sociology*, 61, 125–142.

Snipp, C.M. and Sandefur, G.D. (1988) Earnings of American Indians and Alaskan Natives: the effects of residence and migration, *Social Forces*, 66, 994–1008.

Sobels, J., Curtis, A. and Lockie, S. (2001) The role of Landcare group networks in rural Australia: exploring the contribution of social capital, *Journal of Rural Studies*, 17, 265–276.

Sokolow, A.D. and Zurbrugg, A. (2003) *A National View of Agricultural Easement Programs: Profiles and Maps – Report 1*. Washington, DC: American Farmland Trust.

Sorokin, P. and Zimmerman, C. (1929) *Principles of Rural–Urban Sociology*. New York, NY: Henry Holt.

Soumagne, J. (1995) Deprise commerciale dans les zones rurales profondes et nouvelles polarisations, in R. Béteille and S. Montagné-Villette (eds), *Le 'Rural Profond' Français*. Paris: SEDES. pp. 31–44.

Spain, D. (1993) Been-heres versus come-heres: negotiating conflicting community identities. *Journal of the American Planning Association*, 59, 156–171.

Spencer, D. (1997) Counterurbanisation and rural depopulation revisited: landowners, planners and the rural development process, *Journal of Rural Studies*, 13, 75–92.

Squire, S.J. (1992) Ways of seeing, ways of being: literature, place and tourism in L.M. Montgomery's Prince Edward Island, in P. Simpson-Housley and G. Norcliffe (eds), *A Few Acres of Snow: Literary and Artistic Images of Canada*. Toronto: Dundurn Press. pp. 137–147.

Stabler, J. and Rounds, R.C. (1997) Commuting and rural employment on the Canadian Prairies, in R.D. Bollman and J.M. Bryden (eds), *Rural Employment: An International Perspective*. Wallingford, UK: CAB International. pp. 193–204.

Stacey, M. (1960) *Tradition and Change: a Study of Banbury*. Oxford: Oxford University Press.

Stebbing, S. (1984) Women's roles and rural society, in T. Bradley and P. Lowe (eds), *Locality and Rurality: Economy and Society in Rural Regions*. Norwich, UK: Geo Books.

Stenson, K. and Watt, P. (1999) Crime, risk and governance in a southern English village, in G. Dingwall and S.R. Moody (eds), *Crime and Conflict in the Countryside*. Cardiff, UK: University of Wales Press. pp. 76–93.

Stock, C.M. (1996) *Rural Radicals: Righteous Rage in the American Grain*. Ithaca, NY: Cornell University Press.

Stoker, G. (ed.) (2000) *The New Politics of British Local Governance*. London: Macmillan.

Storey, D. (1999) Issues of integration, participation and empowerment in rural development: the case of LEADER in the Republic of Ireland, *Journal of Rural Studies*, 15, 307–315.

Storey, P. and Brannen, J. (2000) *Young People and Transport in Rural Areas*. Leicester, UK: Youth Work Press/Joseph Rowntree Foundation.

Storper, M. and Walker, R. (1984) The spatial division of labour: labour and the location of industries, in L. Sawyers and W. Tabb (eds), *Sunbelt/Snowbelt: Urban Development and Regional Restructuring*. New York: Oxford University Press.

Strathern, M. (1981) *Kinship at the Core*. Cambridge: Cambridge University Press.

Sumner, D.A. (2003) Implications of the US Farm Bill of 2002 for agricultural trade and trade negotiations, *Australian Journal of Agricultural and Resource Economics*, 46, 99–122.

Swanson, L. (1993) Agro-environmentalism: the political economy of soil erosion in the USA, in S. Harper (ed.), *The Greening of Rural Policy*. London: Belhaven. pp. 99–118.

Swanson, L.E. (2001) Rural policy and direct local participation: democracy, inclusiveness, collective agency and locality-based policy, *Rural Sociology*, 66, 1–21.

Swarbrooke, J., Beard, C., Leckie, S. and Pomfret, G. (2003) *Adventure Tourism*. Oxford, UK and Boston, MA: Butterworth– Heinemann.

Thomson, M.L. and Mitchell, C.J.A. (1998) Residents of the urban field: a study of Wilmot township, Ontario, Canada, *Journal of Rural Studies*, 14, 185–202.

Thrift, N. (1987) Manufacturing rural geography, *Journal of Rural Studies*, 3, 77–81.

Thrift, N. (1989) Images of social change, in C. Hamnett, L. McDowell and P. Sarre (eds), *The Changing Social Structure*. London: Sage. pp. 12–42.

Tillberg Mattson, K. (2002) Children's (in)dependent mobility and parents' chauffeuring in the town and the countryside, *Tijdschrift voor Economische en Sociale Geografie*, 93, 443–453.

Tönnies, F. (1963) *Community and Society*. New York: Harper and Row.

Townsend, A. (1993) The urban–rural cycle in the Thatcher growth years, *Transactions of the Institute of British Geographers*, 18, 207–221.

Trant, M. and Brinkman, G. (1992) Products and competitiveness of rural Canada, in R.D. Bollman (ed.), *Rural and Small Town Canada*. Toronto: Thompson Educational Publishing. pp. 69–90.

Troughton, M., (1992) The restructuring of agriculture: the Canadian example, in I.R. Bowler, C.R. Bryant and M.D. Nellis (eds), *Contemporary Rural Systems in Transition, Volume 1:*

Agriculture and Environment. Wallingford, UK: CAB International. pp. 29–42.

Tyler, P., Moore, B. and Rhodes, J. (1988) Geographical variation in industrial costs, *Scottish Journal of Political Economy*, 35, 22–50.

Urry, J. (1995) A middle-class countryside?, in T. Butler and M. Savage (eds), *Social Change and the Middle Classes*. London: UCL Press. pp. 205–219.

Urry, J. (2002) *The Tourist Gaze*, 2nd edn. London, UK and Thousand Oaks, CA: Sage.

USDA (United States Department of Agriculture) (1997) *America's Private Land: A Geography of Hope*. Washington, DC: USDA.

USDA (United States Department of Agriculture) (2000) *Agriculture Factbook 2000*. Washington, DC: United States Department of Agriculture.

Valentine, G. (1997a) A safe place to grow up? Parenting, perceptions of children's safety and the rural idyll, *Journal of Rural Studies*, 13, 137–148.

Valentine, G. (1997b) Making space: lesbian separatist communities in the United States, in P. Cloke and J. Little (eds), *Contested Countryside Cultures*. London and New York: Routledge. pp. 109–122.

Vias, A.C. (2004) Bigger stores, more stores, or no stores: paths of retail restructuring in rural America, *Journal of Rural Studies*, 20, 303–318.

Vining, D. and Kontuly, T. (1978) Population dispersal from major metropolitan regions: an international comparison, *International Regional Science Review*, 3, 49–73.

Vining, D. and Strauss, A. (1977) A demonstration that the current deconcentration of population in the United States is a clean break with the past, *Environment and Planning A*, 9, 751–758.

Vistnes, J. and Monheil, A. (1997) *Health Insurance Strategies of the Civilian Non-Institutionalised Population*. Medical Experts Panel Survey Research Report. Rockville, MD: Agency for Health Care Policy Research.

Von Meyer, H. (1997) Rural employment in OECD countries: structure and dynamics of regional labour markets, in R.D. Bollman and J.M. Bryden, *Rural Employment: An International Perspective*. Wallingford, UK: CAB International. pp. 3–21.

Wald, M.L. (1999) Tribe in Utah fights for nuclear waste dump, *New York Times*, 18 April, p. 16.

Walker, G. (1999) Contesting the countryside and changing social composition in the greater Toronto area, in O.J. Furuseth and M.B. Lapping (eds), *Contested Countryside: The Rural Urban Fringe in North America*. Aldershot, UK and Brookfield, VT: Ashgate. pp. 33–56.

Walker, R.A. (2001) California's golden road to riches: natural resources and regional capitalism, 1848–1940, *Annals of the Association of American Geographers*, 91, 167–199.

Walley, J.Z. (2000) Blueprint for the destruction of rural America? Available at www. paragonpowerhouse.org/blueprint_for_the_destruction_of.htm

Walmsley, D.J. (2003) Rural tourism: a case of lifestyle-led opportunities, *Australian Geographer*, 34, 61–72.

Walmsley, D.J., Epps, W.R. and Duncan, C.J. (1995) *The New South Wales North Coast, 1986–1991: Who Moved Where, Why and With What Effect?* Canberra: Australian Government Publishing Service.

Ward, C. (1990) *The Child in the Country*, 2nd edn. London: Bedford Square Press.

Ward, N. and McNicholas, K. (1998) Reconfiguring rural development in the UK: Objective 5b and the new rural governance, *Journal of Rural Studies*, 14, 27–40.

Ward, N. and Seymour, S. (1992) Pesticides, pollution and sustainability, in R. Bowler, C.R. Bryant and M.D. Nellis (eds), *Contemporary Rural Systems in Transition, Volume 1: Agriculture and Environment*. Wallingford, UK: CAB International.

Watts, J. (2001) Rural Japan braced for new riches, *Guardian*, 27 September, p. 19.

Weekley, I. (1988) Rural depopulation and counterurbanisation: a paradox, *Area*, 20, 127–134.

Weisheit, R. and Wells, L. (1996) Rural crime and justice: implications for theory and research, *Crime and Delinquency*, 42, 379–397.

Welch, R. (2002) Legitimacy of rural local government in the new governance environment, *Journal of Rural Studies*, 18, 443–459.

Westholm, E., Moseley, M. and Stenlås, N. (1999) *Local Partnerships and Rural Development in Europe*. Falun, Sweden: Darlana Research Institute.

Whatmore, S. (1990) *Farming Women: Gender, Work and Family Enterprise*. London: Macmillan.

Whatmore, S. (1991) Lifecycle or patriarchy? Gender divisions in family farming, *Journal of Rural Studies*, 7, 71–76.

Whatmore, S., Marsden, T. and Lowe, P. (1994) Feminist perspectives in rural studies, in S. Whatmore, T. Marsden and P. Lowe (eds), *Gender and Rurality*. London: David Fulton. pp. 1–30.

White, S.D., Guy, C.M. and Higgs, G. (1997) Changes in service provision in rural areas. Part 2: Changes in post office provision in Mid Wales: a GIS-based evaluation, *Journal of Rural Studies*, 13, 451–465.

Whitener, L. (1997) Rural housing conditions improve but affordability continues to be a problem, *Rural Conditions and Trends*, 8, 70–74.

Wilcox, S. (2003) *Can Work – Can't Buy*. York, UK: York Publishing Services.

Wilkins, R. (1992) Health of the rural population: selected indicators, in R.D. Bollman, (ed.), *Rural and Small Town Canada*. Toronto: Thompson Educational Publishing.

Williams, B. (1999) Rural victims of crime, in G. Dingwall and S.R. Moody (eds), *Crime and Conflict in the Countryside*. Cardiff, UK: University of Wales Press. pp. 160–183.

Williams, K., Johnstone, C. and Goodwin, M. (2000) CCTV surveillance in urban Britain: beyond the rhetoric of crime prevention, in J. Gold and G. Revill (eds), *Landscapes of Defence*. London: Prentice Hall. pp. 168–187.

Williams, M.V. (1985) National park policy 1942–1984, *Journal of Planning and Environmental Law*, 359–377.

Williams, R. (1973) *The Country and the City*. London: Chatto and Windus.

Williams, W.M. (1956) *The Sociology of an English Village: Gosforth*. London: Routledge and Kegan Paul.

Williams, W.M. (1963) *A West Country Village: Ashworthy*. London: Routledge and Kegan Paul.

Wilson, A. (1992) *The Culture of Nature: North American Landscape from Disney to the Exxon Valdez*. Cambridge, MA and Oxford, UK: Blackwell.

Wilson, B. (1981) *Beyond the Harvest: Canadian Grain at the Crossroads*. Saskatoon, Saskatchewan: Western Producer Prairie Books.

Wilson, G. (2001) From productivism to post-productivism ... and back again? Exploring the (un)changed natural and mental landscapes of European agriculture, *Transactions of the Institute of British Geographers*, 26, 77–102.

Wilson, G. and Hart, K. (2001) Farmer participation in agri-environmental schemes: towards conservation-oriented thinking?, *Sociologia Ruralis*, 41, 254–274.

Wilson, J. (1999) Green and pleasant land 'at risk' as meadows disappear, *Guardian*, 15 March, p. 4.

Winson, A. (1997) Does class consciousness exist in rural communities? The impact of restructuring and plant shutdowns in rural Canada, *Rural Sociology*, 62, 429–453.

Winter, M. (1996) *Rural Politics*. London and New York: Routledge.

Wirth, L. (1938) Urbanism as a way of life, *American Journal of Sociology*, 44, 1–24.

Woods, M. (1997) Discourses of power and rurality: local politics in Somerset in the 20th century, *Political Geography*, 16, 453–478.

Woods, M. (1998a) Mad cows and hounded deer: political representations of animals in the British countryside, *Environment and Planning A*, 30, 1219–1234.

Woods, M. (1998b) Advocating rurality? The repositioning of rural local government, *Journal of Rural Studies*, 14, 13–26.

Woods, M. (1998c) Researching rural conflicts: hunting, local politics and actor-networks, *Journal of Rural Studies*, 14, 321–340.

Woods, M. (2000) Fantastic Mr Fox? Representing animals in the hunting debate, in C. Philo and C. Wilbert (eds), *Animal Spaces, Beastly Places*. London: Routledge. pp. 182–202.

Woods, M. (2003a) Deconstructing rural protest: the emergence of a new social movement, *Journal of Rural Studies*, 19, 309–325.

Woods, M. (2003b) Conflicting environmental visions of the rural: windfarm development in Mid Wales, *Sociologia Ruralis*, 43, 271–288.

Woods, M. (2004a) Politics and protest in the contemporary countryside, in L. Holloway and M. Kneafsey (eds), *The Geographies of Rural Societies and Cultures*. Aldershot, UK: Ashgate.

Woods, M. (2004b) Political articulation: the modalities of new critical politics of rural citizenship, in P. Cloke, T. Marsden and P. Mooney (eds), *The Handbook of Rural Studies*. London and Thousand Oaks, CA: Sage.

Woods, M. and Goodwin, M. (2003) Applying the rural: governance and policy in rural areas, in P. Cloke (ed.), *Country Visions*. London: Pearson. pp. 245–262.

Woodward, R. (1996) 'Deprivation' and 'the rural': an investigation into contradictory discourses, *Journal of Rural Studies*, 12, 55–67.

Worster, D. (1979) *Dust Bowl: The Southern Plains in the 1930s*. New York: Oxford University Press.

Yarwood, R. (2001) Crime and policing in the British countryside: some agendas for contemporary geographical research, *Sociologia Ruralis*, 41, 201–219.

Yarwood, R. and Edwards, B. (1995) Voluntary action in rural areas: the case of Neighbourhood Watch, *Journal of Rural Studies*, 11, 447–461.

Yarwood, R. and Evans, N. (2000) Taking stock of farm animals and rurality, in C. Philo and C. Wilbert (eds), *Animal Spaces, Beastly Places*. London and New York: Routledge. pp. 98–114.

Yarwood, R. and Gardner, G. (2000) Fear of crime, cultural threat and the countryside, *Area*, 32, 403–412.

Young, M. and Willmott, P. (1957) *Family and Kinship in East London*. London: Routledge and Kegan Paul.

찾아보기

역자 소개(가나다순)

권상철(제주대학교 지리교육전공 교수) 주요 관심은 도시지리학, 환경사회지리학, 지역지리, 국제개발협력 등 여러 분야에 걸쳐 있으며, 주요 저·역서로『지역사회와 다문화교육』(2011, 학지사, 공저),『제주지리론』(2010, 한국학술정보, 공저),『정치생태학』(2008, 한울, 역서) 등이 있다.

박경환(전남대학교 지리교육과 교수) 주요 관심은 사회지리학과 경제지리학을 중심으로 한 인문지리학과 사회이론의 접점에 두고 있으며, 주요 저·역서로서『현대 문화지리의 이해』(2013, 푸른길, 공저),『도시사회지리학의 이해』(2012, 시그마프레스, 공역),『포스트식민주의의 지리』(2011, 여이연, 공역) 등이 있다.

부혜진(제주대학교 지리교육전공 강사, 제주대학교 교육과학연구소 특별연구원) 주요 연구 분야는 한국과 일본, 개발도상국의 농촌을 대상으로 한 귀농귀촌과 지역 만들기(지역개발), 루럴 거버넌스, 자원관리이다. 연구 논문으로는 "Conditions for Promoting Participatory Rural Development in Korea"(2013), "네팔 보건의료 정책의 현황과 과제-전문 의료 인력의 지리적 분포와 의료서비스 접근성의 관점에서"(2012), "일본 과소산촌에서의 지역 자치조직 재편과 주민자치 — 히로시마현 아키타카타시 이케쿠와 지구를 사례로"(2011) 등이 있고, 저서로는『제주의 마을을 품다 — 서로 다른 꿈을 키워가는 열두 마을 이야기』(2012, 제주특별자치도, 공저)가 있다.

전종한(경인교육대학교 사회과교육과 교수) 주요 관심은 경관과 장소를 매개로 한국지리 및 세계지리를 재구성하는 작업에 두고 있으며, 주요 저·역서로서『공간 담론과 인문지리학의 최근 쟁점』(1998, 협신사, 편역),『종족 집단의 경관과 장소』(2005, 논형, 저),『인문지리학의 시선』(2012, 사회평론, 공저),『도시-상징, 자본, 공공성』(2013, 라움, 공저) 등이 있다.

정희선(상명대학교 지리학과 교수) 주요 관심사는 재현경관의 사회정치적 의미이며, 주요 논문으로 "근대 산업시설에 투영된 무장소성: 당인리 발전소를 둘러싼 갈등의 이해"(2012), "현실과 시뮬라크르의 경계 넘기: 영화에 대한 문화지리학의 사유방식 검토"(2013), "소수자 저항의 공간적 실천과 재현의 정치: 일본군 '위안부' 문제 해결을 위한 수요시위의 사례"(2013) 등이 있다.

조아라(한국문화관광연구원 책임연구원) 주요 관심은 사회지리학과 문화지리학을 중심으로 한 인문지리학과 관광지리 및 일본지역연구에 중점을 두고 있으며, 주요 저·역서로는『관광으로 읽는 홋카이도: 관광산업과 문화정치』(2011, 서울대학교출판문화원, 저),『현대 문화지리의 이해』(2013, 푸른길, 공저),『현대인문지리학: 세계의 문화경관』(2013, 시그마프레스, 공역),『현장에서 바라본 동일본대지진: 3·11 이후의 일본사회』(2013, 한울, 공저) 등이 있다.